国家级精品资源共享课配套教材
高等职业教育化工技术类专业“十二五”规划教材

化工典型设备操作技术

Operation Techniques of Typical Chemical Equipment

主　编　申　奕　顾　玲
参　编　李　栋　涂郑禹　孙玉春　杨晓瑞

内 容 提 要

本书主要内容包括流体输送设备操作技术、非均相物系分离技术、换热器操作技术、精馏塔操作技术、吸收操作技术及萃取操作技术共六个教学项目。每个项目由若干个工作任务组成。通过完成不同的工作任务学习各单元操作的基本理论、基本原理、基本计算方法，典型设备的构造、工作原理以及调控方法等有关工程实践方面的知识，侧重对学生进行工程应用能力的培养。

本书注重理论与实践紧密结合，内容的编排便于组织实施项目化教学。本书可作为高职高专化工类及相关专业（生物工程、石油化工、化工机械、化工仪表自动化、制药、材料、环保、食品等专业）的教材，亦可作为高校及相关企业职工培训用教材。

图书在版编目（CIP）数据

化工典型设备操作技术/申奕，顾玲主编. —天津：天津大学出版社，2013. 9（2016.7重印）
高等职业教育化工技术类专业“十二五”规划教材
国家级精品资源共享课配套教材
ISBN 978-7-5618-4800-5

Ⅰ.①化… Ⅱ.①申… ②顾… Ⅲ.①化工设备－操作－高等职业教育－教材 Ⅳ.①TQ05

中国版本图书馆 CIP 数据核字(2013)第 216421 号

出版发行 天津大学出版社
地　　址 天津市卫津路 92 号天津大学内(邮编:300072)
电　　话 发行部:022-27403647
网　　址 publish. tju. edu. cn
印　　刷 廊坊市海涛印刷有限公司
经　　销 全国各地新华书店
开　　本 185mm × 260mm
印　　张 19.5
字　　数 487 千
版　　次 2014 年 1 月第 1 版
印　　次 2016 年 7 月第 2 次
定　　价 49.00 元

前　言

本书的编写主要是为了适应高等职业教育"工学结合"的教学改革趋势,适应"教学做"一体化教学模式的需要。编者在对精细化工行业典型工作任务进行分析的基础上,分析了化工职业岗位基本能力和技能要求,对原有"化工单元操作"课程内容进行了整合,采用"项目引领,任务驱动"的方式编写了本教材。

全书包括六个项目,每个项目由若干个工作任务组成。通过完成不同的工作任务学习各单元操作的基本理论、基本原理、基本计算方法,典型设备的构造、工作原理以及调控方法等有关工程实践方面的知识,侧重对学生进行工程应用能力的培养。同时,本书在编写过程中充分吸收了"国家级精品课程"以及"国家级精品资源库"建设过程中的成果和经验,将一些最新的成果和内容反映在教材中。

本书由天津渤海职业技术学院申奕教授和顾玲教授主编并统稿,其中:项目一中的任务1、3、5、6、7由李栋编写;项目四中的任务2、3、4和项目一中的任务2由涂郑禹编写;项目三由孙玉春编写;项目二和附录由杨晓瑞编写;其余部分由申奕和顾玲编写。

本书在编写过程中得到了北京东方仿真软件技术有限公司的大力支持与协助,在此表示衷心的感谢。

由于时间仓促、作者的水平和所收集的资料有限,书中难免有不合宜之处,恳请读者批评指正。

编　者

2014年1月

目　录

绪　论

【知识目标】

掌握的内容:物料衡算,单位换算。

熟悉的内容:平衡关系,过程速率,单元操作。

了解的内容:能量衡算,化工生产过程,单位与单位制。

【能力目标】

能够理解单元操作的概念,能够进行不同单位制下物理量方程的单位换算,能够进行物料衡算和能量衡算,能够进行单位换算。

化工典型设备操作技术是化工类及相近专业一门重要的技术基础课,兼有“科学”与“技术”的特点,它是综合运用数学、物理、化学等基础知识,分析和解决化工生产中各种物理过程的工程学科。在化工类专门人才培养中,它承担着工程科学与工程技术的双重教育任务。本课程强调工程观点、定量运算、实验技能及设计能力的培养,强调理论联系实际。

本课程主要研究各单元操作的基本原理,所用的典型设备的结构、工艺尺寸设计和设备选型的共性问题,是一门重要的专业基础课。

学生学完本课程后应初步具备以下能力。

(1)掌握各单元操作的基本原理,并具有一定的“过程与设备”的选择能力。

(2)掌握各单元操作的基本计算方法,包括过程的计算和设备的设计计算或选型计算。

(3)根据生产上的不同要求,能进行典型化工生产设备的操作和调节,在操作发生故障时,能够寻找产生故障的原因并具有一定的排除故障的能力。

(4)了解强化生产过程的方法及改进设备的途径。

任务1　认识化工生产过程与单元操作

1　化工生产过程

用化工手段将原料加工成产品的生产过程统称为化工生产过程。化工生产过程包括原料预处理过程、反应过程和反应产物后处理过程。反应过程是在各种反应器中进行的,它是化工过程的中心环节。反应过程必须在某种适宜条件下进行,例如,反应物料要有适宜的组成、结构和状态,反应要在一定的温度、压强和反应器内的适宜流动状况下进行等。而进入化工过程的初始料通常都会有各种杂质并处于环境状态下,必须通过原料预处理过程使之满足反应所需要的条件。同样,反应器出口的产物通常都是处于反应温度、压强和一定的相状态下的混合物,必须经过反应产物的后处理过程,从中分离出符合质量要求的、处于某种环境状态下的目的产品,并使排放到环境中去的废料达到环保的规定要求;后处理过程的另一任务是回收未反应完的反应物、催化剂或其他有用的物料重新加以利用。

例如:邻苯二甲酸二辛酯(DOP)的生产。

如图0.1所示,由辛醇和苯酐在催化剂作用下发生酯化反应生成酯,经过一系列的前处理和产品的提纯后得到邻苯二甲酸二辛酯。

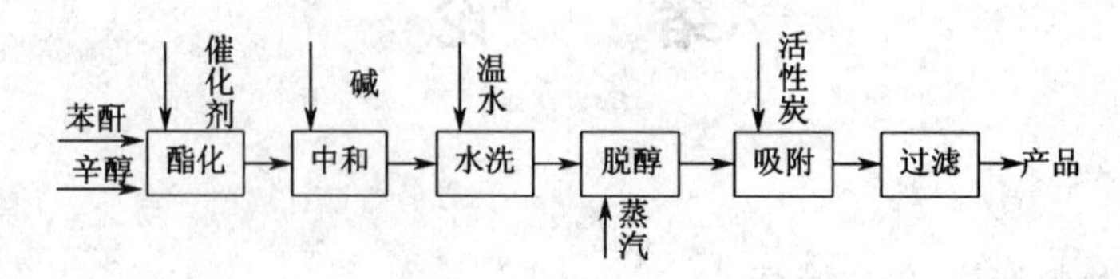

图0.1 DOP生产过程

此生产过程除酯化反应过程外,原料和反应产物的提纯、精制等工序均属前、后处理过程。前、后处理工序中所进行的过程多数是纯物理过程,但都是化工生产所不可缺少的。这些分离纯化的操作直接影响着产品的质量。由此可见,前、后处理过程在化工生产中具有重要地位。

2 单元操作

在一个现代化的大型工厂中,反应器的数目并不多,在绝大多数的设备中都是进行着各种前、后处理操作。例如,在图0.2所示几种产品的生产过程中,蜡油和石油气的生产就出现了"吸收"这一操作,采用吸收操作来分离气体混合物。吸收操作在各工艺中都遵循相似的规律(亨利定律及相平衡原理),且都是在相似的设备(吸收塔)内完成。又如,在尿素、聚氯乙烯的生产过程中,都采用了干燥操作除去固体中的水分,且均是在干燥器内进行的。再如,在乙醇、乙烯及石油加工等生产过程中,都采用蒸馏操作分离液体混合物,达到提纯产品的目的。化工生产中存在着大量这些类似的操作,它们在不同产品的生产过程中遵循相似的规律且在相似的设备中完成同样目的的操作。根据这些过程的操作原理,可将其归纳为应用较广的数个基本操作过程,如流体输送、搅拌、沉降、过滤、热交换、蒸发、结晶、吸收、蒸馏、萃取、吸附及干燥等,这些基本操作过程称为单元操作。

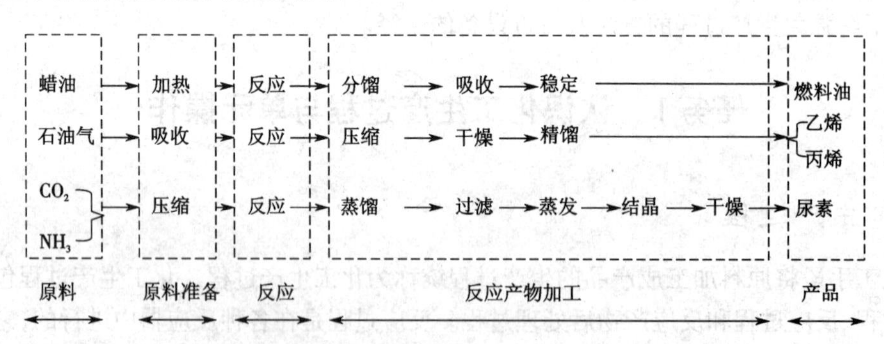

图0.2 几种化工产品的生产过程

遵循流体动力规律的单元操作,包括流体输送、沉降、过滤、搅拌。

遵循传热基本规律的单元操作,包括传热(加热、冷却、冷凝)、蒸发。

遵循传质基本规律的单元操作,包括蒸馏、吸收、萃取。因为这些操作的最终目的都是将混合物中的组分分开,故又称分离操作。

同时遵循传热、传质基本规律的单元操作,包括空气增湿与减湿、干燥、结晶。

任务2　化工生产过程中的几个基本概念

在研究各类单元操作时，为了搞清过程始末和过程之中各段物料的数量、组成之间的关系以及过程中各股物料带进、带出的能量及与环境交换的能量，必须进行物料衡算和能量衡算。物料衡算及能量衡算也是本课程解决问题时的常用手段之一。

1　物料衡算

根据质量守恒定律，任何一个化工生产过程都遵循以下规律：

$$\sum F = \sum d + A \tag{0.2.1}$$

式中　$\sum F$——输入物料质量的总和；

$\sum d$——输出物料质量的总和；

A——积累在过程中的物料质量。

此式是物料衡算的通式，可对总物料或其中某一组分列出物料衡算式，进行求解。

由于物流常常是多组分的混合物，因此可以按进、出衡算系统的各物流的总物料量列出总衡算式，也可以按各物流中的各组分量分别列出组分衡算式。此外，物流中各组分的质量分数 w_i 和摩尔分数 x_i 之和均等于1，即有 $\sum w_i = 1$，$\sum x_i = 1$，这称为组成归一性方程。

对于定常态操作过程，系统中物料的积累量为零。即

$$\sum F = \sum d \tag{0.2.2}$$

进行物料衡算的步骤：

(1)画出流程示意图，物料的流向用箭头表示；

(2)圈出衡算的范围(或称系统)；

(3)确定衡算对象及衡算基准；

(4)写出物料衡算方程进行求解。

【例】　两股物流 A 和 B 混合得到产品 C。每股物流均由两个组分(代号 1、2)组成。物流 A 的质量流量为 $G_A = 6\ 160$ kg/h，其中组分 1 的质量百分数 $w_{A1} = 80\%$；物流 B 中组分 1 的质量分数 $w_{B1} = 20\%$；要求混合后产品 C 中组分 1 的质量百分数 $w_{C1} = 40\%$。试求：①需要加入物流 B 的量 G_B，kg/h；②产品量 G_C，kg/h。

解：①按题意，画出混合过程示意图，标出各物流的箭头、已知量与未知量，用闭合虚线框出衡算系统。

②过程为连续定常，故取 1 h 为衡算基准。

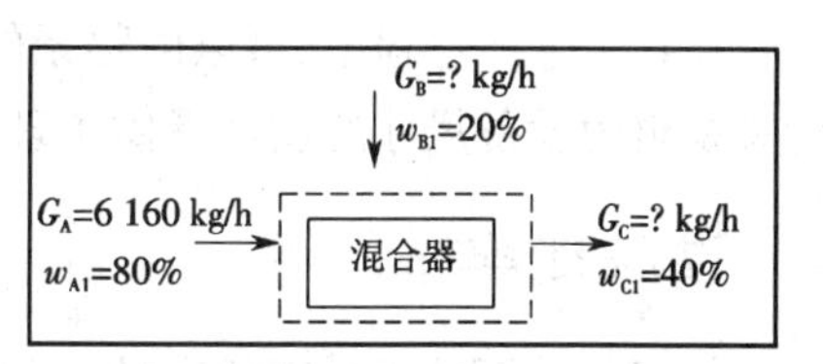

③列出衡算式：

总物料衡算 $G_A + G_B = G_C$，代入已知数据得

$$6\ 160 + G_B = G_C \tag{A}$$

组分 1 的衡算式 $G_A w_{A1} + G_B w_{B1} = G_C w_{C1}$，代入已知数据得

$$6\ 160 \times 0.80 + G_B \times 0.20 = G_C \times 0.40 \tag{B}$$

联解式(A)、(B)得

$$G_B = 12\ 320\ \text{kg/h}, G_C = 18\ 480\ \text{kg/h}$$

据组成归一性方程，物流组分质量分数之和为1，即 $w_{A1} + w_{A2} = 1, w_{B1} + w_{B2} = 1, w_{C1} + \omega_{C2} = 1$，因此也可列出组分2的衡算式：

$$G_A(1 - w_{A1}) + G_B(1 - w_{B1}) = G_C(1 - w_{C1})$$

进行物料衡算要注意以下事项。

(1)确定衡算范围(或称系统)。它可以在单一的设备或其中一部分进行，也可以包括几个处理阶段的全流程。

(2)确定衡算对象。对有化学变化的过程，衡算对象可找未发生变化的物质为惰性物质等。

(3)确定衡算基准。对于间歇过程，常以一次(一批)操作为基准；对于连续过程，则以单位时间为基准。

2 能量衡算

根据能量守恒定律，在任何一个化工生产过程中，在过程中的能量不变的情况下，凡向该过程输入的能量必等于该过程输出的能量。许多化工生产中所涉及的能量仅为热能，所以本课程中能量衡算简化为热量衡算：

$$\sum Q_F = \sum Q_D + Q \tag{0.2.3}$$

式中 $\sum Q_F$——输入该过程的各物料带入的总热量，J；

$\sum Q_D$——输出该过程的各物料带出的总热量，J；

Q——该过程与环境交换的总热量，当系统向环境散热时为正，称为热损，J。

通过热量衡算，可以了解在生产操作中热量的利用和损失情况，而在生产过程与设备设计时，利用热量衡算可以确定是需要从外界引入热量或向外界输出热量的问题。

3 平衡关系

物系在自然界发生变化时，其变化必趋于一定方向，如果任其发展，结果必达到平衡关系为止。

平衡状态表示的就是各种自然发生的过程可能达到的极限程度，除非影响物系的情况有变化，否则其变化的极限是不会改变的。一般平衡关系为各种定律所表明，如热力学第二定律、拉乌尔定律等。

在化工生产过程中，可以由物系的平衡关系来推知其能否进行以及进行到何种程度。平衡关系也为设备尺寸的设计提供了理论依据。

4 过程速率

任何一个不处于平衡状态的物系，必然发生趋向平衡的过程，但过程以什么速率趋向平衡，不取决于平衡关系，而是受多方面的因素影响的，目前过程速率近似地采用过程推动力除以阻力表示。

$$过程速率 = \frac{过程推动力}{过程阻力} \tag{0.2.4}$$

这里的过程推动力，可依据具体过程而有不同的理解，但必要的条件是物系在平衡状态时推动力必须等于零。

至于过程的阻力则较为复杂，要具体情况具体分析。

任务3　单位制及单位换算

1　单位与单位制

表示各物理量的大小除了数字部分外，还要看该物理量的单位。一般，物理量的单位是可任选的，但由于各个物理量之间存在着客观联系，因此不必对每种物理量的单位都单独进行任意选择，而可通过某些物理量的单位来度量另一些物理量。因此，单位就有基本单位和导出单位两种。基本物理量的单位称为基本单位，如长度单位 m，质量单位 kg 等，由基本单位派生出的单位为导出单位，即由基本单位相乘除得到的单位，如速度单位 m/s，加速度单位 m/s^2 等。

基本单位与导出单位的总和称为单位制。过去存在多种单位制，例如工程单位制、绝对单位制等。

多种单位制并存使同一物理量在不同的单位制中具有不同的单位和数值，这就给计算和交流带来了麻烦，并且容易出错。为了改变这一局面，必须统一计量单位制。1960 年 10 月第十一届国际计量大会确定了国际通用的国际单位制，简称 SI 制。SI 制规定了 7 个基本单位（米、千克、秒、开尔文、安培、摩尔和坎德拉），2 个辅助单位（弧度和球面度），其余皆为导出单位。常见的基本单位和常用的导出单位分别见表 0.1 和表 0.2。

表 0.1　常见的基本单位

物理量	单位	国际符号
长度	米	m
质量	千克(公斤)	kg
时间	秒	s
温度	开尔文	K
物质的量	摩尔	mol

表 0.2　常用的导出单位

物理量	单位	国际符号	用 SI 制表示的基本单位
力	牛顿	N	$kg \cdot m \cdot s^{-2}$
压强	帕斯卡	Pa	$kg \cdot m^{-1} \cdot s^{-2}$
能、功、热量	焦耳	J	$m^2 \cdot kg \cdot s^{-2}$
功率	瓦特	W	$m^2 \cdot kg \cdot s^{-3}$

SI 制具有通用性和一贯性。我国于 1984 年 2 月颁布了法定计量单位（简称法定单位）。

法定单位是以 SI 制为基础,保留少数国内外习惯或通用的非国际单位制单位,它包括:

①SI 制的基本单位和辅助单位;

②SI 制中具有专门名称的导出单位;

③国家选定的非 SI 制单位,例如,时间用 h、d 来表示,旋转速度用 r/min 表示等;

④由以上这些单位构成的组合形式的单位;

⑤由词头和以上这些单位所构成的十进倍数和分数单位。

2 单位换算

在生产、研究和设计中仍会遇到非法定单位的公式、物理量,因此存在着单位换算的问题,即将物理量由一种单位换算成另一种单位。

在介绍单位换算方法之前,先介绍一下物理量方程与经验公式。

物理量方程是根据物理规律建立的公式,例如牛顿第二定律 $F=ma$。物理量方程遵循单位或量纲一致性的原则,即同一物理量方程中绝对不允许采用两种单位制。

经验公式(数字公式)是根据实验数据整理得来的公式,它反映了各有关物理量的数字之间的关系。公式中每个符号不代表完整的物理量,只代表物理量中的数字部分,而这些数字都是与特定的单位相对应的,因此使用经验公式时,各物理量必须采用指定的单位。

正确使用单位,就是要注意这两种公式对单位的不同要求,并在将各物理量代入公式进行运算之前,预先给它们换上适合公式要求的单位。

1)物理量方程的单位换算

物理量由一种单位换成另一种单位时量本身并没变化,只是在数字上发生改变。在进行单位换算时要乘以两单位间的换算因数。

换算因数除温度外就是彼此相等而各有不同单位的两个物理量之比值。

例如:1 m 的长度和 100 cm 的长度是两个相等的物理量,但其所用的单位不同,即

$$1\ \text{m}=100\ \text{cm}$$

那么 m 和 cm 两种单位间的换算因数为

$$\frac{100\ \text{cm}}{1\ \text{m}}=100\ \frac{\text{cm}}{\text{m}}$$

化工中常用的单位间的换算因数可从本书附录中查得。

以压强为例:

$$\begin{aligned}1\ \text{atm}&=1.033\ \text{kgf/cm}^2\\&=1.0133\times10^5\ \text{Pa}\\&=10.33\ \text{mH}_2\text{O}\\&=760\ \text{mmHg}\\&=1.0133\ \text{bar}\end{aligned}$$

2)经验公式的单位变换

经验公式中各符号都要采用规定单位的数字代入,不能随意变更。当已知数据的单位与公式所规定的单位不同时,应将整个公式加以变化,使其中各符号都采用计算者所希望的单位。由于物理量=数字×单位,所以数字=物理量/单位。若将经验公式中每个符号都写成这个形式,便可利用单位间的换算因数,把原来规定的单位换算成计算者所希望的单位。

【拓展与延伸】

常用的单元操作有流体流动与输送、传热、蒸发、结晶、蒸馏、吸收、萃取、干燥、沉降、过滤、离心分离、静电除尘、湿法除尘等；近年来又出现了一些新的单元操作，如吸附、膜分离、超临界萃取、反应与分离耦合、分子蒸馏等，这些新型的单元操作由于其各自的优点目前正得到越来越广泛的应用。

吸附是指当流体与多孔固体接触时，流体中某一组分或多个组分在固体表面处产生积蓄的现象。其中在固体表面积蓄的组分称为吸附物或吸附质，多孔固体称为吸附剂。把这种利用某些多孔固体有选择性地吸附流体中的一种或几种组分，从而使混合物分离的方法称为吸附操作，它是分离和提纯气体和液体混合物的重要单元操作之一。

膜分离是以选择性透过膜为分离介质，当膜两侧存在一定的推动力时，原料侧组分选择性地透过膜，以达到分离、提纯、浓缩等目的的分离过程。膜分离所用的膜可以是固相、液相，也可以是气相，而大规模工业应用中多数为固体膜。

超临界 CO_2 流体萃取（SFE）分离过程是利用超临界流体的溶解能力与其密度的关系，即利用压力和温度对超临界流体溶解能力的影响而进行的。在超临界状态下，将超临界流体与待分离的物质接触，使其有选择性地把极性大小、沸点高低和分子量大小不同的成分依次萃取出来。当然，对应各压力范围所得到的萃取物不可能是单一的，但可以控制条件得到最佳比例的混合成分，然后借助减压、升温的方法使超临界流体变成普通气体，被萃取物质则完全或基本析出，从而达到分离、提纯的目的，所以超临界 CO_2 流体萃取分离过程是由萃取和分离过程组合而成的。

【知识检测】

一、单项选择题

1. 在国际单位制中，压力的单位是（　　）。

A. MPa　　B. Pa　　C. mmH_2O　　D. mmHg

2. 热导率（导热系数）的 SI 单位为（　　）。

A. W/(m·K)　　B. $W/(m^2 \cdot K)$　　C. J/(m·K)　　D. $J/(m^2 \cdot K)$

二、判断题

1. 一个典型的化工生产过程由原料的预处理、化学反应、产物分离三部分构成。（　　）

2. 连续式生产方式的优点是生产灵活，投资小，投产快。缺点是生产能力小，生产较难控制，因而产品质量得不到保证。（　　）

3. 一个化工生产过程一般包括原料的净化和预处理、化学反应过程、产品的分离与提纯、三废处理及综合利用等。（　　）

4. 能量、功、热在国际单位制中的单位名称是卡。（　　）

项目一　流体输送设备操作技术

【知识目标】

掌握的内容:流体的压强及其表示方式,流体静力学基本方程式,连续性方程,伯努利方程及其应用,流动类型及其判定,流体在管内流动的机械能损失,离心泵的结构、工作原理,离心泵的特性曲线,离心泵的工作点及流量调节,泵的安装等。

熟悉的内容:混合液体密度的计算,化工管路的构成,层流与湍流的比较,流量测量装置的工作原理,往复泵的工作原理和特点,离心通风机的特性参数。

了解的内容:层流内层,其他化工用泵,往复压缩机的工作原理。

【能力目标】

会计算混合液体的密度,能应用相关手册查流体密度,会使用压力计,能进行压力计算,能确定液封高度,会使用液位计,能根据生产任务选择管径,能使用伯努利方程进行流体输送分析,会判断流体的流动类型,能确定管路中的直管阻力,会计算管路中的局部阻力,能分析减小流动阻力的途径和方法,会使用流量测量装置,认识离心泵的类型,会排除气缚现象,能测定离心泵性能参数,能确定离心泵的安装高度,会根据工艺选择离心泵的流量调节方式,能根据工艺选择合适的离心泵,认识正位移式泵,能进行往复泵的流量调节。

任务1　认识流体输送系统

1　流体输送在化工生产中的应用

流体是气体与液体的总称，化工生产中所处理的物料大多为流体。为了满足工艺条件的要求,保证生产的连续进行,常需要把流体从一个设备输送至另一个设备,从一个工序送到另一个工序,此外,化工生产中的传热、传质以及化学反应等大多在流体流动状态下进行,这些过程的速率和流体流动状况密切相关,所以研究流体流动问题也是研究其他化工单元操作的基础。因此,流体流动是最普遍的化工单元操作之一。

2　流体输送的方式

流体输送指的是按照一定目的,把流体从一处送到另一处的操作。为了完成工艺要求的流体输送任务,可从生产实际出发采取不同的输送方式,流体的输送方式有以下四种。

2.1　高位槽进料

高位槽进料是指利用容器、设备之间存在的位差,将处于高位设备的流体输送到低位设备中的操作。在工程上当需要稳定流量时,通常设置高位槽,以避免输送机械带来的波动。如图1.1所示。

2.2 真空抽料

真空抽料是指通过真空系统造成的负压来实现流体从一个设备输送到另一个设备的操作。如图1.2所示,把储罐2内的空气经空气缓冲罐由真空泵抽出,形成两罐之间的负压,实现物料由储罐1到储罐2的输送。

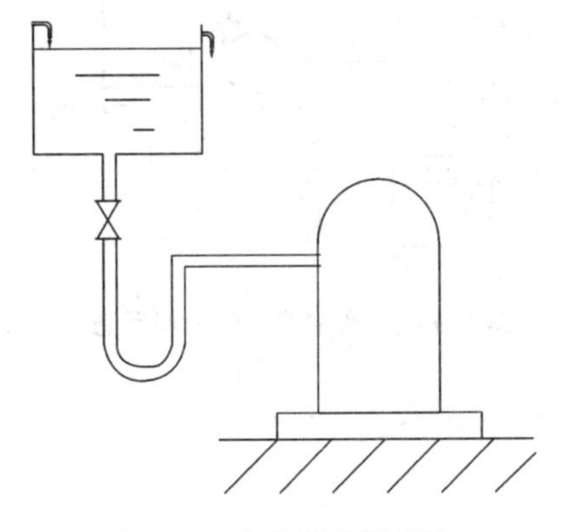

图1.1 高位槽进料示意

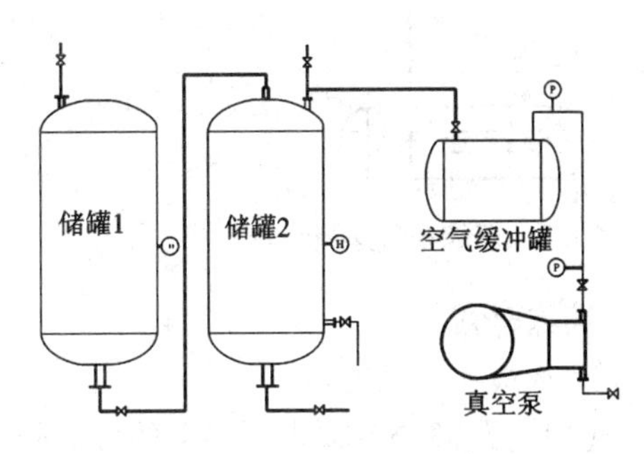

图1.2 真空抽料示意

真空抽料是化工生产中常用的一种流体输送方法,其特点是结构简单,没有运动部件,操作方便,但流量调节不方便。真空系统不能输送易挥发的液体,主要用在间歇送料的场合。

2.3 压缩空气送料

压缩空气送料是指通过压缩空气实现流体从一个设备输送到另一个设备的操作。如图1.3所示。压缩空气送料的特点是结构简单,无运动部件,可以间歇输送腐蚀性液体以及易燃易爆的流体,但是此法流量小,不易调节并且只能间歇输送流体。

2.4 流体输送机械送料

流体输送机械送料是指借助流体输送机械对流体做功,实现流体输送的操作。由于流体输送机械的类型很多,压头及流量的可选范围较宽,流体输送机械送料是化工厂中最常见的流体输送方式,如图1.4所示。

为了完成有关流体输送的任务,化工生产一线的操作人员必须对流体的性质、流体流动的基本规律、化工管路、流体阻力以及流体输送机械等相关知识有一定的了解。

3 流体输送方式技能训练

训练目的

正确选择流程,能独立地进行流体输送系统的开、停车操作。

能按照规定的工艺要求和质量指标进行流体的输送。

设备示意

本实训装置是流体输送装置,被输送介质存储在水槽V101中,可以通过离心泵输送、压缩空气输送、真空抽送、高位槽输送四种不同的输送方式输送至反应器R101中,再由反应器返回水槽,如图1.5所示。

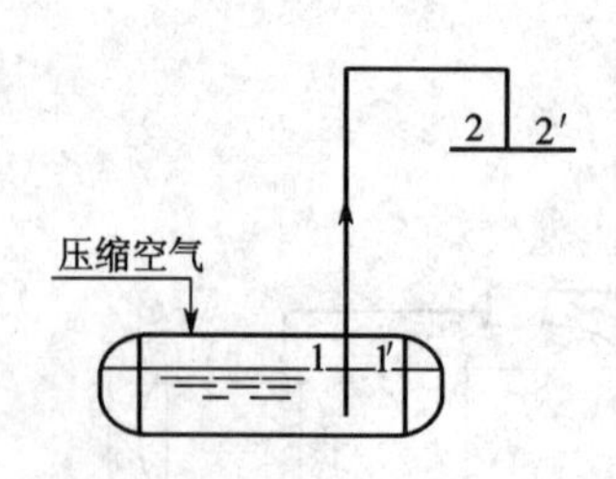

图 1.3　压缩空气送料示意

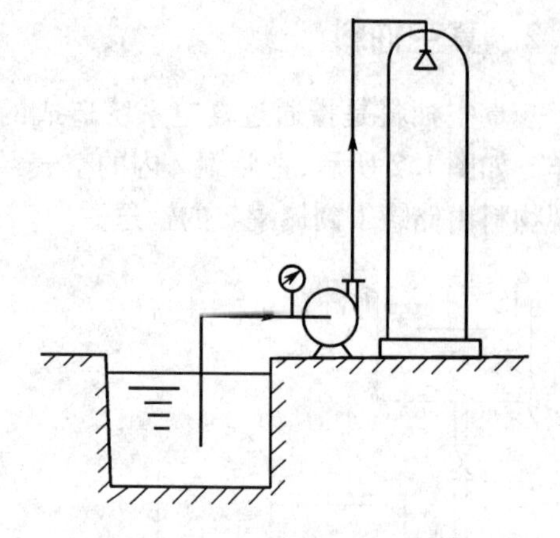
图 1.4　流体输送机械送料示意

训练要领

1. 离心泵输送流体

(1)打开离心泵输入管路上的各阀门,启动泵。

(2)打开离心泵输出管路上的各阀门。

(3)调节离心泵出口阀门,观察流量以及反应器的液位的变化。

(4)当反应器的液位达到一定值后,关闭离心泵,将反应器内的流体放回水槽。

(5)将各阀门恢复至开车前的状态。

2. 压缩空气输送流体

(1)打开空气缓冲罐的放空阀。

(2)启动空气压缩机。

(3)调节减压阀示数至 0.1 MPa,调节出口管路阀门的开度,将流体输送到反应器,同时观察减压阀压力示数和反应器液位的变化。

(4)当反应器的液位达到一定值时,关闭出口管路阀门,逐渐打开放空阀排气。

(5)将各阀门恢复至开车前的状态。

3. 高位槽输送流体

(1)打开离心泵输入管路上的各阀门,启动离心泵。

(2)打开离心泵输出管路上的各阀门,将流体输送到高位槽。

(3)依次打开高位槽至反应器之间管路的阀门,观察高位槽液位与反应器液位的变化。

(4)当反应器的液位达到一定值后,关闭反应器的进口阀阀门,将反应器内的流体放回水槽。

(5)将各阀门恢复至开车前的状态。

4. 真空抽送流体

(1)打开真空缓冲罐放空阀。

(2)启动真空泵,调节真空缓冲罐放空阀的开度,观察真空缓冲罐的压力。

(3)调节出口管路阀门的开度,观察流量计的读数和反应器液位的变化。

(4)当反应器的液位达到一定值时,关闭真空泵,逐渐打开放空阀排气。

(5)当反应器的液位达到一定值后,将反应器内的流体放回水槽。

(6)将各阀门恢复至开车前的状态。

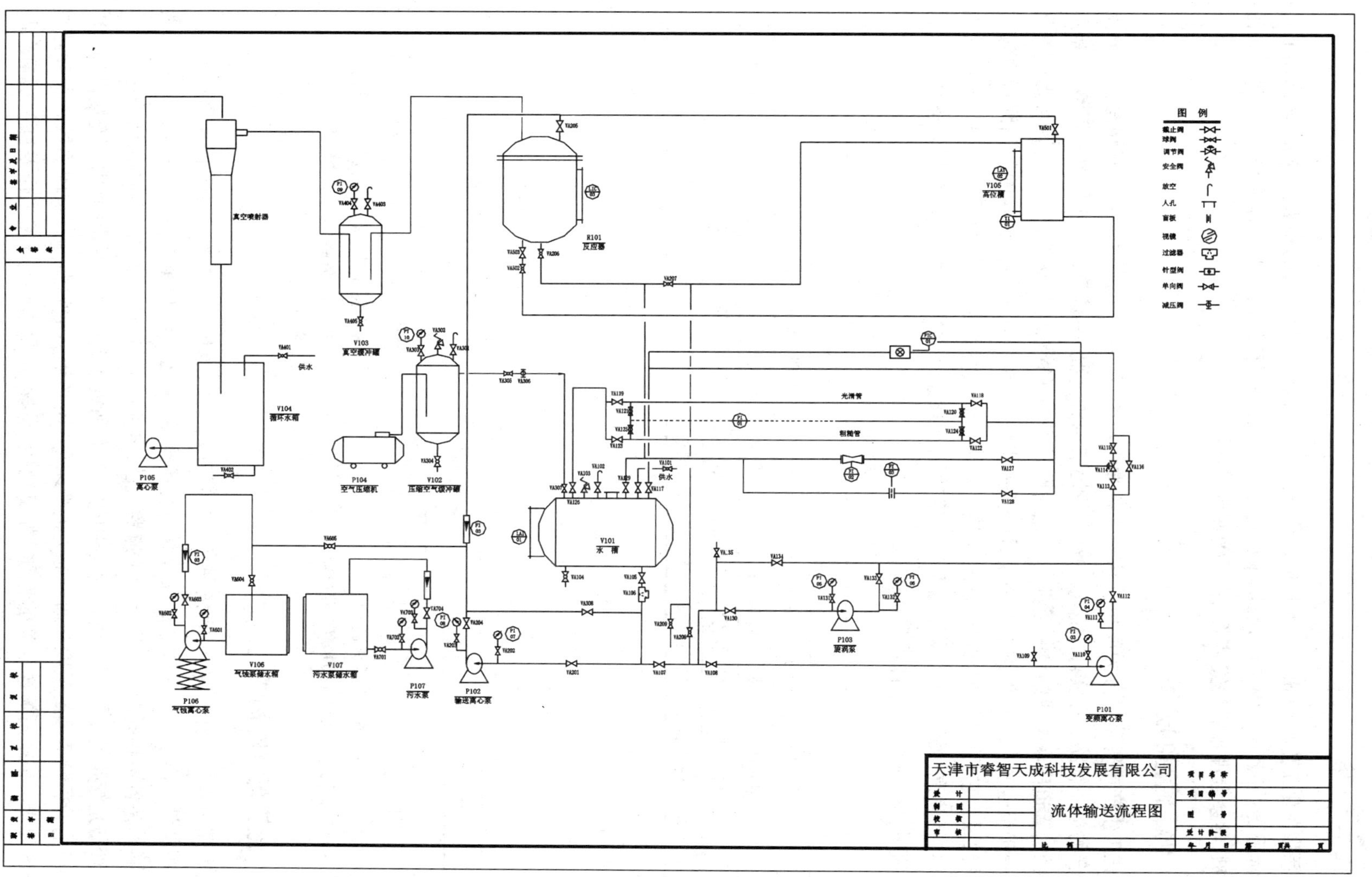
图 例
截止阀
球阀
调节阀
安全阀
放空
人孔
盲板
视镜
过滤器
针型阀
单向阀
减压阀
真空喷射器
V103
真空缓冲罐
R101
反应器
V105
高位槽
V104
循环水箱
供水
P105
离心泵
P104
空气压缩机
V102
压缩空气缓冲罐
光滑管
粗糙管
V101
水 槽
P103
旋涡泵
P101
变频离心泵
P106
气蚀离心泵
V106
气蚀泵储水箱
V107
污水泵储水箱
P107
污水泵
P102
输送离心泵
天津市睿智天成科技发展有限公司
流体输送流程图

图 1.5　流体输送示意

管路在化工生产中相当于人体的血管,流体输送机械相当于人的心脏。因此,做到以下几点非常重要:了解管路的构成,确定输送管路的直径;了解输送机械的工作原理,选择合理的输送机械;学会合理布置和安装管路,正确使用输送机械。

4.1 化工管路的分类

化工生产中管路可分为简单管路和复杂管路两类,如表1.1所示。简单管路是指无分支或汇合的单一管路。在实际中碰到的简单管路有两种情况:一是管径不变的单一管路;二是不同管径的管道串联组成的单一管路。复杂管路是指并联管路与分支管路以及这两种形式管路的进一步组合。在闭合管路上必须设置活接头或法兰,在需要维修或更换的阀门附近也宜适当设置,因为它们可以就地拆开,就地连接。对于重要的管路系统,如全厂或大型车间的动力管线(包括蒸汽、煤气、上水及其他循环管道等),一般按并联管路铺设,以有利于提高能量的综合利用、减少因局部故障所造成的影响。

表1.1 管路的分类

类型		结构
简单管路	单一管路	单一管路是指直径不变、无分支的管路,如图1.6(a)所示
	串联管路	虽无分支但有管径变化的管路,如图1.6(b)所示
复杂管路	分支管路	流体由总管分流到几个分支,各分支出口不同,如图1.7(a)所示
	并联管路	并联管路中,分支最终又汇合到总管,如图1.7(b)所示

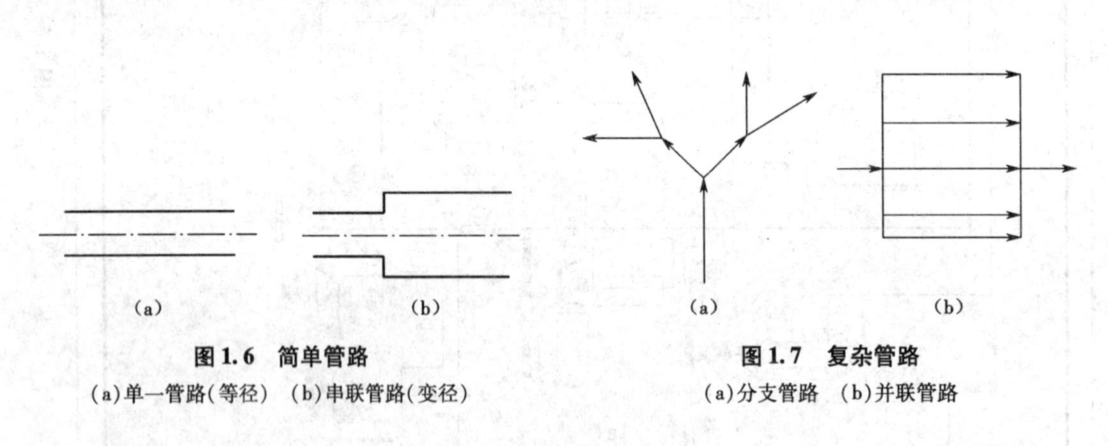

图1.6 简单管路
(a)单一管路(等径) (b)串联管路(变径)

图1.7 复杂管路
(a)分支管路 (b)并联管路

4.2 化工管路的构成

管路由管子、管件和阀门等按一定的排列方式构成,也包括一些附属于管路的管架、管卡、管撑等辅件。由于生产中输送的流体是各种各样的,输送条件与输送量也各不相同,因此,管路也必然是各不相同的。工程上为了避免混乱,方便制造与使用,实现了管路的标准化。

管子是管路的主体,由于生产系统中的物料和所处工艺条件各不相同,用于连接设备和输送物料的管子除需满足强度和通过能力的要求外,还必须满足耐温、耐压、耐腐蚀以及导热等性能的要求。根据所输送物料的性质(如腐蚀性、易燃性、易爆性等)和操作条件(如温度、压力等)来选择合适的管材,是化工生产中经常遇到的问题之一。

4.2.1 化工用管

化工厂中所用的管子种类繁多,依制作材料可分为金属管、非金属管和复合管。

金属管主要包括铸铁管、钢管(含合金钢管)、有色金属管等。铸铁管常用作埋在地下的给水总管、煤气管及污水管等。钢管又分有缝钢管和无缝钢管,前者多用低碳钢制成;后者的材料有普通碳钢、优质碳钢以及不锈钢等。有色金属管是用有色金属制造的管子的统称,主要有铜管、黄铜管、铅管和铝管。有色金属管在化工生产中主要用于一些特殊场合。非金属管主要包括玻璃管、塑料管、陶瓷管、水泥管、橡胶管等。复合管指的是金属与非金属两种材料复合得到的管子,最常见的是衬里管,为节约成本、满足强度和防腐要求,在管内层衬以适当的材料。随着化学工业本身的发展,各种新型的耐腐蚀材料不断出现,非金属材料,特别是有机聚合材料(如塑料、尼龙等)的管子越来越多地代替了金属材料的管子。

管子规格通常是用“ϕ外径×壁厚”来表示,如$\phi 57$ mm×3.5 mm表示外径57 mm、壁厚3.5 mm。但是有些管子是用内径来表示其规格的,使用时要注意。

管材通常按制造管子所使用的材料来进行分类,分为金属管、非金属管和复合管,其中以金属管占绝大部分。常见的化工管材见表1.2。

表1.2 常见的化工管材

<table>
<tr><th colspan="3">种类及名称</th><th>结构特点</th><th>用途</th></tr>
<tr><td rowspan="6">金属管</td><td rowspan="2">钢管</td><td>有缝钢管</td><td>有缝钢管是用低碳钢焊接而成的钢管,又称为焊接管。易于加工制造、价格低。主要有水管和煤气管,分镀锌管和黑铁管(不镀锌管)两种</td><td>目前主要用于输送水、蒸汽、煤气、腐蚀性低的液体和压缩空气等。因为有焊缝而不适宜在0.8 MPa(表压)以上的压力条件下使用</td></tr>
<tr><td>无缝钢管</td><td>无缝钢管是用棒料钢材经穿孔热轧或冷拔制成的,它没有接缝。用于制造无缝钢管的材料主要有普通碳钢、优质碳钢、低合金钢、不锈钢和耐热铬钢等。无缝钢管的特点是质地均匀、强度高、管壁薄,少数特殊用途的无缝钢管的壁厚也可以很厚</td><td>无缝钢管能在各种压力和温度下输送流体,广泛用于输送高压、有毒、易燃易爆和强腐蚀性流体等</td></tr>
<tr><td colspan="2">铸铁管</td><td>有普通铸铁管和硅铸铁管。铸铁管价廉而耐腐蚀,但强度低,气密性差,不能用于输送有压力的蒸汽、爆炸性及有毒性气体等</td><td>一般作为埋在地下的给水总管、煤气管及污水管等,也可以用来输送碱液及浓硫酸等</td></tr>
<tr><td rowspan="3">有色金属管</td><td>铜管与黄铜管</td><td>由紫铜或黄铜制成。导热性好,延展性好,易于弯曲成型</td><td>适用于制造换热器的管子;用于油压系统、润滑系统来输送有压液体;铜管还适用于低温管路,黄铜管在海水管路中也广泛使用</td></tr>
<tr><td>铅管</td><td>铅管因抗腐蚀性好,能抗硫酸及10%以下的盐酸,其最高工作温度是413 K。由于铅管力学强度差、性软而笨重、导热能力小,目前正被合金管及塑料管所取代</td><td>主要用于硫酸及稀盐酸的输送,但不适用于浓盐酸、硝酸和乙酸的输送</td></tr>
<tr><td>铝管</td><td>铝管有较好的耐酸性,其耐酸性主要由其纯度决定,但耐碱性差</td><td>铝管广泛用于输送浓硫酸、浓硝酸、甲酸和醋酸等。小直径铝管可以代替铜管来输送有压流体。当温度超过433 K时,不宜在较高的压力下使用</td></tr>
<tr><td colspan="3">非金属管</td><td colspan="2">非金属管是用各种非金属材料制作而成的管子的总称,主要有陶瓷管、水泥管、玻璃管、塑料管和橡胶管等。塑料管的用途越来越广,很多原来用金属管的场合逐渐使用塑料管</td></tr>
</table>

4.2.2 管件

管件是用来连接管子以延长管路、改变管路方向或直径、分支、合流或封闭管路的附件的总称。管件按用途有以下分类。

(1)用以改变流向者,有90°弯头、45°弯头、180°回弯头等。

(2)用以堵截管路者,有管帽、丝堵(堵头)、盲板等。

(3)用以连接支管者,有三通、四通,有时三通也用来改变流向,多余的一个通道接头用管帽或盲板封上,在需要时打开再连接一条分支管。

(4)用以改变管径者,有异径管(大小头)、内外螺纹接头等。

(5)用以延长管路者,有管箍(束节)、螺纹短节、活接头、法兰等。

4.2.3 阀门

在管路中调节流量、切断或者切换管路以及对管路起安全、控制作用的管件,统称为阀门。根据作用不同,阀门可以分为切断阀、节流阀、止回阀、安全阀等。又可根据阀门的结构形式不同而分为闸阀、截止阀、旋塞阀(常称考克)、球阀、蝶阀、隔膜阀、衬里阀等。此外,根据制作阀门的材料不同,又有不锈钢阀、铸铁阀、塑料阀、陶瓷阀等。各种阀门的选用和规格可从有关手册和样本中查到。下面仅对化工厂中最常见的几种阀门作一些简单介绍。

1)闸阀

闸阀,又称闸板阀。其结构如图1.8所示。它是利用阀体内闸门的升降以开关管路的。闸阀形体较大,造价较高,但当全开时,流体阻力小,常用作大型管路的开关阀,不适用于控制流量的大小及有悬浮物的液体管路上。

2)截止阀

截止阀的结构如图1.9所示。它是利用圆形阀盘在阀杆升降时,改变其与阀座间的距离,以开关管路和调节流量。截止阀对流体的阻力比闸阀要大得多,但比较严密可靠,故可用于流量调节。其不适用于有悬浮物的流体管路。安装截止阀时,要注意流体的流动方向应该是从下向上通过阀座(俗称低进高出)的。

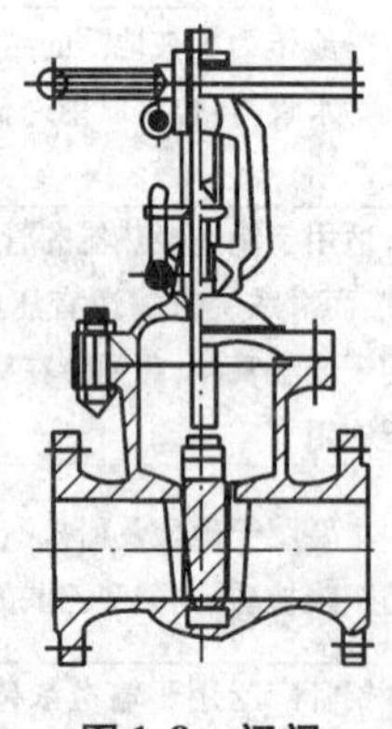

图1.8　闸阀

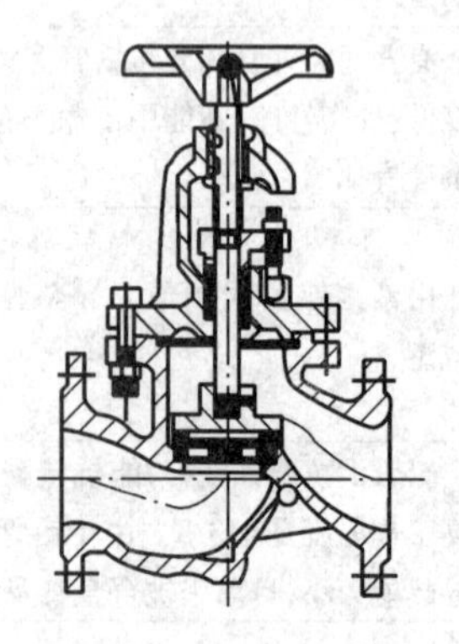

图1.9　截止阀

3)节流阀

节流阀属于截止阀的一种,如图1.10所示。它的结构和截止阀相似,所不同的是阀座口径小,同时用一个圆锥或流线形的阀头代替图1.9中的圆形阀盘,可以较好地控制、调节流体的流量,或进行节流调压等。

该阀制作精度要求较高,密封性能好。主要用于仪表、控制以及取样等管路中,不宜用于黏度大和含固体颗粒介质的管路中。

安装节流阀时,也要注意流体的流动方向应该是低进高出通过阀座的。

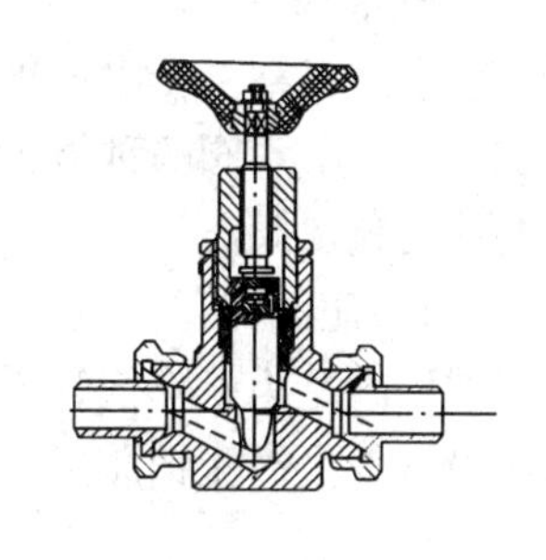

图 1.10　节流阀

4)旋塞阀

旋塞阀又称考克,其结构如图 1.11 所示。它是利用阀体内插入的一个中央穿孔的锥形旋塞来启闭管路或调节流量,旋塞的开关常用手柄而不用手轮。其优点为结构简单,开关迅速,流体阻力小,可用于有悬浮物的液体,但不适用于调节流量,亦不宜用于压力较大、温度较高的管路和蒸汽管路中。

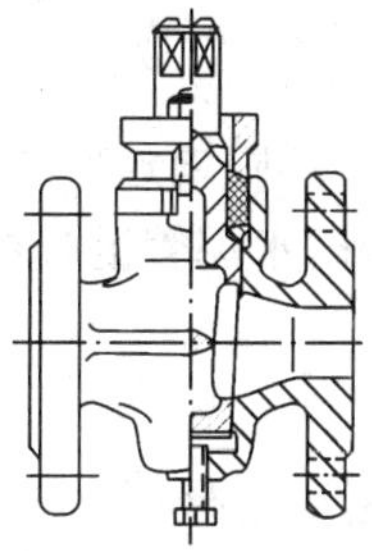

图 1.11　旋塞阀剖面

5)球阀

球阀,又称球芯阀。其结构如图 1.12 所示。它是利用一个中间开孔的球体作阀芯,依靠球体的旋转来控制阀门的开关。它和旋塞阀相仿,但比旋塞阀的密封面小,结构紧凑,开关省力,远比旋塞阀应用广泛。

6)隔膜阀

常见的隔膜阀有胶膜阀,如图 1.13 所示。这种阀门的启闭密封是一块特制的橡胶膜片,膜片夹置在阀体与阀盖之间。关闭时阀杆下的圆盘把膜片压紧在阀体上达到密封效果。这种阀门结构简单,密封可靠,便于检修,流体阻力小。其适用于输送酸性介质的管路中,但不宜在压力较高的管路中使用。

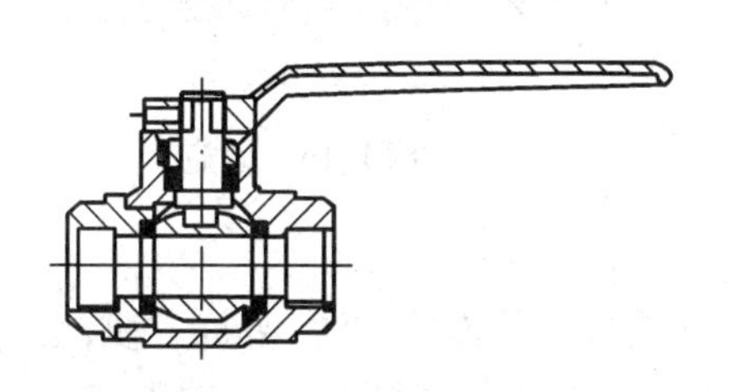

图 1.12　球阀结构示意

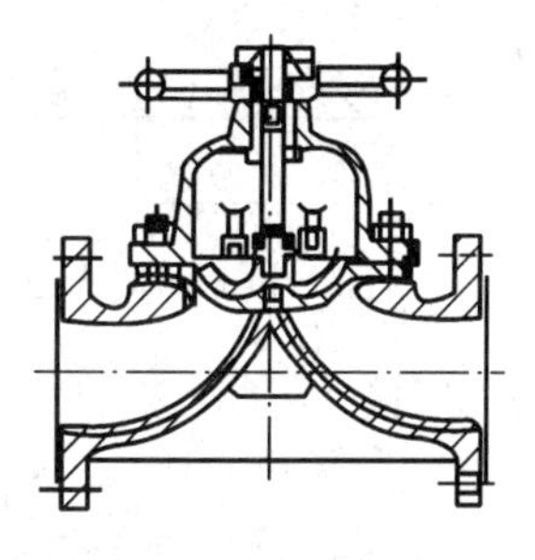

图 1.13　隔膜阀

7)安全阀

安全阀是用来防止管路中的压力超过规定指标的装置。当工作压力超过规定值时,阀门可自动开启,以排出多余的流体达到泄压目的,当压力复原后,又自动关闭,用以保证化工生产的安全。安全阀主要用于蒸汽锅炉及高压设备上。

8)止回阀

止回阀又称止逆阀或单向阀,是在阀的上下游压力差的作用下自动启闭的阀门,只允许流体向一个方向流动,而不允许向反方向流动。

比如离心泵在开启之前需要灌泵,为了保证液体顺利灌入,常在泵的吸入口安装底阀(自动止逆阀)。

9)疏水阀

疏水阀又称冷凝水排出阀,俗名疏水器。它主要用于蒸汽管路中专门排放冷凝水,而阻止蒸汽泄漏。疏水阀的种类很多,目前广泛使用的是热动力式疏水阀,几乎所有使用蒸汽的地方都要使用疏水阀。

10)减压阀

减压阀是为了降低管道设备的压力,并维持出口压力稳定而设置的一种机械装置,常用在高压设备上。高压钢瓶出口都要接减压阀,以降低出口压力,满足后续设备压力要求。

4.3 管路的连接

一般生产厂出厂的管子都有一定的长度,在管路的铺设中必然会涉及管路的连接问题,常见的管路连接方法有如下几种:承插式连接、螺纹连接、法兰连接及焊接。

1)承插式连接

如图1.14所示,管子的一头扩大成钟形,使一根管子的平头可以插入。环隙内通常先填塞麻丝或棉绳,然后塞入水泥、沥青等胶合剂,主要用于铸铁管、耐酸陶瓷管、水泥管的连接。其特点是安装方便,允许两管中心线有较大的偏差,但是拆除困难,不耐高压。

2)螺纹连接

依靠刻出的螺纹,可把管子和管件连接而构成管路。螺纹连接通常适用于管径不大于50 mm、工作压强低于1 MPa、介质温度不高于100 ℃的水管、压缩空气管路、煤气管路及低压蒸汽管路。用以连接直管的管件常用的有管箍和活接头。如图1.15所示。

图1.14 承插式连接

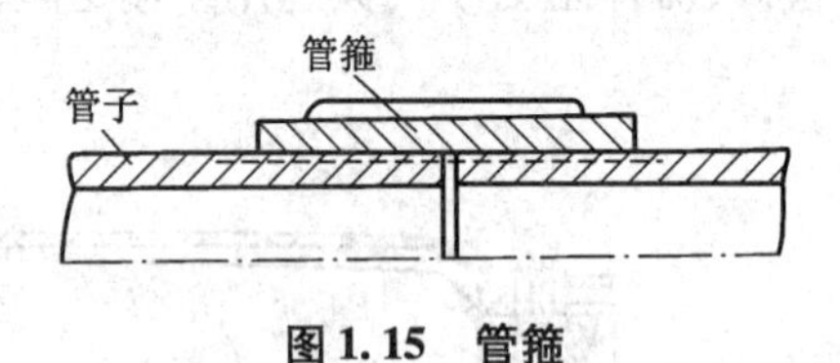

图1.15 管箍

3)法兰连接

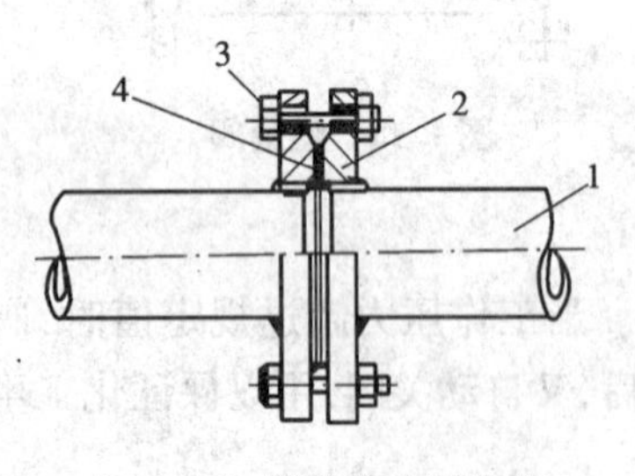

图1.16 管路的法兰连接

1—管子 2—法兰盘 3—螺栓螺母 4—垫片

法兰连接是常用的连接方法,装拆方便,密封可靠,适用的压力、温度与管径范围很大。缺点是费用较高。铸铁管法兰与管身同时铸成,钢管的法兰可以用螺纹接合,但最方便的还是用焊接法固定。两法兰间放置垫圈,起密封作用。垫圈的材料有石棉板、橡胶、软金属等,随介质的温度、压力而定。高压管道的密封则用金属垫圈,常用的金属垫圈材料有铝、铜、不锈钢等。管路的法兰连接如图1.16所示。

4)焊接

焊接法较上述任何连接法都经济、方便、严密。无论是钢管、有色金属管、聚氯乙烯管均可焊接,故焊接管路在化工厂中已被广泛采用,且特别适宜于长管路。但对经常拆除的管路和对焊缝有腐蚀性的物料管路以及在不允许动火的车间中安装管路时,不得使用焊接。焊接管路中仅在与阀件连接处使用法兰连接。

5 化工管路拆装操作训练

训练目的

能根据工艺流程图选择适宜的工具连接管路。

能完成基本检测器的接线、仪表参数整定。

设备示意

工艺流程图如图 1.17 所示，采用离心泵完成水箱中水的循环输送；输送管路中涉及管子拆装、管件更换、管路组装及调试。

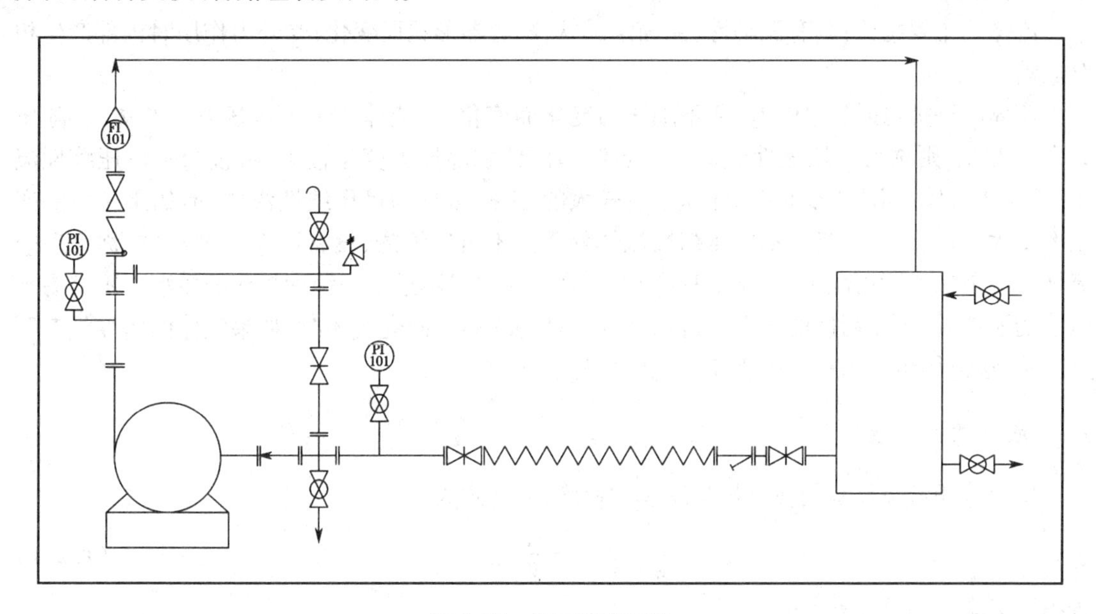

图 1.17 化工管路连接

训练要领

(1)首先按照化工管道的拆装要求及相关的设备、阀门、仪表等配备相应的拆装工器具。

(2)化工管路拆装一般是拆卸与安装顺序正好相反，拆卸时一般是从高处往下逐步拆卸，注意拆卸每一零部件都要按顺序进行编号，并按照顺序依次摆在地面上，每组学生在拆装时要相互配合，防止管道或管件掉落而砸伤手脚或砸坏地面。

(3)拆装仪表时要轻拿轻放，防止破碎。认真观察各种阀门的结构和区别，了解其使用特点，拆装时要注意阀门的方向和具体位置。

(4)所有密封部位的密封材料一般在拆装后需要更换，将原来的密封垫拆下来，按原样用剪刀进行制作并更换。密封垫位置要放置合适，不能偏移，所有螺栓都应该按照螺帽在上方的顺序紧固。

(5)紧固螺栓时必须对角分别用力紧固，然后再依次紧固，防止法兰面倾斜发生泄漏。

(6)装配过程中应使用水平尺进行度量，要注意保证管道横平竖直，严禁发生倾斜。管路支架固定可靠，不能松动。

(7)拆装完成后进行管路的试漏检验，在启动水泵前务必由指导教师进行开车前检查，没有问题后才准许送电运行。

任务2　流体的基本性质

从微观讲,流体是由大量的彼此之间有一定间隙的单个分子所组成的,而且分子总是处于随机运动状态。但工程上,在研究流体流动时,常从宏观出发,将流体视为由无数流体质点(或微团)组成的连续介质。所谓质点是指由大量分子构成的微团,其尺寸远小于设备尺寸,但却远大于分子自由程。这些质点在流体内部紧紧相连,彼此间没有间隙,即流体充满所占的空间,为连续介质。

流体的主要特征:具有流动性;无固定形状,随容器形状而变化;受外力作用时内部产生相对运动。

流体的种类:如果流体的体积不随压力变化而变化,该流体称为不可压缩性流体;若随压力发生变化,则称为可压缩性流体。一般液体的体积随压力变化很小,可视为不可压缩性流体;而对于气体,当压力变化时,体积会有较大的变化,常视为可压缩性流体,但如果压力的变化率不大,该气体也可当作不可压缩性流体处理。不可压缩的、没有黏滞性的流体,称为理想流体。但是在实际情况中,流体都具有黏性,理想流体只不过是一种理想化的模型。不容易被压缩的液体,在不太精确的研究中可以认为是理想流体。研究气体时,如果气体的密度没有明显变化,该气体也可当作不可压缩性流体处理。

1　流体的密度

单位体积流体具有的质量称为流体的密度,表达式为

$$\rho=\frac{m}{V} \tag{1.2.1}$$

式中　ρ——流体的密度,kg/m^3;

m——流体的质量,kg;

V——流体的体积,m^3。

各种流体的密度可以通过物理化学手册或化学工程手册查到。

对一定的流体,其密度是压强和温度的函数。压力对液体的密度影响很小(压力极高时除外),故将液体称为不可压缩流体。工程上常忽略压力对液体的影响,认为液体的密度只与温度有关。对绝大多数液体而言,温度升高,其密度下降。

化工生产中所处理的液体经常是混合物。对液体混合物,各组分的浓度用质量分数表示。设各组分在混合前后体积不变,则混合物的体积应等于各组分单独存在时的体积之和,以1 kg混合液为基准,则有

$$\frac{1}{\rho}=\frac{w_1}{\rho_1}+\frac{w_2}{\rho_2}+\cdots+\frac{w_n}{\rho_n}=\sum_{i=1}^{n}\frac{w_i}{\rho_i} \tag{1.2.2}$$

式中　$w_1,w_2,\cdots,w_n$——液体混合物中各组分的质量分数;

$\rho_1,\rho_2,\cdots,\rho_n$——各纯组分的密度,$kg/m^3$。

【例1.1】　苯和甲苯的混合液中含苯0.4(摩尔分数),试求该混合液在20 ℃时的平均密度ρ_m。

解:先将已知的摩尔分数换算成质量分数:

$$x_{苯}=0.4$$

可得

$$x_{甲苯}=1-0.4=0.6$$

两组分的摩尔质量分别为 $M_{苯}=78\ \mathrm{kg/kmol}$，$M_{甲苯}=92\ \mathrm{kg/kmol}$。可得

$$w_{苯}=x_{苯}M_{苯}/(x_{苯}M_{苯}+x_{甲苯}M_{甲苯})=0.4\times78/(0.4\times78+0.6\times92)=0.361$$

$$w_{甲苯}=1-w_{苯}=1-0.361=0.639$$

从手册中已查出苯和甲苯的密度为 $\rho_{苯}=879\ \mathrm{kg/m^3}$ 及 $\rho_{甲苯}=867\ \mathrm{kg/m^3}$。则

$$\rho_m=1/(w_{苯}/\rho_{苯}+w_{甲苯}/\rho_{甲苯})=1/(0.361/879+0.639/867)=871.29\ \mathrm{kg/m^3}$$

气体具有可压缩性及热膨胀性，其密度随压力和温度有较大的变化。在手册中查到的气体密度值都是某温度和压强下的值，应用时应切换为操作条件下的值。在温度不太低和压力不太高时，气体密度近似用理想气体状态方程计算，即

$$\rho=\frac{pM}{RT} \tag{1.2.3a}$$

或

$$\rho=\rho_0\frac{pT_0}{p_0T} \tag{1.2.3b}$$

式中 p——气体的绝对压强，kPa；

M——气体的摩尔质量，kg/kmol；

T——绝对温度，K；

R——气体常数，其值为 8.314 kJ/(kmol · K)。

下标 0 表示由手册中查得的结果。

对气体混合物，各组分的浓度常用体积分数表示。设各组分在混合前后质量不变，则混合气体的质量等于各组分的质量之和，即

$$\rho_m=\rho_1\varphi_1+\rho_2\varphi_2+\cdots+\rho_n\varphi_n \tag{1.2.4}$$

式中 $\varphi_1,\varphi_2,\cdots,\varphi_n$——气体混合物中各组分的体积分数。

或者以混合气体的平均摩尔质量 M_m 代替式(1.2.3)中的气体摩尔质量 M，即

$$\rho_m=\frac{pM_m}{RT} \tag{1.2.5}$$

式中 ρ_m——气体混合物的平均密度，$\mathrm{kg/m^3}$；

M_m——混合气体的平均摩尔质量，kg/kmol。

$$M_m=M_1y_1+M_2y_2+\cdots+M_ny_n \tag{1.2.6}$$

式中 $M_1,M_2,\cdots,M_n$——各纯组分的摩尔质量，kg/kmol；

$y_1,y_2,\cdots,y_n$——气体混合物中各组分的摩尔分数。

比体积是指单位质量流体具有的体积，是密度的倒数，单位为 $\mathrm{m^3/kg}$。

$$v=\frac{V}{m}=\frac{1}{\rho} \tag{1.2.7}$$

式中 v——比体积，$\mathrm{m^3/kg}$。

相对密度是一种流体相对于另一种标准流体的密度的大小，是一个量纲为 1 的准数。对液体而言，常以 4 ℃的纯水作为标准液体，$\rho_{水}=1\ 000\ \mathrm{kg/m^3}$。4 ℃的纯水的相对密度为 1。

【例1.2】 空气中O_2的摩尔分数为0.21,N_2的摩尔分数为0.78,Ar的摩尔分数为0.01。

(1)求标准状况下空气的平均密度ρ_0;

(2)求绝对压强为3.8×10^4 Pa、温度为20 ℃时空气的平均密度。

解:(1)已知O_2的摩尔质量为32 kg/kmol,N_2的摩尔质量为28 kg/kmol,Ar的摩尔质量为40 kg/kmol。

先求出标准状况下空气的平均密度M_m:

$$M_m = M_{O_2}\times y_{O_2} + M_{N_2}\times y_{N_2} + M_{Ar}\times y_{Ar} = 32\times0.21+28\times0.78+40\times0.01$$
$$=28.96\ \text{kg/kmol}$$

$$\rho_0 = p_0M_m/(RT_0) = 101.33\times28.96/(8.314\times273) = 1.293\ \text{kg/m}^3$$

(2)求3.8×10^4 Pa、20 ℃时空气的平均密度ρ:

$$\rho=\rho_0pT_0/(p_0T)=1.293\times(3.8\times10^4\times273)/[101.33\times10^3\times(273+20)]=0.452\ \text{kg/m}^3$$

由计算结果可看出,空气在标准状况下的密度与其在3.8×10^4 Pa、20 ℃状态下的密度相差很多,故气体的密度一定要标明状态。

2 流体的黏度

流体的典型特征是具有流动性,但不同流体的流动性能不同,这主要是因为流体内部质点间作相对运动时存在不同的内摩擦力。这种表明流体流动时产生内摩擦力的特性称为黏性。黏性是流动性的反面,流体的黏性越大,其流动性越小。流体的黏性是流体产生流动阻力的根源。

黏性是流体的固有属性,流体无论是静止还是流动,都具有黏性。

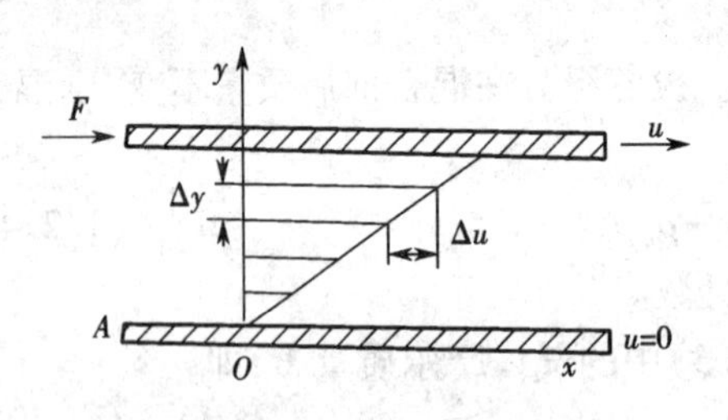

图1.18 平板间液体速度变化

图1.18所示,有上下两块平行放置且面积很大而相距很近的平板,板间充满某种液体。若将下板固定,而对上板施加一个恒定的外力F,上板就以恒定速度u沿x方向运动。此时,两板间的液体就会分成无数平行的薄层而运动,黏附在上板底面的一薄层液体也以速度u随上板运动,其下各层液体的速度依次降低,黏附在下板表面的液层速度为零,流体相邻层间的内摩擦力即为F。实验证明,F与上下两板间沿y方向的速度变化率$\Delta u/\Delta y$成正比,与接触面积A成正比。流体在圆管内流动时,u与y的关系是曲线关系,上述变化率应写成$\mathrm{d}u/\mathrm{d}y$,称为速度梯度,即

$$F=\mu\frac{\mathrm{d}u}{\mathrm{d}y}A \tag{1.2.8}$$

若单位流层面积上的内摩擦力称为剪应力τ,则

$$\tau=\frac{F}{A}=\mu\frac{\mathrm{d}u}{\mathrm{d}y} \tag{1.2.9}$$

上式称为牛顿黏性定律,即流体层间的剪应力与速度梯度成正比。式中比例系数μ称为动力黏度或绝对黏度,简称黏度。黏度是流体的重要参数之一。流体的黏度越大,其流动性就越小。流体的黏度随流体的种类及状态而变化,液体的黏度随温度升高而减小,气体的黏度随温度升高而增大。压力变化时,液体的黏度基本不变,气体的黏度随压力升高而增大得很少,

一般工程计算中可以忽略。

在法定单位制中，黏度的单位为 Pa·s。在一些工程手册中，黏度的单位常常用物理单位制的 cP(厘泊)或 P(泊)表示，它们的换算关系为 1 Pa·s = 10 P = 1 000 cP。

流体的黏性还可用黏度 μ 与密度 ρ 的比值表示，称为运动黏度，以符号 ν 表示，即

$$\nu = \frac{\mu}{\rho} \tag{1.2.10}$$

法定单位制中运动黏度的单位为 m^2/s，其他单位有 st(沲)和 cst(厘沲)，它们的换算关系为 1 st = 100 cst(厘沲) = 1×10^{-4} m^2/s。

工业上各种混合物的黏度用实验的方法测定，缺乏数值时，可参考有关资料以选用适当的经验公式进行估算。

气体混合物的黏度可采用下式计算：

$$\mu_m = \sum_{i=1}^{n} (y_i \mu_i M_i^{1/2}) / \sum_{i=1}^{n} (y_i M_i^{1/2}) \tag{1.2.11}$$

式中 μ_m——常压下混合气体的黏度；

y_i——气体混合物中某一组分的摩尔分数；

μ_i——与气体混合物相同温度下某一组分的黏度；

M_i——气体混合物中某一组分的相对分子质量。

分子不发生缔合的液体混合物的黏度可采用下式进行计算：

$$\lg \mu_m = \sum_{i=1}^{n} (x_i \lg \mu_i) \tag{1.2.12}$$

式中 μ_m——液体混合物的黏度；

x_i——液体混合物中某一组分的摩尔分数；

μ_i——与液体混合物相同温度下某一组分的黏度。

3 流体的压强

在垂直方向上作用于流体单位面积上的力，称为流体的静压强，简称压强，习惯上又称为压强。在静止流体中，作用于任意点不同方向上的压强在数值上均相等。

$$p = \frac{F}{A} \tag{1.2.13}$$

式中 p——流体的压强，Pa；

F——垂直作用于单位面积上的压力，N；

A——流体的作用面积，m^2。

在法定计量单位使用之前，常用的压强单位有物理大气压(atm)、工程大气压(at)、巴(bar)、液体柱高(如 mmHg 柱、mmH_2O 柱等)等，它们之间的换算关系为

$$1\ \text{atm} = 101.33\ \text{kPa} = 760\ \text{mmHg} = 10.33\ \text{mH}_2\text{O} = 1.033\ \text{kgf/cm}^2 = 1.013\ 3\ \text{bar}$$

$$1\ \text{at} = 98.07\ \text{kPa} = 735.6\ \text{mmHg} = 10\ \text{mH}_2\text{O} = 1\ \text{kgf/cm}^2$$

流体压力的大小可以用不同的基准来度量，一种是绝对压力，以绝对真空为基准测得的压强，是流体的真实压强；另一种是表压或真空度，是以外界大气压为基准测得的压强。当被测流体的绝对压强大于外界大气压时，所用的测压仪表为压力表。压力表上的读数表示被测流

体的绝对压强比外界大气压高出的数值,称为表压力。因此

表压强 = 绝对压强 - 当地外界大气压强

当被测流体的绝对压强小于外界大气压时(工程上称负压)选用真空表。真空表上的读数表示被测流体的绝对压强低于外界大气压的数值,称为真空度。

真空度 = 当地外界大气压强 - 绝对压强

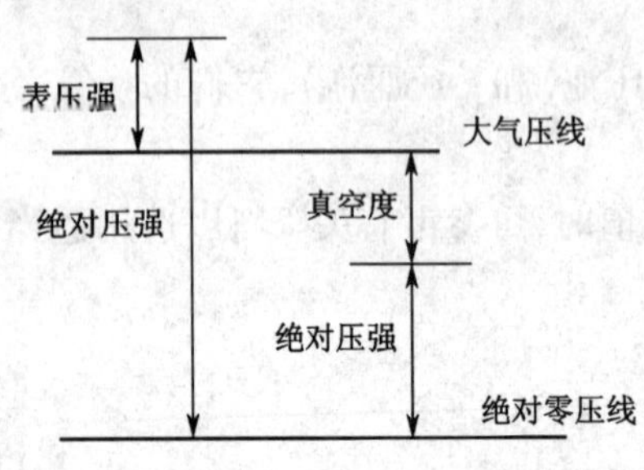

图 1.19 绝对压强、表压强与真空度的关系

显然,真空度值相当于负的表压值。并且设备内流体的真空度愈高,它的绝对压强就愈低。绝对压强、表压强与真空度之间的关系可用图 1.19 表示。

应当注意的是大气压强不是固定不变的,随着大气温度、湿度以及所在地区的海拔高度的变化而变化。一般为了避免绝对压强、表压强、真空度三者之间相互混淆,通常对表压、真空度等加以标注,如 2 000 Pa(表压)、10 mmHg(真空度)等,还应指明当地大气压强。

【例 1.3】 在甲地操作的苯乙烯精馏塔塔顶的真空度为 8.26×10^4 Pa,问在乙地操作时,如果维持相同的绝对压强,真空表的读数应为多少?已知甲地地区的大气压强为 8.53×10^4 Pa,乙地地区的大气压强为 101.33 kPa。

解:根据甲地地区的条件,先求出操作时塔顶的绝对压强:

$$\begin{aligned}\text{绝对压强} &= \text{当地大气压} - \text{真空度}\\ &= 8.53 \times 10^4 - 8.26 \times 10^4\\ &= 0.27 \times 10^4 \text{ Pa}\end{aligned}$$

在乙地操作时,要维持相同的绝压,则

$$\begin{aligned}\text{真空度} &= \text{当地大气压} - \text{绝对压强}\\ &= 101.33 \times 10^3 - 0.27 \times 10^4\\ &= 98.63 \times 10^3 \text{ Pa}\end{aligned}$$

4 流体静力学基本方程及其应用

在重力场中,当流体处于静止状态时,流体除受重力(即地心引力)作用外,还受到压力的作用。流体处于静止状态是这些作用于流体上的力达到平衡的结果。流体静力学基本方程就是研究流体处于静止状态下力的平衡关系的方程。

4.1 流体静力学基本方程

流体静力学基本方程反映流体相对静止时,在重力和压力作用下处于平衡状态的规律。它可以经过下面的方法推导而得。

如图 1.20 所示,容器内装有密度为 ρ 的液体,液体可认为是不可压缩流体,其密度不随压力变化。在静止液体中取一段液柱,其截面积为 A,以容器底面为基准水平面,液柱的上、下端面与基准水平面的垂直距离分别为 z_1 和 z_2。作用在上、下两端面的压强分别为 p_1 和 p_2。

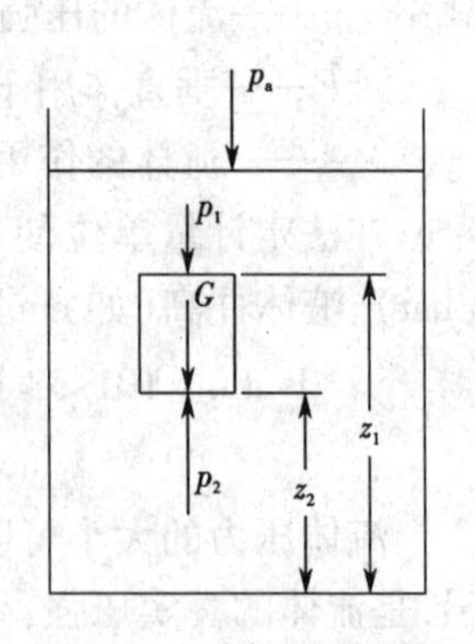

图 1.20 液柱受力分析

重力场中在垂直方向上对液柱进行受力分析:

上端面所受总压力 $P_1 = p_1 A$，方向向下；

下端面所受总压力 $P_2 = p_2 A$，方向向上；

液柱的重力 $G = \rho g A(z_1 - z_2)$，方向向下。

液柱处于静止状态时，上述三项力的合力应为零，即

$$p_2 A - p_1 A - \rho g A(z_1 - z_2) = 0$$

整理并消去 A，得

$$p_2 = p_1 + \rho g(z_1 - z_2) \tag{1.2.14}$$

若将液柱的上端面取在容器内的液面上，设液面上方的压强为 p_a，液柱高度为 h，则式(1.2.14)可改写为

$$p_2 - p_a = \rho g h \tag{1.2.15}$$

式(1.2.14)、式(1.2.15)均称为静力学基本方程。

静力学基本方程适用于在重力场中静止、连续的同种不可压缩流体，如液体。而对于气体来说，密度随压力变化，但若气体的压力变化不大，密度近似地取其平均值而视为常数时，静力学基本方程也适用。

静力学基本方程反映静止流体内部任意两截面压力之间的关系，表明了在静止、连续、均质的流体内部，当一点压力变化，其他各点也发生同样大小和方向的变化。它是液压传动的理论基础。

静力学基本方程还表明，静止流体内部某一点的压力与液体本身的密度及该点距液面的深度(指垂直距离)有关，与该点的水平位置及容器的形状无关。液体的密度越大，距液面越深，该点的压力就越大。因此，在静止的同一连续流体内部处于同一水平面上的各点的压强必定相等。此即为连通器原理。

静力学基本方程表明，压强差的大小可以用一定高度的流体柱来表示，由此可以引申为压强也可以用一定高度的流体柱来表示，这就是压强或压强差可以用 mmHg、mH_2O 来表示的原因。当用流体柱高度来表示压强或者压强差时，必须标明流体类型，如 10 mH_2O 等，若写成 10 m 则失去意义。

气体的密度随压力变化，也随高度变化。严格说，以上结论只适用于液体。但是，工程上，考虑到在化工容器的高度范围内，气体密度变化不大，因此，允许适用于气体。

4.2 流体静力学基本方程的应用

流体静力学基本方程常用于某处流体表压或流体内部两点间压强差的测量、贮罐内液位的测量、液封高度的计算、流体内物体受到的浮力以及液体对壁面的作用力的计算等。

4.2.1 压强(差)的测量

测量压强差与压强的仪表种类很多，此处仅介绍以流体静力学基本方程为依据的测压仪表，这种仪表称为液柱压差计。

1)U 管压差计

U 管压差计的结构如图 1.21 所示。管中盛有与测量液体不互溶、密度为 ρ_A 的指示剂 A，它与被测流体 B 不能互溶，也不能起化学反应，其密度 ρ_A 大于被测流体的密度 ρ_B。当用 U 管压差计测量设备内两点的压差时，可将 U 管两端与被测两点直接相连，利用压差计读数 R 的数值就可以计算出两点间的压强差。

因为 e 点和 f 点都在静止、连续、均质的流体内部，并且处于同一水平面上，所以两点的压强相等。根据流体静力学基本方程可得

$$p_e = p_f$$

而

$$p_e = p_1 + z_1\rho_B g$$
$$p_f = p_2 + z_2\rho_B g + R\rho_A g$$

所以

$$p_1 + z_1\rho_B g = p_2 + z_2\rho_B g + R\rho_A g$$
$$z_1 = z_2 + R$$

整理得

$$p_1 - p_2 = (\rho_A - \rho_B)gR \tag{1.2.16}$$

若被测流体是气体，由于气体的密度远小于指示液的密度，即 $\rho_A - \rho_B \approx \rho_A$，则式(1.2.16)可简化为

$$p_1 - p_2 \approx Rg\rho_A \tag{1.2.17}$$

由上式可以看出，压强差 $p_1 - p_2$ 仅与压差计读数 R 以及两流体的密度差有关，与 U 管的粗细、长度、z_1、z_2 无关。

U 管压差计也可测量流体的静压强，即用开口 U 管压差计。测量时将 U 形管一端与被测点连接，另一端与大气相通，此时测得的是流体的表压或真空度。U 管压差计在使用时为防止水银蒸气向空气中扩散，通常在与大气相通的一侧水银液面上充入少量水，以防汞蒸气挥发到周围环境中。计算时其高度可忽略不计。

常用的指示液有水银、四氯化碳、水和液体石蜡等，应根据被测流体的种类和测量范围合理选择指示液。测量液体压强时，常采用四氯化碳、汞等密度大的液体做指示剂。测量气体压强时，常采用水(气体不溶于水)，有时水中加入染料，便于观察。

若被测流体压差小，压差计读数就小，不易准确读取数据，此时可采用密度较小的液体做指示剂。这样上式中 $\rho_A - \rho_B$ 的值变小，测量同样的压强差或压强时，压差计读数 R 就会相应增大。

U 管压差计的特点：构造简单，准确，造价低，但是易破碎，不适于测量较高压强，长度受限制，所以测压范围不大，取值时要同时兼顾指示剂的两个液面，故读取数据不太方便。

2) 倒 U 管压差计

若被测流体为液体，也可选用比其密度小的流体(液体或气体)作为指示液，即倒 U 管压差计，如图 1.22 所示。

最常用的倒 U 管压差计是以空气作为指示液，此时，

$$p_1 - p_2 = Rg(\rho_B - \rho_A) \approx Rg\rho_B \tag{1.2.18}$$

4.2.2 液位的测量——液位计

在化工生产中，经常要了解容器内液体的贮存量，或对设备内的液位进行控制，因此，常常需要测量液位。测量液位的装置较多，但大多数遵循流体静力学基本原理。

图 1.23 所示的是利用 U 管压差计进行近距离液位测量的装置。在容器或设备 1 的外边设一平衡小室 2，其中所装的液体与容器中相同，其液面高度维持在容器中液面允许到达的最高位置。用一装有指示液的 U 管压差计 3 把容器和平衡室连通起来，由压差计读数 R 利用静

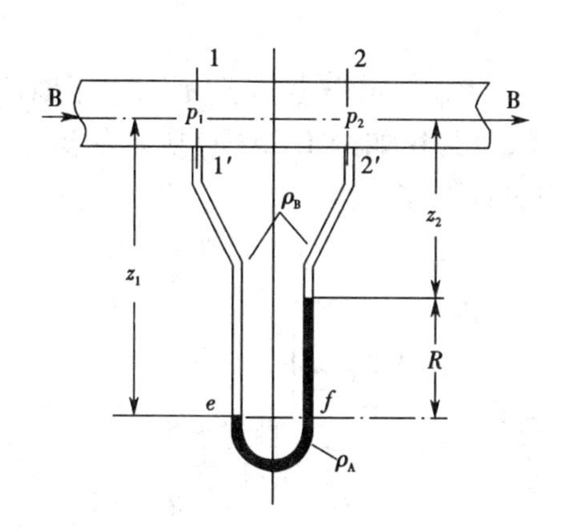

图 1.21　U 管压差计

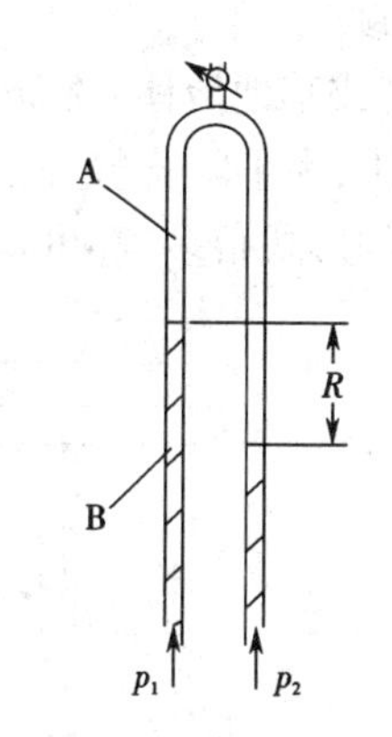

图 1.22　倒 U 管压差计

力学基本方程即可算出容器内的液面高度。

若容器或设备的位置离操作室较远，可采用图 1.24 所示的远距离液位测量装置。在管内通入压缩氮气，用调节阀 1 调节其流量，测量时控制流量使在观察器 2 中有少许气泡逸出。用 U 管压差计 3 测量吹气管 4 内的压强，其读数 R 的大小即可反映出贮槽 5 内的液位高度，关系为 $h=\dfrac{\rho_A}{\rho_B}R$。

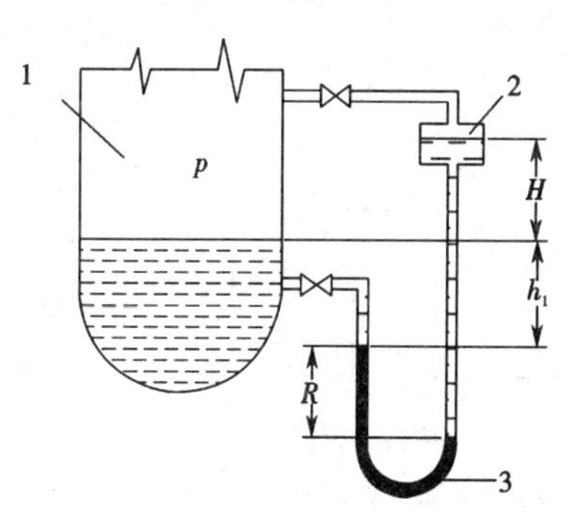

图 1.23　压差法测量液位

1—容器　2—平衡小室　3—U 管压差计

4.2.3　液封高度的计算

对于常压操作的气体系统，常采用称为液封的附属装置。液封是一种利用液体的静压来封闭气体的装置。

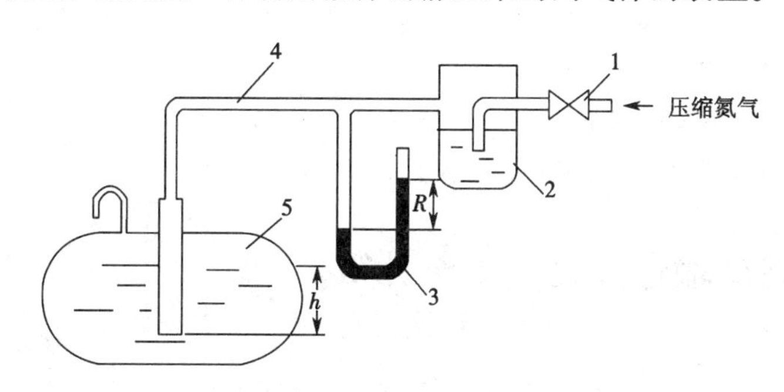

图 1.24　远距离液位测量

1—调节阀　2—鼓泡观察器　3—U 管压差计　4—吹气管　5—贮槽

根据液封的作用不同，大体可分为以下三类，它们都是根据流体静力学原理设计的。

1）安全液封

如图 1.25（a）所示，从气体主管道上引出一根垂直支管，插到充满液体（通常为水，因此又称水封）的液封槽内，插入口以上的液面高度应足以保证在正常操作压强 p（表）下气体不会由支管溢出。当由于某种不正常原因，系统内气体压强突然升高时，气体可由此处冲破液封排出并卸压，以保证设备的安全。这种水封还有排除气体管中凝液的作用。

2）切断水封

有些常压可燃气体贮罐前后安装切断水封以代替笨重易漏的截止阀，如图 1.25（b）所示。正常操作时，水封不充水，气体可以顺利绕过隔板出入贮罐；需要切断时（如检修），往水封内注入一定高度的水，使隔板在水中的水封高度大于水封两侧最大可能的压差值。

3)溢流水封

许多用水(或其他液体)洗涤气体的设备,通常维持在一定压力 p 下操作,水不断流入,同时必须不断排出,为了防止气体随水一起流出设备,可采用如图 1.25(c)所示的溢流水封装置。这类装置的形式很多,都可运用静力学方程来进行设计估算。

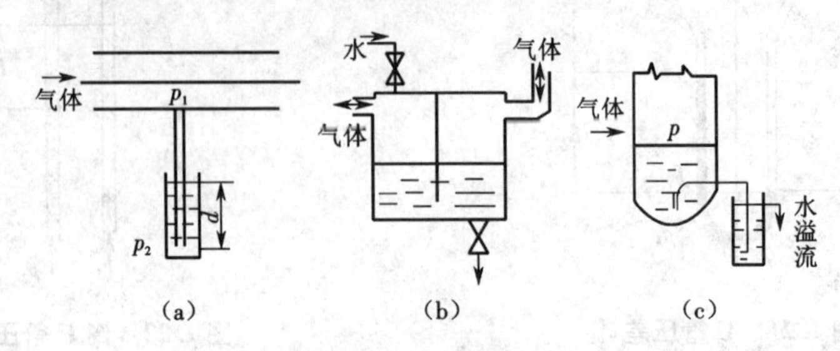

图 1.25 液封装置

(a)安全水封 (b)切断水封 (c)溢流水封

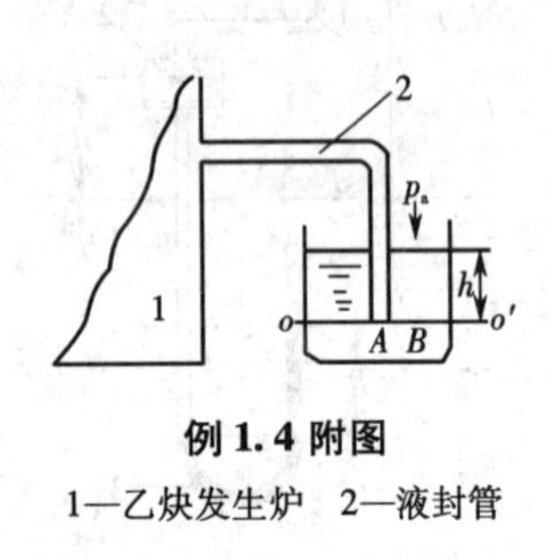

例 1.4 附图

1—乙炔发生炉 2—液封管

【例 1.4】 如本题附图所示,某厂为了控制乙炔发生炉内的压强不超过 10.7×10^3 Pa(表压),需在炉外装有安全液封(又称水封)装置,其作用是当炉内压强超过规定值时,气体就从液封管 2 中排出。试求此炉的安全液封管应插入槽内水面下的深度 h。

解:当炉内压强超过规定值时,气体将由液封管排出,故先按炉内允许的最高压强计算液封管插入槽内水面下的深度。

过液封管口作等压面 o—o',在其上取 A、B 两点。其中:

$$p_A = \text{炉内压强} = p_a + 10.7\times10^3\ \text{Pa}$$

或

$$p_B = p_a + \rho g h$$

因

$$p_A = p_B$$

故

$$p_a + 10.7\times10^3 = p_a + 1\,000\times9.81h$$

解得

$$h = 1.19\ \text{m}$$

为了安全起见,实际安装时管子插入水面下的深度应略小于 1.19 m。

任务 3 流体输送过程的工艺计算

1 流量和流速

流体在流动时,单位时间内通过管道任一截面的流体量称为流体的流量。若流体量以体积计算,称为体积流量,以 q_V表示,单位为 m^3/s;若流体量以质量计算,称为质量流量,以 q_m表示,单位为 kg/s。两者之间的关系为

$$q_m = \rho q_V \tag{1.3.1}$$

单位时间内,流体在流动方向上经过的距离称为流速。由于具有黏性,流体质点在管道截面径向各点的流速并不一致,管中心处速度最大,越近管壁流速越小,管壁处流速为零。在工程计算中,为简便起见,常常采用平均流速,习惯上简称流速,它等于流体的体积流量 q_V与管道截面积 A 之比,即

$$u = \frac{q_V}{A} \quad (\text{m/s}) \tag{1.3.2}$$

单位时间内流经管道单位截面积的流体质量称为质量流速，以 G 表示，单位为 $\text{kg/(m}^2\cdot\text{s)}$。由于气体的体积流量随压强和温度而变化，故采用质量流速就较为方便。

质量流速与流速的关系为

$$G = \frac{q_m}{A} = \frac{q_V\rho}{A} = u\rho \tag{1.3.3}$$

流量与流速的关系为

$$q_m = q_V\rho = uA\rho = GA \tag{1.3.4}$$

一般化工管道截面为圆形，若以 d 表示管道的内径，

$$u = \frac{q_V}{\frac{\pi}{4}d^2}$$

则

$$d = \sqrt{\frac{4q_V}{\pi u}} \tag{1.3.5}$$

式(1.3.5)是设计管道或塔、器直径的基本公式。式中，流量 q_V 一般由生产任务决定，选定适宜的流速 u 后可用上式估算出管径，再圆整到标准规格。由上式可以看出流速越大，管径越小，越节省管材，设备费用越小。但同时，流速越大，流动阻力越大，能量消耗越多，操作费用越大，所以适宜流速的选择应根据经济核算确定，通常可选用经验数据。某些流体在管路中的常用流速范围列于表 1.3 中。

表 1.3　某些流体在管道中的常用流速范围

流体及其流动类别	流速范围/(m/s)
自来水	1.0 ~ 1.5
水及低黏度液体	1.5 ~ 3.0
高黏度液体	0.5 ~ 1.0
工业供水	1.5 ~ 3.0
锅炉供水	>3.0
饱和蒸汽	20 ~ 40
过热蒸汽	30 ~ 50
蛇管、螺旋管内的冷却水	<1.0
低压空气	12 ~ 15
高压空气	15 ~ 25

【例 1.5】　已知管子规格为 $\phi57\ \text{mm}\times3\ \text{mm}$，水在管内的平均流速为 2.5 m/s，水的密度可取为 1 000 kg/m³。试求：管路中水的体积流量和质量流量。

解：

$$q_V = u_1A_1 = u_1\frac{\pi}{4}d_1^2 = 2.5\times0.785\times0.051^2 = 0.005\ 1\ \text{m}^3/\text{s}$$

$$q_m = q_V\rho = 0.005\ 1\times1\ 000 = 5.1\ \text{kg/s}$$

【例 1.6】　某精馏冷却塔要求安装一根输水量为 45 m³/h 的管道，试选择合适的管子的

管径。

解:取自来水在管内的流速为1.5 m/s,则

$$d=\sqrt{\frac{4q_V}{\pi u}}=\sqrt{\frac{4\times 45/3\ 600}{3.14\times 1.5}}=0.103\ \text{m}=103\ \text{mm}$$

算出的管径往往不能和管子规格中所列的标准管径相符,此时可在规格中选用和计算直径相近的标准管子。本题用ϕ114 mm×4 mm的热轧无缝钢管合适。其管子外径为114 mm,壁厚为4 mm,管径确定后,还应重新核定流速。

水在管中的实际流速为

$$u=\frac{q_V}{\frac{\pi}{4}d^2}=\frac{45/3\ 600}{0.785\times 0.106^2}=1.42\ \text{m/s}$$

在适宜流速范围内,所以该管子可用。

2　稳态流动和非稳态流动

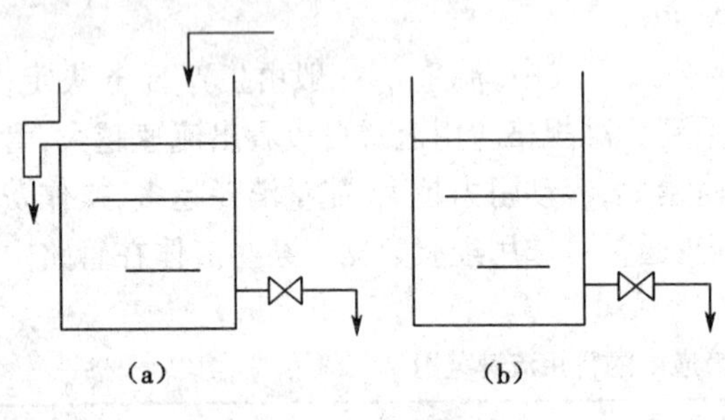

图1.26　流动形式
(a)恒位槽　(b)普通储槽

根据流体在管路系统中流动时各种参数的变化情况,可以将流体的流动分为稳态流动和非稳态流动。若流动系统中各物理量的大小仅随位置变化、不随时间变化,则称为稳态流动。若流动系统中各物理量的大小不仅随位置变化,而且随时间变化,则称为非稳态流动。如图1.26(a)所示,进入恒位槽的流体的流量总是大于排出的流体的流量,其余的流体就会从溢流管流出,从而维持液位恒定。在流动过程中,流体在各截面上的温度、压强、流速等参数仅随所在空间位置变化,而不随时间变化,这种流动称为稳态流动;如图1.26(b)所示,由于没有流体的补充,储槽内的液位将随着流体流动的进行而不断下降。在流动过程中,流体在各截面上的温度、压强、流速等参数不但随所在空间位置而变化,而且随时间变化,则称为非稳态流动。

工业生产中的连续操作过程,如生产条件控制正常,则流体流动多属于稳态流动。连续操作的开车、停车过程及间歇操作过程都属于非稳态流动。本项目所讨论的流体流动为稳态流动过程。

3　连续性方程

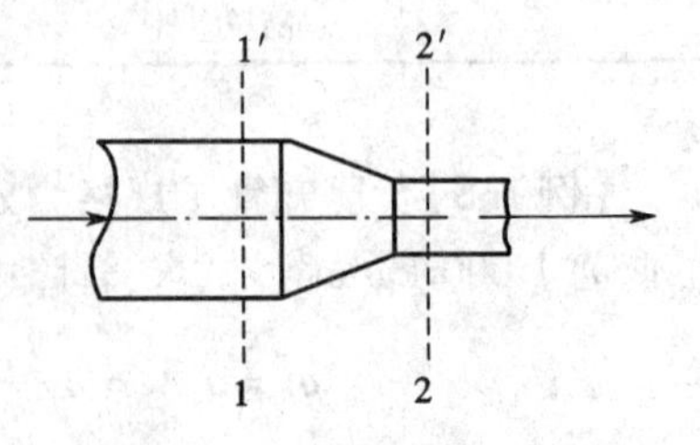

图1.27　连续性方程的推导

如图1.27所示的稳态流动系统,流体连续地从1—1′截面进入2—2′截面流出,且充满全部管道。以1—1′、2—2′截面以及管内壁为衡算范围,在此范围流体没有增加和漏失的情况下,根据物料衡算,单位时间进入截面1—1′的流体质量与单位时间流出截面2—2′的流体质量必然相等,即

$$q_{m_1} = q_{m_2} \tag{1.3.6}$$

或

$$\rho_1 u_1 A_1 = \rho_2 u_2 A_2 \tag{1.3.7}$$

推广至任意截面,

$$q_m = \rho_1 u_1 A_1 = \rho_2 u_2 A_2 = \cdots = \rho u A = 常数 \tag{1.3.8}$$

以上均称为连续性方程,表明在稳态流动系统中,流体流经各截面时的质量流量恒定。

对于不可压缩流体,ρ = 常数,连续性方程可写为

$$q_V = u_1 A_1 = u_2 A_2 = \cdots = uA = 常数 \tag{1.3.9}$$

上式表明不可压缩流体流经各截面时的体积流量也不变,流速 u 与管截面积成反比,截面积越小,流速越大;反之,截面积越大,流速越小。

对于圆形管道:

$$\frac{u_1}{u_2} = \frac{A_2}{A_1} = \left(\frac{d_2}{d_1}\right)^2 \tag{1.3.10}$$

上式说明不可压缩流体在圆形管道中流动时,任意截面的流速与管内径的平方成反比。

以上各式与管路安排及管路上的管件、输送机械等都无关。

【例 1.7】 串联变径管路中,已知小管规格为 ϕ57 mm × 3 mm,大管规格为 ϕ89 mm × 3.5 mm,均为无缝钢管,水在小管内的平均流速为 2.5 m/s,水的密度可取为 1 000 kg/m^3。试求:水在大管中的流速。

解:小管直径 d_1 = 57 − 2 × 3 = 51 mm,u_1 = 2.5 m/s;大管直径 d_2 = 89 − 2 × 3.5 = 82 mm。则

$$u_2 = u_1 \frac{A_1}{A_2} = u_1 \left(\frac{d_1}{d_2}\right)^2 = 2.5 \times \left(\frac{51}{82}\right)^2 = 0.967\ \text{m/s}$$

4 伯努利方程

4.1 流动系统的能量

能量是物质运动的量度,流动体系的能量形式主要有内能、机械能以及功、热、能量损失。若系统不涉及温度变化及热量交换,内能为常数,则系统中所涉及的能量只有机械能、功、热、能量损失。能量根据其属性分为流体自身所具有的能量及系统与外界交换的能量。

4.1.1 流体自身所具有的能量——机械能

1)位能

流体受重力作用在不同高度处所具有的能量称为位能。计算位能时应先规定一个基准水平面,如 $O—O'$面。将质量为 m kg 的流体自基准水平面 $O—O'$升举到 z 处所做的功,即为位能,其值为 mgz,单位为 J。则 1 kg 流体所具有的位能为 zg,其单位为 J/kg。

2)动能

流体以一定的速度流动,便具有动能。质量为 m、流速为 u 的流体所具有的动能为$\frac{1}{2}mu^2$,单位为 J。则 1 kg 流体所具有的动能为$\frac{1}{2}u^2$,其单位为 J/kg。

3)静压能

在静止或流动的流体内部,任一处都有相应的静压强,如果在一内部有液体流动的管壁面上开一小孔,并在小孔处装一根垂直的细玻璃管,液体便会在玻璃管内上升,上升的液柱高度即是管内该截面处液体静压强的表现。

这种推动流体上升的能量即为静压能或流动功。

质量为 m kg、压力为 p Pa 的流体的静压能为$\frac{mp}{\rho}$,单位为 J。则 1 kg 流体所具有的静压能为$\frac{p}{\rho}$,其单位为 J/kg。

4.1.2 系统与外界交换的能量

实际生产中的流动系统,系统与外界交换的能量主要有外加功和能量损失。

1)外加功

当系统中安装有流体输送设备时,它对系统做功,即将外部的能量转化为流体的机械能。1 kg 流体从输送机械中所获得的能量称为外加功,用 W 表示。

2)能量损失

由于流体具有黏性,在流动过程中要克服各种阻力,所以流动中有能量损失。1 kg 流体流动时为克服阻力而损失的能量,用 $\sum E_f$表示。

4.2 伯努利方程式

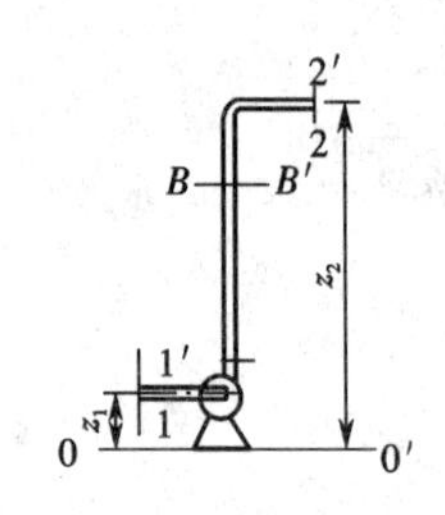

图 1.28 稳态流动系统示意

流体在如图 1.28 所示的系统中定态流动,设流体中心到基准水平面 0—0′面的距离分别为 z_1、z_2,两截面处的流速和压强分别为 u_1、p_1 和 u_2、p_2,流体在两截面处的密度均为 ρ,1 kg 流体在1—1′截面至 2—2′截面从泵获得的外加功为 W,1 kg 流体从 1—1′截面至 2—2′截面全部的能量损失为 $\sum E_f$。以管道、流体输送机械和换热器等装置的内壁面、截面 1—1′以及截面 2—2′作为衡算范围,以 1 kg 流体作为衡算基准进行能量衡算。

根据能量守恒定律:进入流动系统的能量 = 离开流动系统的能量 + 系统内的能量积累。对于稳态系统,系统内的能量积累为 0。即

$$z_1g+\frac{1}{2}u_1^2+\frac{p_1}{\rho}+W=z_2g+\frac{1}{2}u_2^2+\frac{p_2}{\rho}+\sum E_f \tag{1.3.11}$$

将上式各项同除以重力加速度 g,可得

$$z_1+\frac{u_1^2}{2g}+\frac{p_1}{\rho g}+\frac{W}{g}=z_2+\frac{u_2^2}{2g}+\frac{p_2}{\rho g}+\frac{\sum E_f}{g}$$

令

$$H=\frac{W}{g},H_f=\frac{\sum E_f}{g}$$

则

$$z_1+\frac{u_1^2}{2g}+\frac{p_1}{\rho g}+H=z_2+\frac{u_2^2}{2g}+\frac{p_2}{\rho g}+H_f \tag{1.3.12}$$

上式中每一项表示单位重量(1 N)流体所具有的能量。虽然各项的单位为 m,与长度的

单位相同,但在这里应理解为 m 液柱,其物理意义是单位重量流体所具有的机械能可以把它自身从基准水平面升举的高度。

在工程上,把 1 N 流体所具有的能量称为压头,单位为 m。因此,上式中 z、$\frac{u^2}{2g}$、$\frac{p}{\rho g}$分别称为位压头、动压头和静压头,三者之和称为总压头。1 N 流体从流体输送机械所获得的能量称为外加压头或有效压头,1 N 流体的能量损失 H_f称为压头损失。

式(1.3.11)和式(1.3.12)是实际流体的机械能衡算式,习惯上称为伯努利方程式,它反映了稳态系统中各种能量的转化与守恒规律。这一规律在流体输送中具有重要意义。

在流体力学中,常设想一种流体,它在流动时没有摩擦阻力,这种流体称为理想流体。显然,自然界中不存在理想流体,但是理想流体的概念可以使流动问题的处理变得简便,这种假想对解决工程实际问题具有重要意义。

对于不可压缩理想流体,若流动过程中没有外加功,则以上两式变为理想流体的伯努利方程式:

$$z_1 g + \frac{1}{2}u_1^2 + \frac{p_1}{\rho} = z_2 g + \frac{1}{2}u_2^2 + \frac{p_2}{\rho} \tag{1.3.13}$$

$$z_1 + \frac{u_1^2}{2g} + \frac{p_1}{\rho g} = z_2 + \frac{u_2^2}{2g} + \frac{p_2}{\rho g} \tag{1.3.14}$$

4.3 伯努利方程的讨论

1)能量守恒与转化规律

伯努利方程表明,在流体流动过程中,总能量是守恒的,而每一种机械能不一定相等,但可以相互转化。必须指出,实际流体流动时,由于存在流体阻力,不同能量形式的转化是不完全的,其差额就是能量损失。

2)静止流体

对于静止流体,流体流速为零,此时伯努利方程变为

$$z_1 g + \frac{p_1}{\rho} = z_2 g + \frac{p_2}{\rho} \tag{1.3.15}$$

在静止流体内部,任一截面上的位能与静压能之和均相等。伯努利方程不仅描述了流体流动时能量的变化规律,也反映了流体静止时位能和静压能之间的转换规律,这也充分体现了流体的静止是流体流动的一种特殊形式。

3)适用场合

伯努利方程适用于连续稳态流动不可压缩性流体(液体)。对于可压缩流体(气体),当所取系统中两截面间的绝对压强变化率小于 20%,即$\frac{p_1 - p_2}{p_1} < 20\%$时,仍可用该方程计算,但式中的密度 ρ 应以两截面的算术平均密度 ρ_m代替,这种处理方法引起的误差一般是工程计算可以允许的。对于非稳态流动的任一瞬间,伯努利方程同样适用。

4)功率

根据伯努利方程计算出的 W_e 是流体输送机械所消耗功率的重要依据。流体输送机械在单位时间内对流体所做的功称为有效功率,以 P_e表示。它是液体从叶轮获得的能量,是选用

流体输送机械的重要依据：

$$P_e = W_e q_m \tag{1.3.16}$$

式中 P_e——有效功率，W 或 J/s；

q_m——流体的质量流量，kg/s。

泵轴所需的功率称为轴功率，以 P 表示。它是流体输送机械从原动机械那里所获取的能量，由实验测定，是选取电动机的依据。若流体输送机械的效率为 η，则泵的轴功率为

$$P = P_e/\eta \tag{1.3.17}$$

式中 P——流体输送机械的轴功率，W；

η——流体输送机械的效率。

4.4 伯努利方程在流体输送中的应用

伯努利方程是流体流动的基本方程，其应用范围很广，下面通过实例加以说明。

1）设备相对位置的确定

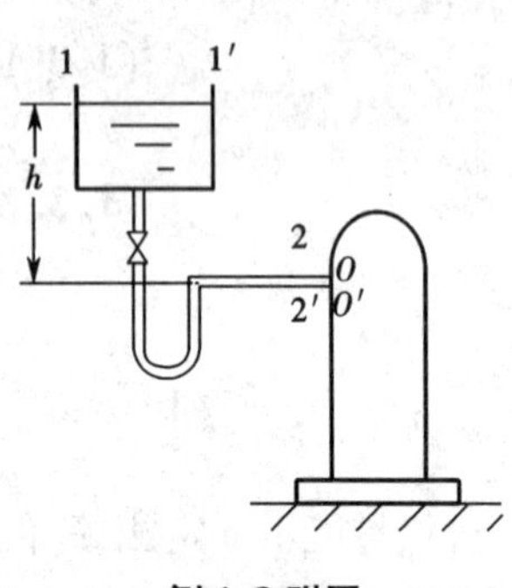

例 1.8 附图

【例 1.8】 如附图所示，某车间用一高位槽向喷头供应液体，液体密度为 1 050 kg/m^3。为了达到所要求的喷洒条件，喷头入口处要维持 4.05×10^4 Pa 的压强（表压），液体在管内的速度为 2.2 m/s，管路阻力估计为 25 J/kg（从高位槽的液面算至喷头入口为止），假设液面维持恒定，求高位槽的液面至少要在喷头入口以上多少米？

解： 取高位槽液面为 1—1′截面，喷头入口处截面为 2—2′截面，2—2′截面中心线为基准面。在此两截面之间列伯努利方程，因两截面间无外功加入（$W=0$），故

$$z_1 g + \frac{1}{2}u_1^2 + \frac{p_1}{\rho} + W = z_2 g + \frac{1}{2}u_2^2 + \frac{p_2}{\rho} + \sum E_f$$

其中，z_1 为待求值，$z_2=0$，$u_1\approx0$（因高位槽截面比管道截面大得多，故槽内流速比管内流速要小得多，可忽略不计，即 $u_1\approx0$），$u_2=2.2$ m/s，$\rho=1\ 050$ kg/m^3，$p_1=0$，$p_2=4.05\times10^4$ Pa，$\sum E_f=$ 25 J/kg。

将已知数据代入：

$$z_1 g = \frac{p_2-p_1}{\rho} + \frac{u_2^2-u_1^2}{2} + \sum E_f = 38.57 + 2.42 + 25 = 65.99$$

解出 $z_1=6.73$ m。

计算结果表明高位槽的液面至少要在喷头入口以上 6.73 m，由本题可知，高位槽能连续供给液体，是由于流体的位能转变为动能和静压能，并用于克服管路阻力的缘故。

2）确定输送设备的有效功率

【例 1.9】 如附图所示，有一用水吸收混合气中的氨的常压逆流吸收塔，水由水池用离心泵送至塔顶经喷头喷出。泵入口管为 ϕ108 mm×4 mm 的无缝钢管，管中流体的流量为 40 m^3/h，出口管为 ϕ89 mm×3.5 mm 的无缝钢管。池内水深为 2 m，池底至塔顶喷头入口处的垂直距离为 20 m。管路的总阻力损失为 40 J/kg，喷头入口处的压力为 120 kPa（表压）。试求泵所需的有效功率，kW。

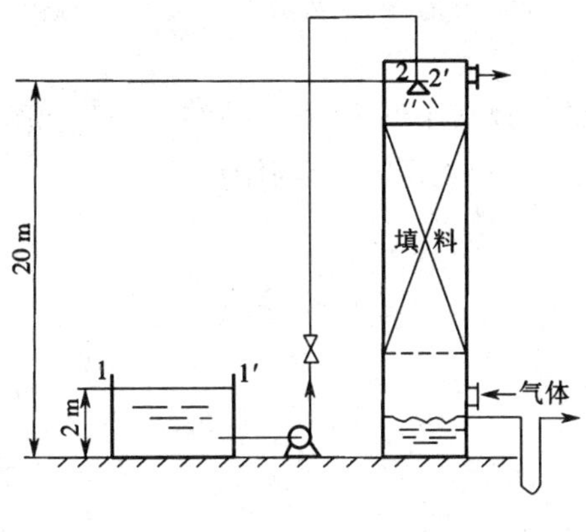

例 1.9 附图

解:取水池液面为截面 1—1′,喷头入口处为截面 2—2′,并取截面 1—1′为基准水平面。在截面 1—1′和截面 2—2′间列伯努利方程,即

$$gz_1+\frac{p_1}{\rho}+\frac{1}{2}u_1^2+W_e=gz_2+\frac{p_2}{\rho}+\frac{1}{2}u_2^2+\sum h_f$$

其中 $z_1=0$;$z_2=20-2=18$ m; $u_1\approx0$;$d_1=108-2\times4=100$ mm;

$d_2=89-2\times3.5=82$ mm; $\sum h_f=40$ J/kg;$p_1=0$(表压);$p_2=120$ kPa(表压)。则

$$u_2=\frac{q_V}{\frac{\pi}{4}d_2^2}=\frac{40/3\ 600}{0.785\times0.082^2}=2.11\ \text{m/s}$$

代入伯努利方程得

$$\begin{aligned}W_e&=g(z_2-z_1)+\frac{p_2-p_1}{\rho}+\frac{u_2^2-u_1^2}{2}+\sum h_f\\&=9.807\times18+\frac{120\times10^3}{1\ 000}+\frac{2.11^2}{2}+40=338.75\ \text{J/kg}\end{aligned}$$

质量流量

$$q_m=A_2u_2\rho=\frac{\pi}{4}d_2^2u_2\rho=0.785\times0.082^2\times2.11\times1\ 000=11.14\ \text{kg/s}$$

有效功率

$$P_e=W_e\cdot q_m=338.75\times11.14=3\ 774\ \text{W}=3.77\ \text{kW}$$

任务 4　确定流体流动的阻力

1　流体流动的类型

在化工生产中,流体输送、传热、传质过程及操作等都与流体的流动状态有密切关系,因此有必要了解流体的流动类型及在圆管内的速度分布。

1.1　雷诺实验

图 1.29 为雷诺实验装置示意图。水箱装有溢流装置,以维持水位恒定,箱中有一水平玻

璃直管,其出口处有一阀门用以调节流量。水箱上方装有带颜色的小瓶,有色液体经细管注入玻璃管内。

从实验中观察到,当水的流速从小到大时,有色液体变化如图 1.30 所示。实验表明,流体在管道中流动存在两种截然不同的类型:层流与湍流。

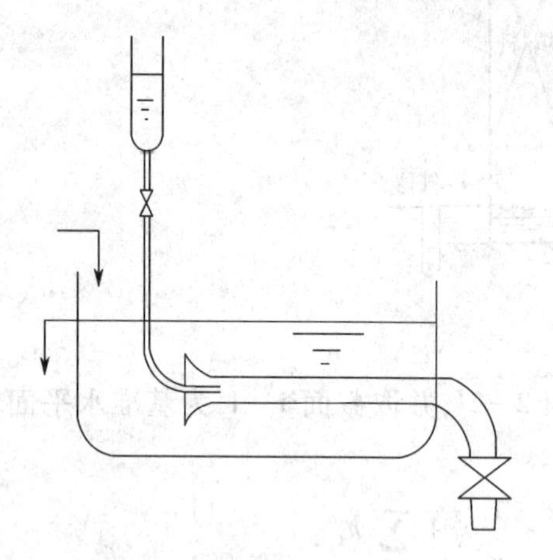

图 1.29　雷诺实验装置示意

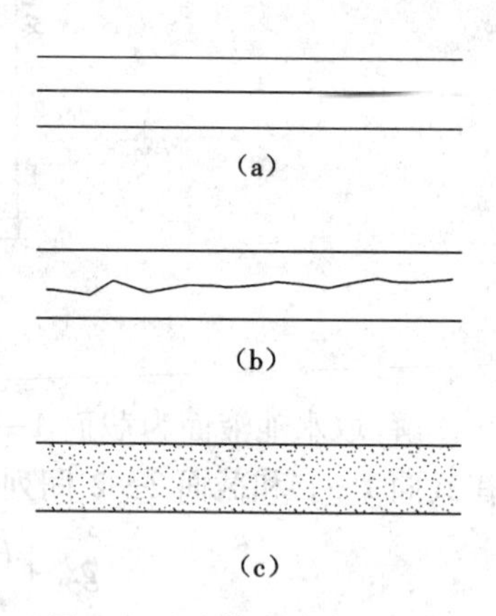

图 1.30　流体流动类型示意

(a)层流　(b)过渡流　(c)湍流

层流时,流体质点仅沿着与管轴平行的方向作直线运动,质点无径向脉动,质点之间互不混合,实验中墨水运动轨迹显示水只沿着管中心轴作直线运动,质点无径向运动,与周围的流体无宏观的碰撞和混合。自然界和工程中有许多层流情况,如管内流体的低速流动、高黏度液体的流动、毛细管和多孔介质中的流体流动等。

湍流时,流体质点除了沿管轴方向向前流动外,还有径向脉动,各质点的速度在大小和方向上都随时变化,质点互相碰撞和混合。实验中,墨水与水迅速混合。工程上遇到的流动大多为湍流。

介于层流和湍流之间的流体,可以看成不完全的湍流,或不稳定的层流,通常称为过渡流。过渡状态不是一种独立的流动类型,随外界条件而定,受流体流动干扰的控制。

1.2　流体流动类型的判据——雷诺准数

为了确定流体的流动类型,雷诺通过改变实验介质、管材及管径、流速等实验条件,做了大量的实验,并对实验结果进行了归纳总结。流体的流动类型主要与流体的密度 ρ、黏度 μ、流速 u 和管内径 d 等因素有关,并可以用这些物理量组成一个数群,称为雷诺准数(Re),用来判定流动类型:

$$Re = \frac{du\rho}{\mu} \tag{1.4.1}$$

雷诺准数无单位。Re 的大小反映了流体的湍动程度,Re 越大,流体流动湍动性越强。计算时只要采用同一单位制下的单位,计算结果都相同。

雷诺准数可以作为流体流动类型的判据。大量的实验结果表明,流体在圆形直管内流动,当 $Re \leqslant 2\ 000$ 时,流动为层流,此区称为层流区;当 $Re \geqslant 4\ 000$ 时,流动为湍流,此区称为湍流区;当 $2\ 000 < Re < 4\ 000$ 时,流动可能是层流,也可能是湍流,与外界干扰有关,该区称为不稳

定的过渡区。在生产操作中,常将 $Re>2\ 000$(有的资料中为 3 000)的情况按湍流来处理。

Re 反映了流体流动中惯性力与黏性力的对比关系,标志流体流动的湍动程度。其值愈大,流体的湍动愈剧烈,内摩擦力也愈大。

【例 1.10】 在 20 ℃条件下,油的密度为 830 kg/m^3,黏度为 3×10^{-3} Pa·s,在圆形直管内流动,流量为 10 m^3/h,管子规格为 ϕ89 mm×3.5 mm,试判断其流动类型。

解:已知

$$\rho=830\ \text{kg/m}^3,\mu=3\times10^{-3}\ \text{Pa}\cdot\text{s}$$

$$d=89-2\times3.5=82\ \text{mm}=0.082\ \text{m}$$

则

$$u=\frac{q_V}{\frac{\pi}{4}d^2}=\frac{10/3\ 600}{0.785\times0.082^2}=0.526\ \text{m/s}$$

$$Re=\frac{du\rho}{\mu}=\frac{0.082\times0.526\times830}{3\times10^{-3}}=1.193\times10^4$$

因为 $Re>4\ 000$,所以该流动类型为湍流。

2 流体在圆管内的速度分布

2.1 层流流动时的速度分布

由实验可以测得层流流动时的速度分布。速度分布为抛物线形状。管中心的速度最大,越靠近管壁速度越小,管壁处速度为零,如图 1.31 所示。

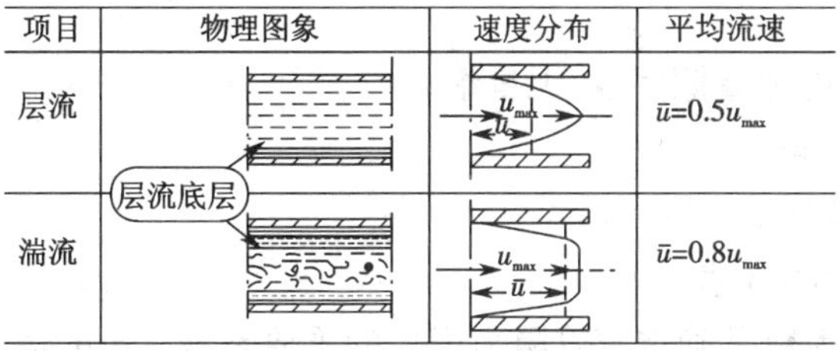

项目	物理图象	速度分布	平均流速
层流	层流底层	u_{max}, $\bar{u}$	$\bar{u}=0.5u_{max}$
湍流		u_{max}, $\bar{u}$	$\bar{u}=0.8u_{max}$

图 1.31 速度分布与平均流速

层流速度的抛物线分布规律并不是流体刚入管口就立刻形成的,而是要流过一段距离后才能充分发展成抛物线的形状。流体在流入管口之前速度分布是均匀的。在进入管口之后,则靠近管壁的一层非常薄的流体层因附着在管壁上,速度突然降为零。流体在继续流动的过程中,靠近管壁的各层流体由于黏性的作用而逐渐滞缓下来。又由于各截面上的流量为一定值,管中心处各点的速度必然增大。当流体深入到一定距离之后,管中心的速度等于平均速度的两倍时,层流速度分布的抛物线规律才算完全形成。尚未形成层流抛物线规律的这一段称为层流的进口起始段。

2.2 湍流时管内的速度分布

由于湍流流动时流体质点的运动情况要复杂得多,其速度侧形一般通过实验测定。如图 1.31 所示,靠近管壁处速度梯度较大,管中心附近(湍流核心)速度分布较均匀,这是由于湍流主体中质点的强烈碰撞、混合和分离，大大加强了湍流核心部分的动量传递，于是各点的速度彼此拉平。管内流体的 Re 值愈大，湍动程度愈高，曲线顶部愈平坦。在通常的流体输送情况下，湍流时管内流体的平均速度为

$$\bar{u} \approx 0.82 u_{max}$$

流体在圆管内呈湍流流动时，由于流体有黏性使管壁处的速度为零，那么邻近管壁的流体受管壁处流体层的约束作用，其速度自然也很小，管壁附近的一薄层流体顺着管壁呈平行线运动而互不相混，所以管壁附近仍然为层流，这 保持层流流动的流体薄层，称为层流内层或滞流底层。自层流内层向管路中心推移，速度渐增，又出现一个区域，其中的流动类型既不是层流也不是完全湍流，这一区域称为缓冲层或过渡层，再往管中心才是湍流主体。层流内层的厚度随 Re 的增大而减薄。在化工生产中层流内层的存在对传热和传质过程都有重要的影响。

3 流体管内流动阻力及其计算

化工管路是由直管和各种部件(管件、阀门等)组合构成的。流体通过管内的流动阻力包括流体流经直管的阻力与流经各种管件、阀门的阻力两部分。

3.1 计算直管阻力——范宁公式

直管阻力指流体流经一定直径的直管时由于内摩擦而产生的阻力，又称沿程阻力，以 h_f表示。直管阻力通常由范宁公式计算，其表达式为

$$h_f = \lambda \cdot \frac{l}{d} \cdot \frac{u^2}{2} \tag{1.4.2}$$

式中 h_f——直管阻力，J/kg；

λ——摩擦系数，也称摩擦因数，无量纲；

l——直管的长度，m；

d——直管的内径，m；

u——流体在管内的流速，m/s。

范宁公式中的摩擦因数是确定直管阻力损失的重要参数。λ 的值与反映流体湍动程度的 Re 及管内壁粗糙程度的 ε 大小有关。由该公式可知，流体在直管内流动的阻力及能量损失与流体流速和管道几何尺寸成正比，比例系数 λ 称为摩擦阻力系数，量纲为一，它主要与流体的流动类型有关。

3.1.1 管壁粗糙程度

摩擦系数不但与流动状况有关，还与管壁粗糙度密切相关。化工中的管子按照管材的性质和加工情况，分为光滑管和粗糙管。通常把玻璃管、铜管、铅管及塑料管等称为光滑管；把旧钢管和铸铁管称为粗糙管。实际上，即使是同一种材质的管子，由于使用时间的长短与腐蚀结垢的程度不同，管壁的粗糙度也会发生很大的变化。

管壁粗糙面凸出部分的平均高度，称为绝对粗糙度，以 ε 表示。绝对粗糙度 ε 与管内径 d 的比值 ε/d，称为相对粗糙度。管壁粗糙度对流体流动的影响如图 1.32 所示。表 1.4 中列出了某些工业管道的绝对粗糙度。

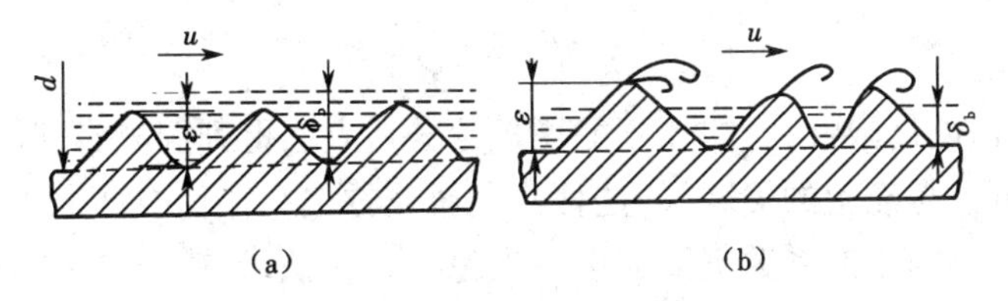

图 1.32　管壁粗糙程度对流体流动的影响

(a)$\delta_b>\varepsilon$　(b)$\delta_b<\varepsilon$

注:δ_b 为层流内层的厚度。

表 1.4　某些工业管道的绝对粗糙度

管道类别	绝对粗糙度 ε/mm
无缝黄铜管、铜管及铝管	0.01 ~ 0.05
新的无缝钢管或镀锌铁管	0.1 ~ 0.2
新的铸铁管	0.3
具有轻度腐蚀的无缝钢管	0.2 ~ 0.3
具有重度腐蚀的无缝钢管	0.5 以上
旧的铸铁管	0.85 以上
干净玻璃管	0.001 5 ~ 0.01
很好整平的水泥管	0.33

3.1.2　摩擦系数

1)层流时的摩擦系数

层流时,流体呈一层层平行于管壁的圆筒形薄层,以不同速度平滑地向前流动,其阻力主要是流体层间的内摩擦力,可以通过理论分析,推导出层流时的 λ。

流体作层流流动时,管壁上凹凸不平的地方都被有规则的流体层所覆盖,所以在层流时,摩擦因数与管壁粗糙程度无关。层流时摩擦系数 λ 是雷诺准数 Re 的函数,$\lambda=f(Re)$。通过理论分析推导人们已经得到圆形直管内流体作层流流动时的 λ 可由下式计算:

$$\lambda=\frac{64}{Re} \tag{1.4.3}$$

把 λ 代入范宁公式即可得到层流时圆形直管内的流动阻力。

$$h_f=\frac{64}{Re}\cdot\frac{l}{d}\cdot\frac{\rho u^2}{2}=\frac{64\mu}{du\rho}\cdot\frac{l}{d}\cdot\frac{\rho u^2}{2} \tag{1.4.4}$$

$$h_f=\frac{32\mu lu}{d^2} \tag{1.4.5}$$

2)湍流时的摩擦系数

湍流时,流体质点作不规则的紊乱运动,质点间互相激烈碰撞,瞬间改变方向和大小,流动状况比滞流要激烈得多。滞流时,流体层掩盖了管道的粗糙面,管壁的粗糙度并未改变其速度分布和内摩擦力的规律,因此对滞流的流体阻力或摩擦阻力系数没有影响。强烈湍流时,由于滞流底层很薄,不足以掩盖壁面的凹凸表面,凹凸部分露出在湍流主体与流体质点发生碰撞,使流体阻力或摩擦阻力系数增大。Re 越大,滞流底层越薄,对湍流阻力的影响越大。因而,湍流的流体阻力或摩擦阻力系数还与管壁粗糙度有关。即

$$\lambda = f'\left(Re, \frac{\varepsilon}{d}\right)$$

由于对湍流认识的局限性,目前还不能用理论分析方法得到湍流时摩擦阻力系数的公式。但通过实验研究,可获得经验的关联式,这种实验研究方法在工程中经常遇到。

由此可见,湍流时的摩擦系数不能完全用理论分析方法求取。现在求取湍流时的 λ 有三个途径:一是通过实验测定;二是利用前人通过实验研究获得的经验公式计算;三是利用前人通过实验整理出的关联图查取。其中利用莫狄(Moody)图查取 λ 值最常用。

莫狄图是将摩擦系数 λ 与 Re 和 ε/d 的关系曲线标绘在双对数坐标上,如图 1.33 所示。

根据 Re 不同,可分为四个区域。

(1)层流区($Re \leqslant 2\,000$),λ 与 ε/d 无关,与 Re 为直线关系,即 $\lambda = \frac{64}{Re}$。

(2)过渡区($2\,000 < Re < 4\,000$),层流或湍流的 $\lambda - Re$ 曲线均可应用,对于阻力计算,为了安全宁可估计大一些,一般将湍流时的曲线延伸,以查取 λ 值。

(3)湍流区($Re \geqslant 4\,000$ 以及虚线以下的区域),λ 与 Re 及 ε/d 都有关,在这个区域中标绘有一系列曲线。由图上可见,Re 值一定时,λ 随 ε/d 的增大而增大;ε/d 一定时,λ 随 Re 的增大而减小,Re 值增至某一数值后 λ 下降变得缓慢。

(4)完全湍流区(虚线以上的区域,阻力平方区),λ 与 Re 的关系线都趋近于水平线,即摩擦系数 λ 与 Re 的大小无关,只与 ε/d 有关;若 ε/d 一定,λ 即为常数。由流体阻力计算式 $h_f = \lambda \cdot \frac{l}{d} \cdot \frac{u^2}{2}$ 可以看出,在完全湍流区内,l/d 一定时,因为 ε/d 为常数,λ 亦为常数,所以 $h_f \propto u^2$。从图上可见,相对粗糙度 ε/d 愈大,达到阻力平方区的 Re 数值愈低。

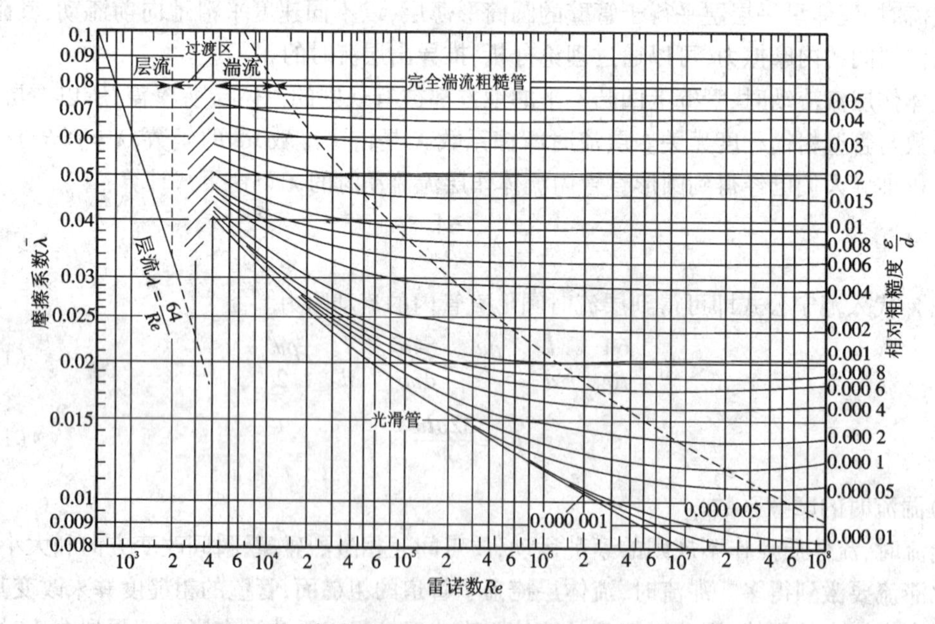

图 1.33　摩擦系数与雷诺数及相对粗糙度的关联图

【例 1.11】　20 ℃的水,以 1 m/s 的速度在钢管中流动,钢管规格为 $\phi 60$ mm×3.5 mm,试求水通过 100 m 长的直管时的阻力损失。

解:水在 20 ℃时 $\rho=998.2\ \text{kg/m}^3$,$\mu=1.005\times10^{-3}\ \text{Pa}\cdot\text{s}$。

$$d=60-3.5\times2=53\ \text{mm}=0.053\ \text{m},l=100\ \text{m},u=1\ \text{m/s}$$

$$Re=\frac{du\rho}{\mu}=\frac{0.053\times1\times998.2}{1.005\times10^{-3}}=5.26\times10^4$$

取钢管的管壁绝对粗糙度 $\varepsilon=0.2$ mm,则

$$\frac{\varepsilon}{d}=\frac{0.2}{53}=0.004$$

据 Re 与 ε/d 值,可以从图 1.33 上查出摩擦系数 $\lambda=0.03$,则

$$h_{\text{f}}=\lambda\cdot\frac{l}{d}\cdot\frac{u^2}{2}=0.03\times\frac{100}{0.053}\times\frac{1^2}{2}=28.3\ \text{J/kg}$$

3.2 计算局部阻力

局部阻力是流体流经管路中的管件、阀门及截面的突然扩大、突然缩小等局部地方所产生的阻力。

流体从管路的进口、出口、弯头、阀门、突然扩大处、突然缩小处或流量计等局部流过时,必然发生流体的流速和流动方向的突然变化,流动受到干扰、冲击,产生旋涡并加剧湍动,使流动阻力显著增大,如图 1.34 所示。局部阻力一般有两种计算方法,即当量长度法和阻力系数法。

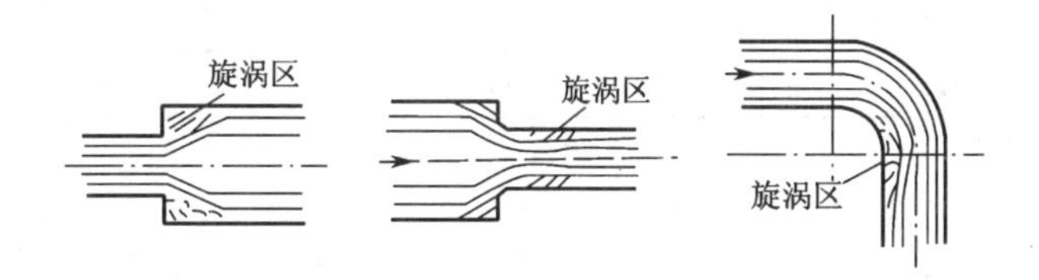

图 1.34　不同情况下的流动干扰

3.2.1　当量长度法

当量长度法是将流体通过局部障碍时的局部阻力计算转化为直管阻力损失的计算方法。所谓当量长度是与某局部障碍具有相同能量损失的同直径直管长度,用 l_{e} 表示,单位为 m,可按下式计算:

$$h_{\text{f}}'=\lambda\cdot\frac{l_{\text{e}}}{d}\cdot\frac{u^2}{2}\tag{1.4.6}$$

式中　u——管内流体的平均流速,m/s;

　　l_{e}——当量长度,m。

当局部流通截面发生变化时,u 应该采用较小截面处的流体流速。l_{e} 数值由实验测定,在湍流情况下,某些管件与阀门的当量长度也可以由图 1.35 查得。

3.2.2　阻力系数法

近似地将克服局部阻力引起的能量损失表示成动能 $u^2/2$ 的倍数,这个倍数称为局部阻力系数。

$$h_{\text{f}}'=\zeta\frac{u^2}{2}\tag{1.4.7}$$

式中　ζ——局部阻力系数,无单位,其值一般由实验测定。局部阻力的种类很多,为明确起

见,常对局部阻力系数 ζ 注上相应的下标,如 $\zeta_{三通}$、$\zeta_{进口}$ 等。常见局部障碍的阻力系数见表1.5。

表1.5　常见局部障碍的阻力系数

管件和阀门名称	ζ值	
标准弯头	45°,$\zeta=0.35$	90°,$\zeta=0.75$
90°方形弯头	1.3	
180°回弯头	1.5	
活接管	0.08	

弯管:

R/d \ φ	30°	45°	60°	75°	90°	105°	120°
1.5	0.08	0.11	0.14	0.16	0.175	0.19	0.20
2.0	0.07	0.10	0.12	0.14	0.15	0.16	0.17

突然扩大:$\zeta=(1-A_1/A_2)^2$　$h_f=\zeta\cdot u_1^2/2$

A_1/A_2	0	0.1	0.2	0.3	0.4	0.5	0.6	0.7	0.8	0.9	1.0
ζ	1.00	0.81	0.64	0.49	0.36	0.25	0.16	0.09	0.04	0.01	0

突然缩小:$\zeta=0.5(1-A_2/A_1)$　$h_f=\zeta\cdot u_2^2/2$

A_2/A_1	0	0.1	0.2	0.3	0.4	0.5	0.6	0.7	0.8	0.9	1.0
ζ	0.50	0.45	0.40	0.35	0.30	0.25	0.20	0.15	0.10	0.05	0

水泵进口:

没有底阀	2~3								
有底阀	d/mm	40	50	75	100	150	200	250	300
	ζ	12.0	10.0	8.5	7.0	6.0	5.2	4.4	3.7

闸阀:

全开	3/4开	1/2开	1/4开
0.17	0.9	4.5	24

管件和阀门名称		
标准截止阀(球芯阀)	全开,$\zeta=6.4$	1/2开,$\zeta=9.5$

蝶阀:

α	5°	10°	20°	30°	40°	45°	50°	60°	70°
ζ	0.24	0.52	1.54	3.91	10.8	18.7	30.6	118	751

旋塞:

θ	5°	10°	20°	40°	60°
ζ	0.05	0.29	1.56	17.3	206

管件和阀门名称	ζ值	
角阀(90°)	5	
单向阀	摇板式,$\zeta=2$	球形式,$\zeta=70$
水表(盘形)	7	

3.3　计算管路系统总阻力

管路系统的总阻力等于通过所有直管的阻力和所有局部阻力之和。

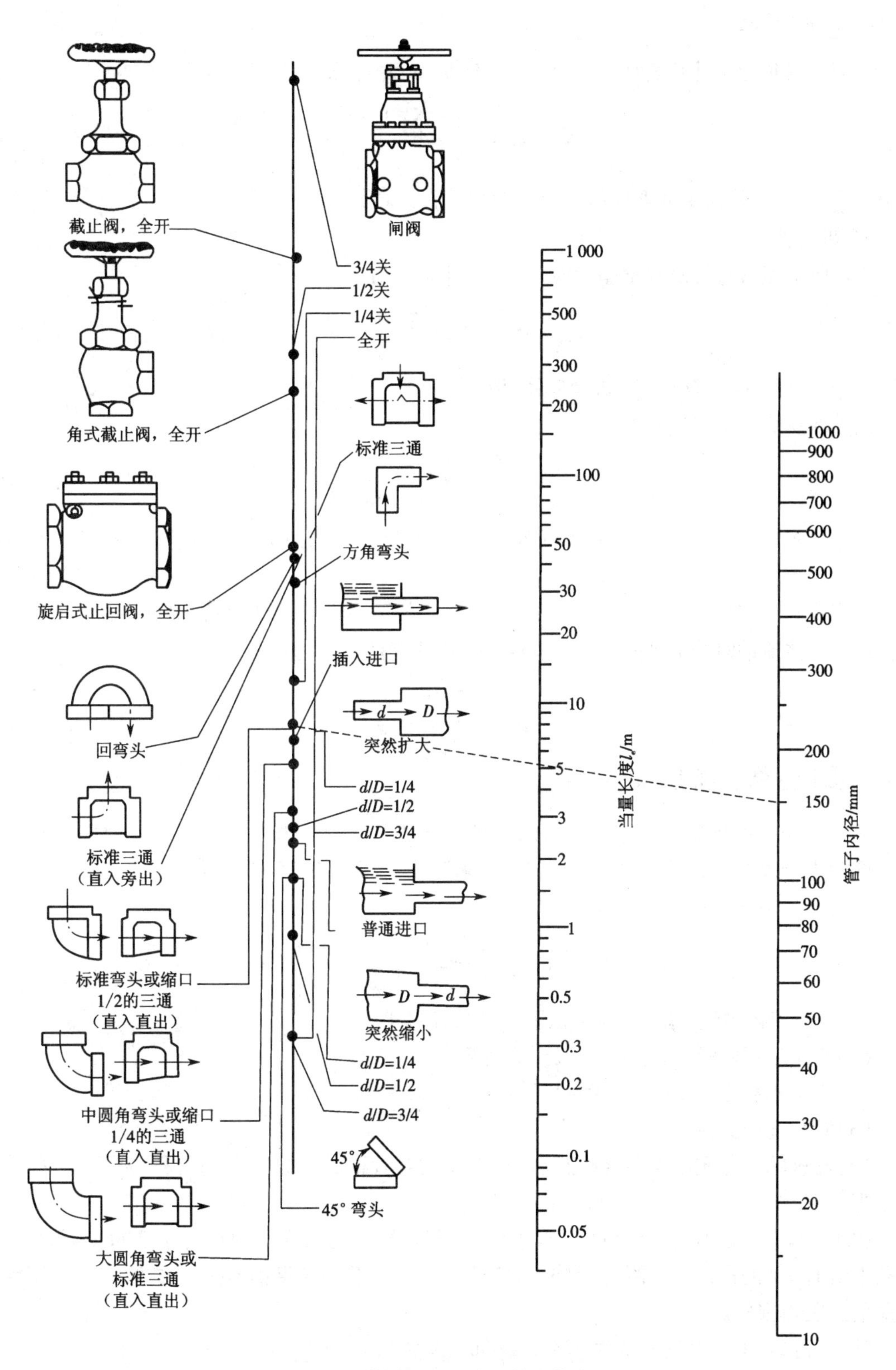

图 1.35　管件与阀门当量长度共线图

3.3.1 当量长度法

当用当量长度法计算局部阻力时，总阻力$\sum h_f$的计算式为

$$\sum h_f = \lambda \cdot \frac{l + \sum l_e}{d} \cdot \frac{u^2}{2} \tag{1.4.8}$$

式中 $\sum l_e$——管路全部管件与阀门等的当量长度之和，m。

3.3.2 阻力系数法

当用阻力系数法计算局部阻力时，总阻力计算式为

$$\sum h_f = \left(\lambda \frac{l}{d} + \sum \zeta\right) \cdot \frac{u^2}{2} \tag{1.4.9}$$

式中 $\sum \zeta$——管路的局部阻力系数之和。

以上两种方法写成通式为

$$\sum h_f = \left(\lambda \frac{l + \sum l_e}{d} + \sum \zeta\right) \cdot \frac{u^2}{2} \tag{1.4.10}$$

应当注意，当管路由若干直径不同的管段组成时，管路的总能量损失应分段计算，然后再求和。

总阻力除了以能量形式表示外，还可以用压头损失H_f(1 N 流体的流动阻力，m)及压力降Δp_f(1 m^3流体流动时的流动阻力，m)表示。它们之间的关系为

$$h_f = H_f g \tag{1.4.11}$$

$$\Delta p_f = \rho h_f = \rho H_f g \tag{1.4.12}$$

3.4 减小管路系统阻力的途径

流体流动中克服内摩擦阻力所消耗的能量无法回收。阻力越大流体输送消耗的动力越大。这使生产成本提高、能源浪费，故应当尽量减小管路系统的流体阻力。

由流体阻力的计算公式式(1.4.10)

$$\sum h_f = \left(\lambda \frac{l + \sum l_e}{d} + \sum \zeta\right) \cdot \frac{u^2}{2}$$

可见，要减小流体的流动阻力，应从以下几个途径着手。

(1)管路尽可能短些，尽量走直线、少拐弯。

(2)尽量不装不必要的管件和阀门等。

(3)管径适当大些。

(4)在被输送介质中加入某些药物，减少介质对管壁的腐蚀和杂物沉积，从而减少旋涡，减小阻力。

【例 1.12】 20 ℃的水以 16 m^3/h 的流量流过某一管路，管子规格为ϕ57 mm × 3.5 mm。管路上装有 90°的标准弯头两个、闸阀(1/2 开)一个，直管段长度为 30 m。试计算流体流经该管路的总阻力损失。

解： 查得 20 ℃下水的密度为 998.2 kg/m^3，黏度为 1.005 mPa · s。

管子内径为 $d = 57 - 2 \times 3.5 = 50$ mm $= 0.05$ m。

水在管内的流速为

$$u=\frac{q_V}{A}=\frac{q_V}{0.785d^2}=\frac{16/3\ 600}{0.785\times0.05^2}=2.26\ \text{m/s}$$

流体在管内流动时的雷诺准数为

$$Re=\frac{du\rho}{\mu}=\frac{0.05\times2.26\times998.2}{1.005\times10^{-3}}=1.12\times10^5$$

查表1.4取管壁的绝对粗糙度 $\varepsilon=0.2$ mm，则 $\varepsilon/d=0.2/50=0.004$，由 Re 值及 ε/d 值查图1.33得 $\lambda=0.028\ 5$。

1）用阻力系数法计算

查表1.5得：90°标准弯头，$\zeta=0.75$；闸阀（1/2开），$\zeta=4.5$。所以

$$\sum h_f=\left(\lambda\frac{l}{d}+\sum\zeta\right)\frac{u^2}{2}=\left[0.028\ 5\times\frac{30}{0.05}+(0.75\times2+4.5)\right]\times\frac{2.26^2}{2}=59.0\ \text{J/kg}$$

2）用当量长度法计算

查图1.35得：90°标准弯头，$l/d=30$；闸阀（1/2开），$l/d=200$。

$$\sum h_f=\lambda\cdot\frac{l+\sum l_e}{d}\cdot\frac{u^2}{2}=0.028\ 5\times\frac{30+(30\times2+200)\times0.05}{0.05}\times\frac{2.26^2}{2}=62.6\ \text{J/kg}$$

从以上计算可以看出，用两种局部阻力计算方法得到的计算结果差别不大，在工程计算中是允许的。

4 流动阻力测定操作训练

训练目的

通过实训理解压强降的意义。

能通过实训结果计算光滑管和粗糙管的阻力系数。

设备示意

离心水泵将储水槽中的水抽出，送入操作系统。首先经过流量计测量流量，然后进入被测量的直管段后回到储水槽，水槽内水循环使用。被测段流体的流动阻力采用压力传感器传送至数字电压表显示读出。设备示意图如图1.36所示。

训练要领

（1）打开水槽出口总阀门。

（2）启动离心泵，全开离心泵出口阀门。

（3）在大流量下进行管路排气，然后打开光滑管的进口阀和出口阀。

（4）在最小流量到最大流量间，分配15～20个测试点。根据分配的测试点可由大到小或由小到大分别测量在不同流量下的压差值。

（5）切换到另一条粗糙管路进行测定。

（6）关闭离心泵出口阀；停泵；将各阀门恢复至开车前的状态；切断总电源。

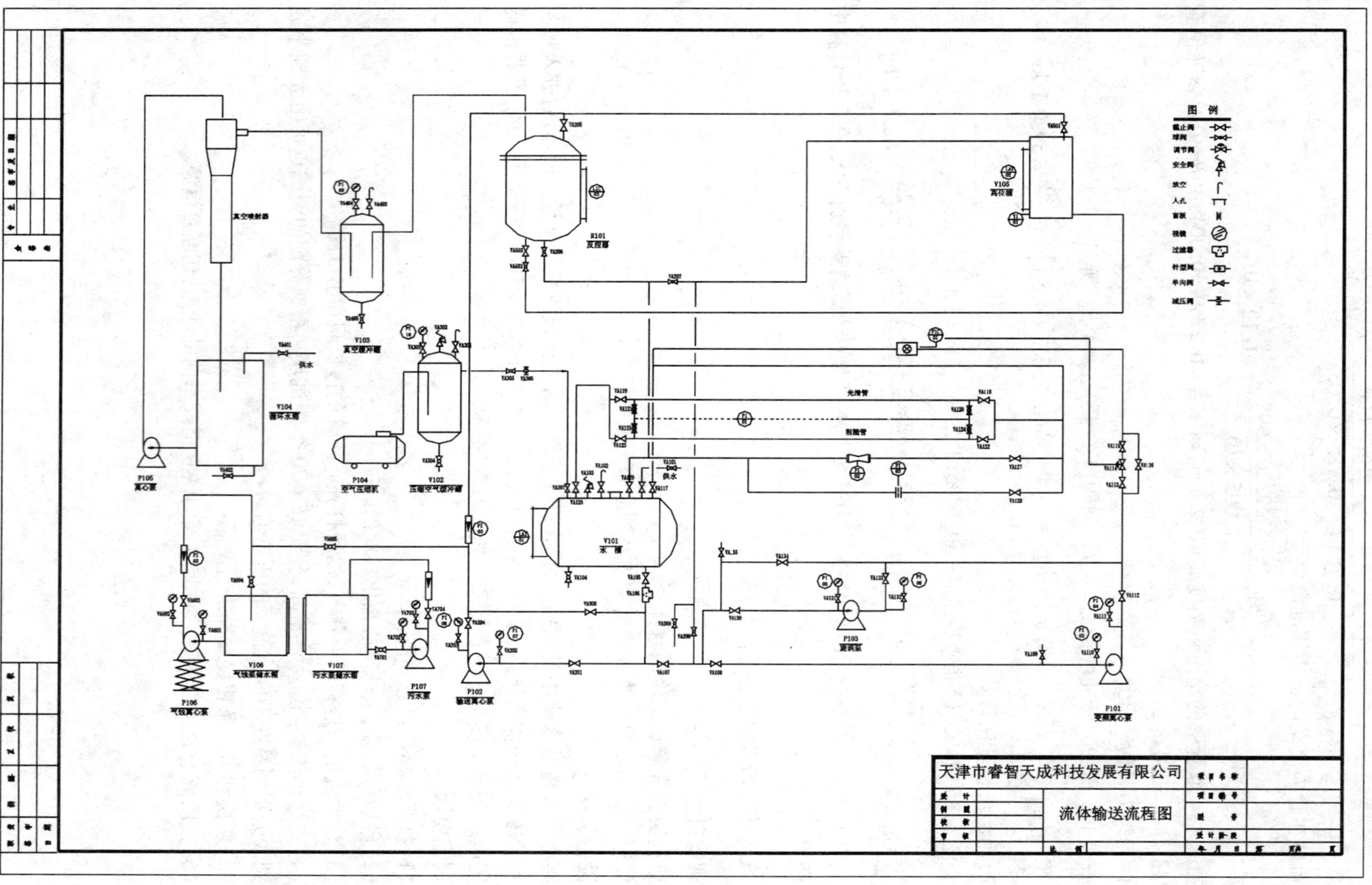

图 1.36　流动阻力测定装置

任务5　流量测量装置及其应用

1　流量计的分类

在化工生产过程中，常常需要测定流体的流速和流量。测量装置的形式很多，这里介绍的是以流体机械能守恒原理为基础、利用动能变化和压强能变化的关系来实现测量的装置。

这些装置又可分为两类：一类是定截面、变压差的流量计或流速计，它的流道截面是固定的，当流过的流量改变时，通过压强差的变化反映其流速的变化，皮托测速管、孔板流量计和文丘里流量计均属此类；另一类是变截面、定压强差式的流量计，即流体通道截面随流量大小而变化，而流体通过流道截面的压强降则是固定的，如常用的转子流量计。

2　孔板流量计

孔板流量计结构简单，如图1.37所示。在管道中装有一块中央开有圆孔的金属板（与流体流动方向相垂直），孔口经精密加工呈刀口状，在厚度方向上沿流向以45度角扩大，称为锐孔板。孔板通常用法兰固定于管道中。

流体通过孔板的小孔时，由于流道截面积减小，所以流速增大，流体流过小孔后由于惯性作用，流动截面并不能立即扩大，而是继续收缩，至一定距离后才逐渐扩大恢复到原有管截面。其流动截面最小处称为缩脉。流体在缩脉处的流速最大。

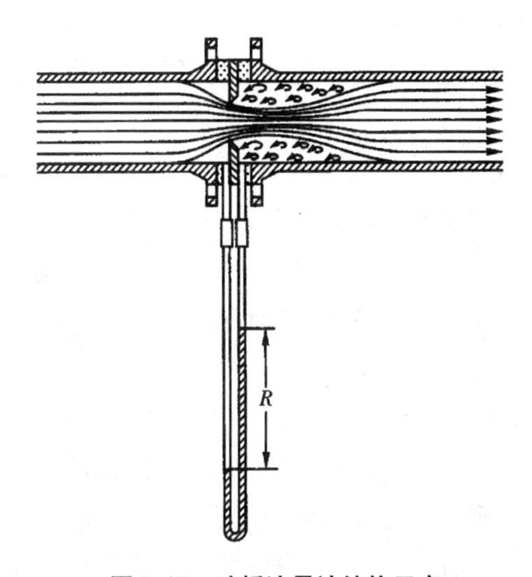

图1.37　孔板流量计结构示意

在流体流速变化的同时，压力也随之变化。流体流过孔板时在孔板前后产生一定的压差，流量愈大，压差愈大，流量与压差互成一一对应关系。只要用压差计测出孔板前后的压差，即可得知流量，这就是孔板流量计测流量的原理。

$$u_0 = C_0\sqrt{\frac{2gR(\rho_A - \rho)}{\rho}} \quad (1.5.1)$$

$$q_V = u_0 A_0 = C_0 A_0\sqrt{\frac{2gR(\rho_A - \rho)}{\rho}} \quad (1.5.2)$$

$$q_m = q_V\rho = C_0 A_0\sqrt{2gR\rho(\rho_A - \rho)} \quad (1.5.3)$$

式中　ρ_A——压差计指示液的密度，kg/m^3；

ρ——被测流体的密度，kg/m^3；

C_0——孔流系数，无因次，一般在0.6～0.7之间；

A_0——小孔的截面积，m^2；

q_m——质量流量，kg/s；

q_V——体积流量，m^3/s；

R——压差计读数,m。

孔板流量计的主要优点是构造简单,制造和安装都很方便。其主要缺点是能量损失大,不宜在流量变化很大的场合使用。

安装孔板流量计时,上、下游必须有一段内径不变的直管作为稳定段。通常要求上游直管长度为50倍管径,下游长度为10倍管径。

3 文丘里流量计

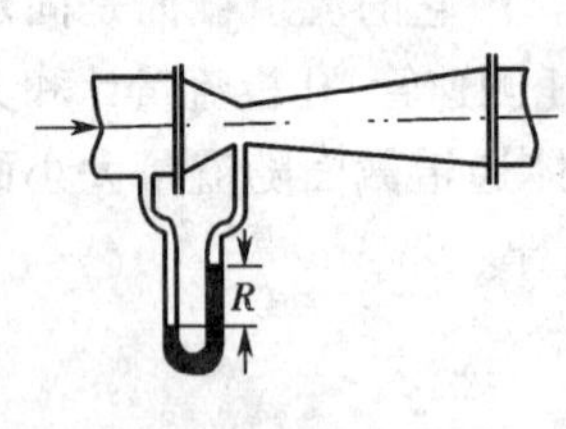

图1.38 文丘里流量计

为了克服流体流过孔板流量计永久压降很大的缺点,把孔板改制成如图1.38所示的渐缩渐扩管,以减小流体流过时的阻力损失。一般收缩角为15°~25°,扩大角为5°~7°,这种流量计称为文丘里流量计。

将孔板流量计的计算公式略加修改就可应用于文丘里流量计。

$$q_V = C_V A_0 \sqrt{\frac{2gR(\rho_A - \rho)}{\rho}} \tag{1.5.4}$$

式中 C_V——文丘里流量计的流量系数,无因次,一般等于0.98。

文丘里流量计各部分尺寸要求严格,需要精细加工,所以售价较高。

4 转子流量计

转子流量计如图1.39所示,是由一根内截面积自下而上逐渐扩大的垂直玻璃管和管内一个由金属或其他材料制成的转子组成的。流体由底端进入,向上流动至顶端流出。当流体流过转子与玻璃管之间的环隙时,由于流道截面积在减小,流速便增大,静压强随之降低,此静压强低于转子底部所受到的静压强。于是,使转子上、下产生静压强差,从而形成一个向上的力(图1.40)。当这个力大于转子的重力时,就将转子托起上升。转子升起后,其环隙面积随之增大(因为玻璃管内侧面为锥形),从而环隙内流速降低,静压强随之回升,当转子底面和顶面所受到的压力差与转子的重力达平衡时,转子就停留在一定高度上。流量愈大,转子的平衡位置愈高,故转子上升位置高低可以直接反映流体流量的大小。如果流体流量继续增大,通过原来位置的环隙截面的流速会增大,这样作用于转子上、下端的压差也将随之增大,但转子所受的重力和浮力之差并不变化,因而转子必上浮至一个新的高度,直至达到新的力平衡条件为止。因此转子流量计是定压差变截面的流量计,流量大小可以通过玻璃管表面不同高度上的刻度直接读出。

转子流量计的优点是读数方便,阻力小,准确度较高,对不同流体的适用性强,能用于腐蚀性流体的测量。缺点是玻璃管不能经受高温和高压,在安装和使用时玻璃管易破碎。

转子流量计必须垂直安装,决不可倾斜或水平安装,并且应安装支路管,以便于检修。操作时应缓慢开启阀门,以防转子卡于顶端或击碎玻璃管。

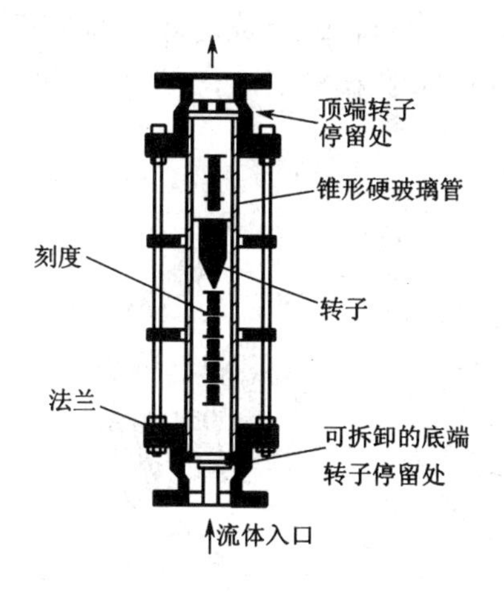

图 1.39　转子流量计

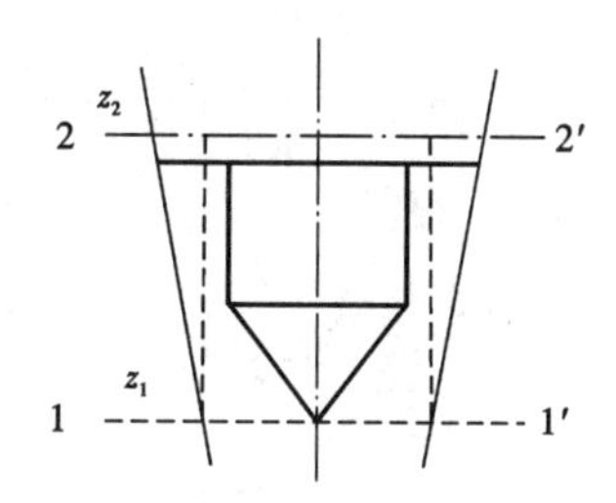

图 1.40　转子受力分析图

任务 6　离心泵的结构、工作原理及其开停车操作

离心泵是应用最广泛的液体输送机械,其特点是结构简单、流量均匀、适应性强、易于调节等。

1　离心泵的结构

离心泵的类型很多,但其基本结构如图 1.41 所示,图 1.41 是从池内吸入液体的离心泵装置系统的示意图。叶轮安装在泵壳内,紧固于泵轴上,泵轴一般由电机直接带动。吸入口位于泵壳中央,并与吸入管连接,由于直接从池内吸入,故液体经滤网、底阀由吸入管进入泵内,由泵出口流至排出管。排出口在切向方向,通常在排出口接一个调节阀,用来调节流量。

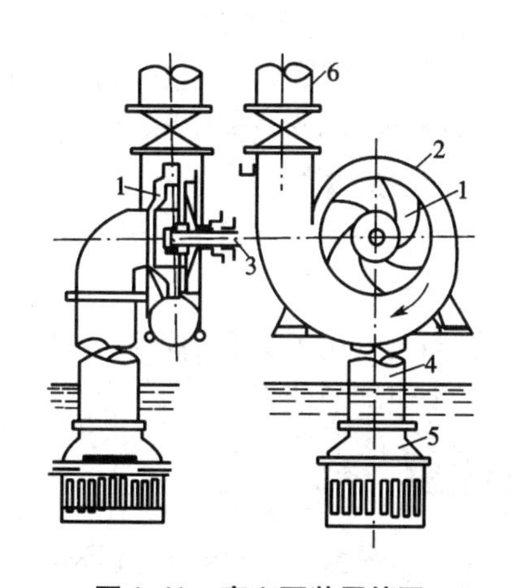

图 1.41　离心泵装置简图

1—叶轮　2—泵壳　3—泵轴　4—吸入管　5—底阀　6—压出管

1.1　叶轮

叶轮是离心泵的关键部件,它是由若干弯曲的叶片组成的。叶轮的作用是将原动机的机械能直接传给液体,提高液体的动能和静压能。

根据叶轮上叶片的几何形式,可将叶片分为后弯、径向和前弯叶片三种,由于后弯叶片可获得较多的静压能,所以被广泛采用。

叶轮按其机械结构可分为闭式、半闭式和开式(即敞式)三种,如图 1.42 所示。在叶片的两侧带有前后盖板的叶轮称为闭式叶轮(图 1.42(c));在吸入口侧无盖板的叶轮称为半闭式叶轮(图1.42(b));在叶片两侧无前后盖板,仅由叶片和轮毂组成的叶轮称为开式叶轮(图1.42(a))。由于闭式叶轮宜用于输送清洁的液体,泵的效率较高,一般离心泵多采用闭式叶轮。

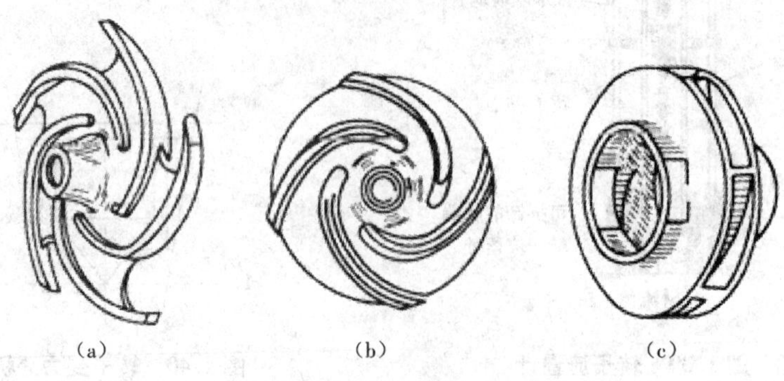

图1.42　离心泵的叶轮

(a)开式　(b)半闭式　(c)闭式

叶轮可按吸液方式不同,分为单吸式和双吸式两种。单吸式叶轮结构简单,双吸式叶轮从两侧对称地吸入液体。双吸式叶轮不仅具有较强的吸液能力,而且可以基本上消除轴向推力。

1.2　泵壳和导轮

泵体的外壳多制成蜗壳形,它包围叶轮,在叶轮四周展开成一个截面积逐渐扩大的蜗壳形通道。泵壳的作用有:①汇集液体,即从叶轮外周甩出的液体,再沿泵壳中的通道流过,排出泵体;②充当转能装置,因壳内叶轮旋转方向与蜗壳流道逐渐扩大的方向一致,减少了流动能量损失,并且可以使部分动能转变为静压能。

若要减小液体进入泵壳时的碰撞,可在叶轮与泵壳之间安装一个固定不动的导轮。由于导轮上叶片间形成若干逐渐转向的流道,不仅可以使部分动能转变为静压能,而且还可以减小流动能量损失。

离心泵结构上采用了具有后弯叶片的叶轮,蜗壳形的泵壳及导轮,均有利于动能转换为静压能及可以减少流动的能量损失。

1.3　轴封装置

离心泵工作时是泵轴旋转而泵壳不动,泵轴与泵壳之间的密封称为轴封,其作用是防止泵壳内的液体沿轴漏出或外界空气漏入泵壳内。

常用的轴封装置有填料密封和机械密封两种。

填料一般用浸油或涂有石墨的石棉绳。机械密封主要是靠装在轴上的动环与固定在泵壳上的静环之间的端面作相对运动而达到密封的目的。

2　离心泵的工作原理

2.1　排液过程

离心泵一般由电动机驱动。它在启动前需先向泵壳内灌满被输送的液体(称为灌泵),启动后，泵轴带动叶轮及叶片间的液体高速旋转，在惯性离心力的作用下，液体从叶轮中心被抛向外周，提高了动能和静压能。进入泵壳后，由于流道逐渐扩大，液体的流速减小，使部分动能转换为静压能，最终以较高的压强从排出口进入排出管路。

2.2 吸液过程

当泵内液体从叶轮中心被抛向外周时，叶轮中心形成了低压区。由于贮槽液面上方的压强大于泵吸入口处的压强，在该压强差的作用下，液体便经吸入管路被连续地吸入泵内。

2.3 气缚现象

当启动离心泵时，若泵内未能灌满液体而存在大量气体，则由于空气的密度远小于液体的密度，叶轮旋转产生的惯性离心力很小，因而叶轮中心处不能形成吸入液体所需的真空度，这种虽启动离心泵，但不能输送液体的现象称为气缚现象。因此，离心泵是一种没有自吸能力的液体输送机械。若泵的吸入口位于贮槽液面的上方，在吸入管路应安装单向底阀和滤网。单向底阀可防止启动前灌入的液体从泵内漏出，滤网可阻挡液体中的固体杂质被吸入而堵塞泵壳和管路。若泵的位置低于槽内液面，启动时就无须灌泵。

3 离心泵的类型和选用

离心泵种类繁多，相应的分类方法也多种多样，例如，按液体的性质可分为清水泵、耐腐蚀泵、油泵、杂质泵、屏蔽泵、液下泵和低温泵等。各种类型的离心泵按其结构特点各自成为一个系列，并以一个或几个汉语拼音字母作为系列代号，在每一系列中，由于有各种不同的规格，因而附以不同的字母和数字来区别。下面仅对几种主要类型作简要介绍。

3.1 常见离心泵的类型

1）清水泵（IS 型、D 型、Sh 型）

IS 型清水泵是单级单吸悬臂式离心水泵（图 1.43）。其全系列扬程范围为 8 ~ 98 m，流量范围为 4.5 ~ 360 m^3/h。一般生产厂家提供 IS 型清水泵的系列特性曲线（或称选择曲线），以便于泵的选用。曲线上的点代表额定参数。

D 型清水泵：若所要求的扬程较高而流量不太大，可采用 D 型多级离心泵（图 1.44）。国产多级离心泵的叶轮级数通常为 2 ~ 9 级，最多 12 级。其全系列扬程范围为 14 ~ 351 m，流量范围为 10.8 ~ 850 m^3/h。

Sh 型离心泵：若泵送液体的流量较大而所需扬程并不高，可采用双吸离心泵。国产双吸泵系列代号为 Sh。其全系列扬程范围为 9 ~ 140 m，流量范围为 120 ~ 12 500 m^3/h。

2）油泵（Y 型）

输送石油产品的泵称为油泵（图 1.45）。因为油品易燃易爆，因而要求油泵有良好的密封性能。当输送高温油品（200 ℃以上）时，需采用具有冷却措施的高温泵。油泵有单吸与双吸、单级与多级之分。国产油泵系列代号为 Y，双吸式为 YS。其全系列的扬程范围为 60 ~ 603 m，流量范围为 6.25 ~ 500 m^3/h。

3）耐腐蚀泵（F 型）

当输送酸、碱及浓氨水等腐蚀性液体时应采用耐腐蚀泵（图 1.46）。该类泵中所有与腐蚀

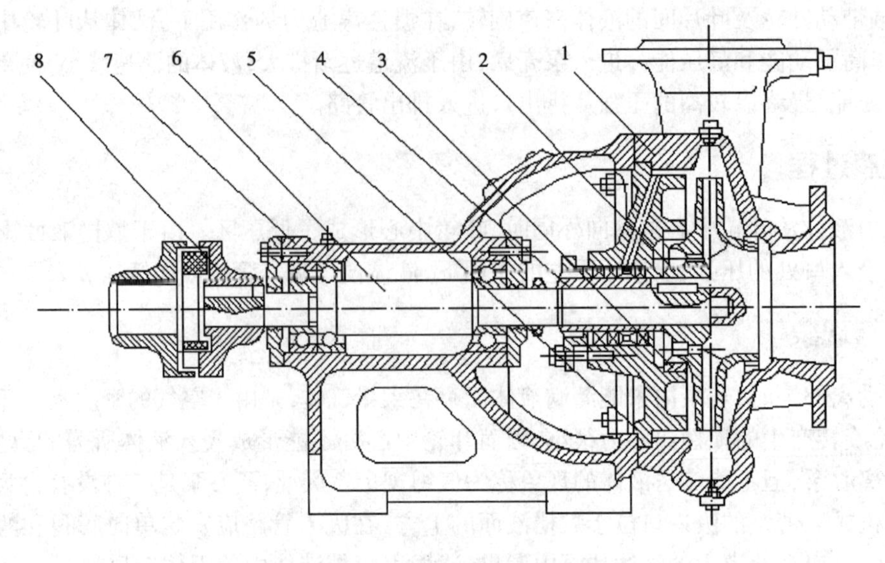

图 1.43　IS 型清水泵的结构图

1—泵体　2—叶轮　3—密封环　4—护轴套　5—后盖　6—泵轴　7—机架　8—联轴器部件

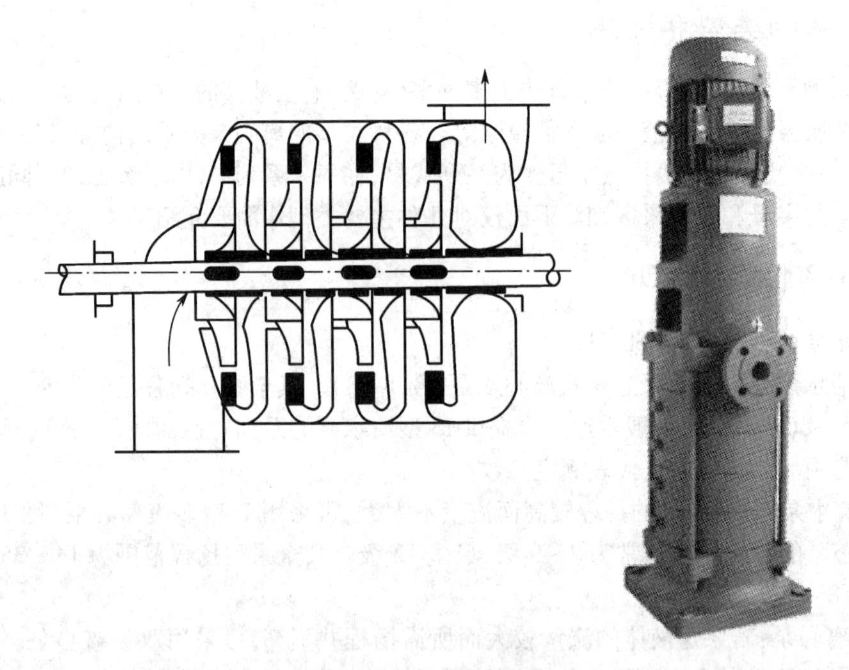

图 1.44　多级离心泵

液体接触的部件都用抗腐蚀材料制造，其系列代号为 F。F 型泵多采用机械密封装置，以保证高度密封的要求。F 型泵全系列扬程范围为 15 ~ 105 m，流量范围为 2 ~ 400 m^3/h。

4）杂质泵（P 型）

输送悬浮液及稠厚的浆液时用杂质泵，其系列代号为 P。这类泵的特点是叶轮流道宽，叶片数目少，常采用半闭式或开式叶轮，泵的效率低。

图 1.45　油泵

图 1.46　耐腐蚀泵

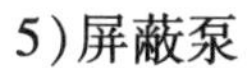

5)屏蔽泵

近年来,输送易燃、易爆、剧毒及具有放射性的液体时,常采用一种无泄漏的屏蔽泵(图 1.47)。其结构特点是叶轮和电机联为一个整体封在同一泵壳内,不需要轴封装置,又称无密封泵。

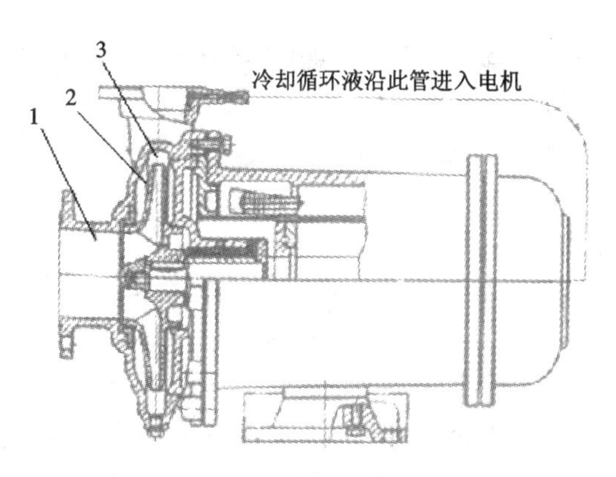

图 1.47　屏蔽泵

1—吸入口　2—叶轮　3—集液室

6)磁力泵(C 型)

磁力泵是高效节能的特种离心泵。采用永磁联轴驱动,无轴封,消除液体渗漏,使用极为安全;在泵运转时无摩擦,故可节能。主要用于输送不含固体颗粒的酸、碱、盐溶液和挥发性、剧毒性液体等。特别适用于易燃、易爆液体的输送。C 型磁力泵全系列扬程范围为 1.2 ~ 100 m,流量范围为 0.1 ~ 100 m^3/h。

3.2　离心泵的选择

离心泵种类齐全,能适应各种不同用途,选泵时应注意以下几点。

(1)根据被输送液体的性质和操作条件,确定适宜的类型。

(2)根据管路系统在最大流量下的流量 Q_e 和压头 H_e 确定泵的型号。在选泵的型号时,要使所选泵所能提供的流量 Q 和压头 H 比管路要求值稍大一点,选出泵的型号后,应列出泵的有关性能参数和转速。

(3)当单台泵不能满足管路要求时,要考虑泵的并联和串联。

(4)核算泵的轴功率,若输送液体的密度大于水的密度,则要核算泵的轴功率。

另外,要会借助泵的系列特性曲线合理选用离心泵。

【例 1.13】　用泵将硫酸自常压贮槽送到表压力为 2×9.807 Pa 的设备,要求流量为 13 m^3/h,升扬高度为 6 m,全部压力损失为 5 m,酸的密度为 1 800 kg/m^3。试选出适合的离心泵型号。

解:输送硫酸,宜选用 F 型耐腐蚀泵,其材料宜用灰口铸铁,即选用 FH 型耐腐蚀泵。现计算管路所需的扬程：

$$
\begin{aligned}
H_e &= \Delta z + \frac{\Delta p}{\rho g} + \frac{\Delta u^2}{2g} + \left(\lambda \frac{l}{d} + \sum \zeta\right) \cdot \frac{u^2}{2g} \\
&= 6 + \frac{2 \times 9.807 \times 10^4}{1\ 800 \times 9.807} + 5 \\
&= 22.1\ \text{m}
\end{aligned}
$$

查F型泵的性能表，50FH—25 符合要求，流量为 14.04 m^3/h，扬程为 24.5 m，效率为 53.5%，轴功率为 1.8 kW。因性能表中所列轴功率是按水测出的，今输送密度为 1 800 kg/m^3 的酸，则轴功率为

$$
1.8 \times \frac{1\ 800}{1\ 000} = 3.24\ \text{kW}
$$

4　离心泵的主要性能参数和特性曲线

4.1　离心泵的主要性能参数

1）流量

它是指泵能输送的液体量。其常用单位时间内泵排出到输送管路中的体积量来表示，用符号 q_V 表示，单位为 m^3/h。离心泵的流量取决于泵的结构、尺寸和转速。

2）扬程

它是指单位重量(1 N)的液体经泵后所获得的能量。其用符号 H 表示，单位为 m 液柱。离心泵扬程的大小取决于泵的结构、转速及流量。对一定的泵，在一定转速下，扬程和流量之间具有一定的关系。

扬程并不代表升举高度。一般实际压头由实验测定。离心泵铭牌上的扬程是离心泵在额定流量下的扬程。

3）效率

在液体输送过程中，外界能量通过泵传递给液体，其中不可避免地有能量损失，故泵所做的功不可能全部为液体所获得。离心泵的效率用符号 η 表示，它反映了能量损失，主要为容积损失、水力损失和机械损失。

(1)容积损失。它是由于泵的泄漏损失造成的。在实际运转的离心泵中，由于密封得不十分严密，在泵体内部总是不同程度地存在泄漏，使得泵实际输出的液体量少于吸入的液体量。这种泄漏越严重，泵的工作效率就越低。容积损失与泵的结构、液体进出口的压差及流量大小有关。

(2)水力损失。它是液体在泵内的摩擦阻力和局部阻力引起的，当液体流过叶轮、泵壳时，其流量大小和方向要改变，且发生冲击，因而有能量损失。水力损失与泵的构造和液体的性质有关。

(3)机械损失。它是泵在运转时，泵轴与轴承、轴封之间的机械摩擦引起的损失，因而也要消耗部分能量使泵的效率降低。

泵的效率反映了上述能量损失的总和，故泵的效率 η 亦称为总效率，它是上述三种效率的乘积。离心泵的效率与泵的类型、尺寸及加工精度有关，又与流量及流体性质有关。一般小

型泵效率为50% ~70%，大型泵效率高些，有的可达90%。

4)轴功率

功率是指单位时间内所做的功的大小，离心泵的功率是指泵的轴功率，即泵轴所需的功率，也就是直接传动时原动机传给泵的功率，用符号 P 表示，单位是 W(或 J/s)。而有效功率 P_e是液体实际上自泵得到的功率。因此，泵的效率就是有效功率与轴功率之比，故轴功率为

$$P = P_e/\eta = Hq_V\rho g/\eta \tag{1.6.1}$$

由于泵在运转过程中可能发生超负荷、传动中存在损失等因素，因此，所配电机的功率应比泵的轴功率大。

4.2 离心泵的特性曲线

离心泵的主要性能参数之间的关系由实验确定，测出的流量与扬程、功率、效率之间的关系曲线称为离心泵的特性曲线或工作性能曲线(图1.48)。

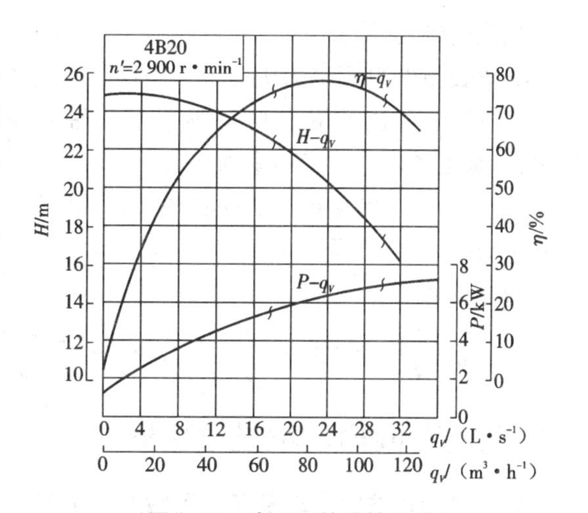

图1.48 离心泵的特性曲线

(1)从 H(扬程) - q_V(流量)曲线中可以看出，随着流量的增加，泵的压头是下降的，即流量越大，泵向单位重量流体提供的机械能越小。但是，这一规律对流量很小的情况可能不适用。

(2)从 P(轴功率) - q_V(流量)曲线中可以看出，轴功率随着流量的增加而上升，流量为零时轴功率最小，所以大流量输送一定对应着大的配套电机。另外，这一规律还提示我们，离心泵应在关闭出口阀的情况下启动，这样可以使电机的启动电流最小，以保护电机。

(3)从 η(效率) - q_V(流量)曲线中可以看出，流量为零时，效率也为零。泵的效率先随着流量的增加而上升，达到一最大值后便下降。该曲线的最高点为泵的设计点，泵在该点对应的流量及扬程下工作，效率最高。

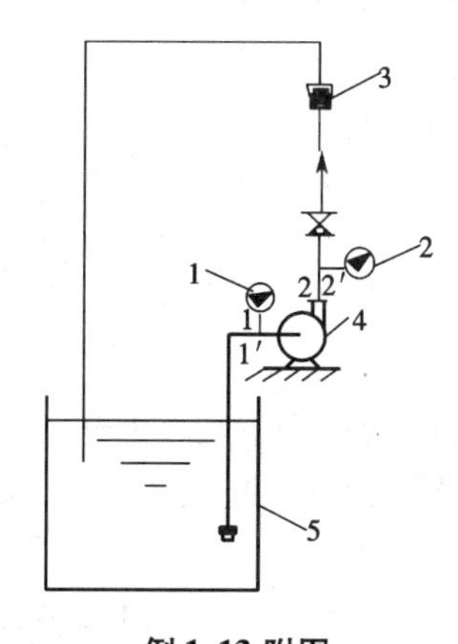

例1.13 附图

1—压力表 2—真空表

3—流量计 4—泵 5—贮槽

选用泵时，总是希望泵能在最高效率下工作，因在此条件下最为经济合理。但实际上泵往往不可能正好在与最高效率相应的流量和扬程下运转。因此，一般只能规定一个工作范围，称为泵的高效率区域，一般该区域的效率不低于最高效率的92%。离心泵的铭牌上标有一组性能参数，它们都是与最高效率点对应的性能参数，称为最佳工况参数。

【例1.13】 采用如附图所示的实验装置来测定离心泵的性能。泵的吸入管与排出管具有相同的直径，两测压口间垂直距离为0.5 m。泵的转速为2 900 r/min。以20 ℃的清水为介质测得以下数据：流量为54 m³/h，泵出口处表压为255 kPa，入口处真空

表读数为26.7 kPa,功率表测得所消耗功率为6.2 kW,泵由电动机直接带动,电动机的效率为93%,试求该泵在输送条件下的扬程、轴功率、效率。

解:1)泵的扬程

在真空表和压力表所处位置的截面分别以1—1′和2—2′表示,列伯努利方程式,即

$$z_1+\frac{p_1}{\rho g}+\frac{u_1^2}{2g}+H=z_2+\frac{p_2}{\rho g}+\frac{u_2^2}{2g}+\sum h_{f1-2}$$

其中 $z_2-z_1=0.5\ \text{m}$, $p_1=-26.7\ \text{kPa}$(表压), $p_2=255\ \text{kPa}$(表压), $u_1=u_2$。

因两测压口间的管路很短,其间的流动阻力可忽略不计,即 $\sum h_{f1-2}=0$,所以

$$H=0.5+\frac{255\times10^3+26.7\times10^3}{1\ 000\times9.81}=29.2\ \text{m}$$

2)泵的轴功率

功率表测得的功率为电动机的消耗功率,由于泵由电动机直接带动,传动效率可视为100%,所以电动机的输出功率等于泵的轴功率。因电动机本身消耗部分功率,其效率为93%,于是电动机的输出功率为

$$\text{电动机的消耗功率}\times\text{电动机的效率}=6.2\times0.93=5.77\ \text{kW}$$

泵的轴功率为 $P=5.77\ \text{kW}$。

3)泵的效率

$$\eta=\frac{P_e}{P}\times100\%=\frac{q_V H\rho g}{P}\times100\%=\frac{54\times29.2\times1\ 000\times9.81}{3\ 600\times5.77\times1\ 000}\times100\%=74.5\%$$

4.3 影响离心泵性能的主要因素

离心泵的特性曲线是泵在一定转速和常温、常压下,用清水作实验测得的。因此,当泵所输送的液体物理性质与水有较大差异时,或者泵采用了不同的转速或改变了叶轮的直径时,就应对该泵的特性曲线进行换算。

1)液体的密度

离心泵的压头、流量、效率均与密度无关。而有效功率和轴功率与密度有关,随密度的增大而增大,可以用下式进行校正:

$$\frac{P_{e1}}{P_{e2}}=\frac{Hq_V\rho_1 g}{Hq_V\rho_2 g}=\frac{\rho_1}{\rho_2}\tag{1.6.2}$$

$$\frac{P_1}{P_1}=\frac{P_{e1}/\eta}{P_{e2}/\eta}=\frac{P_{e1}}{P_{e2}}=\frac{\rho_1}{\rho_2}\tag{1.6.3}$$

2)液体的黏度

若液体的黏度大于常温下清水的黏度,则泵的流量、压头、效率都下降,但轴功率上升。

一般来说,当液体的运动黏度 $\nu<20\times10^{-6}\ \text{m}^2/\text{s}$ 时,如汽油、煤油、洗涤油、轻柴油等,泵的特性曲线不必换算。如果 $\nu>20\times10^{-6}\ \text{m}^2/\text{s}$,则需按下式进行换算:

$$q_{V1}=C_q q_V\tag{1.6.4a}$$

$$H_1=C_H H\tag{1.6.4b}$$

$$\eta_1=C_\eta \eta\tag{1.6.4c}$$

式中 q_V、H、η——离心泵的流量、扬程和效率;

q_{V1}、H_1、η_1——离心泵输送其他黏度的液体时的流量、扬程和效率；

C_q、C_H、C_η——流量、扬程和效率的换算系数。其数值可查泵使用手册中的相关图表。

3）转速

离心泵的转速发生变化时，其流量、压头、轴功率和效率都要发生变化，泵的特性曲线也将发生变化。

若离心泵的转速 n 变化不大（小于20%），符合比例定律：

$$\frac{q_{V2}}{q_{V1}}=\frac{n_2}{n_1} \tag{1.6.5a}$$

$$\frac{H_2}{H_1}=\left(\frac{n_2}{n_1}\right)^2 \tag{1.6.5b}$$

$$\frac{P_2}{P_1}=\left(\frac{n_2}{n_1}\right)^3 \tag{1.6.5c}$$

【例1.14】 某离心泵在转速为1 450 r/min下测得流量为65 m^3/h，压头为30 m。若将转速调至1 200 r/min，试估算此时泵的流量和压头。

解：离心泵的转速改变后，泵的性能可按比例定律估算（当转速变化小于20%时，偏差不大）。若改变前的性能下标为1，改变后的下标为2，则有以下关系。

（1）$\frac{q_{V1}}{q_{V2}}=\frac{n_1}{n_2}$，可得 $q_{V2}=q_{V1}\cdot\frac{n_2}{n_1}=65\times\frac{1\ 200}{1\ 450}=53.8\ m^3/h$。

（2）$\frac{H_1}{H_2}=\left(\frac{n_1}{n_2}\right)^2$，可得 $H_2=H_1\cdot\left(\frac{n_2}{n_1}\right)^2=30\times\left(\frac{1\ 200}{1\ 450}\right)^2=20.55\ m$。

4）叶轮外径

当泵的转速一定时，压头、流量与叶轮的外径有关。对于某离心泵，若对其叶轮的外径进行"切割"，而其他尺寸不变，在叶轮外径的减小变化不超过5%时，符合切割定律。

$$\frac{q_{V2}}{q_{V1}}=\frac{D_2}{D_1} \tag{1.6.6a}$$

$$\frac{H_2}{H_1}=\left(\frac{D_2}{D_1}\right)^2 \tag{1.6.6b}$$

$$\frac{P_2}{P_1}=\left(\frac{D_2}{D_1}\right)^3 \tag{1.6.6c}$$

5 离心泵的开停车操作训练

训练目的

认识离心泵的结构。

能进行离心泵的开车、停车。

能根据生产情况调节输送能力。

设备示意（图1.49）

离心水泵将储水槽中的水抽出，送入操作系统。经过流量计测量流量后回到储水槽，水槽内水循环使用。

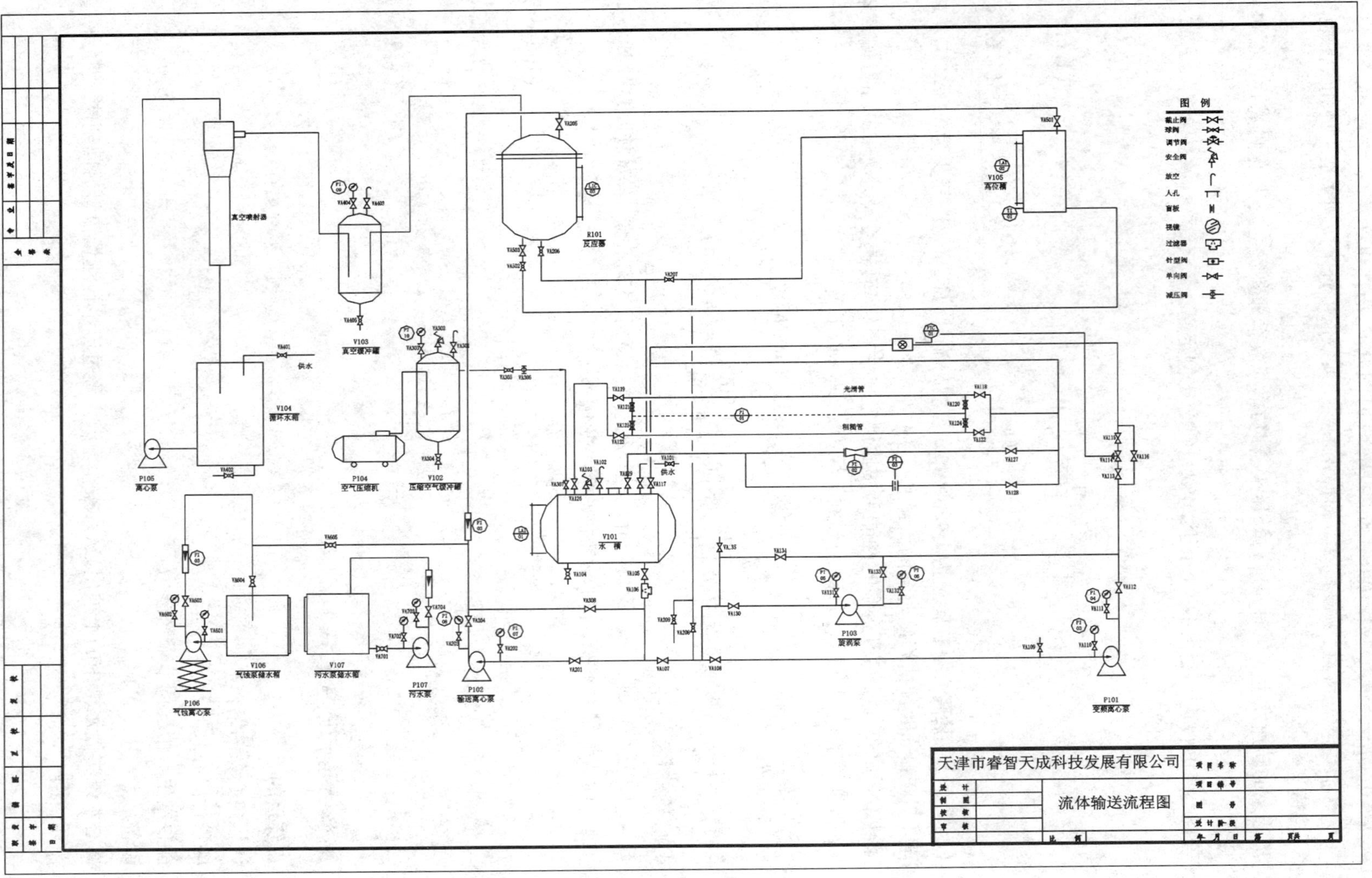

图 1.49　离心泵输送装置示意

训练要领

(1)打开水槽出口管路总阀门,启动离心泵。

(2)泵出口调节阀全开,将涡轮流量计设定到某一数值,待流动稳定后同时读取流量、泵出口处的压强、泵进口处的真空度、功率等数据。

(3)从大流量到小流量依次测取10~15组实验数据。

(4)将电动调节阀全开,逐次调节离心泵的频率(20~50 Hz),分别在不同的频率下读取流量、泵出口处的压强、泵进口处的真空度等数据。

(5)关闭离心泵出口阀;停泵;将各阀门恢复至开车前的状态;切断总电源。

任务7　离心泵的流量调节方式

1　管路特性曲线

在泵的叶轮转速一定时,一台泵在具体操作条件下所提供的液体流量和扬程可用 $H-q_V$ 特性曲线上的一点来表示。至于这一点的具体位置,应视泵前、后的管路情况而定。讨论泵的工作情况,不应脱离管路的具体情况。泵的工作特性由泵本身的特性和管路的特性共同决定。

由伯努利方程导出外加压头计算式:

$$H_e = \Delta z + \frac{\Delta p}{\rho g} + \frac{\Delta u^2}{2g} + \sum H_f \tag{1.7.1}$$

q_V 越大,则 $\sum H_f$ 越大,流动系统所需要的外加压头 H_e 越大。将通过某一特定管路的流量与其所需外加压头之间的关系,称为管路的特性。

上式中的压头损失

$$\sum H_f = \lambda\left(\frac{l+l_e}{d}\right)\frac{u^2}{2g} = \frac{8\lambda}{\pi^2 g}\left(\frac{l+l_e}{d^5}\right)q_V^2 \tag{1.7.2}$$

若忽略上、下游截面的动压头差,则

$$H_e = \Delta z + \frac{\Delta p}{\rho g} + \frac{8\lambda}{\pi^2 g}\left(\frac{l+l_e}{d^5}\right)q_V^2 \tag{1.7.3}$$

令 $A = \Delta z + \dfrac{\Delta p}{\rho g}$,若把 λ 看成常数,则

$$H_e = A + Bq_V^2 \tag{1.7.4}$$

上式称为管路的特性方程,表达了管路所需要的外加压头与管路流量之间的关系。在 $H-q_V$ 坐标中对应的曲线称为管路特性曲线,如图1.50所示。

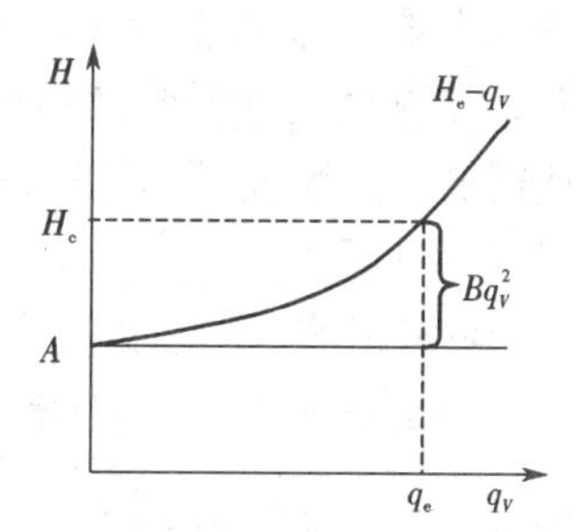

图1.50　管路特性曲线

管路特性曲线反映了特定管路在给定操作条件下流量与压头的关系。此曲线的形状只与管路的铺设情况及操作条件有关,而与泵的特性无关。

2　离心泵的工作点

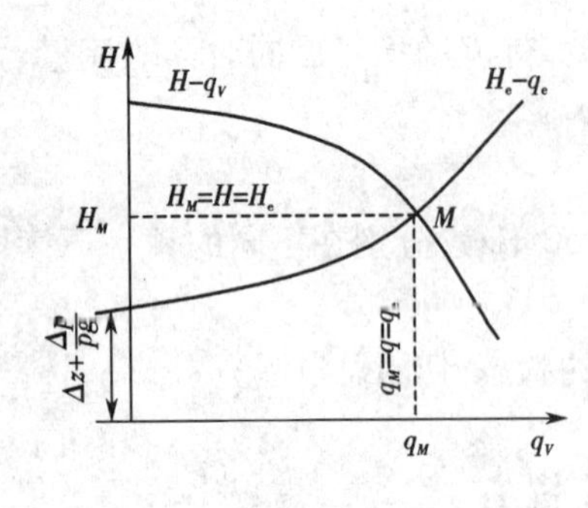

图 1.51　离心泵的工作点

将泵的 $H-q_V$ 曲线与管路的 H_e-q_V 曲线绘在同一坐标系中，两曲线的交点 M 点称为泵的工作点。如图 1.51 所示。

泵的工作点由泵的特性和管路的特性共同决定，可通过联立求解泵的特性方程和管路的特性方程得到。

安装在管路中的泵，其输液量即为管路的流量；在该流量下泵提供的扬程也就是管路所需要的外加压头。因此，泵的工作点对应的泵压头既是泵提供的，也是管路需要的；指定泵安装在特定管路中，只能有一个稳定的工作点 M。

3　离心泵流量的调节

由于生产任务的变化，管路的流量有时是需要改变的，这实际上就是要改变泵的工作点。由于泵的工作点由管路特性和泵的特性共同决定，因此改变泵的特性和管路特性均能改变工作点，从而达到调节流量的目的。

1）改变泵出口阀的开度——改变管路特性

如图 1.52 所示，当阀门关小时，管路的局部阻力损失增大，管路特性曲线变陡，工作点由 M 点移至 A 点，流量由 q_{VM} 减小至 q_{VA}。反之开大阀门，工作点由 M 点移至 B 点，流量由 q_{VM} 增大至 q_{VB}。用阀门调节流量迅速方便，且流量可以连续调节，适合化工连续生产的特点，所以应用十分广泛；但其缺点是在阀门关小时，流体阻力加大，不很经济。

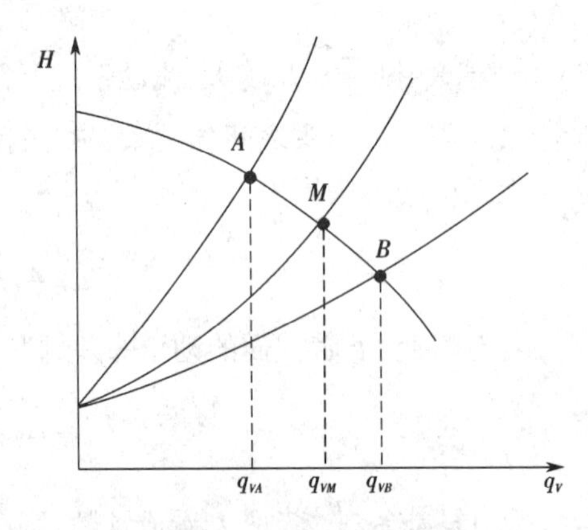

图 1.52　改变阀门的开度

2）改变叶轮转速——改变泵的特性

通过改变转速，从而改变泵的性能曲线，也可以实现流量由 q_{VM} 减小至 q_{VA} 或增大至 q_{VB}，如图 1.53 所示。从动力消耗看此种方法比较合理，但改变转速需要变速装置，设备投资费用相应增加。

3）车削叶轮直径

减小叶轮外径，也能改变泵的性能曲线，从而使流量由 q_{VM} 减小至 q_{VA}，如图 1.54 所示。但此种方法调节不够灵活，调节范围不大，故采用也较少。

4　离心泵的组合操作

在实际生产中，有时单台泵无法满足生产要求，需要几台泵组合运行。组合方式可以有串联和并联两种。下面讨论的内容限于多台性能相同的泵的组合操作。基本思路是：多台泵无论怎样组合，都可以看作是一台泵，因而需要找出组合泵的特性曲线。

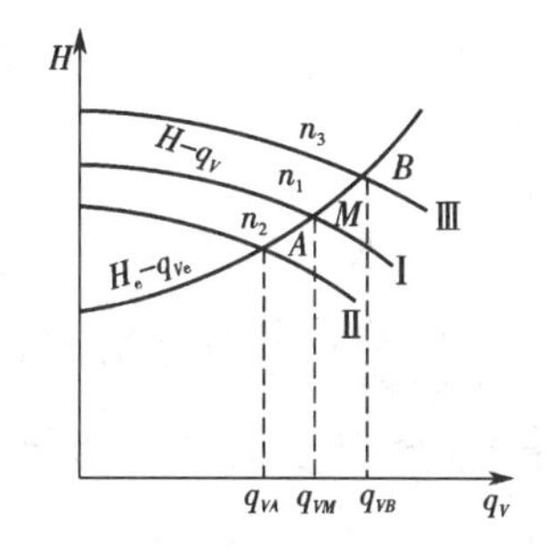

图 1.53　改变转速时的流量变化

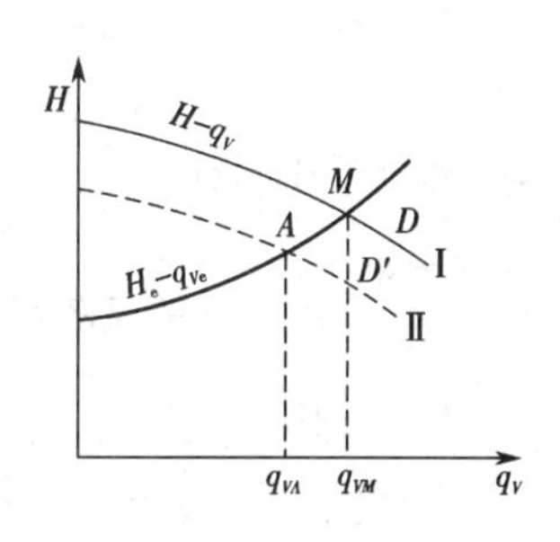

图 1.54　改变叶轮直径时的流量变化

4.1　串联泵的组合特性曲线

两台完全相同的泵串联，每台泵的流量与压头相同，则串联组合泵的压头为单台泵的 2 倍，流量与单台泵相同。单台泵及组合泵的特性曲线如图 1.55 所示。

串联操作离心泵具有如下特点。

(1)组合泵的 $H-q_V$ 曲线与单台泵相比，q_V 不变，H 加倍。

(2)管路特性一定时，采用两台泵串联组合，实际工作压头并未加倍，但流量却有所增加。

(3)关小出口阀，使流量与原先相同，则实际压头就是原先的 2 倍。

(4)n 台完全相同的泵串联，组合泵的特性方程为

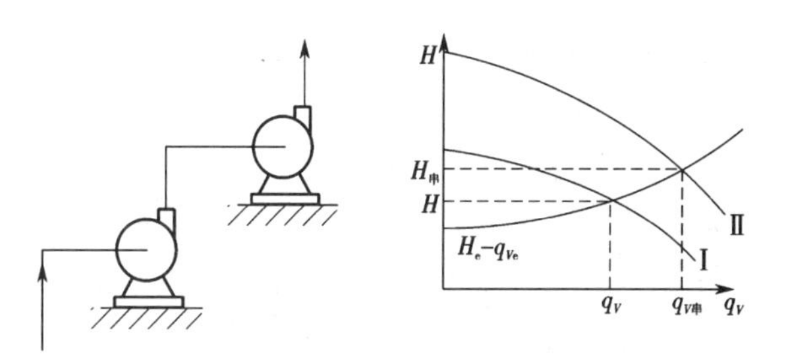

图 1.55　离心泵串联操作及其特性曲线

$$H=n(A-Bq_V^2) \tag{1.7.5}$$

4.2　并联泵的组合特性曲线

两台完全相同的泵并联，每台泵的流量和压头相同，则并联组合泵的流量为单台泵的 2 倍，压头与单台泵相同。单台泵及组合泵的特性曲线如图 1.56 所示。

并联操作离心泵具有如下特点。

(1)组合泵的 $H-q_V$ 曲线与单台泵相比，H 不变，q_V 加倍。

(2)管路特性一定时，采用两台泵并联组合，实际工作流量并未加倍，但压头却有所增加。

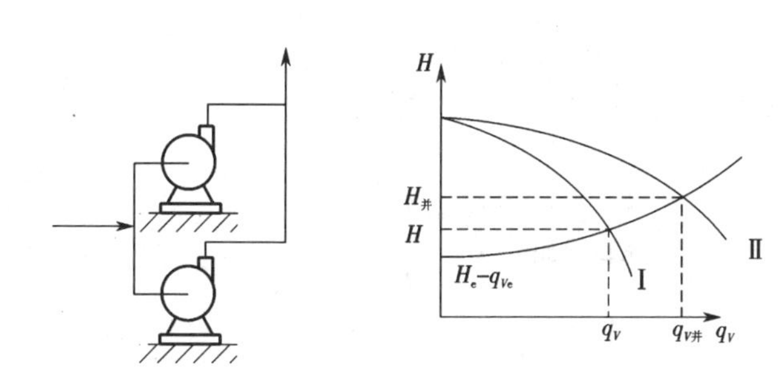

图 1.56　离心泵并联操作及其特性曲线

(3)开大出口阀，使压头与原先相同，则流量加倍。

(4)n 台完全相同的泵并联，组合泵的特性方程为

$$H = A - B\frac{q_V^2}{n^2}$$

4.3 组合方式的选择

单台泵不能完成输送任务可以分为两种情况：①压头不够，$H < \Delta z + \frac{\Delta p}{\rho g}$；②压头合格，但流量不够。对于情形①，必须采用串联操作；对于情形②，应根据管路的特性来决定采用何种组合方式。

5 离心泵仿真操作训练

训练目的

了解仿真操作的基本操作(简单控制系统、串级控制系统、分程控制系统)。

了解离心泵仿真实训流程，掌握各个工艺操作点。

能够独立完成离心泵开停车仿真操作。

设备示意

本工艺为单独培训离心泵而设计，其工艺流程(参考流程仿真界面)如图1.57所示。

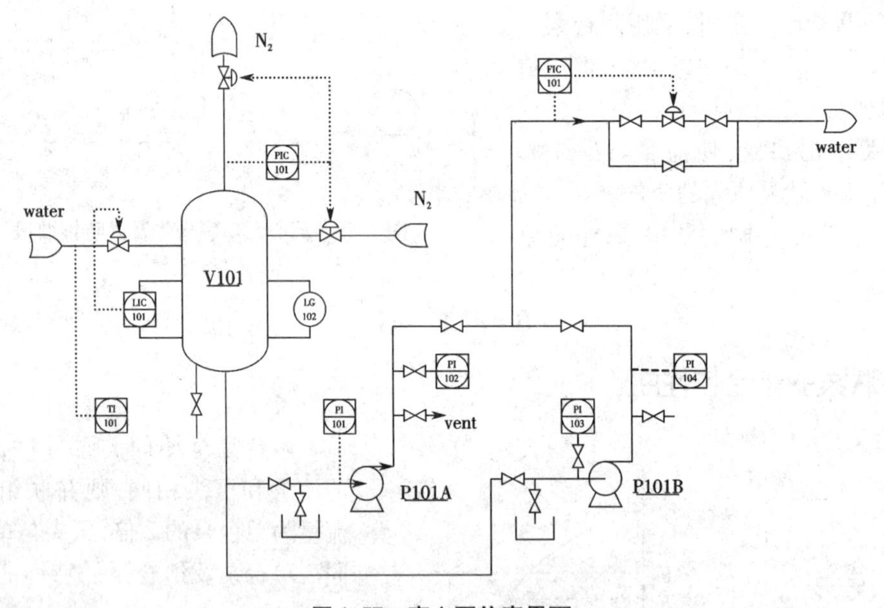

图1.57　离心泵仿真界面

训练要领

(1)罐V101充液、充压。

(2)启动泵前的准备工作。

①灌泵。

②排气。打开P101A泵后的排气阀排放泵内的不凝性气体。

(3)启动离心泵。

(4)调整操作参数。

任务8　确定离心泵的安装高度

1　离心泵的气蚀现象

离心泵的吸液是靠吸入液面与吸入口间的压差完成的。吸入管路越高，吸上高度越大，则吸入口处的压力将越小。当吸入口处的压力小于操作条件下被输送液体的饱和蒸气压时，液体将会汽化产生气泡，含有气泡的液体进入泵体后，在旋转叶轮的作用下，进入高压区，气泡在高压的作用下，又会凝结为液体，原气泡位置的空出造成局部真空，使周围液体在高压的作用下迅速填补原气泡所占空间。这种高速冲击频率很高，可以达到每秒几千次，冲击压强可以达到数百个大气压甚至更高，这种高强度高频率的冲击，轻则造成叶轮的疲劳，重则破坏叶轮与泵壳，甚至能把叶轮打成蜂窝状。这种由于被输送液体在泵体内汽化再凝结对叶轮产生剥蚀的现象叫离心泵的气蚀现象。

气蚀发生时，因冲击而使泵体振动，并发出噪声，同时还会使泵的流量、扬程和效率都明显下降，泵的使用寿命缩短，严重时使泵不能正常工作。因此，应尽量避免泵在气蚀工况下工作，并采取一些有效的抗气蚀的措施。

2　确定离心泵的安装高度

工程上从根本上避免气蚀现象的方法是限制泵的安装高度。避免离心泵气蚀现象发生的最大安装高度，称为离心泵的允许安装高度，也叫允许吸上高度。是指泵的吸入口 1—1′与吸入贮槽液面 0—0′间可允许达到的最大垂直距离，以符号 H_g表示，如图 1.58 所示。假定泵在可允许的最高位置上操作，以液面为基准面，列贮槽液面 0—0′与泵的吸入口 1—1′两截面间的伯努利方程式，可得

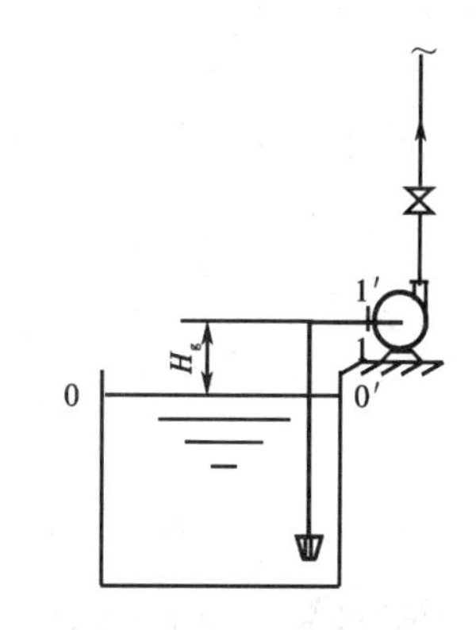

图 1.58　离心泵的允许安装高度

$$H_g = \frac{p_0 - p_1}{\rho g} - \frac{u_1^2}{2g} - \sum h_{f,0-1} \qquad (1.8.1)$$

式中　H_g——允许安装高度，m；

p_0——吸入液面的压力，Pa；

p_1——吸入口允许的最低压力，Pa；

u_1——吸入口处的流速，m/s；

ρ——被输送液体的密度，kg/m^3；

$\sum h_{f,0-1}$——流体流经吸入管的阻力，m。

确定离心泵的安装高度常用气蚀余量法。为避免气蚀现象的发生，叶轮入口处的绝压必须高于工作温度下液体的饱和蒸气压 p_V，泵入口处的绝压 p_1 应更高一些，即 $p_1 > p_V$。一般离心泵在出厂前都需通过实验，确定泵在一定流量与一定大气压强下发生气蚀的条件，并规定一个反映泵的抗气蚀能力的特性参数——允许气蚀余量。离心泵的允许气蚀余量是这台泵使用于指定液体时的最低允许入口条件，泵的 $\Delta h_{允}$值愈小，允许的入口压强就愈低，说明泵的抗气蚀能力愈好。而在实际操作中，入口的实际气蚀余量愈高，则避免气蚀的安全性就愈大，换句

话说,实际气蚀余量必须高于或等于允许气蚀余量,才能避免发生气蚀。离心泵性能表或样本上列出的气蚀余量即 $\Delta h_{允}$,是在泵出厂前于 101.3 kPa 和 20 ℃下用清水测得的。若输送液体不同,应作校正。

泵吸入口处动压头与静压头之和比被输送液体的饱和蒸气压头高出的最小值,用 Δh 表示,即

$$\Delta h = \frac{p_1}{\rho g} + \frac{u_1^2}{2g} - \frac{p_V}{\rho g} \tag{1.8.2}$$

将上式代入式(1.8.1)得

$$H_g = \frac{p_0}{\rho g} - \frac{p_V}{\rho g} - \Delta h - \sum h_{f,0-1} \tag{1.8.3}$$

Δh 随流量增大而增大,因此,在确定允许安装高度时应取最大流量下的 Δh。

当允许安装高度为负值时,离心泵的吸入口低于贮槽液面。

为安全起见,泵的实际安装高度通常比允许安装高度低 0.5 ~1 m。

【例 1.15】 用某离心泵从贮槽向反应器输送液态异丁烷,贮槽内异丁烷液面恒定,液面上方压强为 652.37 kPa(绝压),泵位于贮槽液面以下 1.5 m 处,吸入管路的全部压头损失为 1.6 m。异丁烷在输送条件下的密度为 530 kg/m³,饱和蒸气压为 637.65 kPa。在泵的性能表上查得输送流量下泵允许气蚀余量为 3.5 m。

试问:该泵能否正常操作?

分析:要判断该泵能否正常操作,应根据已知条件,核算泵的安装高度是否合适,即能否避免气蚀现象。

解:先用公式计算允许安装高度,以便和该离心油泵的实际安装高度 -1.5 m 进行比较。

$$H_g = \frac{p_a}{\rho g} - \frac{p_V}{\rho g} - \Delta h_r - \sum h_{f,0-1}$$

由题意知:$p_a = 652.37 \times 10^3$ Pa,$p_V = 637.65 \times 10^3$ Pa,$\Delta h_r = 3.5$ m,$\sum h_{f,0-1} = 1.6$ m,代入上式得

$$H_g = \frac{(652.37 - 637.65) \times 10^3}{530 \times 9.81} - 3.5 - 1.6 = -2.27 \text{ m}$$

说明:已知泵的实际安装高度为 -1.5 m,大于允许安装高度 -2.27 m,即表明泵的实际安装高度偏高,可能发生气蚀现象,故该泵不能正常操作。

任务9　其他类型的泵及其应用

1　往复泵

1.1　往复泵的结构、工作原理

往复泵主要由泵体、活塞(或柱塞)和单向活门所构成。活塞由曲柄连杆机械带动而作往复运动。当活塞在外力作用下向右移动时,泵体内形成低压,上端的活门(排出活门)受压关闭,下端的活门(吸入活门)则被泵外液体的压力推开,将液体吸入泵内。当活塞向左移动时,

由于活塞的挤压使泵内液体的压力增大，吸入活门就关闭，而排出活门则受压开启，由此将液体排出泵外（图 1.59）。如此活塞不断地作往复运动，液体就间歇地被吸入和排出。可见往复泵是一种容积式泵。

往复泵的吸上真空度取决于贮液池液面的大气压力、液体的温度和密度以及活塞运动的速度等，所以往复泵的吸上高度也有一定的限制。但是往复泵有自吸能力，故启动前无须灌泵。

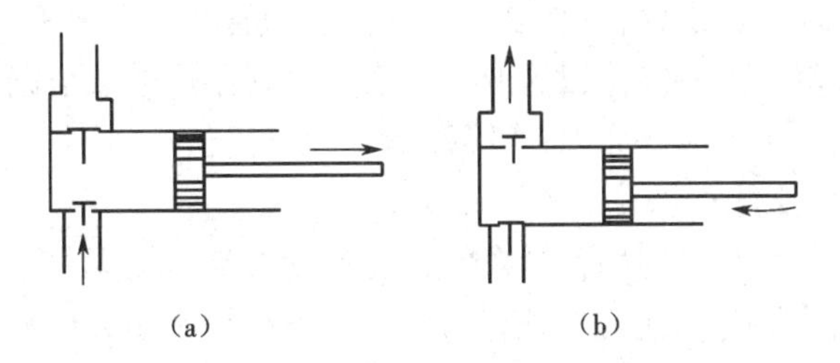

图 1.59　单动往复泵的工作原理

(a)液体吸入　(b)液体排出

1.2　往复泵的主要性能

往复泵的主要性能参数包括流量、扬程、功率与效率等，其定义与离心泵一样，不再赘述。

1）流量

往复泵的流量是不均匀的，如图 1.60 所示。但双动泵要比单动泵均匀，而三联泵又比双动泵均匀。其流量的这一特点限制了往复泵的使用。工程上，有时通过设置空气室使流量更均匀。

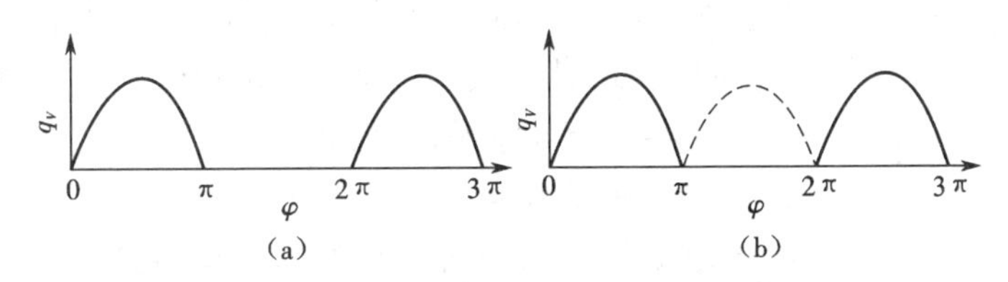

图 1.60　往复泵的流量曲线

(a)单缸单动　(b)单缸双动

从工作原理不难看出，往复泵的理论流量只与活塞在单位时间内扫过的体积有关，因此往复泵的理论流量只与泵缸数量、泵缸的截面积、活塞的往复频率及每一周期内的吸排液次数等有关。

对于单动往复泵，其理论平均流量为

$$q_V = A \cdot S \cdot i \cdot F \tag{1.9.1}$$

式中　q_V——往复泵的理论平均流量，m^3/s；

A——活塞的横截面积，m^2；

S——活塞的冲程，m；

i——泵的缸数；

F——活塞的往复频率，1/s。

对于双动往复泵，其理论平均流量为

$$q_{VT} = (2A - a)S \cdot i \cdot F \tag{1.9.2}$$

式中　a——活塞杆的横截面积，m^2；

其他符号同前。

也就是说,往复泵的理论流量与管路特性无关,即无论在什么扬程下工作,只要往复一次,泵就排出一定体积的液体。由于密封不严造成泄漏、阀启闭不及时以及随着扬程的增高,液体漏损量加大等原因,实际流量要比理论值小。

2)扬程

往复泵的扬程与泵的几何尺寸及流量均无关系。只要泵的力学强度和原动机械的功率允许,系统需要多大的压头,往复泵就能提供多大的压头。也可以像获得离心泵的扬程一样,求取往复泵的扬程。

3)功率与效率

往复泵功率与效率的计算与离心泵相同,但效率比离心泵高,通常在0.72~0.93,蒸汽往复泵的效率可达到0.83~0.88。

由于原理不同,离心泵没有自吸作用,但往复泵有自吸作用,因此不需要灌泵;由于都是靠压差来吸入液体的,因此安装高度也受到限制,其安装高度也可以通过类似于离心泵的方法确定。

1.3 往复泵的流量调节

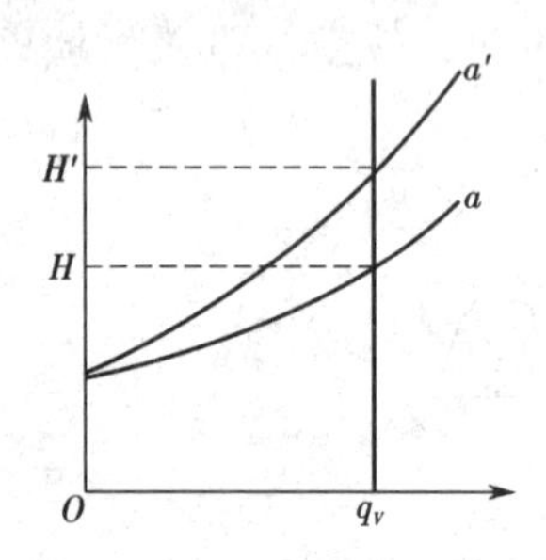

图1.61 往复泵的工作点

同离心泵一样,往复泵的工作点也是由泵的特性曲线决定的。但由于往复泵的正位移特性(所谓正位移,是指流量与管路无关,扬程与流量无关的特性),工作点只能落在 q_V = 常数的垂直线上(图1.61),因此,要改变往复泵的送液能力,只能采用旁路调节法或改变往复频率及冲程的方法。

1)旁路调节法

此法如图1.62所示,是通过增设旁路的方法来实现流量调节的,这种调节方法简便可行。旁路调节的实质不是改变泵的总送液能力,而是改变流量在主管路及旁路的分配。这种调节造成了功率的损耗,在经济上是不合理的,但生产上却常用。

2)调节活塞的冲程或往复频率

由式(1.9.1)和式(1.9.2)可知,调节活塞的冲程或往复频率都能达到改变往复泵的送液能力的目的。同上法相比,此法在能量利用上是合理的。特别是对于蒸汽往复泵,可以通过调节蒸汽压力方便地实现,但对经常性流量调节是不适合的。

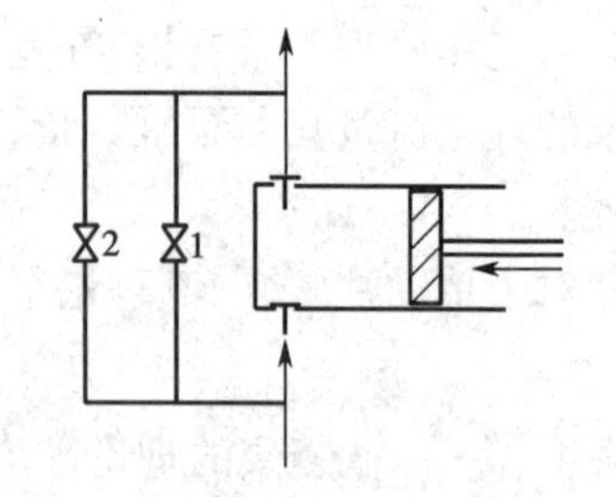

图1.62 往复泵的旁路调节流量

1—旁路阀 2—安全阀

2 齿轮泵的结构、工作原理及其操作

齿轮泵(图1.63)的工作原理与往复泵类似,其主要构件为泵壳和一对相互啮合的齿轮。其中一个齿轮为主动轮,另一个为从动轮。当齿轮转动时,吸入腔内因两轮的齿互相分开,形成低压而将液体从吸入腔吸入低压的齿穴中,并沿壳壁将液体推送至排出腔。排出腔内齿轮的齿互相合拢,形成高压而排出液体。

由于齿轮泵的齿穴不可能很大,因此其流量较小,但它可以产生较高的排出压力。其在化工厂中常用于输送黏稠液体甚至膏状物料,但不宜用来输送含有固体颗粒的悬浮液。

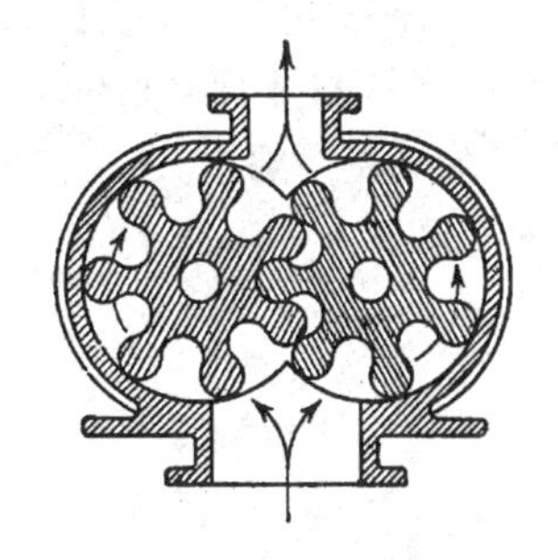

图 1.63　齿轮泵

3　螺杆泵的结构、工作原理及其操作

螺杆泵主要由泵壳与一个或一个以上的螺杆所构成。图 1.64(a)所示为一单螺杆泵。此泵的工作原理是靠螺杆在具有内螺杆的泵壳中偏心转动,将液体沿轴向推进,最后挤压至排出口。图 1.64(b)为一双螺杆泵,它与齿轮泵十分相像,它利用两根相互啮合的螺杆来排送液体。当所需的压力很高时,可采用较长的螺杆。图 1.64(c)所示为输送高黏度液体的三螺杆泵。

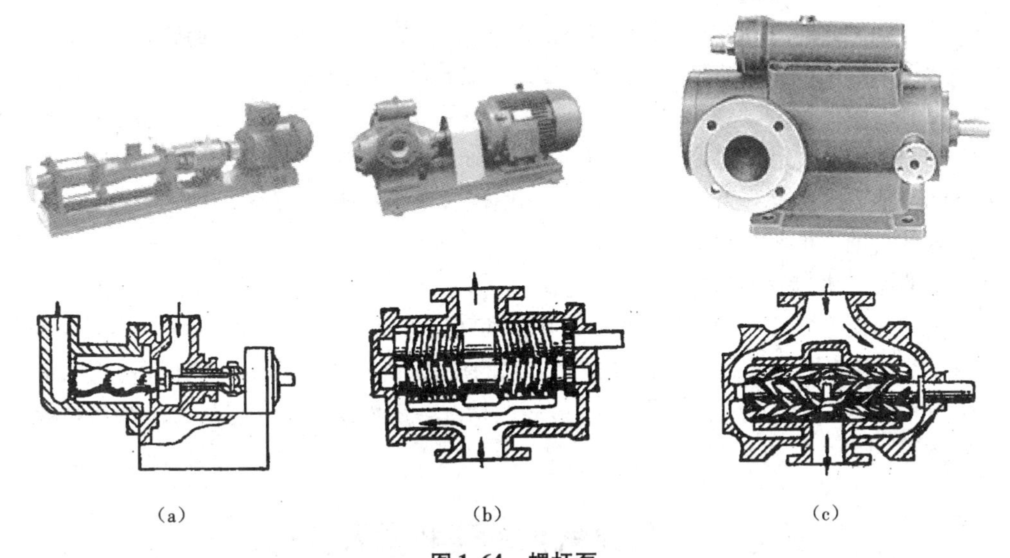

图 1.64　螺杆泵
(a)单螺杆泵　(b)双螺杆泵　(c)三螺杆泵

齿轮泵和螺杆泵特别适用于高黏度的液体,故从使用的角度分类,这些泵属于高黏度泵。旋转泵在任何给定的转速下,泵的理论流量与扬程都无关。输送高黏度液体,由于受泵的结构和所输送液体性质的限制,泵是在代转速下工作的。

4　旋涡泵的结构、工作原理及其操作

旋涡泵是一种特殊类型的离心泵,亦为化工生产中经常用的类型之一,如向精馏塔输送回流液体等就需用到旋涡泵。

旋涡泵的主要构件,如图 1.65 所示,为泵壳 3 和叶轮 1,泵壳呈圆形,叶轮为一圆盘,其上有许多径向叶片 2,叶片与叶片间形成凹槽,在泵壳与叶轮间有一同心的流道 4,吸入口 6 不在泵盖的正中,而是在泵壳顶部,与压出口相对,并由隔板 5 隔开。隔板与叶轮之间的间隙极小,因此吸入腔与排出腔得以分隔开来。

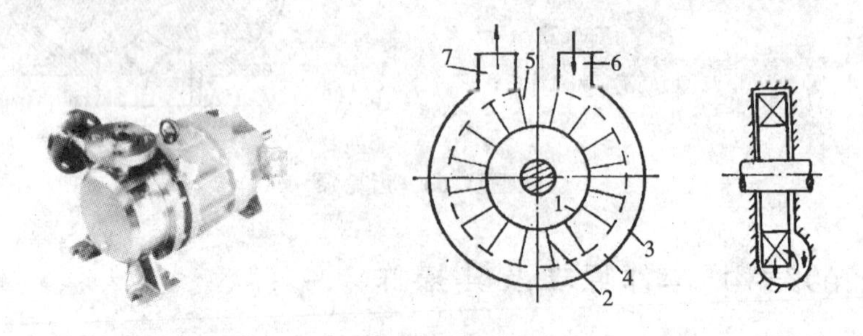

图 1.65　旋涡泵

1—叶轮　2—径向叶片　3—泵壳　4—流道　5—隔板　6—吸入口　7—压出口

在充满液体的旋涡泵内,当叶轮高速旋转时,由于离心力的作用,叶片凹槽中的液体以一定的速度被抛向流道,在截面较宽的流道内,液体流速减慢,一部分动能转变为静压能。与此同时,叶片凹槽内侧因液体被抛出而形成低压,因而流道内压力较高的液体又可重新进入叶片凹槽,再度受离心力的作用继续增大压力,这样,液体由吸入口吸入,多次通过叶片凹槽和流道间的反复旋涡形运动,达到出口时,就获得了较高的压力。

液体在流道内的反复迂回运动是靠离心力的作用,故旋涡泵在开动前也要灌水。它的流量与扬程之间的关系也和离心泵相仿。但流量减小时扬程增加很快,功率也增大,这是与一般离心泵不同的地方。因此,旋涡泵的调节,应采用同往复泵一样的办法,借助于回流支路来调节,同时,泵开动前不能将出口阀关闭。

旋涡泵的流量小,扬程高,体积小,结构简单,但它的效率一般很低(不超过 40%),通常为 35% ~38%。与离心泵相比,在同样大小的叶轮和转速下所产生的扬程,旋涡泵比离心泵高 2 ~4 倍。与转子泵相比,在同样的扬程情况下,它的尺寸小得多,结构也简单得多,所以旋涡泵在化工生产中广为应用,适宜于流量小、扬程高的情况。旋涡泵适用于输送无悬浮颗粒及黏度不高的液体。

任务 10　常见气体输送机械及其应用

1　通风机

离心通风机的工作原理与离心泵相同,结构也大同小异(图 1.66)。

(1)为适应输送风量大的要求,通风机的叶轮直径一般是比较大的。

(2)叶轮上叶片的数目比较多。

(3)叶片有平直的、前弯的、后弯的。通风机的主要要求是通风量大,在不追求高效率时,用前弯叶片有利于提高压头,减小叶轮直径。

(4)机壳内逐渐扩大的通道及出口截面常不为圆形而为矩形。

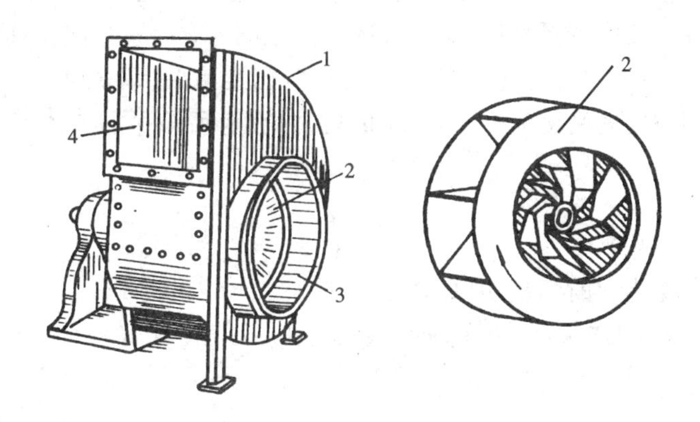

图 1.66　离心通风机及叶轮

1—机壳　2—叶轮　3—吸入口　4—排出口

离心通风机的主要性能参数有风量、风压、轴功率和效率，见表 1.6。

表 1.6　离心通风机的主要性能参数

性能参数	单位	定义
风量 Q	m^3/h m^3/s	气体通过进风口的体积流量
风压 H_T	N/m^2	单位体积的气体经过风机时所获得的能量 $H_T=(p_2-p_1)+\frac{\rho u_2^2}{2}=H_p+H_k$，其中$(p_2-p_1)$称为静风压 H_p；$\rho u_2^2/2$ 称为动风压 H_k。1 表示风机入口，2 表示出口
轴功率 P	kW	$P=\frac{H_T Q}{1\ 000\eta}$
全压效率 η	无单位	

离心通风机的选用和离心泵的情况相类似，选择步骤如下。

(1)计算输送系统所需的操作条件下的风压 H'_T，并将 H'_T 换算成实验条件下的风压 H_T。

测定离心通风机特性曲线的实验介质是压强为 $1.013\ 3\times10^5$ Pa，温度为 20 ℃的空气，该条件下空气的密度 $\rho=1.2\ kg/m^3$。由于风压与密度有关，故若实际操作条件与上述实验条件不同，应按下式将操作条件下的风压 H'_T换算为实验条件下的风压 H_T，然后以 H_T的数值来选用风机。

$$H_T=H'_T\frac{\rho}{\rho'}=H'_T\frac{1.2}{\rho'} \tag{1.10.1}$$

式中　ρ——操作条件下气体的密度，kg/m^3；

H_T——操作条件下气体的风压，N/m^2。

(2)根据所输送气体的性质(如清洁空气，易燃、易爆或腐蚀性气体以及含尘气体等)与风压范围确定风机类型。若输送的是清洁空气或与空气性质相近的气体，可选用一般类型的离心通风机。

(3)根据实际风量 Q(以风机进口状态计)与实验条件下的风压 H_T,从风机样本或产品目录中的特性曲线或性能表中选择合适的机号,选择的原则与离心泵相同,不再详述。

(4)计算轴功率。风机的轴功率与被输送气体的密度有关,风机性能表上所列出的轴功率均为实验条件下即空气的密度为 1.2 kg/m³时的数值,若所输送的气体密度与此不同,可按下式进行换算,即

$$P' = P\frac{\rho'}{1.2} \tag{1.10.2}$$

式中 P'——气体密度为 ρ'时的轴功率,kW;

P——气体密度为 1.2 kg/m³时的轴功率,kW。

2 鼓风机

鼓风机可分为离心式鼓风机(图 1.67)和旋转式鼓风机。

离心式鼓风机的外形与离心泵相像,内部结构也有许多相同之处。例如,离心式鼓风机的蜗壳形通道亦为圆形,但外壳直径与厚度之比较大;叶轮上叶片数目较多;转速较高;叶轮外周都装有导轮。

单级出口表压多在 30 kPa 以内;多级可达 0.3 MPa。

离心式鼓风机的选型方法与离心通风机相同。

典型的旋转式鼓风机为罗茨鼓风机。罗茨鼓风机的工作原理与齿轮泵类似。如图 1.68 所示,机壳内有两个渐开摆线形的转子,两转子的旋转方向相反,可使气体从机壳一侧吸入,从另一侧排出。转子与转子、转子与机壳之间的缝隙很小,使转子能自由运动而无过多泄漏。

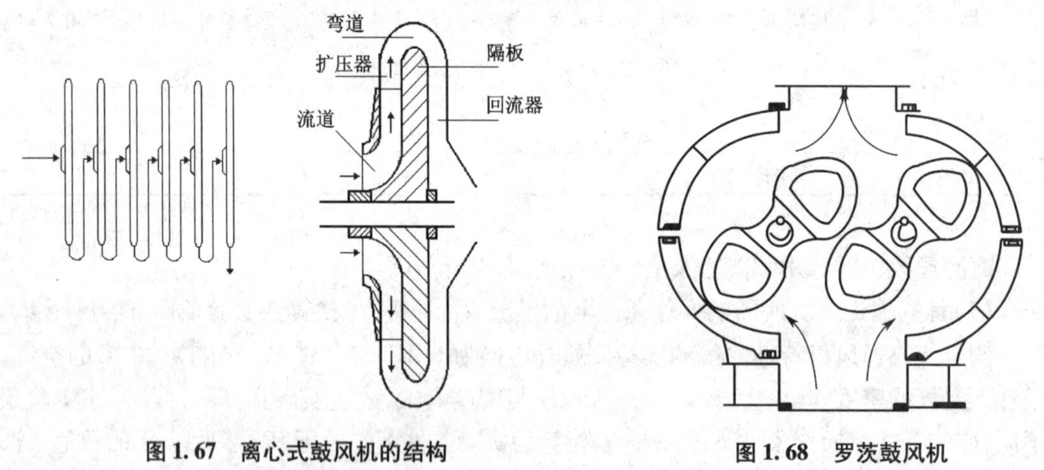

图 1.67 离心式鼓风机的结构

图 1.68 罗茨鼓风机

属于正位移型的罗茨鼓风机风量与转速成正比,与出口压强无关。该风机的风量范围为 2~500 m³/min,出口表压可达 80 kPa,在 40 kPa 左右效率最高。

该风机出口应装稳压罐,并设安全阀。流量调节采用旁路,出口阀不可完全关闭。操作时,气体温度不能超过 85 ℃,否则转子会因受热膨胀而卡住。

3 压缩机

3.1 离心压缩机的工作原理和结构

离心压缩机又称透平压缩机，其结构、工作原理与离心通风机、鼓风机相似，但由于单级压缩机不可能产生很高的风压，故离心压缩机都是多级的，叶轮的级数多，通常在10级以上。叶轮转速高，一般在5 000 r/min以上，因此可以产生很高的出口压强。由于气体的体积变化较大，温度升高也较显著，故离心压缩机常分成几段，每段包括若干级，叶轮直径逐段缩小，叶轮宽度也逐级有所缩小。段与段间设有中间冷却器将气体冷却，避免气体终温过高。如图1.69所示。

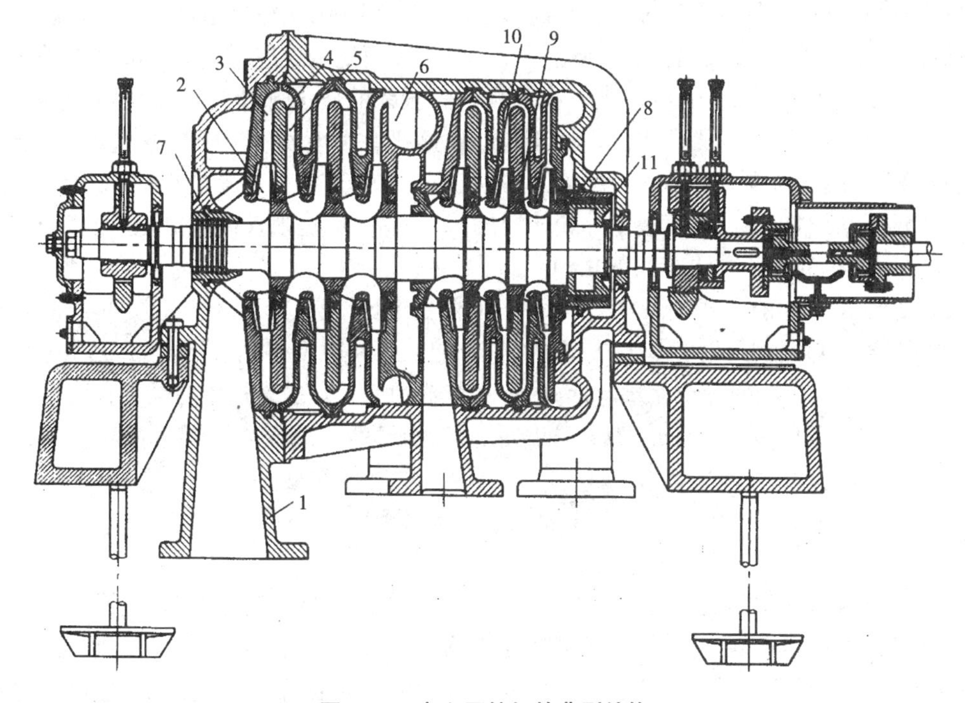

图1.69　离心压缩机的典型结构

1—吸入室　2—叶轮　3—扩压器　4—弯道　5—回流器

6—蜗室　7,8—轴端密封　9—隔板密封　10—轮改密封　11—平衡盘

离心压缩机的主要优点：体积小，质量轻，运转平稳，排气量大而均匀，占地面积小，操作可靠，调节性能好，备件需要量少，维修方便，压缩绝对无油，非常适宜处理那些不宜与油接触的气体。

主要缺点：当实际流量偏离设计点时效率下降，制造精度要求高，不易加工。

近年来在化工生产中，除了要求终压特别高的情况外，离心压缩机的应用已日趋广泛。

3.2 离心压缩机的性能曲线与调节

离心压缩机的性能曲线与离心泵的特性曲线相似，是由实验测得的。图1.70为典型的离心压缩机性能曲线，它与离心泵的特性曲线很相像，但其最小流量 Q 不等于零，而等于某一定

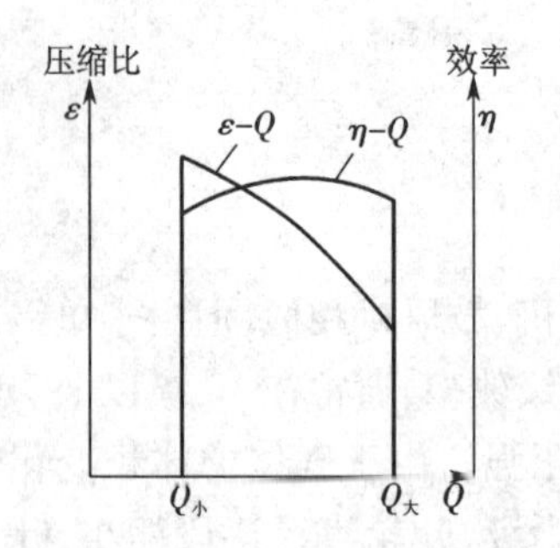

图 1.70　离心压缩机性能曲线

值。离心压缩机也有一个设计点,实际流量等于设计流量时,效率 η 最高;流量与设计流量偏离越大,则效率越低;一般流量越大,压缩比 ε 越小,即进气压强一定时,流量越大,出口压强越小。

当实际流量小于性能曲线所标明的最小流量时,离心压缩机就会出现一种不稳定工作状态,称为喘振。喘振现象开始时,由于压缩机的出口压强突然下降,不能送气,出口管内压强较高的气体就会倒流入压缩机。发生气体倒流后,压缩机内的气量增大,至气量超过最小流量时,压缩机又按性能曲线所示的规律正常工作,重新把倒流进来的气体压送出去。压缩机恢复送气后,机内气量减少,至气量小于最小流量时,压强又突然下降,压缩机出口处压强较高的气体又重新倒流入压缩机内,重复出现上述的现象。这样,周而复始地进行气体的倒流与排出。在这个过程中,压缩机和排气管系统产生一种低频率高振幅的压强脉动,使叶轮的应力增大,噪声加重,整个机器强烈振动,无法工作。由于离心压缩机有可能发生喘振现象,它的流量操作范围受到相当严格的限制,不能小于稳定工作范围的最小流量。一般最小流量为设计流量的70% ~85%。压缩机的最小流量随叶轮转速的减小而降低,也随气体进口压强的降低而降低。

离心压缩机的调节方法有如下几种。

(1)调整出口阀的开度。该方法很简便,但使压缩比增大,消耗较多的额外功率,不经济。

(2)调整入口阀的开度。该方法很简便,实质上是保持压缩比,降低出口压强,消耗的额外功率较上述方法少,使最小流量降低,稳定工作范围增大。这是常用的调节方法。

(3)改变叶轮的转速。这是最经济的方法。有调速装置或以蒸汽机为动力时应用方便。

【拓展与延伸】

离心泵叶轮转速增大,流量和压头均能增加。这种通过调节转速调节流量的方法合理、经济,但曾被认为操作不方便,并且不能实现连续调节。随着现代工业技术的发展,无级变速设备在工业中的应用克服了上述缺点。该种调节方法能够使泵在高效区工作,这对大型泵的节能尤为重要。

【知识检测】

一、单项选择题

1. 离心泵的安装高度有一定限制的原因主要是(　　)。

A. 防止产生气缚现象　　B. 防止产生气蚀

C. 受泵的扬程的限制　　D. 受泵的功率的限制

2. 离心泵的扬程随着流量的增加而(　　)。

A. 增大　　B. 减小　　C. 不变　　D. 无规律性

3. 启动离心泵前应(　　)。

A. 关闭出口阀　　B. 打开出口阀

C. 关闭入口阀　　D. 同时打开入口阀和出口阀

4. 离心泵的轴功率 P 和流量 q_V 的关系为(　　)。

A. P 增大，q_V 增大　　B. P 增大，q_V 先增大后减小

C. P 增大，q_V 减小　　D. P 增大，q_V 先减小后增大

5. 离心泵在启动前应(　　)出口阀，旋涡泵启动前应(　　)出口阀。

A. 打开，打开　　B. 关闭，打开　　C. 打开，关闭　　D. 关闭，关闭

6. 为了防止(　　)现象发生，启动离心泵时必须先关闭泵的出口阀。

A. 电机烧坏　　B. 叶轮受损　　C. 气缚　　D. 气蚀

7. 叶轮的作用是(　　)。

A. 传递动能　　B. 传递位能　　C. 传递静压能　　D. 传递机械能

8. 离心泵最常用的调节方法是(　　)。

A. 改变吸入管路中的阀门开度　　B. 改变出口管路中的阀门开度

C. 安装回流支路，改变循环量的大小　　D. 车削离心泵的叶轮

9. 某泵在运行的时候发现有气蚀现象应(　　)。

A. 停泵，向泵内灌液　　B. 降低泵的安装高度

C. 检查进口管路是否漏液　　D. 检查出口管阻力是否过大

10. 离心泵铭牌上标明的扬程是(　　)。

A. 功率最大时的扬程　　B. 最大流量时的扬程

C. 泵的最大量程　　D. 效率最高时的扬程

11. 离心泵的轴功率(　　)。

A. 在流量为零时最大　　B. 在压头最大时最大

C. 在流量为零时最小　　D. 在工作点处最小

12. 离心泵的气蚀余量 Δh 与流量 q_V 的关系为(　　)。

A. q_V 增大，Δh 增大　　B. q_V 增大，Δh 减小

C. q_V 增大，Δh 不变　　D. q_V 增大，Δh 先增大后减小

13. 离心泵的工作点是指(　　)。

A. 与泵的最高效率对应的点　　B. 由泵的特性曲线所决定的点

C. 由管路特性曲线所决定的点　　D. 泵的特性曲线与管路特性曲线的交点

14. 往复泵适应于(　　)。

A. 大流量且要求流量均匀的场合　　B. 介质腐蚀性强的场合

C. 流量较小、压头较高的场合　　D. 投资较小的场合

15. 离心泵的调节阀(　　)。

A. 只能安装在进口管路上　　B. 只能安装在出口管路上

C. 安装在进口管路或出口管路上均可　　D. 只能安装在旁路上

16. 离心泵装置中(　　)的滤网可以阻拦液体中的固体颗粒被吸入而堵塞管道和泵壳。

A. 吸入管路　　B. 排出管路　　C. 调节管路　　D. 分支管路

二、计算题

1. 从高位槽向塔内加料。高位槽和塔内的压力均为大气压。要求料液在管内以 0.5 m/s 的速度流动。设料液在管内的压头损失为 1.2 m(不包括出口压头损失)，试问：高位槽的液面

应该比塔入口处高出多少米?

2. 用油泵从密闭的容器中送出 30 ℃的丁烷。容器内丁烷液面上的绝对压力为 3.45×10^5 Pa。液面降到最低时,在泵中心线以下 2.8 m。丁烷在 30 ℃时密度为 580 kg/m^3,饱和蒸气压为 3.05×10^5 Pa。泵吸入管口的压头损失为 1.5 m 水柱,所选用的泵气蚀余量为 3 m,请问该泵是否能正常工作,并指明原因。

3. 用离心泵从敞口贮槽向表压为 9.81×10^4 Pa 的密闭高位槽输送清水,两槽液面恒定,其间垂直距离为 15 m。管规格为 $\phi102$ mm × 4 mm,管长(包括流动系统所有局部阻力的当量长度)为 120 m,流动在阻力平方区,摩擦系数为 0.015,流量为 40 m^3/h。求:(1)管路的特性方程;(2)泵的升扬高度与管路所需的压头。

项目二　非均相物系分离技术

【知识目标】

掌握的内容:非均相分离方法的选择,过程的简单计算等。

熟悉的内容:沉降、过滤操作的工作原理及流程,非均相物系分离典型设备的结构特性等。

了解的内容:重力沉降和离心沉降的基本原理。

【能力目标】

会选择合适的非均相物系分离方法,能对分离过程进行简单计算,能描述沉降、过滤操作的工作原理及流程,能认识典型的非均相物系分离设备,能分析影响过滤速率的因素。

任务1　非均相物系分离在化工中的应用

1　非均相物系的特点及定义

化工生产中的原料、半成品、排放的废物等大多为混合物,为了进行加工、得到纯度较高的产品以及环保的需要等,常常要对混合物进行分离。混合物可分为均相物系与非均相物系两大类。均相物系是指不同的物质混合形成单一相的物系;非均相物系是指存在两个或两个以上相的物系。

在非均相物系中,处于分散状态的物质(如分散于流体中的固体颗粒、液滴或气泡)称为分散物质或分散相;包围着分散物质而处于连续状态的流体称为分散介质或连续相。

2　非均相物系的分类

根据连续相的状态,非均相物系分为两种类型:

气态非均相物系,如含尘气体、含雾气体等;

液态非均相物系,如悬浮液、乳浊液及泡沫液等。

3　非均相物系分离的目的

化工生产中,经常要求对非均相混合物进行分离。其目的如下。

3.1　收集分散物质

例如,从催化反应器出来的气体往往夹带着催化剂颗粒,必须将这些有价值的颗粒加以回收,循环使用;再如,从某些类型干燥器出来的气体以及从结晶器出来的晶浆中都带有一定的固体颗粒,也必须收取这些悬浮的颗粒作为产品;另外,在某些金属冶炼过程中,烟道气中常悬浮着一定量的金属化合物或冷凝的金属烟尘,收集这些物质不仅能提高该金属的回收率,而且可为提炼其他金属提供原料。

3.2 净化分散介质

例如某些催化反应的原料气中夹带着灰尘杂质，往往会影响触媒的效能，因此，在气体进入反应器之前必须除去其中的尘粒，以保证触媒的活性。

3.3 保护环境

为了保护人类的健康，拥有良好的社会环境，要求企业对排出的废气、废液中的有害物质加以处理，使其浓度符合规定的标准。因而，非均相物系的分离操作在环保方面也有广泛的应用。

4 非均相物系的分离方法

由于非均相物系中分散相和连续相具有不同的物理性质，化工生产中一般都采用机械方法对两相进行分离。要实现这种分离，必须使分散相和连续相之间发生相对运动。因此，非均相物系的分离操作遵循流体力学的基本规律。

根据两相运动方式的不同，机械分离大致按以下两种操作方法进行。

4.1 沉降

沉降是颗粒相对于流体（静止或运动）而运动的过程。沉降操作的作用力可以是重力，也可以是惯性离心力，因此，沉降过程有重力沉降与离心沉降两种方式。

4.2 过滤

过滤即流体相对于固体颗粒层而运动的过程。实现过滤操作的外力可以是重力、压强差或惯性离心力，因此，过滤操作又可分为重力过滤、加压过滤、真空过滤和离心过滤。

气态非均相物系的分离，化工生产中主要采用重力沉降和离心沉降的方法。在某些场合，还可以采用惯性分离器、袋滤器、静电除尘器或湿法除尘设备等。此外，也可以采用其他措施，预先增大微细粒子的有效尺寸，而后加以机械分离。例如，使含尘或含雾气体与过饱和蒸气接触，发生以粒子为核心的冷凝；又如将气体引入超声波场内，使细粒碰撞并凝聚，这样，可使微细颗粒附聚成较大的颗粒，然后在旋风分离器中除去。

对于液态非均相物系，根据工艺过程要求可采用不同的分离操作。若不要求两相彻底分离，而仅要求悬浮液在一定程度上增浓，可采用重力沉降和离心沉降设备；若要求固、液较彻底地分离，则可通过过滤操作达到目的。

任务2 沉降操作及其设备

沉降是指在外力作用下，利用连续相和分散相间的密度差异，使之发生相对运动而分离的操作。沉降运动发生的前提条件是固体颗粒与流体之间存在密度差，同时有外力场存在。外力场有重力场和离心力场，根据作用力的不同沉降过程可分为重力沉降和离心沉降。

重力沉降通常适合分离要求不高的场合，常用于一些物料的预处理；离心沉降则可根据分离要求的不同，人为地调整操作条件，达到预期的分离效果。

1　化工生产中的重力沉降

在重力场中进行的沉降过程称为重力沉降。它适用于分离较大的固体颗粒。

1.1　重力沉降过程分析

重力场中,颗粒在流体中受到重力、浮力和阻力的作用(图2.1),这些力会使颗粒产生一个加速度,根据牛顿第二定律:重力-浮力-阻力=颗粒质量×加速度。静止流体中颗粒的沉降一般经历加速和恒速两个阶段。颗粒开始沉降的瞬间,初速度 u 为零使得阻力 F_d 为零,因此加速度 a 为最大值;颗粒开始沉降后,阻力随速度 u 的增大而加大,加速度 a 则相应减小;当速度达到某一值 u_t 时,阻力、浮力与重力平衡,颗粒所受合力为零,使加速度为零,此后颗粒的速度不再变化,开始作速度为 u_t 的匀速沉降运动,该速度称为沉降速度。一般而言,对小颗粒,加速阶段时间很短,通常忽略,可以认为沉降过程是匀速的。令颗粒所受合力为零,便可解出沉降速度:

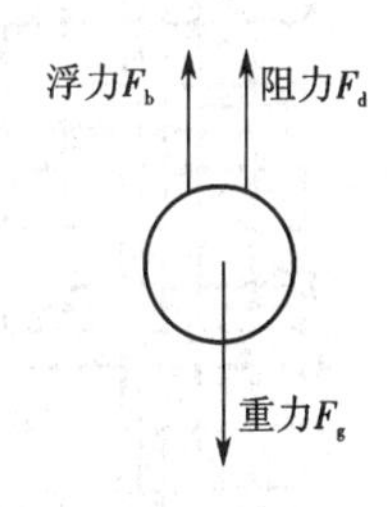

图2.1　沉降颗粒的受力情况

$$u_t=\sqrt{\frac{4gd(\rho_s-\rho)}{3\xi\rho}} \tag{2.2.1}$$

式中　u_t——颗粒的自由沉降速度,m/s;

d——颗粒直径,m;

ρ_s、ρ——颗粒和流体的密度,kg/m^3;

g——重力加速度,m/s^2;

ξ——阻力系数。

1.2　阻力系数 ξ

用式(2.2.1)计算沉降速度时,首先需要确定阻力系数 ξ 值。根据因次分析,ξ 是颗粒与流体相对运动时雷诺准数 Re_t 的函数。由实验测得 ξ 与 Re_t 及 φ_s 的变化关系见图2.2。

图中,φ_s 为球形度,Re_t 为雷诺准数,其定义为

$$Re_t=\frac{du_t\rho}{\mu}$$

式中　μ——流体的黏度,Pa·s。

对球形颗粒($\varphi_s=1$),曲线按 Re_t 值大致分为三个区域:

滞流区,又称斯托克斯定律区,$10^{-4}<Re_t\leqslant 1$,

$$\xi=\frac{24}{Re_t} \tag{2.2.2}$$

过渡区或阿伦(Allen)定律区,$1<Re_t<10^3$

$$\xi=\frac{18.5}{Re_t^{0.6}} \tag{2.2.3}$$

湍流区或牛顿(Newton)定律区,$10^3\leqslant Re_t<2\times10^5$

$$\xi=0.44 \tag{2.2.4}$$

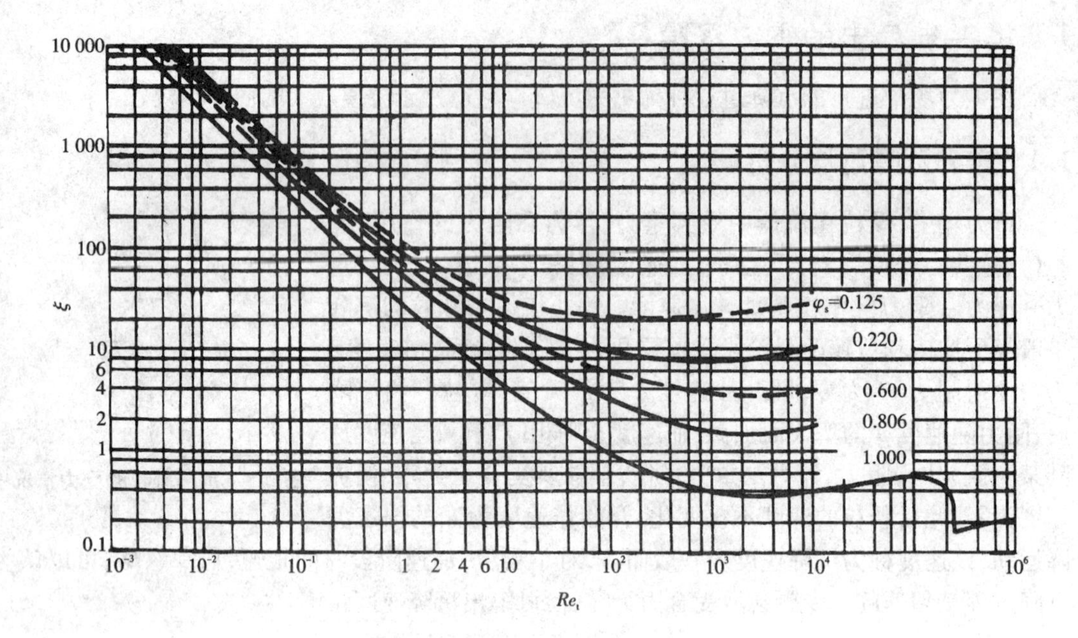

图 2.2　$\xi - Re_t$ 关系曲线

1.3　颗粒的沉降速度

球形颗粒在相应各区的沉降速度公式如下。

滞流区：

$$u_t = \frac{d^2(\rho_s - \rho)g}{18\mu} \tag{2.2.5}$$

式(2.2.5)又称斯托克斯公式。

过渡区：

$$u_t = 0.27\sqrt{\frac{d(\rho_s - \rho)g}{\rho}Re_t^{0.6}} \tag{2.2.6}$$

式(2.2.6)又称阿伦公式。

湍流区：

$$u_t = 1.74\sqrt{\frac{d(\rho_s - \rho)g}{\rho}} \tag{2.2.7}$$

式(2.2.7)又称牛顿公式。

球形颗粒在流体中的沉降速度可根据不同流型，分别选用上述三式进行计算。由于沉降操作中涉及的颗粒直径都较小，操作通常处于滞流区，因此，斯托克斯公式应用较多。

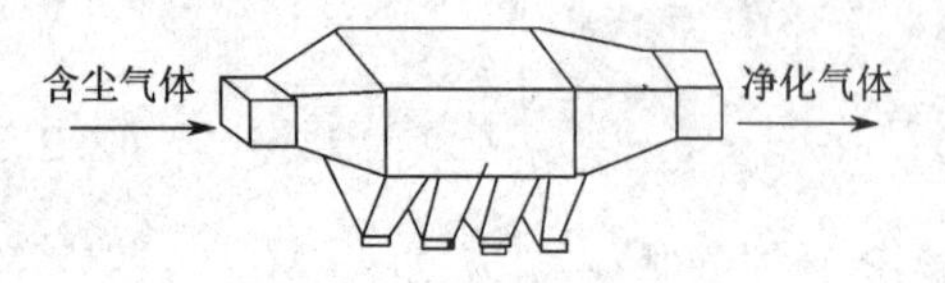

图 2.3　降尘室示意

2　降尘室与沉降槽

常见的重力沉降设备有降尘室(图 2.3)与沉降槽。降尘室是依靠重力沉降从气流中分离出尘粒的设备，又可分为单层降尘室和多层降尘室。

2.1 单层降尘室

含尘气体进入降尘室后,颗粒随气流有一水平向前的运动速度 u,同时,在重力作用下,以沉降速度 u_t 向下沉降。只要颗粒能够在气体通过降尘室的时间降至室底,便可从气流中分离出来。指定粒径的颗粒能够被分离出来的必要条件是气体在降尘室内的停留时间等于或大于颗粒从设备最高处降至底部所需要的时间。设降尘室的长度为 L m;宽度为 B m;高度为 H m;降尘室的生产能力(即含尘气体通过降尘室的体积流量)为 V_s m^3/s;气体在降尘室内的水平通过速度为 u m/s;则位于降尘室最高点的颗粒沉降到室底所需的时间为

$$\theta_t = \frac{H}{u_t} \tag{2.2.8}$$

气体通过降尘室的时间为

$$\theta = \frac{L}{u} \tag{2.2.9}$$

若使颗粒被分离出来,则气体在降尘室内的停留时间至少需等于颗粒的沉降时间,根据降尘室的生产能力,气体在降尘室内的水平通过速度为

$$u = \frac{V_s}{HB} \tag{2.2.10}$$

理论上降尘室的生产能力只与其沉降面积 BL 及颗粒的沉降速度 u_t 有关,而与降尘室的高度 H 无关。所以降尘室一般设计成扁平形,或在室内均匀设置多层水平隔板,构成多层降尘室。

2.2 多层降尘室

含尘气体以很慢的速度沿水平方向流动,灰尘便落在隔板上。经过一定的操作时间,从除尘口将降落在隔板上的灰尘取出。为了保证连续操作,可以设置两个并联的降尘室,交替地进行除尘。多层降沉室(图 2.4)能够增大沉降面积和生产能力。它的结构简单,流体阻力小,但设备庞大,分离效率低,除尘率不超过 40% ~ 70%。其一般适用于分离所含尘粒直径大于 75 μm 的气体的初步净制。

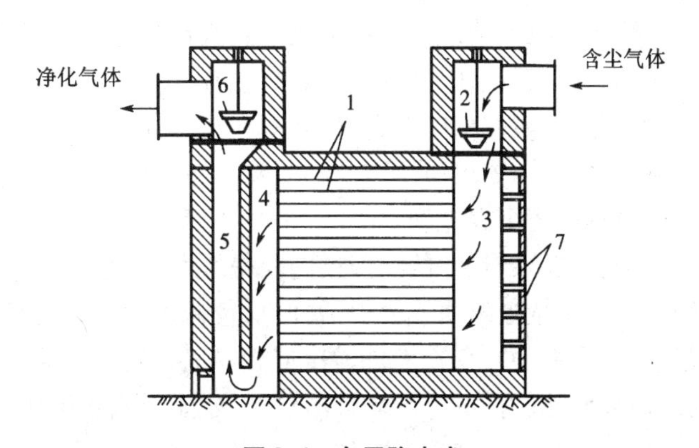

图 2.4 多层降尘室

1—隔板 2、6—调节闸阀 3—气体分配道
4—气体集聚道 5—气道 7—清灰口

2.3 沉降槽

沉降槽是利用重力沉降来提高悬浮液浓度并同时得到澄清液体的设备。所以,沉降槽又称为增浓器和澄清器。沉降槽可间歇操作也可连续操作。

间歇沉降槽通常带有锥形的圆槽。需要处理的悬浮料浆在槽内静置足够长的时间以后,增浓的沉渣由槽底排出,清液则由槽上部的排出管抽出。

连续沉降槽是底部略成锥状的大直径浅槽,如图 2.5 所示。悬浮液经中央进料口送到液面以下 0.3 ~1.0 m 处,在尽可能减小扰动的情况下,迅速分散到整个横截面上,液体向上流动,清液经由槽顶端四周的溢流堰连续流出,称为溢流;固体颗粒下沉至底部,槽底有徐徐旋转的耙将沉渣缓慢地聚拢到底部中央的排渣口连续排出,排出的稠浆称为底流。

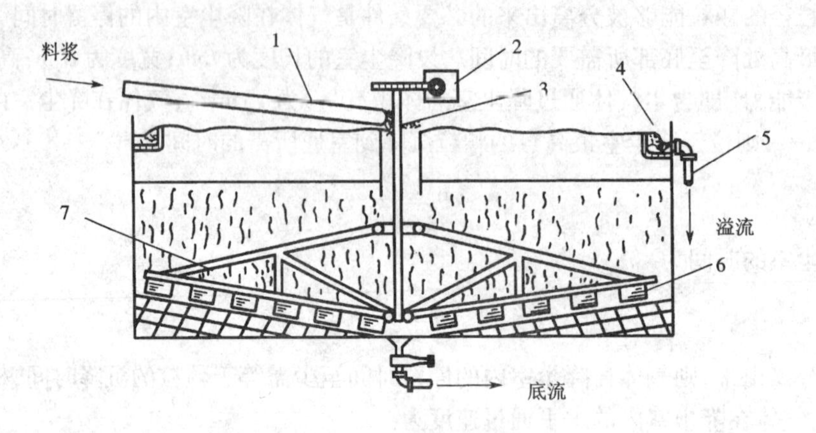

图 2.5　连续沉降槽

1—进料槽道　2—转动机构　3—料井　4—溢流槽　5—溢流管　6—叶片　7—转耙

连续沉降槽的直径,小者为数米,大者可达数百米;高度为 2.5 ~4 m。有时将数个沉降槽垂直叠放,共用一根中心竖轴带动各槽的转耙。这种多层沉降槽可以节省地面,但操作控制较为复杂。

连续沉降槽适于处理量大、浓度不高、颗粒不太细的悬浮液,常见的污水处理就是一例。经沉降槽处理后的沉渣内仍有约 50% 的液体。

沉降槽有澄清液体和增浓悬浮液双重功能。为了获得澄清液体,沉降槽必须有足够大的横截面积,以保证任何瞬间液体向上的速度小于颗粒的沉降速度。为了把沉渣增浓到指定的稠度,要求颗粒在槽中有足够的停留时间。所以沉降槽的加料口以下的增浓段必须有足够的高度,以保证压紧沉渣所需要的时间。在沉降槽的增浓段中,大都发生颗粒的干扰沉降,所进行的过程称为沉聚过程。

为了在给定尺寸的沉降槽内获得最大可能的生产能力,应尽可能提高沉降速度。向悬浮液中添加少量电解质或表面活性剂,使颗粒发生“凝聚”或“絮凝”;改变一些物理条件(如加热、冷冻或震动),使颗粒的粒度或相界面积发生变化,都有利于提高沉降速度;沉降槽中的装置搅拌耙,除能把沉渣导向排出口外,还能降低非牛顿型悬浮物物系的表观黏度,并能促使沉淀物的压紧,从而加速沉聚过程。搅拌耙的转速应选择适当,通常小槽耙的转速为 1 r/min,大槽的在 0.1 r/min 左右。

3　离心沉降及其设备

在惯性离心力作用下实现的沉降过程称为离心沉降。两相密度差较小,颗粒较细的非均相物系,在离心力场中可得到较好的分离。通常,气、固非均相物系的离心沉降是在旋风分离器中进行,液、固悬浮物系的离心沉降可在旋液分离器或离心机中进行。

3.1 离心沉降过程分析

当流体围绕某一中心轴作圆周运动时,便形成了惯性离心力场。在与轴距离为 R、切向速度为 u_T的位置上,离心加速度为$\frac{u_T^2}{R}$。可见,其方向是沿旋转半径从中心指向外周。当流体带着颗粒旋转时,如果颗粒的密度大于流体的密度,则惯性离心力将会使颗粒在径向上与流体发生相对运动而飞离中心。

上述离心力场中如果某球形颗粒的直径为 d、密度为 ρ_s,流体密度为 ρ,在惯性离心力、向心力(相当于重力场中的浮力,其方向为沿半径指向旋转中心)和阻力(与颗粒的运动方向相反,其方向为沿半径指向中心)作用下颗粒将沿径向发生沉降,沉降速度即是颗粒与流体的相对速度,三力平衡时,离心沉降速度为

$$u_r = \sqrt{\frac{4d(\rho_s - \rho)}{3\rho\xi} \cdot \frac{u_T^2}{R}} \tag{2.2.11}$$

若颗粒与流体的相对运动处于滞流区,则

$$u_r = \frac{d^2(\rho_s - \rho)}{18\mu} \cdot \frac{u_T^2}{R} \tag{2.2.12}$$

式(2.2.12)与式(2.2.5)相比可知,同一颗粒在相同介质中的离心沉降速度与重力沉降速度的比值为

$$\frac{u_r}{u_t} = \frac{u_T^2}{gR} = K_c \tag{2.2.13}$$

比值 K_c就是粒子所在位置上的惯性离心力场强度与重力场强度之比,称为离心分离因数。分离因数是离心分离设备的重要指标。某些高速离心机,分离因数 K_c值可高达数十万。旋风或旋液分离器的分离因数一般在 5 ~2 500 范围内。例如,当旋转半径 $R = 0.3$ m、切向速度 $u_T = 20$ m/s 时,分离因数为

$$K_c = \frac{20^2}{9.81 \times 0.3} = 136 \tag{2.2.14}$$

这表明颗粒在上述条件下的离心沉降速度比重力沉降速度大百倍以上,可见离心沉降设备的分离效果远比重力沉降设备的分离效果要好。

3.2 离心沉降设备

3.2.1 旋风分离器

旋风分离器是利用惯性离心力的作用从气体中分离出尘粒的设备。图 2.6 所示是旋风分离器代表性的结构形式,称为标准旋风分离器。主体的上部为圆筒形,下部为圆锥形。各部位尺寸均与圆筒直径成一定比例。

含尘气体由圆筒上部的进气管切向进入,受器壁的约束由上向下作螺旋运动。在惯性离心力作用下,颗粒被抛向器壁,再沿壁面落至锥底的排灰口而与气流分离。净化后的气体在中心轴附近由下而上作螺旋运动,最后由顶部排气管排出。通常,把下行的螺旋形气流称为外旋流,上行的螺旋形气流称为内旋流(又称气芯)。内、外旋流气体的旋转方向相同。外旋流的上部是主要除尘区。上行的内旋流形成低压气芯,其压力低于气体出口压力,要求出口或集尘

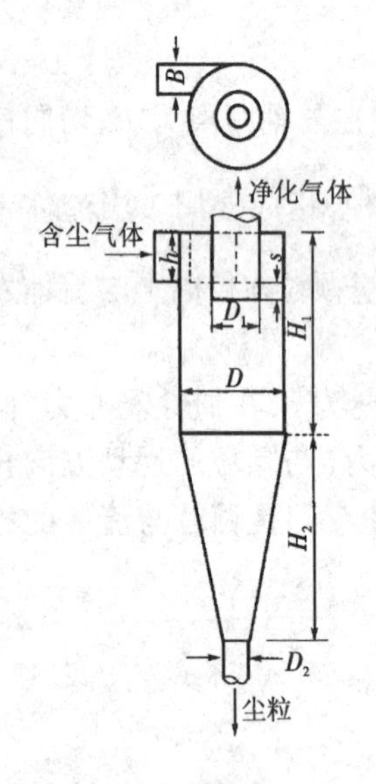

图 2.6　旋风分离器

室密封良好，以防气体漏入而降低除尘效果。

旋风分离器的应用已有近百年的历史，因其结构简单，造价低廉，没有活动部件，可用多种材料制造，操作范围广，分离效率较高，所以至今仍在化工、采矿、冶金、机械、轻工等行业广泛采用。旋风分离器一般用来除去气流中直径在 5 μm 以上的颗粒。对颗粒含量高于 200 g/m^3 的气体，由于颗粒聚结作用，它甚至能除去 3 μm 以下的颗粒。旋风分离器还可以从气流中分离除去雾沫。对于直径在 5 μm 以下的小颗粒，需用袋滤器或湿法捕集。旋风分离器不适用于处理黏性粉尘、含湿量高的粉尘及腐蚀性粉尘。

气流在旋风分离器内的流动情况和分离机理均非常复杂，因此影响旋风分离器性能的因素较多，其中最重要的是物系性质及操作条件。一般说来，颗粒密度大、粒径大、进口气速高及粉尘浓度高等情况均有利于分离。譬如，含尘浓度高有利于颗粒的聚结，可以提高效率，而且颗粒浓度大可以抑制气体涡流，从而使阻力下降，所以较高的含尘浓度对压力降与效率两个方面都是有利的。但有些因素对这两方面的影响是相互矛盾的，譬如进口气速稍高有利于分离，但过高则导致涡流加剧，压力降增大，不利于分离。因此，旋风分离器的进口气速在 10 ~ 25 m/s 范围内为宜。气量波动对除尘效果及压力降影响明显。

3.2.2　旋液分离器

旋液分离器又称水力旋流器，是利用离心沉降原理从悬浮液中分离固体颗粒的设备，它的结构和操作原理与旋风分离器类似。设备主体也是由圆筒和圆锥两部分组成。悬浮液经入口管沿切向进入圆筒部分，向下作螺旋形运动，固体颗粒受惯性离心力作用被甩向器壁，随下旋流降至锥底的出口，由底部排出的增浓液称为底流；清液或含有微细颗粒的液体则为上升的内旋流，从顶部的中心管排出，称为溢流。顶部排出清液的操作称为增浓，顶部排出含细小颗粒液体的操作称为分级。内层旋流中心有一个处于负压的气柱。气柱中的气体是从料浆中释放出来的，或者是溢流管口暴露于大气中时而将空气吸入器内的。

旋液分离器的结构特点是直径小而圆锥部分长。因为液固密度差比气固密度差小，在一定的切线进口速度下，较小的旋转半径可使颗粒受到较大的离心力而提高沉降速度；同时，锥形部分加长可增大液流的行程，从而延长了悬浮液在器内的停留时间，有利于液固分离。

旋液分离器中颗粒沿器壁快速运动，对器壁产生严重磨损，因此，旋液分离器应采用耐磨材料制造或采用耐磨材料作内衬。

旋液分离器不仅可用于悬浮液的增浓、分级，而且还可用于不互溶液体的分离、气液分离以及传热、传质和雾化等操作中，因而广泛应用于多种工业领域中。

近年来，世界各国对超小型旋液分离器（指直径小于 15 mm 的旋液分离器）进行开发。超小型旋液分离器组适用于微细物料悬浮液的分离操作，颗粒直径可小到 2 ~ 5 μm。

3.2.3　沉降离心机和分离离心机

离心机是利用惯性离心力分离非均相混合物的机械。它与旋液分离器的主要区别在于离心力是由设备（转鼓）本身旋转而产生的。由于离心机可产生很大的离心力，可用来分离用一般方法难于分离的悬浮液或乳浊液。

沉降式或分离式离心机的鼓壁上没有开孔。若被处理物料为悬浮液,其中密度较大的颗粒沉积于转鼓内壁而液体集中于中央并不断被引出,此种操作即为离心沉降;若被处理物料为乳浊液,则两种液体按轻重分层,重者在外,轻者在内,各自从适当的径向位置被引出,此种操作即为离心分离。

根据转鼓和固体卸料机构的不同,离心机可分为无孔转鼓式、碟片式、管式等类型。

根据分离因数又可将离心机分为以下种类。

常速离心机:$K_c < 3 \times 10^3$(一般为 600 ~ 1 200)。

高速离心机:$K_c = 3 \times 10^3 \sim 5 \times 10^4$。

超速离心机:$K_c > 5 \times 10^4$。

最新式的离心机分离因数可高达 5×10^5 以上,常用来分离胶体颗粒及破坏乳浊液等。分离因数的极限值取决于转动部件的材料强度。

离心机的操作方式也分为间歇操作与连续操作。此外,还可根据转鼓轴线的方向将离心机分为立式与卧式。

1)无孔转鼓式离心机

无孔转鼓式离心机如图 2.7 所示,主体为一无孔的转鼓。由于扇形板的作用,悬浮液被转鼓带动作高速旋转。在离心力场中,固体颗粒向鼓壁作径向运动,同时随流体作轴向运动。澄清液从撇液管或溢流堰排出鼓外,固体颗粒留在鼓内间歇或连续地从鼓内卸出。

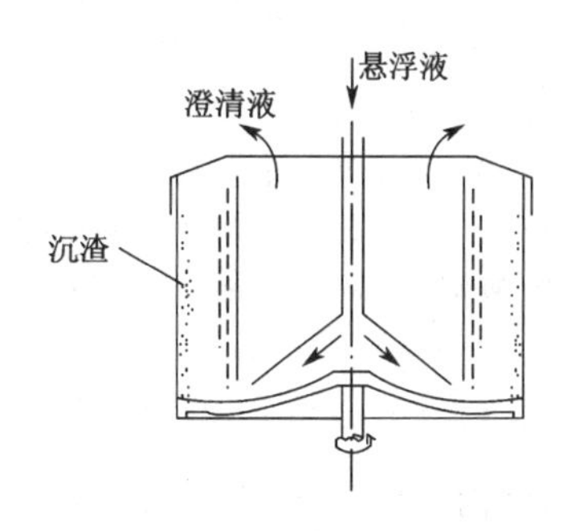

图 2.7　无孔转鼓式离心机示意

颗粒被分离出去的必要条件是悬浮液在鼓内的停留时间大于或等于颗粒从自由液面到鼓壁所需的时间。

无孔转鼓式离心机的转速大多在 450 ~ 4 500 r/min 的范围内,处理能力为 6 ~ 10 m^3/h,悬浮液中固相体积分数为 3% ~ 5%。其主要用于泥浆脱水和从废液中回收固体。

2)碟式分离机

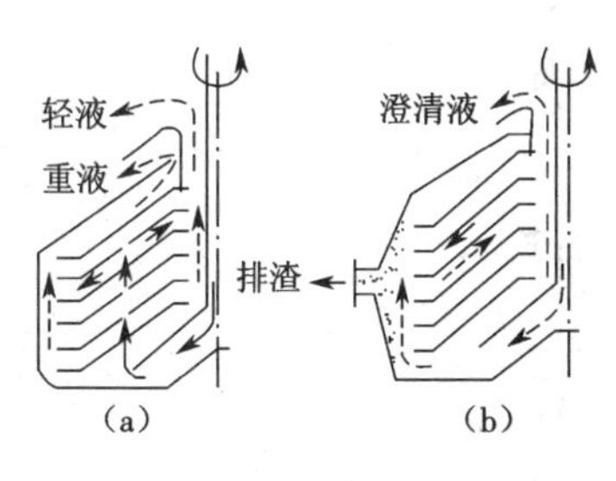

图 2.8　碟式分离机

(a)分离　(b)澄清

碟式分离机(图 2.8)的转鼓内装有许多倒锥形碟片,碟片直径一般为 0.2 ~ 0.6 m,碟片数目为 50 ~ 100 片。转鼓以 4 700 ~ 8 500 r/min 的转速旋转,分离因数可达 4 000 ~ 10 000。这种分离机可用于澄清悬浮液中少量粒径小于 0.5 μm 的微细颗粒以获得洁净的液体,也可用于乳浊液中轻、重两相的分离,如油料脱水等。

用于分离操作时,碟片上带有小孔,料液通过小孔分配到各碟片通道之间。在离心力作用下,重液(及其夹带的少量固体杂质)逐步沉于每一碟片的下方并向转鼓外缘移动,经汇集后由重液出口连续排出。轻液则流向轴心由轻液出口排出。

用于澄清操作时,碟片上不开孔,料液从转动碟片的四周进入碟片间的通道并向轴心流动。同时,固体颗粒则逐渐向每一碟片的下方沉降,并在离心力作用下向碟片外缘移动。沉积在转鼓内壁的沉渣可在停车后用人工卸出或间歇地用液压装置自动地排出。重液出口用垫圈堵住，澄清液体由轻液出口排出。碟式分离机适于净化带有少量微细颗粒的黏性液体(涂料、油脂等)，或脱除润滑油中少量水分等。

3)管式高速离心机

管式高速离心机的结构特点是转鼓为细高的管式结构(图2.9)。管式高速离心机是一种能产生高强度离心力场的分离机，其转速高达8 000 ~ 50 000 r/min，具有很高的分离因数(K_c = 15 000 ~ 60 000)，能分离普通离心机难以处理的物料，如分离乳浊液及含有稀薄微细颗粒的悬浮液。乳浊液或悬浮液在表压0.025 ~ 0.03 MPa下，由底部进料管送入转鼓，鼓内有径向安装的挡板，以便带动液体迅速旋转。如处理乳浊液，液体分轻、重两层各由上部不同的出口流出；如处理悬浮液，则可只有一个液体出口，微粒附着于鼓壁上，一定时间后停车取出。

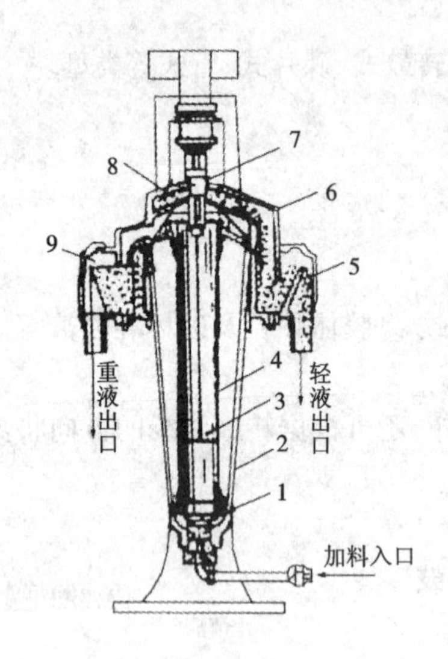

图2.9 管式高速离心机

1—折转器 2—固定机壳 3—十字形挡板 4—转鼓 5—轻液室 6—排液罩 7—驱动轴 8—环状漏盘 9—重液室

4 旋风分离器操作技能训练

训练目的

熟悉旋风分离器的结构。

熟练地进行旋风分离器操作，了解相应的操作原理。

观察固体颗粒从文丘里管处被吸入的现象，加深对流体流动中能量转化的理解。

设备示意

见图2.10。

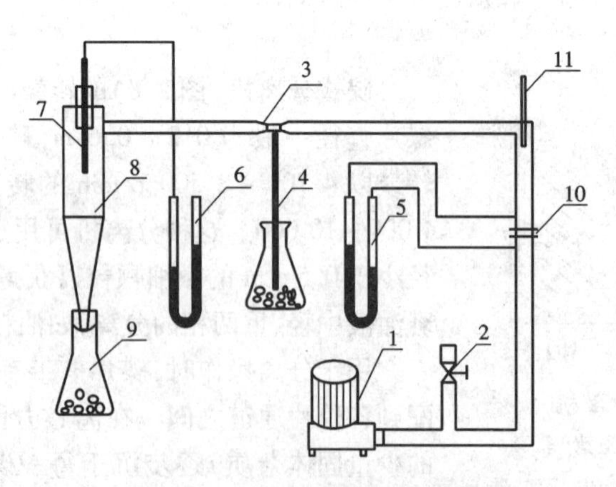

图2.10 旋风分离器操作装置

1—鼓风机(旋涡气泵) 2—流量调节阀 3—文丘里管 4—进料管 5—测量流量用的U形管压差计 6—测量静压用的U形管压差计 7—静压测量探头 8—旋风分离器 9—集尘器 10—孔板流量计 11—温度计

装置流程

空气由鼓风机输送到系统。进料漏斗中的粉末形固体物料通过进料管与空气混合,形成气固混合物。气固混合物沿切线方向进入旋风分离器。被分离的固体粉末被收集在集尘器内,被分离的洁净气体由中心管从旋风分离器上部排出。

训练要领

(1)接通鼓风机的电源开关,启动鼓风机。

(2)逐渐关小流量调节阀,增大通过旋风分离器的风量,同时观察孔板流量计处U形管读数的变化,了解气体流量的变化趋势。

(3) 将空气流量调节至指定压降(读数为60~80 mm水柱左右)。

(4)将粉末形固体物料(玉米面、洗衣粉等)倒入进料漏斗中,观察、分析含尘气体及其中的尘粒和气体在旋风分离器中的运动情况。

(5)考察静压强在分离器内的分布情况。此时可维持压降,用U形管测量读数为40~60 mm,但不必向文丘里管内加入固体物料。

在分离器圆筒部分的中部,用静压测量探头考察静压在径向上的分布情况。

让静压测量探头紧贴器壁,从圆筒部分的上部至圆锥部分的下端面,考察沿器壁表面从上到下静压的分布情况。

在分离器的轴线上,从气体出口管的上端面至出灰管的上端面,用静压测量探头考察静压强在轴线上的分布情况。

任务3 过滤操作及其设备

过滤操作是分离悬浮液的最普遍和行之有效的单元操作之一。在化工生产中,经常采用过滤的方法分离液体与固体的混合物,以获得液体产品或固体产品。在某些情况下,过滤是沉降的后继操作。与沉降相比,过滤具有操作时间短、分离比较完全等特点。尤其是当液体非均相物系含液量较少时,沉降法已不太适用,采用过滤进行分离效果更好。此外,在气体净化中,若颗粒微小且浓度极低,也适宜采用过滤操作。本任务主要介绍悬浮液的过滤。

1 过滤的基础知识

1.1 认识过滤过程

过滤是利用两相对多孔介质穿透性的差异,在某种推动力的作用下,使非均相物系得以分离的操作。悬浮液的过滤是利用外力使悬浮液通过一种多孔物质,其中的液相从多孔物质的小孔中流过,固体颗粒则被截留下来,从而实现液固分离(如图2.11所示)。过滤过程的外力(即过滤推动力)可以是重力、压强差或惯性离心力。其中以压差为推动力在化工生产中应用最广。

在过滤操作中,所处理的悬浮液称为滤浆或料浆,所用多孔物质称为过滤介质,被截留下来的固体颗粒称为滤渣或滤饼,透过多孔介质的液体称为滤液。

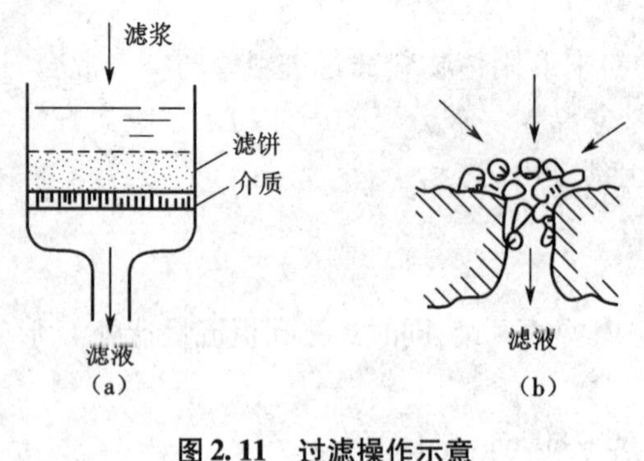

图 2.11　过滤操作示意

(a)滤饼过滤　(b)架桥现象

1.2　过滤介质

1.2.1　过滤介质的特点

过滤介质是实现过滤操作不可缺少的基本物质。能作为过滤介质的材料很多,但应具有以下特点。

(1)孔隙多,阻力小。孔隙的大小应能使滤液容易通过而悬浮于液体中的固体颗粒被截住。

(2)具有足够的强度,耐高温和耐腐蚀。

(3)价格低廉,资源丰富。

1.2.2　过滤介质的分类

工业上常用的过滤介质有如下几种。

1)织物介质

织物介质又称滤布,在工业上应用最为广泛,包括由棉、毛、丝、麻等天然纤维和由各种合成纤维制成的织物以及由玻璃丝、金属丝等织成的网。织物介质造价低,清洗、更换方便,可截留的最小颗粒粒径为 5 ~65 μm。

2)粒状介质

粒状介质又称堆积介质,一般由细砂、活性炭、石粒、硅藻土、石棉等细小坚硬的粒状物堆积成一定厚度的床层构成。粒状介质多用于深层过滤,如城市和工厂给水的滤池中。

3)多孔固体介质

多孔固体介质是具有很多微细孔道的固体材料,如多孔陶瓷、多孔塑料、由纤维制成的深层多孔介质、多孔金属制成的管或板。此类介质具有耐腐蚀、性能好、孔道较小、过滤效率比较高等优点,常用于处理含少量微粒的腐蚀性悬浮液及其他特殊场合。

4)多孔膜

用于膜过滤的介质有各种有机高分子膜和无机材料膜。

1.3　滤饼和助滤剂

1.3.1　滤饼

滤饼是由被截留下来的颗粒积聚而成的固体床层。随着操作的进行,滤饼的厚度和流动阻力都逐渐增大。若构成滤饼的颗粒为不易变形的坚硬固体(如硅藻土、碳酸钙等),则当滤饼两侧的压差增大时,颗粒的形状和颗粒间的空隙都不发生明显变化,故单位厚度饼层的阻力可以认为恒定,此类滤饼称为不可压缩滤饼。反之,若滤饼由较易变形的物质(如某些氢氧化物之类的胶体)构成,当压差增大时,颗粒的形状和颗粒间的空隙都会有不同程度的变化,使单位厚度饼层的阻力增大,此类滤饼称为可压缩滤饼。

1.3.2　助滤剂

可压缩滤饼在过滤过程中会被压缩,使滤饼的孔道变窄,甚至堵塞,或因滤饼粘嵌在滤布中而不易卸渣,使过滤周期变长,生产效率下降,介质使用寿命缩短。为了改善滤饼结构,克服以上不足之处,通常需要使用助滤剂。助滤剂一般是质地坚硬的细小固体颗粒,如硅藻土、纤维粉末、石棉、炭粉等。可将助滤剂加入悬浮液中,在形成滤饼时便能均匀地分散在滤饼中间,改善滤饼结构,使液体得以畅通,或预敷于过滤介质表面,以防止介质孔道堵塞。

对助滤剂的基本要求为:①在过滤操作压差范围内,具有较好的刚性,能与滤渣形成多孔饼层,使滤饼具有良好的渗透性和较低的流动阻力;②具有良好的化学稳定性,不与悬浮液发生化学反应,也不溶解于液相中。助滤剂一般不宜用于滤饼需要回收的过滤过程。

1.4 过滤速率

1.4.1 过滤速率与过滤速度

过滤速率是指单位时间内所能获得的滤液体积,单位为 m^3/s 或 m^3/h,表明过滤设备的生产能力;过滤速度是指单位时间内单位过滤面积所能获得的滤液体积,单位为 $m^3/(m^2 \cdot s)$ 或 m/s,表明过滤设备的生产强度,即设备性能的优劣。同其他过程类似,过滤速率与过滤推动力成正比,与过滤阻力成反比。在压差过滤中,推动力就是压差,阻力则与滤饼的结构、厚度以及滤液的性质等诸多因素有关,比较复杂。

1.4.2 恒压过滤与恒速过滤

在恒定的压差下进行的过滤称为恒压过滤。在恒压过滤过程中,随着过滤的进行,滤饼厚度逐渐增加,阻力随之上升,过滤速率不断下降。维持过滤速率不变的过滤称为恒速过滤。在恒速过滤中,为了维持过滤速率恒定,必须相应地不断增大压差,以克服由于滤饼增厚而上升的阻力。因为压差不断变化,故恒速过滤较难控制,所以生产中一般采用恒压过滤,有时为避免过滤初期因压差过高引起滤布堵塞和破损,也可以采用先恒速后恒压的操作方式,过滤开始后,压差由较小值缓慢增大,过滤速率基本维持不变,当压差增大至系统允许的最大值后,维持压差不变,进行恒压过滤。

1.5 过滤操作周期

过滤操作可分为连续过滤操作和间歇过滤操作,不管是连续过滤还是间歇过滤,都存在一个操作周期。过滤过程的操作周期主要包括过滤、洗涤、卸渣、清理等几个步骤,对于板框过滤机等需装拆的过滤设备,还包括组装。有效操作步骤只是“过滤”这一步,其余均属辅助步骤,但却是必不可少的。例如,在过滤后,滤饼空隙中还存有滤液,为了回收这部分滤液,或者因为滤饼是有价值的产品、不允许被滤液所沾污时,都必须将这部分滤液从滤饼中分离出来,因此,就需要用水或其他溶剂对滤饼进行洗涤。对间歇操作,必须合理安排一个周期中各步骤的时间,尽量缩短辅助时间,以提高生产效率。

2 过滤的方式

工业上过滤方式有两种:滤饼过滤和深层过滤(图 2.12)。

2.1 滤饼过滤

滤饼过滤是利用滤饼层本身作为过滤介质的一种过滤方式。滤饼过滤时,由于滤浆中固体颗粒的大小往往很不一致,其中一部分颗粒的直径可能小于所用过滤介质的孔径,因而在过滤开始阶段,会有一部分细小颗粒通过过滤介质,得到的滤液是浑浊的(此部分应送回滤浆槽重新过滤)。但随着过滤的进行,细小的颗粒便会在介质的孔道中发生“架桥”现象,如图 2.11(b)所示,从而使得尺寸小于孔道直径的颗粒也能被拦截,随着被拦截的颗粒越来越多,在过滤介质的上游侧便形成了滤饼,同时滤液也慢慢变清。由于滤饼中的孔道通常比过滤介质的孔道要小,滤饼更能起到拦截颗粒的作用。更确切地说,只有在滤饼形成后,过滤操作才真正有效,滤饼本身起到了主要过滤介质的作用。滤饼过滤适用于处理固体含量较高(固体体积分数在 1% 以上)的悬浮液。

2.2 深层过滤

深层过滤是指固体颗粒并不形成滤饼,而是沉积于较厚的粒状过滤介质床层内部的过滤操作。这种过滤适用于生产能力大而悬浮液中固体含量很少(固体体积分数在 0.1% 以下)且颗粒直径较小的场合。如自来水厂饮水的净化即属深层过滤。

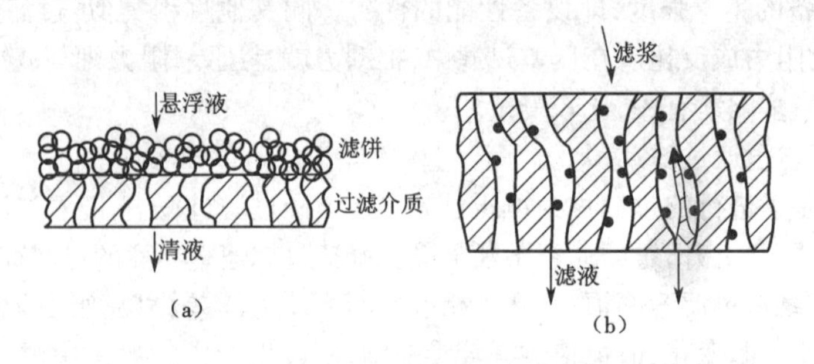

图 2.12 过滤的方式

(a)滤饼过滤 (b)深层过滤

另外,膜过滤作为一种精密分离技术迅速在许多行业中得到应用。膜过滤是利用膜孔隙的选择透过性进行两相分离的技术。膜过滤又可分为微孔过滤和超滤。前者可截留 0.5 μm ~50 μm 的颗粒,超滤能截留 0.05 ~10 μm 的微细颗粒,而常规过滤只能截留 50 μm 以上的颗粒。

在化工生产中得到广泛应用的是滤饼过滤,本部分主要讨论滤饼过滤。

3 认识过滤设备

在工业生产中,需要过滤的悬浮液的性质有很大差别,生产工艺对过滤的要求也各不相同,为适应各种不同的要求开发了多种形式的过滤机。过滤设备按照操作方式可分为间歇过滤机与连续过滤机;按照采用的压强差可分为压滤、吸滤和离心过滤机。工业上应用最广泛的板框压滤机和叶滤机为间歇压滤型过滤机,转筒真空过滤机则为吸滤型连续过滤机。离心过滤机有三足式及活塞推料、卧式刮刀卸料式等。

3.1 板框压滤机

板框压滤机在工业生产中应用最早,至今仍沿用不衰。它由多块带凹凸纹路的滤板和滤框交替排列组装于机架上而构成,如图 2.13 所示。

板和框一般制成正方形,如图 2.14 所示。板和框的角端均开有圆孔,装合、压紧后即构成供滤浆、滤液或洗涤液流动的通道。框的两侧覆以滤布,空框与滤布围成了容纳滤浆及滤饼的

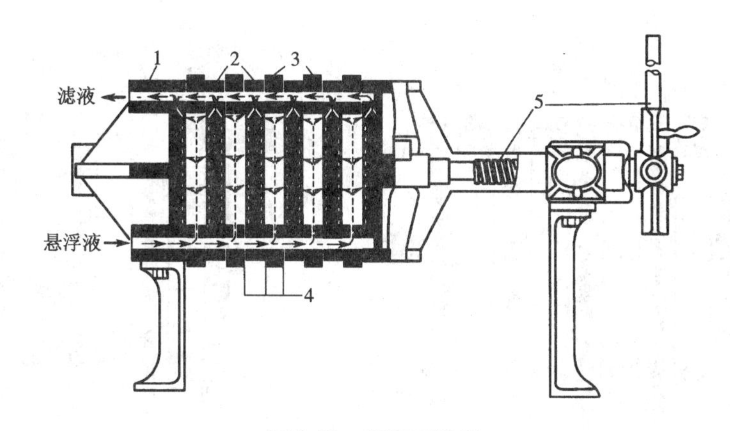

图 2.13　板框压滤机

1—固定头　2—滤板　3—滤框　4—滤布　5—压紧装置

空间。板又分为洗涤板与过滤板两种。压紧装置的驱动可用手动、电动或液压传动等方式。

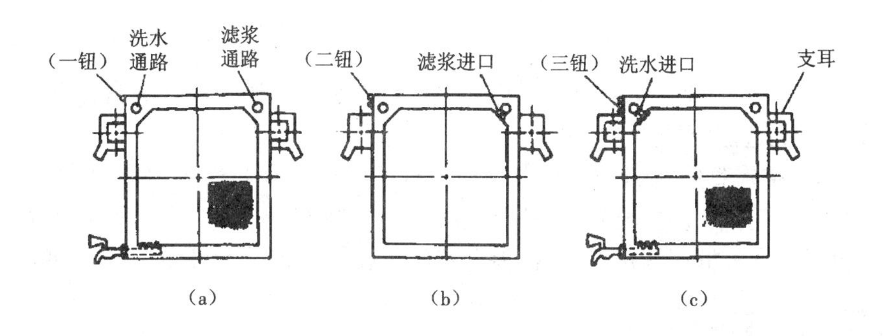

图 2.14　滤板和滤框

(a)过滤板　(b)框　(c)洗涤板

过滤时，悬浮液在指定的压力下经滤浆通道由滤框角端的暗孔进入框内，滤液分别穿过两侧滤布，再经邻板板面流到滤液出口排走，固体则被截留于框内，待滤饼充满滤框后，即停止过滤。滤液的排出方式有明流与暗流之分。若滤液经由每块滤板底部的侧管直接排出（如图2.15 所示），称为明流。若滤液不宜暴露于空气中，则需将各板流出的滤液汇集于总管后送走，称为暗流。

若滤饼需要洗涤，可将洗水压入洗水通道，经洗涤板角端的暗孔进入板面与滤布之间。此时，应关闭洗涤板下部的滤液出口，洗水便在压差推动下穿过一层滤布及整个厚度的滤饼，然后再横穿另一层滤布，最后由过滤板下部的滤液出口排出，如图 2.15 所示。这种操作方式称为横穿洗涤法，其作用在于提高洗涤效果。

洗涤结束后，旋开压紧装置并将板框拉开，卸出滤饼，清洗滤布，重新组合，进入下一个操作循环。

板框压滤机的操作表压一般在$(3\sim8)\times10^5$ Pa 的范围内，有时可高达15×10^5 Pa。滤板和滤框可由金属材料（如铸铁、碳钢、不锈钢、铝等）、塑料及木材制造。我国已有板框压滤机系列标准及规定代号，如 BMS20/635－25，其中 B 表示板框压滤机，M 表示明流式（若为 A，则表示暗流式），S 表示手动压紧（若为 Y，则表示液压压紧），20 表示过滤面积为 20 m^2，635 表示

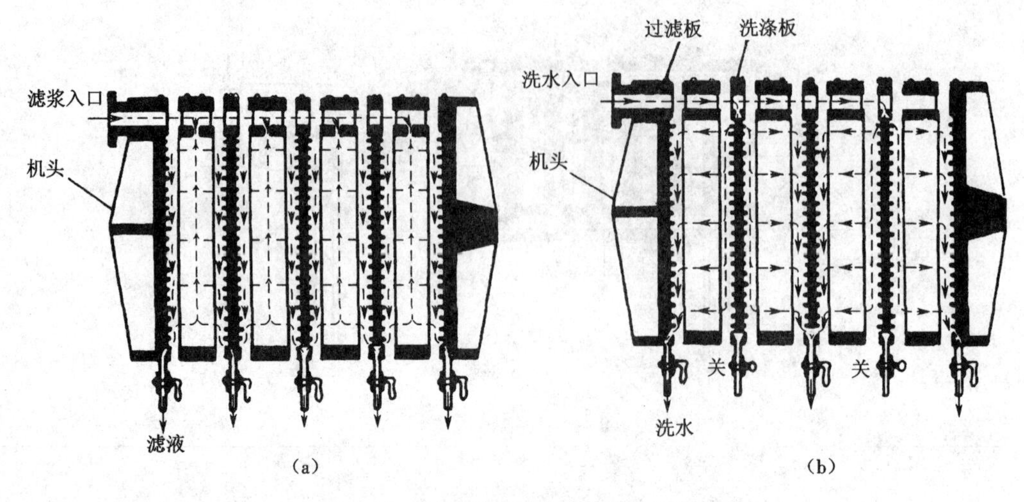

图 2.15　板框压滤机内液体的流动路径

(a)过滤阶段　(b)洗涤阶段

滤框为边长 635 mm 的正方形,25 表示滤框的厚度为 25 mm。在板框压滤机系列中,框边长为 320 ~ 1 000 mm,厚度为 25 ~ 50 mm。滤板和滤框的数目可根据生产任务自行调节,一般为 10 ~ 60 块,所提供的过滤面积为 2 ~ 80 m^2。

板框压滤机结构简单,制造方便,占地面积较小而过滤面积较大,操作压力高,适应能力强,故应用颇为广泛。它的主要缺点是间歇操作,生产效率低,劳动强度大,滤布损耗也较快。近来,各种自动操作板框压滤机的出现,使上述缺点在一定程度上得到改善。

3.2　加压叶滤机

图 2.16 所示的加压叶滤机是由许多不同的长方形或圆形滤叶装合于能承受内压的密闭机壳内而成。滤叶由金属多孔板或金属网制造,内部具有空间,外罩滤布。滤浆用泵压送到机壳内,滤液穿过滤布进入叶内,汇集至总管后排出机外,颗粒则积于滤布外侧形成滤饼。滤饼的厚度通常为 5 ~ 35 mm,视滤浆性质及操作情况而定。

若滤饼需要洗涤,则于过滤完毕后通入洗水,洗水的路径与滤液相同,这种洗涤方法称为置换洗涤法。洗涤过后打开机壳上盖,拔出滤叶,卸出滤饼。

加压叶滤机也是间歇操作设备,其优点是过滤速度大,洗涤效果好,占地面积小,密闭操作,改善了操作条件;缺点是造价较高,更换滤布(尤其对于圆形滤叶)比较麻烦。

3.3　厢式压滤机

如图 2.17 所示,厢式压滤机与板框压滤机外表相似,但厢式压滤机仅由滤板组成。每块滤板凹进的两个表面与另外的滤板压紧后组成过滤室。料浆通过中心孔加入,滤液在下角排出,带有中心孔的滤布覆盖在滤板上,滤布的中心加料孔部位压紧在两壁面上或把两壁面的滤布用编织管缝合。工业上,自动厢式压滤机已达到较高的自动化程度。

3.4　转筒真空过滤机

转筒真空过滤机是一种工业上应用较广的连续操作吸滤型过滤机械。设备的主体是一个

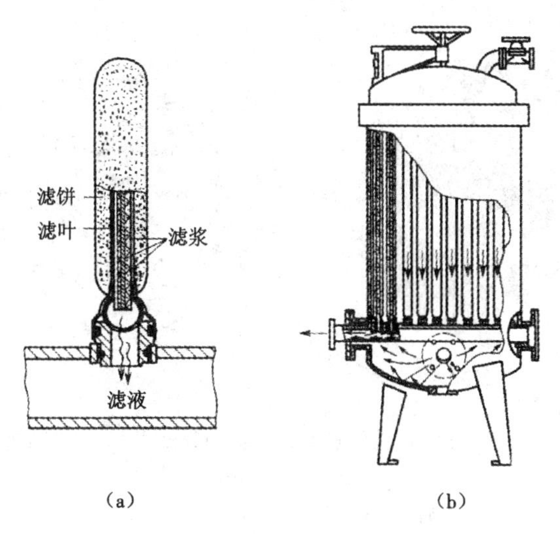

图 2.16　滤叶结构和叶滤机示意

(a)滤叶　(b)叶滤机

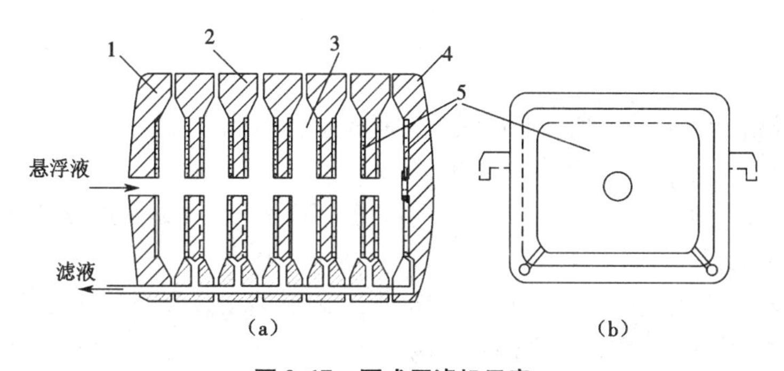

图 2.17　厢式压滤机示意

(a)厢式压滤机　(b)滤板

1,4—端头　2—滤板　3—滤饼空间　5—滤布

能转动的水平圆筒,其表面有一层金属网,网上覆盖滤布,筒的下部浸入滤浆中,如图 2.18 所示。

圆筒沿径向分隔成若干扇形格,每格都有孔道通至分配头上。凭借分配头的作用,圆筒转动时,这些孔道依次分别与真空管及压缩空气管相连通,从而在圆筒回转一周的过程中,每个扇形表面即可顺序进行过滤、洗涤、吸干、吹松、卸饼等操作,对圆筒的每一块表面,转筒转动一周经历一个操作循环。

分配头是转筒真空过滤机的关键部件,它由紧密贴合着的转动盘与固定盘构成,转动盘随着筒体一起旋转,固定盘不动,其内侧面各凹槽分别与各种不同作用的管道相通。

转筒的过滤面积一般为 5 ~ 40 m^2,浸没部分占总面积的 30% ~40%。转速可在一定范围内调整,通常为 0.1 ~ 3 r/min。滤饼厚度一般保持在 40 mm 以内,转筒过滤机所得滤饼中的液体含量很少低于 10%,常可达 30% 左右。

转筒真空过滤机能连续自动操作,节省人力,生产能力大,对处理量大而容易过滤的料浆特别适宜,对难于过滤的胶体物系或细微颗粒的悬浮液,若采用预涂助滤剂的措施也比较方

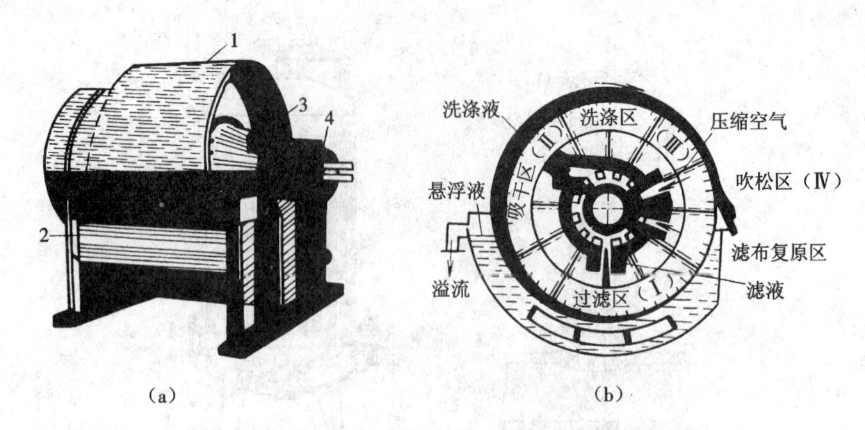

图 2.18　外滤式转筒真空过滤机的外形图和操作简图

(a)外形图　(b)操作简图

1—转筒　2—槽　3—主轴　4—分配头

便。但转筒真空过滤机附属设备较多,过滤面积不大。此外,由于它是真空操作,因而过滤推动力有限,尤其不能过滤温度较高(饱和蒸气压高)的滤浆,滤饼的洗涤也不充分。

3.5　过滤离心机

离心过滤是指借旋转液体所受到的离心力而通过介质和滤饼,固体颗粒被截留于过滤介质表面的操作过程。离心过滤的推动力即离心力。

离心机转鼓的壁面上开孔,就成为过滤离心机。工业上应用最多的有如下几种。

3.5.1　三足式离心机

图 2.19 所示的三足式离心机是间歇操作、人工卸料的立式离心机,在工业上采用较早,目前仍是国内应用最广、制造数目最多的一种离心机。

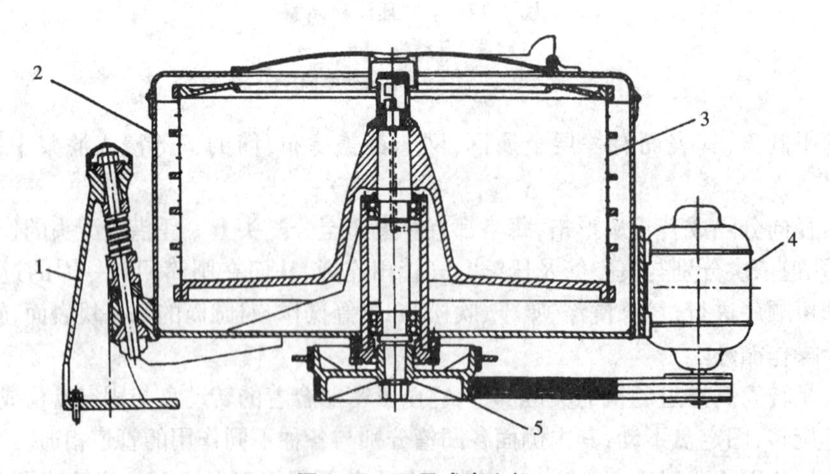

图 2.19　三足式离心机

1—支脚　2—外壳　3—转鼓　4—马达　5—皮带轮

三足式离心机有过滤式和沉降式两种,其卸料方式又有上部卸料与下部卸料之分。离心机的转鼓支撑在装有缓冲弹簧的杆上,以减轻由于加料或其他原因造成的冲击。国内生产的三足式离心机的技术参数范围如表 2.1 所示。

表 2.1　三足式离心机的技术参数范围

转鼓直径/m	0.45 ~ 1.5
有效容积/m^3	0.02 ~ 0.4
过滤面积/m^2	0.6 ~ 2.7
转速/(r/min)	730 ~ 1 950
分离因数 K_c	450 ~ 1 170

三足式离心机结构简单，制造方便，运转平稳，适应性强，所得滤液中固体含量少，滤饼中固体颗粒不易受损伤，适用于间歇生产中小批量物料，尤其适用于盐类晶体的过滤和脱水。其缺点是卸料时劳动强度大，生产能力低。近年来已出现了自动卸料及连续生产的三足式离心机。

3.5.2　卧式刮刀卸料离心机

卧式刮刀卸料离心机是连续操作的过滤式离心机，其特点是在转鼓全速运动中自动地依次进行加料、分离、洗涤、甩干、卸料、洗网等操作，每批操作周期为 35 ~ 90 s。每一工序的操作时间可按预定要求实行自动控制。其结构及操作示意于图 2.20。

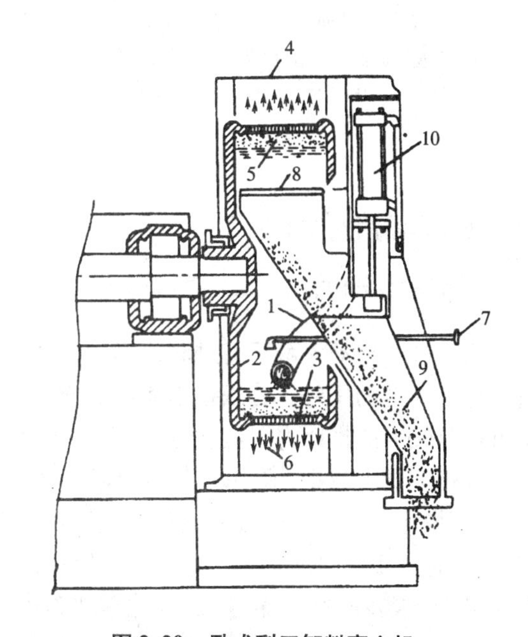

图 2.20　卧式刮刀卸料离心机

1—进料管　2—转鼓　3—滤网　4—外壳　5—滤饼　6—滤液　7—冲洗管　8—刮刀　9—溜槽 10—液压缸

操作时，悬浮液从进料管进入全速运转的鼓内，液相经滤网及鼓壁小孔被甩到鼓外，再经机壳的排液口流出。留在鼓内的固相被耙齿均匀分布在滤网面上。当滤饼达到指定厚度时，进料阀门自动关闭，停止进料进行冲洗，再经甩干一定时间后，刮刀自动上升，滤饼被刮下并经倾斜的溜槽排出。刮刀升至极限位置后自动退下，同时冲洗阀又开启，对滤网进行冲洗，即完成一个操作循环，重新开始进料。

此种离心机可连续运转，自动操作，生产能力大，劳动条件好，适于大规模连续生产，目前已较广泛地用于石油、化工行业中，如硫胺、尿素、碳酸氢铵、聚氯乙烯、食盐、糖等物料的脱水，由于用刮刀卸料，使颗粒破碎严重，对于必须保持晶粒完整的物料不宜采用。

3.5.3　活塞推料离心机

活塞推料离心机，如图 2.21 所示，也是一种连续操作的过滤式离心机。在全速运转的情况下，料浆不断由进料管送入，沿锥形进料斗的内壁流至转鼓的滤网上。滤液穿过滤网经滤液出口连续排出，积于滤网内面上的滤渣则被往复运动的活塞推送器沿转鼓内壁面推出。滤渣被推至出口的途中，可用由冲洗管出来的水进行喷洗，洗水则由另一出口排出。整个过程在转速不同的部位连续自动进行。

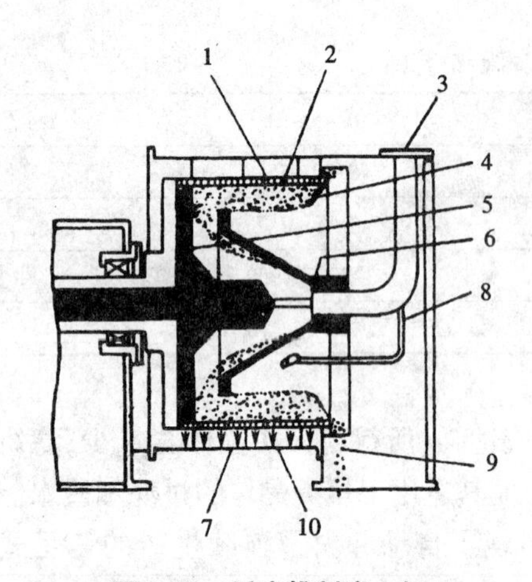

图 2.21 活塞推料离心机

1—转鼓 2—滤网 3—进料管 4—滤饼
5—活塞推进器 6—进料斗 7—滤液出口
8—冲洗管 9—固体排出 10—洗水出口

活塞冲程约为转鼓长的 1/10,往复次数约 30 次/min。

活塞推料离心机主要适用于处理含固量小于 10%、$d>0.15$ mm 并能很快脱水和失去流动性的悬浮液。生产能力可达每小时 0.3 ~25 t 固体。卸料时晶体破碎程度小。

活塞推料离心机除单级外,还有双级、四级等各种形式。采用多级活塞推料离心机能改善工作状况、提高转速及分离较难处理的物料。

近年来,新型过滤设备及新过滤介质的开发取得可观成绩,有些已在大型生产中获得很好的效益。诸如,预涂层转筒真空过滤机、真空带式过滤机、节约能源的压榨机、采用动态过滤技术的叶滤机等。

4 影响过滤速率的因素

过滤速率与过滤推动力和过滤阻力有关。影响过滤速率的因素如下。

4.1 过滤推动力

增大过滤推动力可提高过滤速度和过滤生产能力。过滤操作中,在滤饼和介质的两侧之间应保持一定的压差。若压差是通过在介质上游加压形成的,则称为加压过滤。加压过滤操作可获得较大的推动力,且过滤速率大,并可根据需要控制压差大小,但压差越大,对设备的密封性和强度要求越高,即使设备强度允许,也还受到滤布强度、滤饼的压缩性等因素的限制,因此,加压操作的压力不能太大,以不超过 500 kPa 为宜。若压差是靠悬浮液自身的重力作用形成的,则称为重力过滤。重力过滤操作所用设备简单,推动力小,过滤速率小,一般用来处理固体含量少且容易过滤的悬浮液,如化学实验中常见的过滤。若压差是利用离心力的作用形成的,则称为离心过滤。离心过滤操作过滤速率大,投资费用和动力消耗都较大,多用于颗粒粒度相对较大、液体含量较少的悬浮液的分离。若压差是在过滤介质的下游抽真空形成的,则称为减压过滤(或真空抽滤)。真空过滤操作也能获得较大的过滤速率,但真空度受到液体沸点等因素的限制,不能过高,一般在 85 kPa 以下。一般说来,对不可压缩滤饼,增大推动力可提高过滤速率,但对可压缩滤饼,加压却不能有效地提高过程的速率。

4.2 悬浮液

悬浮液的黏度对过滤速率有较大影响。悬浮液的黏度小,容易过滤,过滤速率较大。当升高温度时,悬浮液的黏度下降,所以提高悬浮液的温度可以加大过滤速率。又由于滤浆浓度越大,其黏度也越大,为了降低滤浆的黏度,某些情况下也可以将滤浆加以稀释再进行过滤,但这样使过滤容积增加,同时稀释滤浆也只能在不影响滤液的前提下进行。

4.3 过滤介质的性质

过滤介质的性质也直接影响到过滤速率的大小，过滤介质的孔隙越小，厚度越厚，则产生的阻力越大，过滤速率越小。由于过滤介质的主要作用是促进滤饼形成，为此，要根据悬浮液中颗粒的大小来选择合适的过滤介质。

4.4 滤饼的性质

滤饼的影响因素主要有颗粒的形状、大小，滤饼的紧密度和厚度等。显然，颗粒越细，滤饼越紧密、越厚，其阻力越大。当滤饼厚度增大到一定程度，过滤速率会变得很小，操作再进行下去是不经济的，这时只有将滤饼卸去，进行下一个周期的操作。

5 过滤操作技能训练

训练目的

熟悉板框过滤机的结构。

了解板框过滤机的原理。

熟练地进行过滤操作。

设备示意(图2.22)

滤浆槽内配有一定浓度的轻质碳酸钙悬浮液（浓度为2%～4%），用电动搅拌器进行均匀搅拌（浆液不出现旋涡为好）。启动旋涡泵，调节压力为规定值。滤液在计量桶内计量。

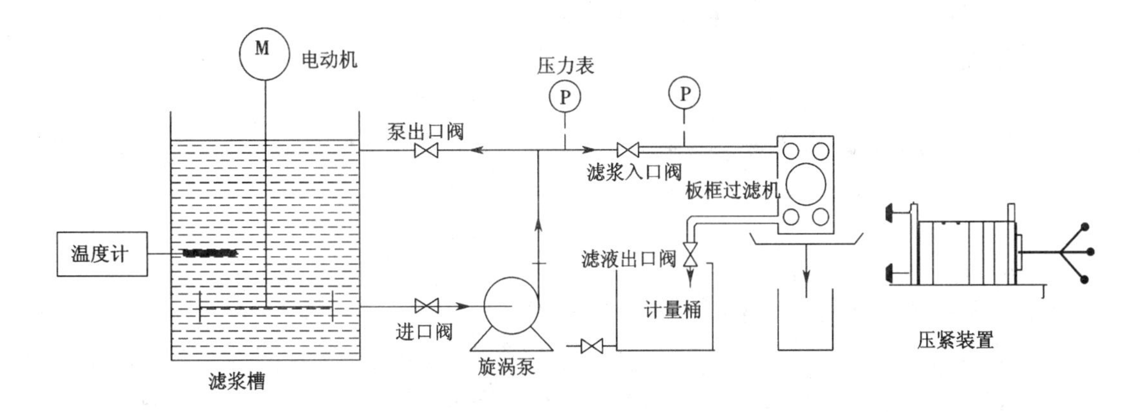

图2.22 过滤操作装置

训练要领

(1)启动旋涡泵，调节泵的出口阀门使压力表达到规定值(0.05 MPa、0.15 MPa)。

(2)打开滤浆入口阀和滤液出口阀，开始过滤。

(3)观察滤液，若滤液为清液，表明过滤正常。当发现滤液有浑浊或带有滤渣时，说明过滤过程中出现问题，应停止过滤，检查滤布及安装情况，滤板、滤框是否变形，有无裂纹，管路有无泄漏等。

(4)当计量桶内见到第一滴液体时按表计时。记录滤液高度每增加10 mm所用的时间。

(5)当滤液速度减慢至滴状流出时，即可停止计时，并立即关闭滤浆入口阀和滤液出口阀。过滤完毕。

(6)洗涤。开启洗水入口阀向过滤机内送入洗涤水,打开洗水出口阀洗涤滤饼,直至洗涤符合要求。

(7)洗涤完毕后关闭洗水入口阀和出口阀。

【拓展与延伸】

转鼓真空过滤机将过滤、洗涤、去饼和吹除等项工艺操作在一个转动的转鼓中完成,其生产效率高,适用于多种悬浮物料的分离,是一种较为先进的过滤设备。

离心机是化工行业普遍采用的一种过滤设备,它具有连续性强、生产效率高、劳动强度低的优点。离心机的形式较多,但它们的过滤原理均是利用转鼓高速旋转所产生的离心力,使滤浆中的固体颗粒与液体分离。

【知识检测】

一、单项选择题

1. 旋风分离器主要是利用(　　)的作用使颗粒沉降而达到分离。

A. 重力　　B. 惯性离心力

C. 静电场　　D. 重力和惯性离心力

2. 下列措施中不一定能有效地提高过滤速率的是(　　)。

A. 加热滤浆　　B. 在过滤介质上游加压

C. 在过滤介质下游抽真空　　D. 及时卸渣

3. “在一般过滤操作中,实际上起到主要介质作用的是滤饼层而不是过滤介质本身”,“滤渣就是滤饼”,(　　)。

A. 这两种说法都对　　B. 这两种说法都不对

C. 只有第一种说法正确　　D. 只有第二种说法正确

4. 下列哪一个分离过程不属于非均相物系分离过程?(　　)。

A. 沉降　　B. 结晶

C. 过滤　　D. 离心分离

5. 在重力场中,微小颗粒的沉降速度与(　　)无关。

A. 粒子的几何形状　　B. 粒子的尺寸大小

C. 流体和粒子的密度　　D. 流体的速度

6. 下列物系中,不可以用旋风分离器加以分离的是(　　)。

A. 悬浮液　　B. 含尘气体

C. 酒精水溶液　　D. 乳浊液

7. 微粒在降尘室内能被除去的条件为:停留时间(　　)它的沉降时间。

A. 不等于　　B. 大于或等于

C. 小于　　D. 大于或小于

8. 以下(　　)是连续式过滤机。

A. 厢式叶滤机　　B. 真空叶滤机

C. 回转真空过滤机　　D. 板框压滤机

9. 当其他条件不变时，提高回转真空过滤机的转速，则过滤机的生产能力(　　)。

A. 提高　　B. 降低　　C. 不变　　D. 不一定

10. 下列用来分离气固非均相物系的是(　　)。

A. 板框压滤机　　B. 转筒真空过滤机　　C. 袋滤器　　D. 三足式离心机

11. 与降尘室的生产能力无关的是(　　)。

A. 降尘室的长　　B. 降尘室的宽　　C. 降尘室的高　　D. 颗粒的沉降速度

二、判断题

1. 将滤浆冷却可提高过滤速率。(　　)

2. 过滤操作是分离悬浮液的有效方法之一。(　　)

3. 板框压滤机是一种连续性的过滤设备。(　　)

4. 欲提高降尘室的生产能力，主要的措施是提高降尘室的高度。(　　)

5. 离心分离因数越大，分离能力越强。(　　)

6. 降尘室的生产能力不仅与降尘室的宽度和长度有关，而且与降尘室的高度有关。(　　)

7. 重力沉降设备比离心沉降设备分离效果更好，而且设备体积也较小。(　　)

8. 在一般的过滤操作中，起到主要介质作用的是过滤介质本身。(　　)

9. 板框压滤机的滤板和滤框，可根据生产要求进行任意排列。(　　)

10. 在一般的过滤操作中，实际上起到主要介质作用的是滤饼层而不是过滤介质本身。(　　)

11. 将降尘室用隔板分层后，若能 100% 除去的最小颗粒直径要求不变，则生产能力将变大，沉降速度不变，沉降时间变短。(　　)

项目三　换热器操作技术

【知识目标】

掌握的内容:换热器的分类,热量传递的基本方式,热传导,对流传热,热辐射,传热基本方程,换热器的热负荷的确定,传热平均温度差的确定,总传热系数的确定,传热速率影响因素分析。

熟悉的内容:间壁式换热器的结构形式,换热设备中载热体的选择,换热器的操作。

了解的内容:列管式换热器的使用与维护,板式换热器的使用与维护,列管式换热器的选型。

【能力目标】

能够确定换热器的热负荷,能够确定传热平均温度差,能够确定总传热系数,能进行列管式换热器的选型计算,能够进行列管式换热器的开车和停车,能够处理列管式换热器使用中的事故;能够操作套管式换热器,能够操作固定管板式换热器,能够操作蛇管式换热器;能够操作螺旋板式换热器,能够操作夹套式换热器。

任务1　换热器的分类及结构形式

传热即热量的传递,是自然界中普遍存在的物理现象。在化工生产中,通常需对原料进行加热或冷却,在化学反应中,对于放热或吸热反应,为了保持最佳反应温度,又必须及时移出或补充热量;对某些单元操作,如蒸发、结晶、蒸馏和干燥等,也需要输入或输出热量,才能保证操作的正常进行;此外,设备和管道的保温,生产过程中热量的综合利用及余热回收等都涉及传热问题。因此,传热设备不仅在化工厂的设备投资中占有很大的比例,而且它们所消耗的能量也是相当可观的。

化工生产中遇到的传热问题,一般有以下两种:一是要求强化传热,提高某换热任务的传热速率,减小设备的尺寸,降低成本;另一种是削弱传热,以减少热损失,如高温设备及管道的保温隔热等,对传热速率要求越低越好。

在化工生产过程中,传热通常是在两种流体间进行的,故称换热。要实现热量的交换,必须采用特定的设备,通常把这种用于交换热量的设备通称为换热器。

换热设备是化工、石油、食品、动力等诸多部门的通用设备。实际生产中对换热设备的要求不同,所以换热设备的类型繁多,在设计和选用时可根据实际生产需求进行合理的选择。

1　换热器的分类

由于物料的性质和传热的要求各不相同,因此,换热器种类繁多,结构形式多样。换热器可按多种方式进行分类。

1.1 按换热器的用途分类

按换热器的用途分类,可以把换热器分为加热器、预热器、过热器、蒸发器、再沸器、冷却器、冷凝器。加热器用于把流体加热到所需的温度,被加热流体在加热过程中不发生相变。用于流体预热的换热器称为预热器,预热器的使用可以提高整套工艺装置的效率。过热器用于加热饱和蒸气,使其达到过热状态。蒸发器用于加热液体,使之蒸发汽化。再沸器是蒸馏过程的专用设备,用于加热塔底液体,使之受热汽化。冷却器用于冷却流体,使之达到所需的温度。冷凝器用于冷凝饱和蒸气,使之放出潜热而凝结液化。

1.2 按换热器的作用原理分类

化工生产中常见的情况是冷热流体进行热交换。根据冷热流体的接触情况,工业上的传热过程可分为三大类:间壁式换热、混合式换热和蓄热式换热。相应的,有以下三种换热器。

1)间壁式换热器

流体在间壁两侧流过,借助壁面导热作用实现二者的热量交换,这种换热称为间壁式换热,使用的换热器称为间壁式换热器,又称表面式换热器、间接式换热器。该类换热器最突出的特点是两流体被固体壁面分开,互不接触,热量由热流体通过壁面传给冷流体,适用于两流体在换热过程中不允许混合的场合。通常,生产中两流体是不允许混合的,因此间壁式换热器应用最广,形式多样,各种管式和板式结构的换热器均属此类。

2)直接混合式换热器

与间壁式换热不同,通过冷热流体直接接触实现热量交换的方法称为直接混合式换热,使用的换热设备称为直接混合式换热器。因为两流体直接接触,相互混合进行换热,因此传热速率大,效率高,设备及操作费用均较低,但是只适用于两流体允许混合的场合。常见的这类换热器有凉水塔、洗涤塔、文氏管及喷射冷凝器等。

3)蓄热式换热器

以热容量较大的固体为蓄热体,将热量由热流体传给冷流体的换热方式称为蓄热式换热,使用的换热设备称为蓄热式换热器。操作时,让热冷流体交替进入换热器,热流体将热量储存在蓄热体中,然后由冷流体取走,从而达到换热的目的。此类换热器具有设备结构简单、可耐高温的特点,常用于高温气体热量的回收或冷却。其缺点是设备体积庞大、传热效率低且不能完全避免两流体的混合。最典型的例子是石油化工中的蓄热式裂解炉。

1.3 按换热器的传热面形状和结构分类

按换热器的传热面形状和结构换热器可分为以下形式。

1)管式换热器

管式换热器通过管子壁面进行传热,按传热管的结构不同,可分为列管式换热器、套管式换热器、蛇管式换热器和翅片管式换热器等几种。管式换热器应用最广。

2) 板式换热器

板式换热器通过板面进行传热,按传热板的结构形式,可分为平板式换热器、螺旋板式换热器、板翅式换热器和板式换热器等几种。

3)特殊形式的换热器

这类换热器是指根据特殊工艺要求而设计的具有特殊结构的换热器,如回转式换热器、热管换热器、回流式换热器等。

2 间壁式换热器的结构形式

由于间壁式换热器综合特性优越,因此在工业生产中得到了最广泛的应用。间壁式换热器主要有三种类型:管式换热器、板式换热器、翅片式换热器。

2.1 管式换热器

1)蛇管式换热器

蛇管式换热器可分为两类。

(1)沉浸式蛇管换热器。蛇管多用金属管子弯制而成,或制成适应容器要求的形状,沉浸在容器流体中。两种流体分别在蛇管内、外流动并进行热量交换。常见蛇管的形状如图 3.1 所示。

这种蛇管式换热器的优点是结构简单,价格低廉,耐腐蚀,耐高压。缺点是管外流体的对流传热系数较小,可通过在容器内增设搅拌器或减小管外空间来提高对流传热系数。在沉浸式蛇管换热器的容器内,流体常处于不流动的状态,因此在某瞬间容器内各处的温度基本相同,而经过一段时间后,流体的温度由初温 t_1变为终温 t_2,故属于非定态传热过程。

(2)喷淋式换热器。喷淋式换热器如图 3.2 所示,多用作冷却器。固定在支架上的蛇管排列在同一垂直面上,热流体在管内流动,自下部的管进入,由上部的管流出。冷却水从最上面的淋水管喷淋下来,喷淋流下的冷却水可收集再进行重新分配。这种设备常放置在室外空气流通处,冷却水在空气中汽化时可带走部分热量,以提高冷却效果。其优点是便于检修和清洗、传热效果较好,缺点是喷淋不易均匀。

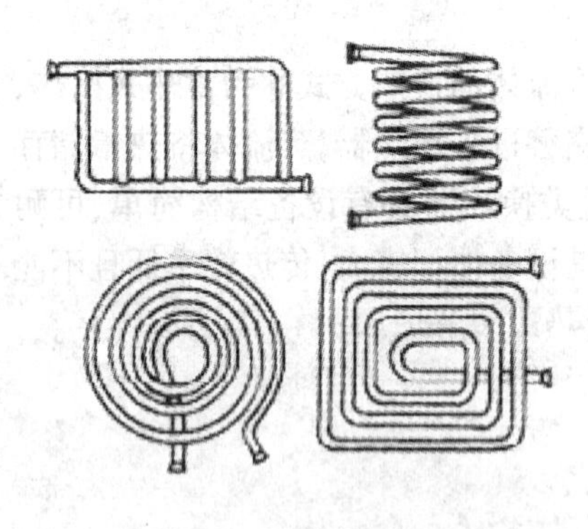

图 3.1 蛇管的形状

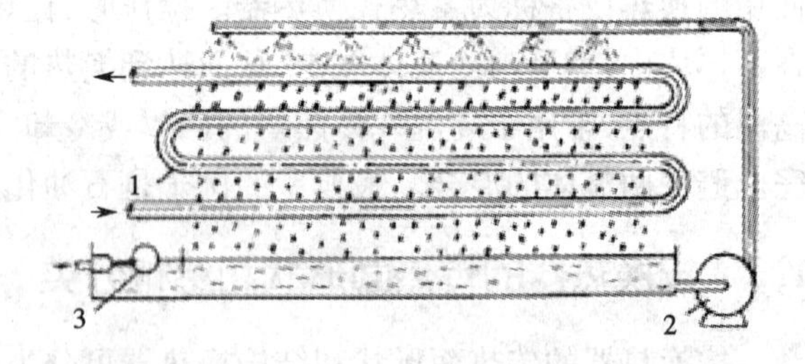

图 3.2 喷淋式换热器

1—弯管 2—循环泵 3—控制阀

2)套管式换热器

套管式换热器如图 3.3 所示,是由直径不同的直管制成的同心套管,根据换热要求将 n 段套管用 U 形管连接,目的是增加传热面积。冷热流体可以进行逆流或并流流动。套管式换热器的优点是:构造简单;耐高压;传热面积可根据需要进行增减;合理地选择管内、外径,可使流体的流速增大。缺点是:管间接头较多,易发生泄漏;单位长度具有的传热面积较小。故在需要传热面积不太大且要求压强较高或传热效果较好时,宜采用套管式换热器。

3)列管式换热器

列管式换热器是目前化工生产中应用最广泛的换热设备。其优点是:单位体积所具有的传热面积较大及传热效果较好;结构简单,可由多种材料制造,操作弹性大等。因此,高温、高压和大型装置上多采用列管式换热器。

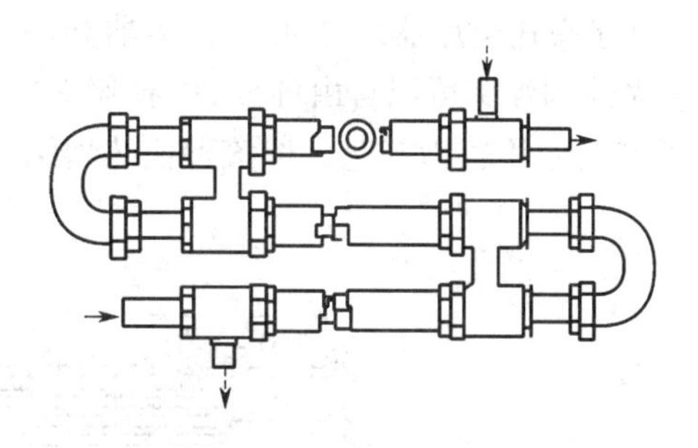

图 3.3　套管式换热器

列管式换热器中,由于两流体的温度不同,使管束和壳体的温度也不相同,因此它们的热膨胀程度也有差别。若两流体的温度差(50 ℃以上)较大,就可能由于热应力而引起设备变形,甚至弯曲或破裂,因此必须采取热补偿措施。根据热补偿措施的不同,列管式换热器有以下几种形式。

(1)固定管板式换热器。固定管板式换热器的两端管板和壳体连接成一体,具有结构简单和造价低廉的优点。但由于壳程不易检修和清洗,因此壳方流体应是较洁净且不易结垢的物料。当两流体的温度差较大时,应考虑热补偿措施。图 3.4 为具有补偿圈(或称膨胀节)的固定管板式换热器。

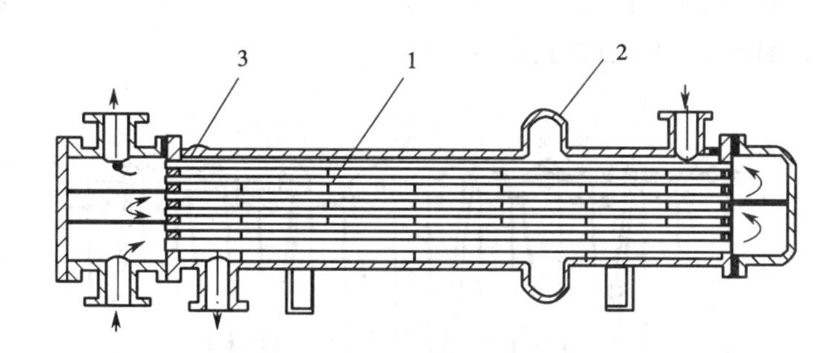

图 3.4　具有补偿圈的固定管板式换热器

1—挡板　2—补偿圈　3—放气嘴

(2)U 形管式换热器。U 形管式换热器如图 3.5 所示。管子弯成 U 形,管子的两端固定在同一管板上,每根管子可自由伸缩,优点是结构简单,质量轻,适用于高温和高压的场合。缺点是管内清洗比较困难,故要求管内流体必须洁净;管板的利用率较低。

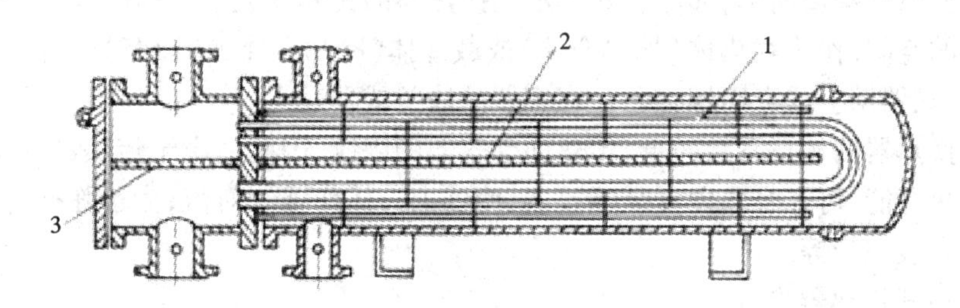

图 3.5　U 形管式换热器

1—U 形管　2—壳程隔板　3—管程隔板

(3)浮头式换热器。浮头式换热器如图 3.6 所示,一端管板不与外壳固定连接,称为浮头。管束连同浮头可以自由伸缩,以补偿热膨胀,管束可从壳体中抽出,便于清洗和检修。浮头式换热器应用较为普遍。但该种换热器结构较复杂,造价较高。

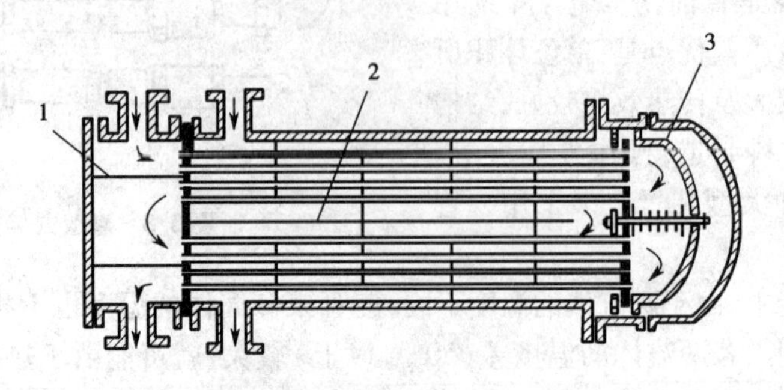

图 3.6 浮头式换热器

1—管程隔板 2—壳程隔板 3—浮头

2.2 板式换热器

板式换热器示意如图 3.7 所示,优点是结构紧凑,单位体积设备所提供的传热面积大;总传热系数较高,可根据需要增减板数以调节传热面积;检修和清洗都较方便。缺点是处理量较小;操作压强较低,操作温度不宜过高。

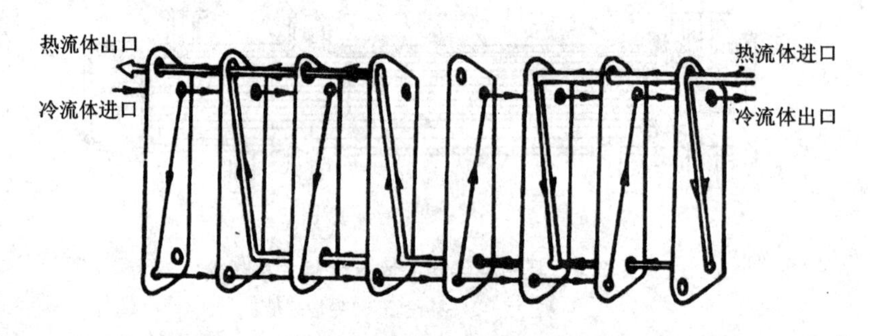

图 3.7 板式换热器示意

1)夹套式换热器

夹套式换热器构造简单,如图 3.8 所示。换热器的夹套安装在容器的外部,夹套与器壁之间形成密闭的空间,作为载热体(加热介质)或载冷体(冷却介质)的通路。夹套通常用钢或铸铁制成,可焊在器壁上或者用螺钉固定在容器的法兰或器盖上。

夹套式换热器的传热系数较低,传热面受容器的限制,因此适用于传热量较小的场合。为了提高其传热性能,可在容器内安装搅拌器,使器内液体作强制对流;为了弥补传热面的不足,还可在器内安装蛇管等。

2)螺旋板式换热器

螺旋板式换热器如图 3.9 所示,是由两块薄金属板焊接在一块分隔挡板上卷成螺旋形而成的。两块薄金属板在器内形成两条螺旋形通道,在顶、底部分别焊有盖板或封头。进行换热时,冷、热流体分别进入两条通道,在器内作逆流流动。因用途不同,螺旋板式换热器的流道布

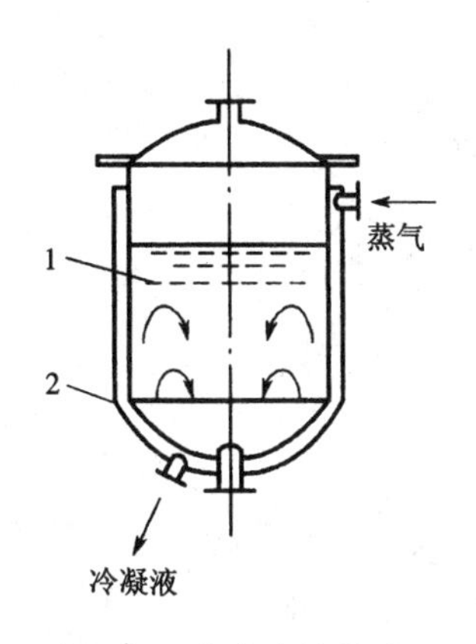

图 3.8　夹套式换热器

1—容器　2—夹套

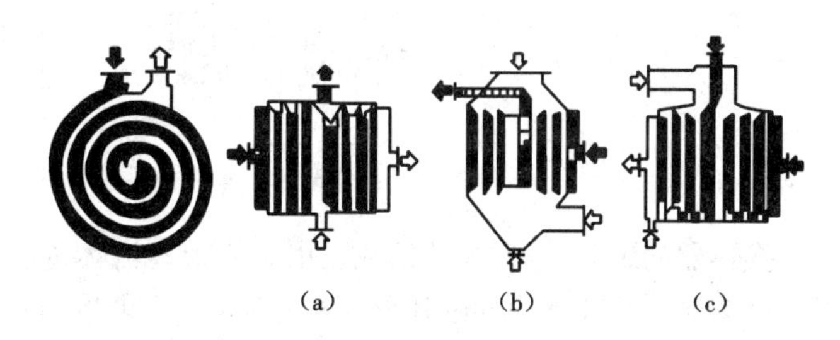

图 3.9　螺旋板式换热器

(a)“Ⅰ”型结构　(b)“Ⅱ”型结构　(c)“Ⅲ”型结构

置和封盖形式可有所不同:“Ⅰ”型结构如图 3.9(a)所示,主要用于液体与液体间传热;“Ⅱ”型结构如图 3.9(b)所示,适用于两流体流量差别很大的场合,常用作冷凝器、气体冷却器等;“Ⅲ”型结构如图 3.9(c)所示,适用于蒸气的冷凝冷却。

螺旋板式换热器的优点是总传热系数高,不易堵塞,能利用低温热源和精密控制温度,结构紧凑,单位体积的传热面积为列管式换热器的 3 倍。

螺旋板式换热器的缺点是操作压强和温度不宜太高,不易检修。

2.3　翅片式换热器和板翅式换热器

1)翅片式换热器

翅片式换热器如图 3.10 所示,是在管子表面上装有径向或轴向翅片。通常,当两种流体的对流传热系数之比为 3:1或更大时,宜采用翅片式换热器。

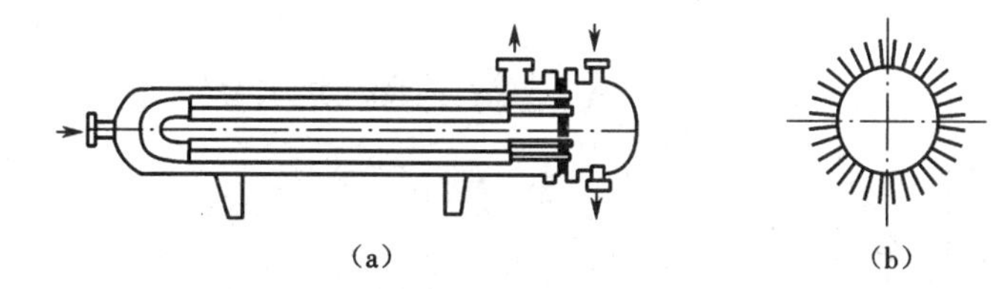

图 3.10　翅片式换热器

(a)结构示意　(b)翅片管断面

翅片的种类很多,常见的翅片形式如图 3.11 所示。按翅片的高度不同,可分为高翅片和低翅片两种。一般,低翅片适用于两流体的对流传热系数相差不太大的场合;高翅片适用于管内、外对流传热系数相差较大的场合,现已广泛应用于空气冷却器上。

2)板翅式换热器

板翅式换热器如图 3.12 所示。其结构形式很多,但基本结构元件相同,即在两块平行的薄金属板(平隔板)间,夹入波纹状的金属翅片,两边用侧条密封,这就是一个换热单元体。将各单元体进行不同的叠积和适当的排列,再用钎焊固定,即可得到常用的逆流、并流和错流的

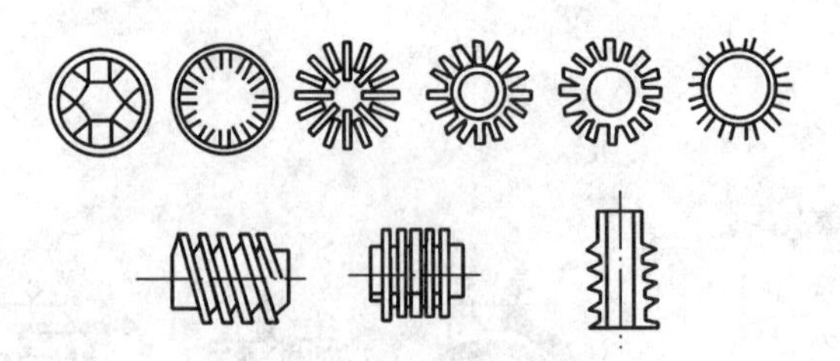

图 3.11　常见的翅片形式

板翅式换热器的组装件,称为芯部或板束。将带有流体进、出口的集流箱焊到板束上,就成为板翅式换热器。目前常用的翅片形式有光直翅片、锯齿翅片和多孔翅片,如图 3.13 所示。板翅式换热器的主要优点有:总传热系数高,传热效果好,结构紧凑,轻巧牢固,适应性强,操作范围广,适用于多种不同介质在同一设备内进行的传热操作。

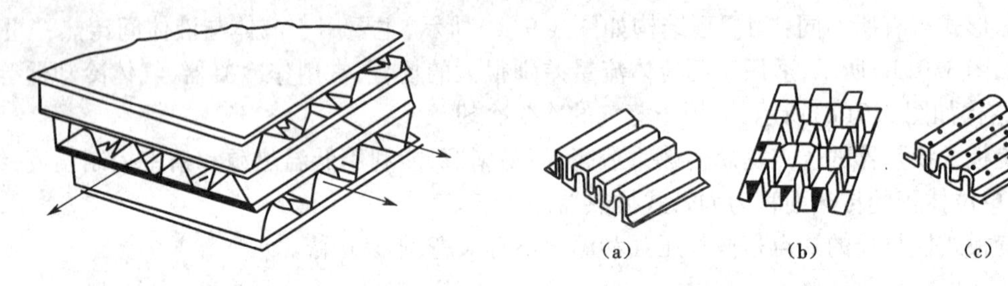

图 3.12　板翅式换热器的板束

图 3.13　板翅式换热器的翅片形式
(a)光直翅片　(b)锯齿翅片　(c)多孔翅片

板翅式换热器的缺点是:由于设备流道很小,故易堵塞,压强降较大;换热器一旦结垢,清洗和检修很困难,所以处理的物料应较洁净或预先进行净制处理,并要求介质对铝不产生腐蚀。

任务 2　换热器的基础知识

1　热量传递的基本方式

热量传递是由于物体内部或物体之间的温度不同而引起的。热量总是从温度较高的部分传递到温度较低的部分,或是由温度较高的物体传递给温度较低的物体。因此根据传热机理的不同,传热的基本方式分为三种:热传导、热对流和热辐射。

事实上传热过程往往不是以某一种传热方式单独存在,而是上述几种传热方式的组合。当温度较高时,热辐射成为主要的传热方式,如石油裂解炉内的温度超过 1 000 K 时的传热过程就是以热辐射为主。而化工生产中广泛应用的间壁式换热器,其冷、热流体传递热量的过程是以热传导和热对流两种方式为主,热辐射传热量很少。

在传热过程中,各点的温度只随位置变化而不随时间变化的过程称为定态传热。定态传热时,单位时间内所传递的热量不变。一般连续化生产过程中的传热均属于定态传热。

在传热过程中各点的温度随位移和时间变化的过程称为非定态传热。在非定态传热时,单位时间内所传递的热量随时间而变化。间歇生产和连续化生产的开、停车阶段的传热大多属于非定态传热。

由于化工生产中多为连续化操作过程，即属于定态传热，本章讨论的过程均为定态传热。

换热器热量传递速率的快慢通常用导热速率来表示，即单位时间内通过传热面的热量，一般用 Q 表示，单位为 W。

热通量是指在单位时间内，单位传热面积上所传递的热量，一般用 q 表示，单位为 W/m^2。

导热速率及热通量是衡量换热器性能的重要指标，导热速率的通式可表示为

$$\text{导热速率}=\frac{\text{传热推动力(温度差)}}{\text{传热阻力(热阻)}}=\frac{\Delta t}{R}$$

2 热传导

热传导是指热量从物体的高温部分向同一物体的低温部分，或从一个高温物体向与其直接接触的低温物体进行传递的过程。热传导是介质内无宏观运动时的传热现象，其在固体、液体和气体中均可发生，但严格而言，只有在固体中才是纯粹的热传导，而流体即使处于静止状态，其中也会由于密度差而产生自然对流，因此，在流体中热传导与对流传热是同时发生的。

2.1 热传导基本概念

2.1.1 傅里叶定律

描述热传导现象的物理定律为傅里叶定律(Fourier's Law)，其数学表达式为

$$\frac{dQ}{dS}=-\lambda\frac{dt}{dx} \tag{3.2.1}$$

式中 Q——导热速率，即单位时间传导的热量，W；

S——与热传导方向垂直的传热面的面积，m^2；

λ——物质的导热系数，W/(m·℃)；

傅里叶定律与牛顿黏性定律相类似，也不是根据基本原理推导得到的。导热系数 λ 与黏度 μ 一样，也是粒子微观运动特性的表现。可见，热量传递和动量传递具有相似性。

2.1.2 导热系数 λ

导热系数 λ 是根据傅里叶定律推导而得。导热系数 λ 表征了物质导热能力的大小，是物质的物理性质之一。导热系数 λ 的大小和物质的形态、组成、密度、温度及压力有关。导热系数 λ 的单位为 W/(m·℃)。

各种物质的导热系数通常用实验方法测定。导热系数数值的变化范围很大。通常，金属的导热系数最大，非金属固体次之，液体较小，气体最小。

1)固体的导热系数

在所有固体中，金属是最好的导热体，大多数纯金属的导热系数随温度升高而减小。金属的纯度对导热系数影响很大，导热系数随纯度的增高而增大，因此合金的导热系数比纯金属要小。非金属的建筑材料或绝热材料的导热系数与温度、组成及结构的紧密程度有关，一般导热系数 λ 值随密度的增大、温度的升高而增大。

对大多数固体，λ 值与温度大致成线性关系，即

$$\lambda=\lambda_0(1+at) \tag{3.2.2}$$

式中　λ——固体在温度为 t ℃时的导热系数,W/(m·℃);

λ_0——固体在 0 ℃时的导热系数,W/(m·℃);

a——常数,又称温度系数,1/℃。对大多数金属材料,a 为负值;对大多数非金属材料,a 为正值。

2)液体的导热系数

液体可分为金属液体(液态金属)和非金属液体。液体的导热系数主要依靠实验方法测定。金属液体的导热系数比一般的液体要大。大多数金属液体的导热系数均随温度的升高而减小。

在非金属液体中,水的导热系数最大。除水和甘油外,大多数非金属液体的导热系数亦随温度的升高而减小。液体的导热系数基本上与压力无关。一般来说,纯液体的导热系数比其溶液的要大。

3)气体的导热系数

与液体和固体相比,气体的导热系数最小,对热传导不利,但却有利于保温、绝热。工业上所使用的保温材料(如玻璃棉),因其空隙中有气体,故导热系数较小,适用于保温隔热。

通常气体的导热系数随温度升高而增大。在较大的压强范围内,气体的导热系数随压强的变化很小,可以忽略不计。

2.2　平壁定态热传导

2.2.1　单层平壁的定态热传导

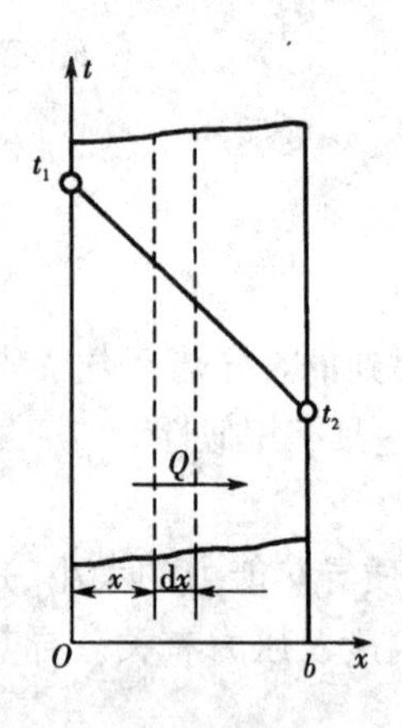

图 3.14　单层平壁的热传导

单层平壁的热传导如图 3.14 所示。假设平壁材料均匀,导热系数 λ 不随温度而改变;平壁内的温度仅沿垂直于壁面的 x 方向变化;平壁的面积与厚度相比是较大的,故从平壁的边缘处损失的热量可忽略不计,导热速率 Q 和传热面积 S 均为常量,由傅里叶定律可推导出:

$$Q=\frac{\lambda}{b}S(t_1-t_2) \tag{3.2.3}$$

$$Q=\frac{t_1-t_2}{\dfrac{b}{\lambda S}}=\frac{\Delta t}{R} \tag{3.2.4}$$

$$q=\frac{Q}{S}=\frac{\Delta t}{\dfrac{b}{\lambda}}=\frac{\Delta t}{R'} \tag{3.2.5}$$

式中　b——平壁的厚度,m;

t_1、t_2——壁面两侧的温度,℃;

Δt——温度差,导热推动力,℃;

$R=\dfrac{b}{\lambda S}$——导热热阻,℃/W;

$R'=b/\lambda$——单位传热面积的导热热阻,m^2·℃/W。

必须强调指出,应用热阻的概念,对传热过程的分析和计算都是十分有用的。由式(3.2.4)可知:系统中任一段的热阻与该段的温度差成正比,即热传导的距离越大,传热面积和导热系数越小，导热热阻越大。

【例3.1】 某平壁厚度为0.37 m，内表面温度 t_1 为1 650 ℃，外表面温度 t_2 为300 ℃，平壁材料的导热系数 $\lambda = 0.815 + 0.000\ 76t$（式中 t 的单位为℃，λ 的单位为 W/(m · ℃)）。若导热系数可取平均值计算，求平壁的导热热通量。

解：平壁的平均温度为

$$t_m = (t_1 + t_2)/2 = (1\ 650 + 300)/2 = 975\ ℃$$

$$\lambda = 0.815 + 0.000\ 76t = 0.815 + 0.000\ 76 \times 975 = 1.556\ \mathrm{W/(m \cdot ℃)}$$

导热热通量

$$q = \frac{Q}{S} = \frac{\lambda}{b}(t_1 - t_2) = \frac{1.556}{0.37} \times (1\ 650 - 300) = 5\ 677\ \mathrm{W/m^2}$$

2.2.2 多层平壁的定态热传导

工业上经常遇到由多层不同材料组成的平壁，即多层平壁。如图3.15所示，以三层为例，假设层与层之间接触良好，即接触的两表面温度相同，由于各等温面的温度保持恒定，仍为定态导热，其表达式如下：

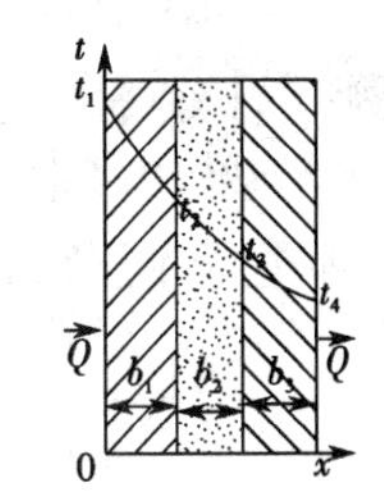

图3.15 三层平壁的热传导

$$Q = \frac{\Delta t_1 + \Delta t_2 + \Delta t_3}{\dfrac{b_1}{\lambda_1 A_1} + \dfrac{b_2}{\lambda_2 A_2} + \dfrac{b_3}{\lambda_3 A_3}} = \frac{\sum \Delta t}{\sum R} \tag{3.2.6}$$

$$\frac{\Delta t_1}{R_1} = \frac{\Delta t_2}{R_2} = \frac{\Delta t_3}{R_3} \tag{3.2.7}$$

由以上两式可知，多层平壁的定态热传导，总的推动力即为总的温度差，而总的热阻为各层热阻之和。这与电工学中串联电阻的欧姆定律类似。各层的热阻越大，其温度差也越大。热传导中温度差与热阻成正比。

2.3 圆筒壁定态热传导

2.3.1 单层圆筒壁的定态热传导

单层圆筒壁的定态热传导如图3.16所示。若圆筒壁很长，轴向散热可忽略，则通过圆筒壁的热传导可视为一维定态热传导。设圆筒的内半径为 r_1，外半径为 r_2，长度为 L。圆筒的内、外壁面温度分别为 t_1 和 t_2，且 $t_1 > t_2$。若在圆筒半径 r 处沿半径方向取微分厚度 dr 的薄壁圆筒，其传热面积可视为常量，等于 $2\pi rL$；同时通过该薄层的温度变化为 dt。仿照平壁热传导公式，通过该薄圆筒壁的导热速率可以表示为

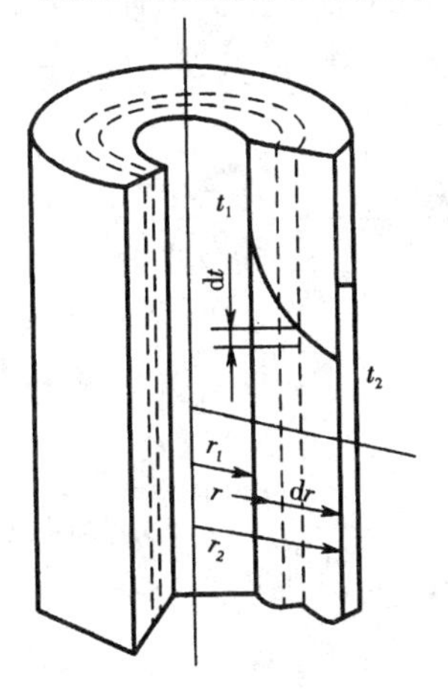

图3.16 单层面筒壁的定态热传导

$$Q = -\lambda S \frac{\mathrm{d}t}{\mathrm{d}r} = -\lambda(2\pi rL)\frac{\mathrm{d}t}{\mathrm{d}r} \tag{3.2.8}$$

将上式分离变量积分并整理可得

$$Q = 2\pi L\lambda \frac{t_1 - t_2}{\ln \dfrac{r_2}{r_1}} \tag{3.2.9}$$

式(3.2.9)即为单层圆筒壁的热传导速率方程。该式也可写

成与平壁的热传导速率方程相类似的形式，即

$$Q=\frac{S_m\lambda(t_1-t_2)}{r_2-r_1} \tag{3.2.10}$$

对比式(3.2.9)与式(3.2.10)可知

$$S_m=2\pi r_m L \tag{3.2.11}$$

其中

$$r_m=\frac{r_2-r_1}{\ln\dfrac{r_2}{r_1}} \tag{3.2.12}$$

式中　r_m——圆筒壁的对数平均半径，m；

S_m——圆筒壁的平均导热面积，m^2。

【例3.2】有一直径为ϕ32 mm×3.5 mm的钢管，其长度为3 m，已知管内壁温度为100 ℃，外壁温度为90 ℃。求该管的热损失，kW。(已知钢管的导热系数为45 W/(m·℃))

解：本题为单层圆筒壁的热传导，求热损失可用下式：

$$Q=\frac{2\pi L(t_1-t_2)}{\dfrac{1}{\lambda}\ln\dfrac{r_2}{r_1}}$$

式中各量为：$r_1=0.012\ 5$ m，$r_2=0.016$ m，$L=3$ m，$t_1=100$ ℃，$t_2=90$ ℃。代入上式可得热损失 Q 为

$$Q=\frac{2\pi\times3\times(100-90)}{\dfrac{1}{45}\ln\dfrac{0.016}{0.012\ 5}}=34\ 340\ \text{W}=34.34\ \text{kW}$$

在化工计算中，经常采用两量的对数平均值。当两个物理量的比值等于2时，算术平均值与对数平均值相比，计算误差仅为4%，这是工程计算允许的。因此当两个变量的比值小于或等于2时，经常用算术平均值代替对数平均值，使计算较为简便。

2.3.2　多层圆筒壁的导热速率方程

多层(以三层为例)圆筒壁的热传导如图3.17所示。

假设各层间接触良好，各层的导热系数分别为λ_1、λ_2、λ_3，厚度分别为$b_1=(r_2-r_1)$、$b_2=(r_3-r_2)$、$b_3=(r_4-r_3)$，则三层圆筒壁的导热速率方程式为

$$Q=\frac{\Delta t_1+\Delta t_2+\Delta t_3}{\dfrac{b_1}{\lambda_1S_{m1}}+\dfrac{b_2}{\lambda_2S_{m2}}+\dfrac{b_3}{\lambda_3S_{m3}}}=\frac{t_1-t_4}{R_1+R_2+R_3} \tag{3.2.13}$$

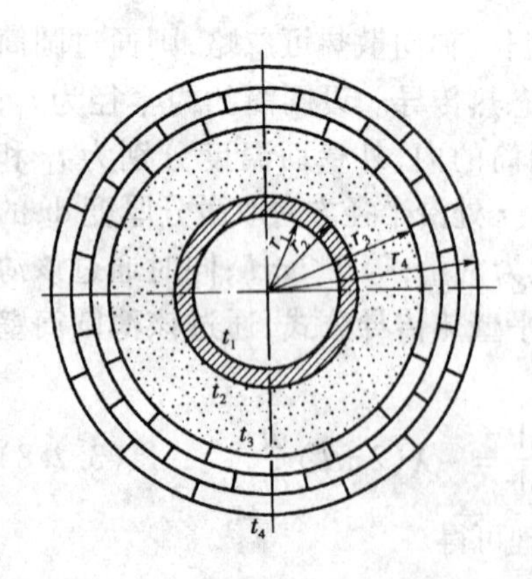

图3.17　多层圆筒壁的热传导

式中：

$$S_{m1}=\frac{2\pi L(r_2-r_1)}{\ln\dfrac{r_2}{r_1}} \tag{3.2.14(a)}$$

$$S_{m2}=\frac{2\pi L(r_3-r_2)}{\ln\frac{r_3}{r_2}} \tag{3.2.14(b)}$$

$$S_{m3}=\frac{2\pi L(r_4-r_3)}{\ln\frac{r_4}{r_3}} \tag{3.2.14(c)}$$

同理可得

$$Q=\frac{2\pi L(t_1-t_4)}{\frac{1}{\lambda_1}\ln\frac{r_2}{r_1}+\frac{1}{\lambda_2}\ln\frac{r_3}{r_2}+\frac{1}{\lambda_3}\ln\frac{r_4}{r_3}} \tag{3.2.15}$$

对 n 层圆筒壁,其热传导速率方程式可表示为

$$Q=\frac{t_1-t_{n+1}}{\sum_{i=1}^{n}\frac{b_i}{\lambda_i S_{mi}}} \tag{3.2.16}$$

式中下标 i 表示圆筒壁的序号。

应当指出,圆筒壁的定态热传导,通过各层的热传导速率都是相同的,但是热通量却都不相等。

3 对流传热

热对流是指在流体中各部分质点发生相对位移而引起的热量传递。对流传热过程中往往伴有热传导。对流传热在化工生产中具有非常重要的作用。在对流传热过程中,除了热量的流动外,还涉及流体的运动,温度场与速度场将会发生相互作用。对流传热是运动流体与固体壁面之间进行的热量传递过程,故对流传热与流体的流动状况密切相关。

根据流体在传热过程中的状态及流动状况,对流传热可分为两类。

1)流体无相变的对流传热

流体在传热过程中无相变化,依据流体流动原因不同,又可分为以下两种情况。

(1)强制对流传热,流体因外力作用而引起流动。

(2)自然对流传热,仅由温度差而产生流体内部密度差引起的流体对流流动。

2)流体有相变的对流传热

流体在传热过程中发生相变化,它分为以下两种情况。

(1)蒸气冷凝,气体在传热过程中全部或部分冷凝为液体。

(2)液体沸腾,液体在传热过程中沸腾汽化,部分液体转变为气体。

当流体流过固体壁面时,由于流体具有黏性,使壁面附近的流体减速而形成流动边界层,当边界层内的流动处于滞流状况时,形成滞流边界层;当边界层内的流动发展为湍流时,即形成湍流边界层。但是,即使是湍流边界层,靠近壁面处仍有一薄层(滞流内层)存在,在此薄层内流体呈滞流流动。滞流内层和湍流主体之间称为缓冲层。由于在滞流内层中流体分层运动,相邻层间没有流体的宏观运动,因此在垂直于流动的方向上不存在热对流,该方向上的热传递仅为流体的热传导(实际上,滞流流动时的传热总是要受到自然对流的影响,使传热加剧)。流体的导热系数较小,使滞流内层内的导热热阻很大,因此该层中温度差较大,即温度梯度较大。在湍流主体中,由于流体质点的剧烈混合并充满旋涡,因此湍流主体中温度差(温

度梯度)极小,各处的温度基本上相同。在缓冲层区,热对流和热传导的作用大致相同,在该层内温度发生较缓慢的变化。图3.18表示冷、热流体在壁面两侧的流动情况和与流体流动方向相垂直的某一截面上的流体温度分布情况。

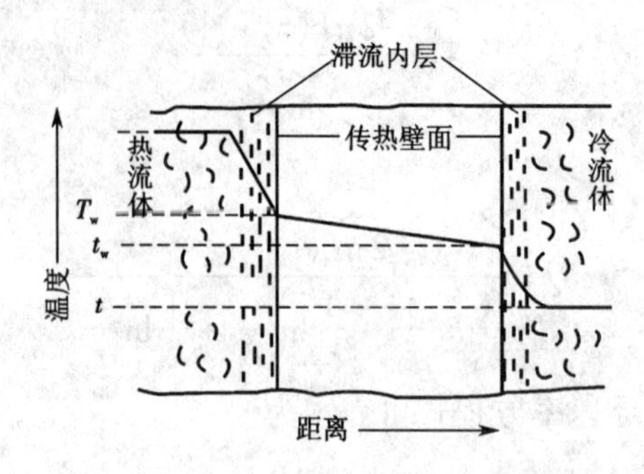

图3.18　对流传热的温度分布情况

对流传热是集热对流和热传导于一体的综合现象。对流传热的热阻主要集中在滞流内层,因此,减小滞流内层的厚度是强化对流传热的主要途径。

3.1　对流传热速率方程

对流传热是一个复杂的传热过程,影响对流传热速率的因素很多,而且不同的对流传热情况又有差别,因此对流传热的理论计算是很困难的,目前工程上仍按下述的半经验方法处理。

根据传递过程速率的普遍关系,壁面与流体间(或反之)的对流传热速率,也应该等于推动力和阻力之比,即

对流传热速率=对流传热推动力/对流传热阻力=系数×推动力

上式中的推动力是壁面和流体间的温度差。影响阻力的因素很多,但有一点是明确的,即阻力必与壁面的表面积成反比。

若以热流体和壁面间的对流传热为例,对流传热速率方程可以表示为

$$dQ=\frac{T-T_w}{\frac{1}{\alpha dS}}=\alpha(T-T_w)dS \tag{3.2.17}$$

式中　dQ——局部对流传热速率,W;

dS——微元传热面积,m^2;

T——换热器的任一截面上热流体的平均温度,℃;

T_w——换热器的任一截面上与热流体相接触一侧的壁面温度,℃;

α——比例系数,又称局部对流传热系数,W/(m^2·℃)。

该方程式又称牛顿(Newton)冷却定律。

在工程计算中,常使用平均对流传热系数(通常也用α表示,注意与局部对流传热系数的区别),此时牛顿冷却定律可以表示为

$$Q=\alpha S\Delta t=\frac{\Delta t}{1/(\alpha S)} \tag{3.2.18}$$

式中　α——平均对流传热系数,W/(m^2·℃);

S——总传热面积,m^2;

Δt——流体与壁面(或反之)之间温度差的平均值,℃;

$1/(\alpha S)$——对流传热热阻,℃/W。

应注意,流体的平均温度是指将流动横截面上的流体绝热混合后测定的温度。在传热计算中,除另有说明外,流体的温度一般都是指这种横截面的平均温度。

还应注意,换热器的传热面积有不同的表示方法,可以是管内侧或管外侧表面积。例如,若热流体在换热器的管内流动,冷流体在管外(环隙)流动,则对流传热速率方程式可分别表示为

$$dQ = \alpha_i (T - T_w) dS_i \tag{3.2.19}$$

及

$$dQ = \alpha_o (t_w - t) dS_o \tag{3.2.20}$$

式中 S_i、S_o——换热器的管内侧和外侧表面积,m^2;

α_i、α_o——换热器管内侧和外侧流体的对流传热系数,$W/(m^2 \cdot ℃)$;

t——换热器的任一截面上冷流体的平均温度,℃;

t_w——换热器的任一截面上与冷流体相接触一侧的壁温,℃。

牛顿冷却定律实质是将矛盾集中到对流传热系数 α 上,因此研究各种对流传热情况下 α 的大小、影响因素及 α 的计算式,是研究对流传热的核心。

3.2 对流传热系数

牛顿冷却定律也是对流传热系数的定义式,即

$$\alpha = \frac{Q}{S\Delta t} \tag{3.2.21}$$

由此可见,对流传热系数在数值上等于单位温度差下、单位传热面积的对流传热速率,其单位为 $W/(m^2 \cdot ℃)$,它反映了对流传热的快慢,α 愈大表示对流传热愈快。

对流传热系数反映了对流传热的强度,对流传热系数 α 越大,说明对流传热强度越大,对流传热热阻越小。对流传热系数 α 不同于导热系数 λ,它不是物性,而是受诸多因素影响的一个参数。

表 3.1 列出了不同对流传热情况下 α 的数值范围。

表 3.1 α 值的范围

换热方式	空气自然对流	气体强制对流	水自然对流	水强制对流	水蒸气冷凝	有机蒸气冷凝	水沸腾
$\alpha/(W/(m^2 \cdot ℃))$	5 ~ 25	20 ~ 100	20 ~ 1 000	1 000 ~ 15 000	5 000 ~ 15 000	500 ~ 2 000	2 500 ~ 25 000

对流传热系数的影响因素如下。

1)流动状态的影响

当流体呈湍流时,Re 增大,则层流内层变薄,对流传热系数 α 增大;同时 Re 增大,动力消耗增大。当流体呈滞流时,流体在传热方向上无质点位移,所以 α 较湍流时的小。

2)强制对流和自然对流的影响

强制对流:依靠外部机械做功,一般流速 u 较大,故 α 较大。

自然对流:依靠流体自身密度差造成的循环过程,一般流速 u 较小,α 也较小。

3)流体物性的影响

影响 α 的因素有热导率 λ、比热容 c_p、黏度 μ 和密度 ρ 等。对同一种流体,这些物性又是

温度的函数,有些还与压强有关。一般来说,λ 较大,α 也较大;ρ 较大,Re 较大,α 也较大;c_p 较大,α 较大;μ 较大,Re 较小,α 也较小。

4)传热面条件的影响

传热面的形状(如管内、管外、板、翅片等),传热面的方位、布置(如水平或垂直放置,管束的排列方式等)及传热面的尺寸(如管径、管长、板高等)都对对流传热系数有直接影响。

5)相变化的影响

一般情况下,有相变化时表面传热系数较大,机理各不相同,较为复杂。在此重点利用因次分析法研究无相变化时对流传热过程的变化情况。

利用因次分析法可获得描述对流传热的几个重要的特征数:

$$Nu = f(Re, Pr, Gr)$$

表 3.2 中为各准数的名称,符号和含义。

表 3.2 准数的符号和意义

准数名称	符号	准数式	含义
努塞尔准数	Nu	$\dfrac{\alpha l}{\lambda}$	表示对流传热系数的准数
雷诺准数	Re	$\dfrac{du\rho}{\mu}$	表示惯性力与黏性力之比,是表征流动状态的准数
普兰特准数	Pr	$\dfrac{c_p\mu}{\lambda}$	表示速度边界层与热边界层相对厚度的一个参数,反映与传热有关的流体物性
格拉晓夫准数	Gr	$\dfrac{l^3\rho^2 g\beta\Delta t}{\mu^2}$	表示由温度差引起的浮力与黏性力之比

3.3 流体无相变化时的对流传热

3.3.1 流体在管内作强制对流

本节只重点介绍流体在圆管内作强制湍流时对流传热系数 α 的确定方法,其他情况可参考相关书籍。

低黏度流体可应用关联式

$$Nu = 0.023\,Re^{0.8}Pr^{n} \tag{3.2.22}$$

或

$$\alpha = 0.023\,\frac{\lambda}{d_i}\left(\frac{d_i u\rho}{\mu}\right)^{0.8}\left(\frac{c_p\mu}{\lambda}\right)^{n} \tag{3.2.23}$$

应用范围:$Re > 10\,000$,$0.7 < Pr < 120$,$\dfrac{L}{d_i} > 60$(L 为管长)。

特性尺寸:管内径 d_i。

定性温度:流体进、出口温度的算术平均值。

式中的 n 值视热流方向而定,当流体被加热时,$n = 0.4$;当流体被冷却时,$n = 0.3$。

高黏度流体可应用关联式

$$Nu = 0.027Re^{0.8}Pr^{1/3}\left(\frac{\mu}{\mu_w}\right)^{0.14} \tag{3.2.24}$$

或

$$\alpha = 0.027\,\frac{\lambda}{d_i}\left(\frac{d_i u\rho}{\mu}\right)^{0.8}\left(\frac{c_p\mu}{\lambda}\right)^{1/3}\left(\frac{\mu}{\mu_w}\right)^{0.14} \tag{3.2.25}$$

应用范围:$Re>10\ 000$,$0.7<Pr<1\ 700$,$\frac{L}{d_i}>60$(L为管长)。

特性尺寸:管内径d_i。

定性温度:除μ_w取壁温外,均取流体进、出口温度的算术平均值。

对于液体来说,考虑到热流方向对α的影响,Pr的指数可取不同的数值。对于大多数液体,$Pr>1$,故液体被加热时取$n=0.4$,得到的α就较大;液体被冷却时取$n=0.3$,得到的α就较小。

气体黏度随温度变化的趋势恰好与液体相反,大多数气体的$Pr<1$,气体被加热时,n仍取0.4,气体被冷却时,n仍取0.3。

流体在圆形直管内作强制滞流、在圆形直管内作过渡流、在弯管内作强制对流、在非圆形管内作强制对流时的对流传热系数α的确定可参考相关书籍。

3.1.2 流体在管外作强制对流

1)流体管束外作强制垂直流动

换热器计算中,大都是流体横向流过管束,此时,由于管束之间的相互影响,其流动与换热情况较流体垂直流过单根管外时的对流传热复杂得多,因而对流传热系数的计算大都借助于准数关联式。通常管子的排列有正三角形、转角正三角形、正方形及转角正方形四种,如图3.19所示。

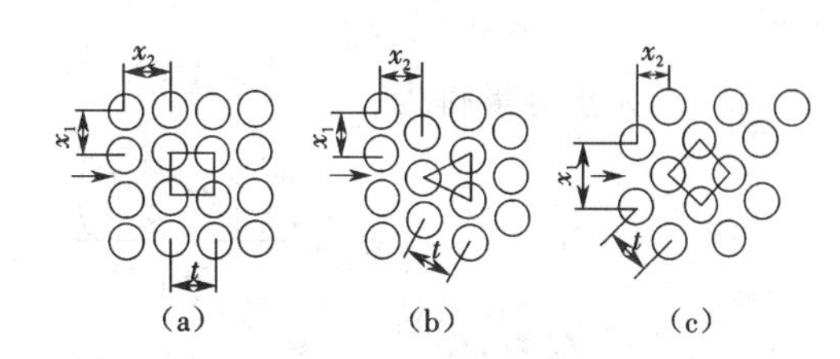

图3.19 管子的排列

(a)直列 (b)正三角形错列 (c)正方形错列

流体在管束外流过时,平均对流传热系数可分别用下式计算:

对于错列管束,

$$Nu=0.33Re^{0.6}Pr^{0.33} \tag{3.2.26}$$

对于直列管束,

$$Nu=0.26Re^{0.6}Pr^{0.33} \tag{3.2.27}$$

应用范围:$Re>3\ 000$。

特性尺寸:管外径d_o。

流速:取流体通过每排管子中最狭窄通道处的速度。

定性温度:流体进、出口温度的算术平均值。

管束排数应为10,否则应乘以表3.3中的修正系数。

表3.3 修正系数

排数	1	2	3	4	5	6	7	8	9	10	12	15	18	25	35	75
错列	0.68	0.75	0.83	0.89	0.92	0.95	0.97	0.98	0.99	1.00	1.01	1.02	1.03	1.04	1.05	1.06
直列	0.64	0.80	0.83	0.90	0.92	0.94	0.96	0.98	0.99	1.00						

2)流体在换热器的管间流动

常用的列管式换热器,由于壳体是圆筒,管束中各列的管子数目并不相同,而且大都装有折流挡板,使得流体的流向和流速不断地变化,因而在$Re>100$时即可达到湍流。此时对流传热系数的计算要视具体结构选用相应的计算公式。

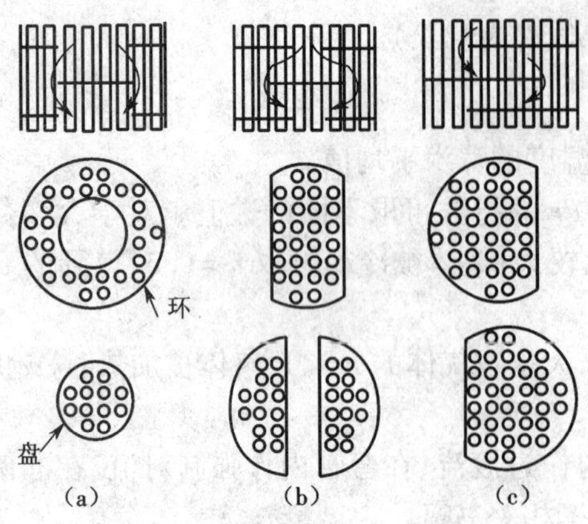

图 3.20　换热器的折流挡板

(a)环盘形　(b)弓形　(c)圆缺形

列管式换热器折流挡板的形式较多，如图 3.20 所示，其中以弓形(圆缺形)挡板最为常见，当换热器内装有圆缺形挡板(缺口面积约为 25% 的壳体内截面积)时，壳方流体的对流传热系数关联式如下：

$$Nu = 0.36Re^{0.55}Pr^{1/3}\left(\frac{\mu}{\mu_w}\right)^{0.14} \tag{3.2.28}$$

应用范围：$Re = 2 \times 10^3 \sim 1 \times 10^6$。

特性尺寸：当量直径 d_e。

定性温度：除 μ_w 取壁温外，均取流体进、出口温度的算术平均值。

当量直径 d_e 可根据图 3.21 所示的管子排列情况分别用不同的公式进行计算。

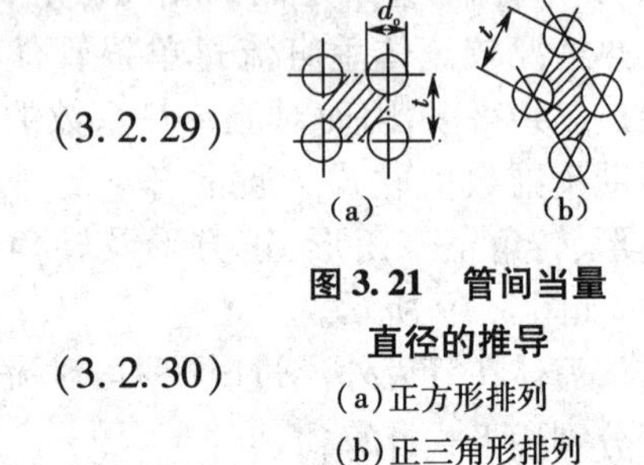

图 3.21　管间当量直径的推导

(a)正方形排列

(b)正三角形排列

若管子为正方形排列：

$$d_e = \frac{4\left(t^2 - \frac{\pi}{4}d_o^2\right)}{\pi d_o} \tag{3.2.29}$$

若管子为正三角形排列：

$$d_e = \frac{4\left(\frac{\sqrt{3}}{2}t^2 - \frac{\pi}{4}d_o^2\right)}{\pi d_o} \tag{3.2.30}$$

式中　t——相邻两管的中心距，m；

d_o——管外径，m。

此外，若换热器的管间无挡板，则管外流体将沿管束平行流动，此时可采用管内强制对流的公式计算，但需将式中的管内径改为管间的当量直径。

3.4　流体有相变化时的对流传热

在有相变化的对流传热问题中，以蒸气冷凝传热和液体沸腾传热最为常见，因其可以获得较单相对流传热更高的传热速率，故在工程中常被采用。

3.4.1　蒸气冷凝传热

1)蒸气冷凝方式

当蒸气处于比其饱和温度低的环境中时，会发生冷凝现象。蒸气冷凝主要有膜状冷凝和滴状冷凝两种方式(如图 3.22 所示)：若冷凝液能润湿壁面，形成一层平滑的液膜，此种冷凝称为膜状冷凝；若冷凝液不能润湿壁面，则会在表面上形成杂乱无章的小液珠并沿壁面落下，此种冷凝称为滴状冷凝。

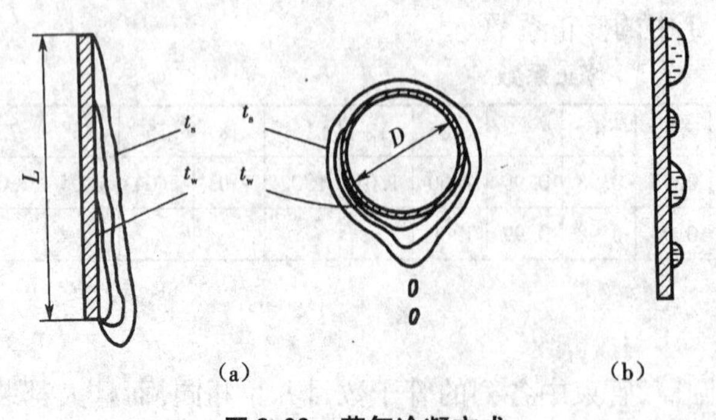

图 3.22　蒸气冷凝方式

(a)膜状冷凝　(b)滴状冷凝

(1)膜状冷凝。在膜状冷凝过程中,固体壁面被液膜所覆盖,此时蒸气冷凝只能在液膜的表面进行,由于蒸气冷凝时有相的变化,一般热阻很小,因此这层冷凝液膜往往成为膜状冷凝的主要热阻。冷凝液膜在重力作用下沿壁面向下流动时,其厚度不断增加,故壁面越高或水平放置的管径越大,整个壁面的平均对流传热系数也就越小。

(2)滴状冷凝。在滴状冷凝过程中,壁面的大部分面积直接暴露在蒸气中,在这些部位上没有液膜阻碍热流,故滴状冷凝的传热系数比膜状冷凝大十倍左右。但要保持滴状冷凝是非常困难的。即使开始阶段为滴状冷凝,经过一段时间后,大部分都要变为膜状冷凝。为了保持滴状冷凝,曾采用各种不同的表面涂层和蒸气添加剂,但这些方法至今尚未能在工程上实现,故进行冷凝计算时,通常总是将冷凝视为膜状冷凝。

2)影响冷凝传热的因素

单组分饱和蒸气冷凝时,气相内温度均匀,热阻主要集中在冷凝液膜内。因此对一定的组分,液膜的厚度及其流动状况是影响冷凝传热的关键因素。凡是有利于减薄液膜厚度的因素都可提高冷凝传热系数。

(1)冷凝液膜两侧的温度差。当液膜呈滞流流动时,若温度差加大,则蒸气冷凝速率增加,因而液膜层厚度增加,使冷凝传热系数降低。

(2)流体物性。由膜状冷凝传热系数计算式可知,液膜的密度、黏度及导热系数,蒸气的冷凝潜热,垂直管或板的高度,蒸气的饱和温度与壁面温度 t 之差,均影响冷凝传热系数。

(3)蒸气的流速和流向。蒸气以一定的速度运动时,与液膜间产生一定的摩擦力,若蒸气和液膜同向流动,则摩擦力会使液膜流动加速,厚度减小,传热系数增大;若逆向流动,则相反。但这种力若超过液膜重力,液膜会被蒸气吹离壁面,此时随蒸气流速的增加,对流传热系数急剧增大。

(4)蒸气中不凝气体含量的影响。若蒸气中含有空气或其他不凝性气体,则壁面可能被导热系数很小的气体层所遮盖,增大了热阻,使对流传热系数急剧下降。因此在冷凝器的设计和操作中,必须考虑排除不凝气。

(5)冷凝壁面的影响。若沿冷凝液流动方向积存的液体增多,则液膜增厚,使传热系数下降,故在设计和安装冷凝器时,应正确安放冷凝壁面。例如,对于管束,冷凝液面从上面各排流到下面各排,使液膜逐渐增厚,因此下排管子的传热系数比上排的要小。为了减薄下面各排管上液膜的厚度,一般需减少垂直列上的管子数目,或把管子的排列旋转一定的角度,使冷凝液沿下一根管子的切向流过。

3.4.2 液体沸腾传热

所谓液体沸腾是指在液体的对流传热过程中,伴有由液相转变为气相,即在液相内部产生气泡或气膜的过程。

工业上的液体沸腾主要有两种方式:一是将加热壁面浸入液体之下,液体在壁面受热沸腾,此时,液体的运动仅由于自然对流和气泡的扰动,称之为大容积沸腾或池内沸腾;二是液体在管内流动的过程中于管内壁发生的沸腾,称为流动沸腾或强制对流沸腾,亦称为管内沸腾,其传热机理较池内沸腾复杂得多。

本节主要讨论大容积沸腾(池内沸腾)。

1)液体沸腾曲线

大容积沸腾(池内沸腾)时,热通量的大小取决于加热壁面温度与液体饱和温度之差 $\Delta t = t_w - t_{nu}$,图 3.23 表示常压下水在大容器内沸腾时的对流传热系数 α 与 Δt 之间的关系曲线。

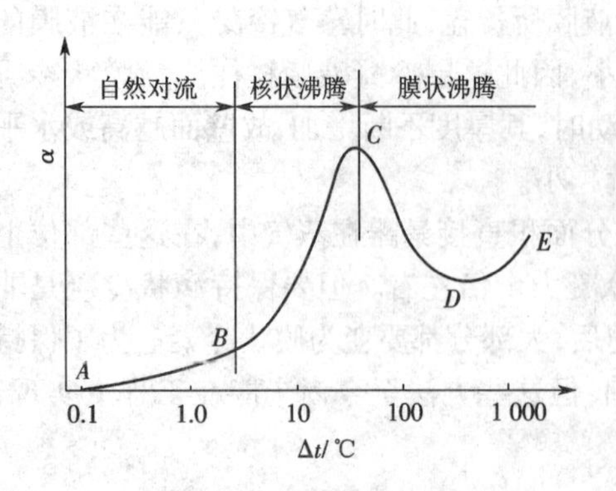

图 3.23　水的沸腾曲线

AB 段为自然对流区。此时加热壁面与液体的温度差较小($\Delta t\leqslant 5$ ℃),加热壁面上的液体轻微过热,使液体内产生自然对流,但没有气泡从液体中逸出液面,而仅在液体表面发生汽化蒸发,故 α 较小。

BC 段为核状沸腾或泡状沸腾区。随着 Δt 的逐渐升高($\Delta t=5\sim25$ ℃),气泡将在加热壁面的某些区域生成,其生成频率随 Δt 上升而增大,且不断离开壁面上升至液体表面而逸出,致使液体受到剧烈的扰动,因此 α 急剧增大。

CD 段为过渡区。随着 Δt 的进一步升高($\Delta t>25$ ℃),气泡产生的速度进一步加快,使部分加热壁面被气膜覆盖,气膜的附加热阻使 α 急剧减小,但此时仍有部分加热面维持核状沸腾状态,故此区域称为不稳定膜状沸腾或部分核状沸腾。

DE 段为膜状沸腾区。当达到 D 点时,在加热壁面上形成的气泡全部连成一片,加热面全部被气膜所覆盖,并开始形成稳定的气膜。此后,随 Δt 的进一步升高,α 基本不变。

由核状沸腾向不稳定膜状沸腾过渡的转折点 C 称为临界点。临界点下的温度差、沸腾传热系数和热通量称为临界温度差 Δt_c、临界沸腾传热系数 α_c 和临界热通量 $(Q/S)_c$,由于核状沸腾时可获得较高的对流传热系数和热通量,故工程上总是设法控制在核状沸腾下操作,故确定不同液体沸腾时在临界点下的参数值具有实际意义。

2)液体沸腾传热的影响因素

(1)液体性质的影响。通常,凡是有利于气泡生成和脱离的因素都有助于强化沸腾传热。一般而言,α 随 λ、ρ 的增大而加大,而随 μ 的增大而减小。

(2)温度差 Δt 的影响。温度差 Δt 是控制沸腾传热过程的重要参数。在一定条件下,多种液体进行核状沸腾传热的对流传热系数与 Δt 的关系可用下式表达:

$$\alpha=k(\Delta t)^n \tag{3.2.31}$$

式中 k 和 n 的值随液体种类和沸腾条件而异,由实验数据而定。

(3)操作压强的影响。提高沸腾操作的压强可以提高液体的饱和温度,使液体的表面张力和黏度下降,有利于气泡的生成和脱离,故在相同的 Δt 下,q 和 α 都更大。

(4)加热壁面的影响。加热壁面的材质和粗糙度对沸腾传热有重要影响。清洁的加热壁面 α 较大,而当壁面被油脂沾污后,因油脂的导热性能较差,会使 α 急剧下降;壁面越粗糙,气泡核心越多,越有利于沸腾传热;此外,加热壁面的布置情况也对沸腾传热有明显的影响。

4　热辐射

当物体温度较高时,热辐射往往成为主要的传热方式。在工程技术中和日常生活中,辐射传热也是常见的现象,例如各种工业用炉、食品烤箱及太阳能热水器等。最为常见的辐射现象是太阳对大地的照射。近年来,人类对太阳能的利用促进了人们对辐射传热的研究。

4.1　热辐射的基本概念

凡是热力学温度在零度以上的物体,由于物体内部原子复杂的激烈运动能以电磁波的形式对外发射热辐射线,并向周围空间直线传播。当与另一物体相遇时,可被吸收、反射和透过,其中被吸收的热辐射线又转变为热能。热辐射线的波长主要集中在 $\lambda = 0.1 \sim 1\ 000\ \mu m$ 范围内,其中 $\lambda = 0.1 \sim 0.38\ \mu m$ 为紫外线, $\lambda = 0.38 \sim 0.76\ \mu m$ 为可见光, $\lambda = 0.76 \sim 1\ 000\ \mu m$ 为红外线。热辐射线的大部分能量位于红外线波长范围的 $0.76 \sim 20\ \mu m$ 之间。

热辐射线的传播不需要任何介质,在真空中能很快地传播。

4.1.1 吸收率、反射率与透过率

若投射到物体表面上的辐射能为 Q,其中一部分能量 Q_A 被该物体吸收,一部分能量 Q_R 被该物体反射,一部分能量 Q_D 透过该物体。依能量守恒定律,有

$$Q_A + Q_R + Q_D = Q \tag{3.3.32}$$

令 $Q_A/Q = A$,称为吸收率;$Q_R/Q = R$,称为反射率;$Q_D/Q = D$,称为透过率,则得

$$A + R + D = 1 \tag{3.2.33}$$

4.1.2 透热体、白体与黑体

当物体的透过率 $D = 1$ 时,表示该物体对投射来的热辐射线既不吸收也不反射,而是全部透过,这种物体称为透热体。

自然界只有近似的透热体,例如分子结构对称的双原子气体(O_2、N_2 和 H_2)可视为透热体。分子结构不对称的双原子气体和多原子气体,如 CO、CO_2、SO_2 和水蒸气等,一般都具有较强的辐射能力和吸收能力。

物体的反射率 R 表明了物体反射辐射能的本领,当 $R = 1$ 时称为绝对白体,简称为白体。实际物体中不存在绝对白体,但有的物体接近于白体。如表面磨光的铜,其反射率可达 0.97。

当物体的吸收率 $A = 1$ 时,表示该物体能全部吸收投射来的各种波长的热辐射线,这种物体称为绝对黑体,简称为黑体。黑体是对热辐射线吸收能力最强的一种理想化物体,实际物体中没有绝对黑体。引入黑体这个概念,可以使实际物体的辐射能力的计算简化。

4.2 热辐射的基本定律

4.2.1 黑体的辐射能力与史蒂芬-玻尔兹曼定律

在一定温度下,物体在单位时间内由单位面积所发射的全部波长(从 0 到 ∞)的辐射能称为该物体在该温度下的辐射能力:

$$E_b = \sigma_0 T^4 \tag{3.2.34}$$

式中 E_b——黑体的辐射能力,W/m^2;

σ_0——史蒂芬-玻尔兹曼常数,$5.67 \times 10^{-8}\ W/(m^2 \cdot K^4)$;

T——黑体表面的热力学温度,K。

史蒂芬-玻尔兹曼定律表明黑体的辐射能力与其热力学温度的四次方成正比,故该定律又称为四次方定律。四次方定律是热辐射的基本定律,是辐射传热计算的基础。

4.2.2 实际物体的辐射能力

在一定温度下,黑体的辐射能力比任何物体的辐射能力都大,也就是说黑体的辐射能力最大。

为了说明实际物体在某一温度下的辐射能力的大小,可以将其与同温度下黑体的辐射能力进行对比。通过对比,就很容易确定实际物体的辐射能力大小。

实际物体的辐射能力 E 与同温度下黑体的辐射能力 E_b 之比值称为该物体的黑度，以 ε 表示。

实际物体的辐射能力 E 的计算式为

$$E = C\left(\frac{T}{100}\right)^4 \tag{3.2.35}$$

式中　C——实际物体的辐射系数，5.67 $W/(m^2 \cdot K^4)$。

在同一温度下，实际物体的辐射能力恒小于黑体的辐射能力，故黑度 $\varepsilon < 1$。黑度表示实际物体的辐射能力接近黑体的辐射能力的程度，实际物体的黑度大，其辐射能力就大。

实际物体的黑度只与自身状况有关，包括表面的材料、温度及表面状况（粗糙度、氧化程度）。同一金属材料，磨光表面的黑度较小，而粗糙表面的黑度较大；氧化表面的黑度常比非氧化表面大一些。金属的黑度常随温度的升高而略有增大。非金属材料的黑度一般较大，在0.85和0.95之间，与表面关系不大。

某种物体的辐射光谱是连续的，并且在任何温度下所有各波长射线的辐射强度与同温度黑体的相应波长射线的辐射强度之比等于常数，那么这种物体就叫作理想灰体，简称灰体。实际物体在某温度下的辐射强度与波长的关系是不规则的，因此不是灰体。但在工程计算上为了方便起见，近似把它们都看作是灰体。

4.2.3　克希霍夫定律

克希霍夫定律揭示了物体的辐射能力 E 和吸收率 A 之间的关系：

$$E_b = \frac{E}{A} \tag{3.2.36}$$

式中　E_b——黑体的辐射能力，W/m^2。

上式为克希霍夫定律，它说明任何物体的辐射能力与其吸收率的比值恒为常数，且等于同温度下黑体的辐射能力。

5　换热器仿真技能训练

训练目的

了解仿真操作的基本操作（简单控制系统、串级控制系统、分程控制系统）。

了解换热器单元仿真实训流程，掌握各个工艺操作点。

能够独立完成换热器开停车仿真操作。

设备示意

本工艺采用列管式换热器，来自界外的冷物流（92 ℃）经阀 VB01 进入本单元，由泵 P101A/B，经调节器 FIC101 控制流量送入换热器 E101 的壳程，加热到 145 ℃（20% 被汽化）后，经阀 VD04 出系统。热物流（225 ℃）由阀 VB11 进入系统，经泵 P102A/B，由温度调节器 TIC101 分程控制主线调节阀 TV101A 和副线调节阀 TV101B 使冷物料出口温度稳定。工艺流程如图 3.24 所示。

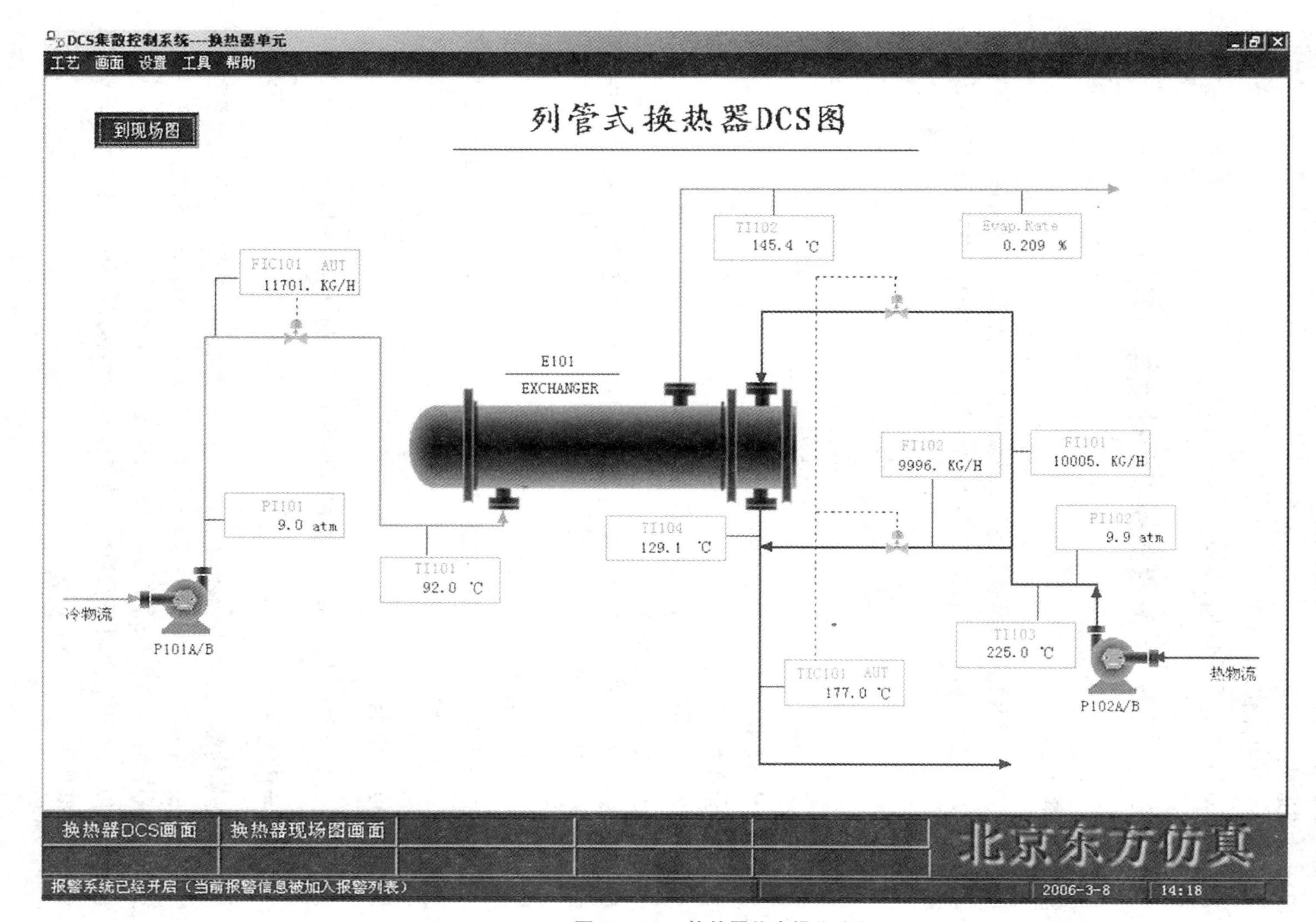

图 3．24 换热器仿真操作流程

训练要领

冷态开车主要包括以下步骤。

(1)启动冷物流进料泵 P101A/B,输送冷物料。

(2)冷物流进料。

(3)启动热物流进料泵 P102A/B。

(4)热物流进料,调节相应的工艺指标。

任务3　列管式换热器的计算与选型

1　传热基本方程

间壁式换热涉及壁面的温度,而通常壁面温度是未知的。为解决这一问题,在实际传热计算中,常采用换热器中热、冷流体的温度差作为传热推动力的总传热速率方程,又称为传热基本方程,即

$$Q = KA\Delta t_{\mathrm{m}} = \frac{\Delta t_{\mathrm{m}}}{\frac{1}{KA}} = \frac{\Delta t_{\mathrm{m}}}{R} \tag{3.3.1}$$

式中　Q——传热量,W;

K——总传热系数,W/($\mathrm{m}^2 \cdot \mathrm{K}$);

A——传热面积,m^2;

Δt_{m}——传热平均温度差,K;

R——换热器的总热阻,K/W。

对于一定的传热任务,确定换热器所需的传热面积是选择换热器型号的核心。传热面积由传热基本方程计算确定。由式(3.3.1)有

$$A = \frac{Q}{K\Delta t_{\mathrm{m}}}$$

由上式可知,要计算传热面积,必须先求得传热速率 Q、传热平均温度差 Δt_{m} 以及传热系数 K,下面将逐一进行介绍。

2　换热器的热负荷

为了达到一定的换热目的,要求换热器在单位时间内传递的热量称为换热器的热负荷。

2.1　热负荷与传热速率的关系

传热速率是换热器单位时间能够传递的热量,表征换热器的生产能力,主要由换热器自身的性能决定。热负荷是生产上要求换热器单位时间传递的热量,是换热器的生产任务。为确保换热器能完成传热任务,换热器的传热速率须大于或等于其热负荷。

在换热器的选型过程中,可用热负荷代替传热速率,求得传热面积后再考虑一定的安全裕量,然后进行选型或设计。

2.2 热负荷的确定

对于间壁式换热器，当换热器保温性能良好、热损失可以忽略不计时，在单位时间内热流体放出的热量等于冷流体吸收的热量，即

$$Q = Q_h = Q_c \tag{3.3.2}$$

式中 Q_h——热流体放出的热量，W；

Q_c——冷流体吸收的热量，W。

2.2.1 焓差法

由于工业换热器中流体的进、出口压力差不大，故可近似视为恒压过程。根据热力学定律，恒压过程热等于物系的焓差，则有

$$Q_h = W_h(H_1 - H_2) \tag{3.3.3}$$

或

$$Q_c = W_c(h_2 - h_1) \tag{3.3.3a}$$

式中 W_h、W_c——热、冷流体的质量流量，kg/s；

H_1、H_2——热流体的进、出口焓，J/kg；

h_1、h_2——冷流体的进、出口焓，J/kg。

焓差法较为简单，但仅适用于流体的焓可查取的情况，本书附录中列出了空气、水及水蒸气的焓，可供读者参考。

2.2.2 显热法

若流体在换热过程中没有相变化，且流体的比热容可视为常数或可取为流体进、出口平均温度下的比热容，其传热量可按下式计算。

$$Q_h = W_h c_{ph}(T_1 - T_2) \tag{3.3.4}$$

或

$$Q_c = W_c c_{pc}(t_2 - t_1) \tag{3.3.4a}$$

式中 c_{ph}、c_{pc}——热、冷流体的定压比热容，J/(kg·K)；

T_1、T_2——热流体的进、出口温度，K；

t_1、t_2——冷流体的进、出口温度，K。

注意 c_p 的求取：一般由流体换热前后的平均温度（即流体进出换热器的平均温度）$(T_1 + T_2)/2$ 或 $(t_2 + t_1)/2$ 查得。本书附录中列出有关比热容的图（表），供读者使用。

必须指出，在 SI 单位制中，温度的单位是 K，但就温度差而言，其单位用 K 或℃是等效的，两者均可使用。

2.2.3 潜热法

若流体在换热过程中仅仅发生恒温相变，其传热量可按下式计算：

$$Q_h = W_h r_h \tag{3.3.5}$$

或

$$Q_c = W_c r_c \tag{3.3.5a}$$

式中 r_h、r_c——热、冷流体的汽化潜热，J/kg。

【例 3.3】 在一套管式换热器内用 0.16 MPa 的饱和蒸汽加热空气，饱和蒸汽的消耗量为 10 kg/h，冷凝后进一步冷却到 100 ℃，试求换热器的热负荷。

解:从本书附录中查得 $p=0.16$ MPa 的饱和蒸汽的有关参数,饱和水蒸气的温度 $T_s=113$ ℃,$H_1=2\ 698.1$ kJ/kg,100 ℃水的焓 $H_2=418.68$ kJ/kg。则

$$Q_h=W_h(H_1-H_2)=10/3\ 600\times(2\ 698.1-418.68)=6.33\ \text{kW}$$

3 传热平均温度差

在传热基本方程中,Δt_m 为换热器的传热平均温度差,随着冷、热两流体在传热过程中的温度变化情况不同,传热平均温度差的大小及计算也不同,就换热器中冷、热流体的温度变化情况而言,有恒温传热与变温传热两种,现分别予以讨论。

3.1 恒温传热时的平均温度差

当两流体在换热过程中均发生相变时,热流体温度 T 和冷流体温度 t 始终保持不变,称为恒温传热。如蒸发器中,饱和蒸气和沸腾液体间的传热过程。此时,冷、热流体的温度均不随位置变化,两者间的温度差处处相等。因此,换热器的传热推动力可取任一传热截面上的温度差,即

$$\Delta t_m=T-t \tag{3.3.6}$$

3.2 变温传热时的平均温度差

若换热器中间壁一侧或两侧流体的温度通常沿换热器管长而变化,此类传热称为变温传热。

3.2.1 一侧流体变温传热

例如,用饱和蒸气加热冷流体,蒸气冷凝温度不变,而冷流体的温度不断上升,如图 3.25(a)所示;用烟道气加热沸腾的液体,烟道气温度不断下降,而沸腾的液体温度始终保持在沸点不变,如图 3.26(b)所示。

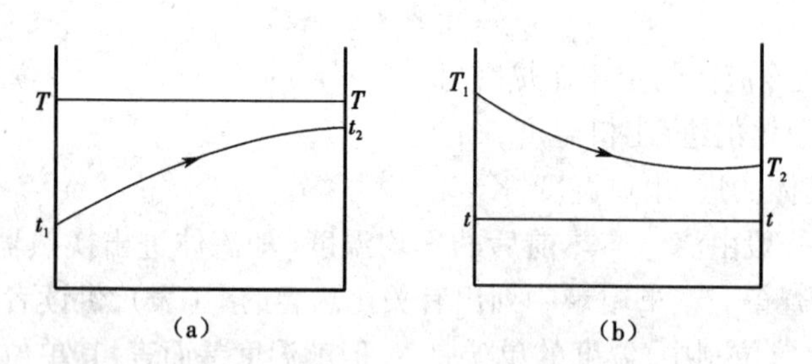

图 3.25 一侧变温传热过程的温差变化

(a)用饱和蒸气加热冷流体 (b)用烟道气加热沸腾的液体

3.2.2 两侧流体变温传热

冷、热流体的温度均沿着传热面发生变化,即两流体在传热过程中均不发生相变,其传热温度差显然也是变化的,并且流动方向不同,传热平均温度差也不同,即平均温度差的大小与两流体间的相对流动方向有关,如图 3.26 所示。

在间壁式换热器中,两流体间可以有四种不同的流动方式。若两流体的流动方向相同,称为并流;若两流体的流动方向相反,称为逆流;若两流体的流动方向垂直交叉,称为错流;若一流体沿一方向流动,另一流体反复折流,称为简单折流;若两流体均作折流,或既有折流,又有

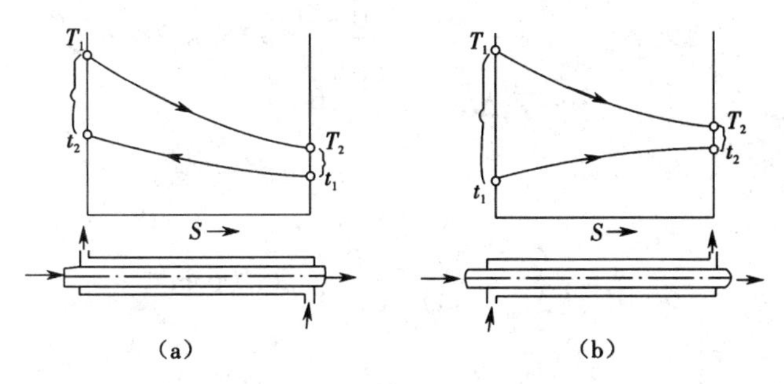

图 3.26 两侧变温传热过程的温差变化

(a)逆流 (b)并流

错流,称为复杂折流。

套管式换热器中可实现完全的并流或逆流。

3.2.3 并、逆流时的传热平均温度差

热量衡算和传热基本方程联立即可导出传热平均温度差的计算式如下:

$$\Delta t_m = \frac{\Delta t_1 - \Delta t_2}{\ln \dfrac{\Delta t_1}{\Delta t_2}} \tag{3.3.7}$$

式中 Δt_m——对数平均温度差,K;

Δt_1、Δt_2——换热器两端冷、热两流体的温差,K。

式(3.3.7)是并流和逆流时传热平均温度差的计算通式,对于各种变温传热都适用。当一侧变温时,不论逆流或并流,平均温度差相等;当两侧变温传热时,并流和逆流平均温度差不同。在计算时注意,一般取换热器两端 Δt 中数值较大者为 Δt_1,较小者为 Δt_2。

此外,当 $\Delta t_1/\Delta t_2 \leqslant 2$ 时,可近似用算术平均值代替对数平均值,即

$$\Delta t_m = \frac{\Delta t_1 + \Delta t_2}{2}$$

【例 3.4】 在套管式换热器内,热流体温度由 180 ℃降低到 140 ℃,冷流体温度由 60 ℃上升到 120 ℃。试分别计算:(1)两流体作逆流和并流时的平均温度差;(2)若操作条件下,换热器的热负荷为 585 kW,传热系数 K 为 300 W/(m² · K),两流体作逆流和并流时所需的换热器的传热面积。

解:1)传热平均推动力

逆流时: 热流体温度 180 ℃→140 ℃

冷流体温度 120 ℃←60 ℃

两端温度差 60 ℃ 80 ℃

所以

$$\Delta t_m = \frac{\Delta t_1 - \Delta t_2}{\ln \dfrac{\Delta t_1}{\Delta t_2}} = \frac{80 - 60}{\ln \dfrac{80}{60}} = 69.5\ ℃$$

并流时: 热流体温度 180 ℃→140 ℃

冷流体温度 60 ℃→120 ℃

两端温度差 120 ℃ 20 ℃

所以 $$\Delta t_{\mathrm{m}}=\frac{\Delta t_1-\Delta t_2}{\ln\dfrac{\Delta t_1}{\Delta t_2}}=\frac{120-20}{\ln\dfrac{120}{20}}=55.8\ ℃$$

2)所需的传热面积

逆流时：

$$A=\frac{Q}{K\Delta t_{\mathrm{m}}}=\frac{585\times10^3}{300\times69.5}=28.06\ \mathrm{m}^2$$

并流时：

$$A=\frac{Q}{K\Delta t_{\mathrm{m}}}=\frac{585\times10^3}{300\times55.8}=34.95\ \mathrm{m}^2$$

3.2.4 错、折流时的传热平均温度差

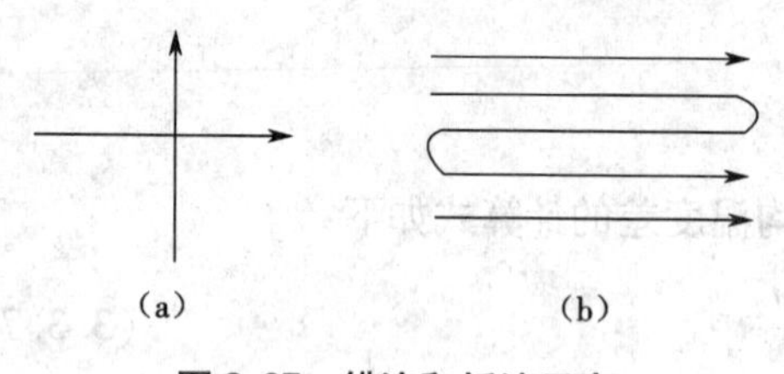

图 3.27 错流和折流示意
(a)错流 (b)折流

列管式换热器中，为了强化传热等，两流体并非作简单的并流和逆流，而是比较复杂的折流或错流，如图 3.27 所示。

错流和折流时传热平均温度差的求取，由于其复杂性，不能像并、逆流那样，直接推导出计算式。通常先按逆流计算对数平均温度差 $\Delta t'_{\mathrm{m}}$，再乘以一个恒小于 1 的校正系数 $\varphi_{\Delta t}$，即

$$\Delta t_{\mathrm{m}}=\Delta t'_{\mathrm{m}}\varphi_{\Delta t} \tag{3.3.8}$$

式中 $\varphi_{\Delta t}$称为温度差校正系数，其大小与流体的温度变化有关，可表示为两参数 P 和 R 的函数，即

$$\varphi_{\Delta t}=f(P,R)$$

$$P=\frac{t_2-t_1}{T_1-t_1}=\frac{\text{冷流体的温升}}{\text{两流体的最初温度差}} \tag{3.3.9}$$

$$R=\frac{T_1-T_2}{t_2-t_1}=\frac{\text{热流体的温降}}{\text{冷流体的温升}} \tag{3.3.10}$$

$\varphi_{\Delta t}$可根据 P 和 R 两参数由图 3.28 查取。图 3.28 中(a)、(b)、(c)、(d)为折流过程的 $\varphi_{\Delta t}$算图，分别为 1、2、3、4 壳程，每个壳程内的管程可以是 2、4、6、8 程；图 3.28(e)为错流过程的 $\varphi_{\Delta t}$算图。

4 总传热系数

总传热系数是描述传热过程强弱的物理量，总传热系数越大，传热热阻越小，则传热效果越好。在工程上总传热系数是评价换热器传热性能的重要参数，也是对传热设备进行工艺计算的依据。影响总传热系数 K 值的因素主要有换热器的类型、流体的种类和性质以及操作条件等。获取总传热系数的方法主要有以下几种。

4.1 总传热系数的计算

4.1.1 总传热系数的计算公式

前已述及，间壁式换热器中，热、冷流体通过间壁的传热为热流体的对流传热、固体壁面的导热及冷流体的对流传热三步的串联过程。对于稳定传热过程，各串联环节传热速率相等，过

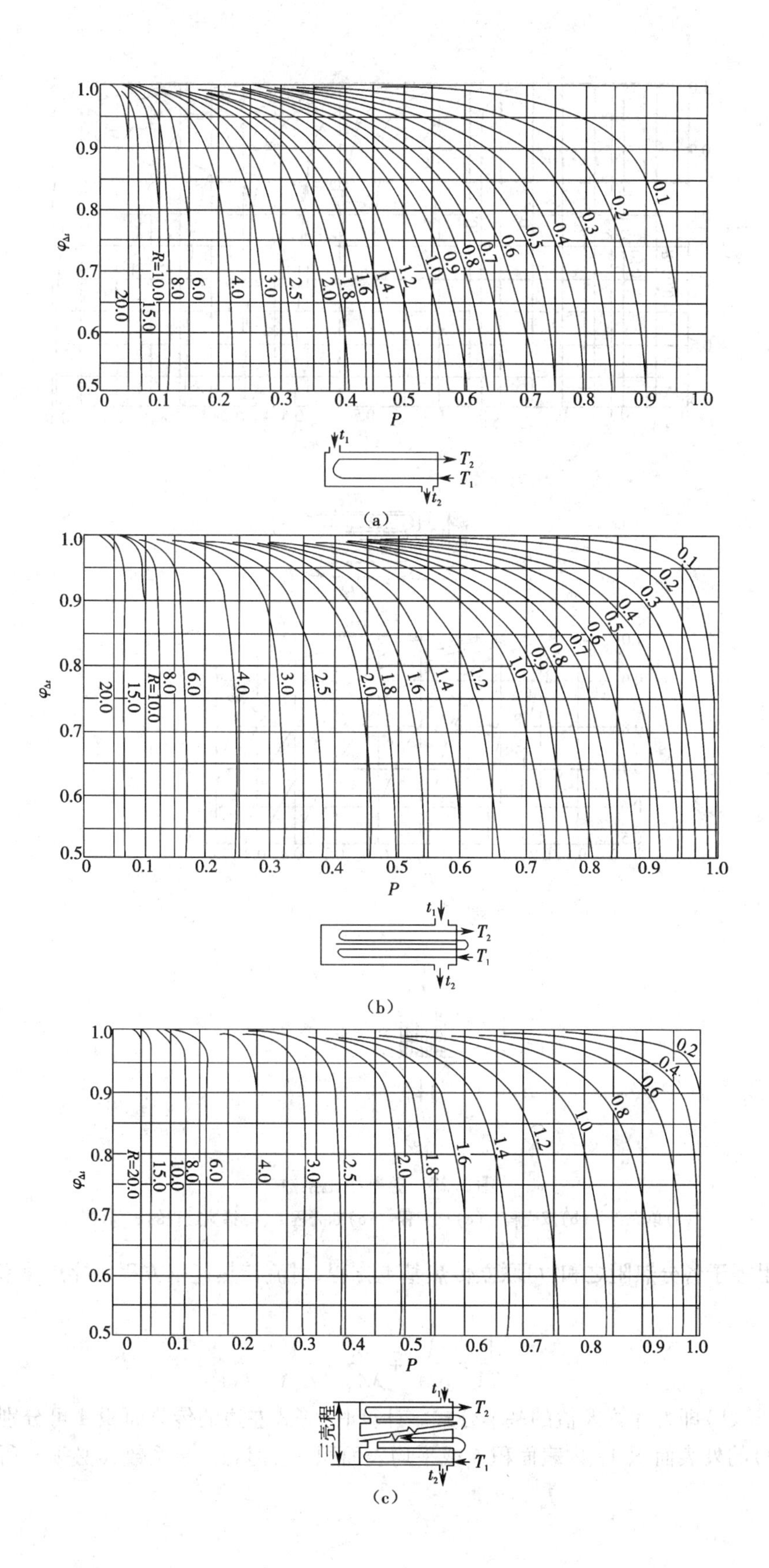

1.0
0.9
0.8
0.7
0.6
0.5
$\varphi_{\Delta t}$
0
0.1
0.2
0.3
0.4
0.5
0.6
0.7
0.8
0.9
1.0
P
R=10.0
20.0
15.0
8.0
6.0
4.0
3.0
2.5
2.0
1.8
1.6
1.4
1.2
1.0
0.9
0.8
0.7
0.6
0.5
0.4
0.3
0.2
0.1
t_1
t_2
T_1
T_2
（a）
（b）
R=20.0
三壳程
（c）

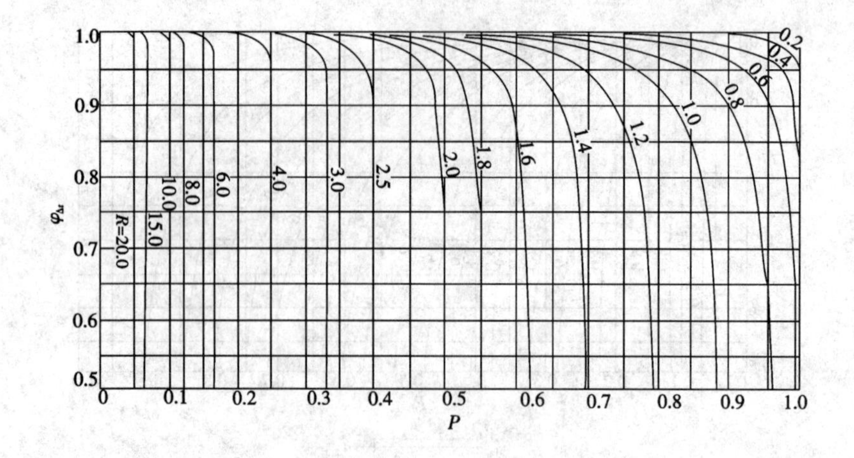

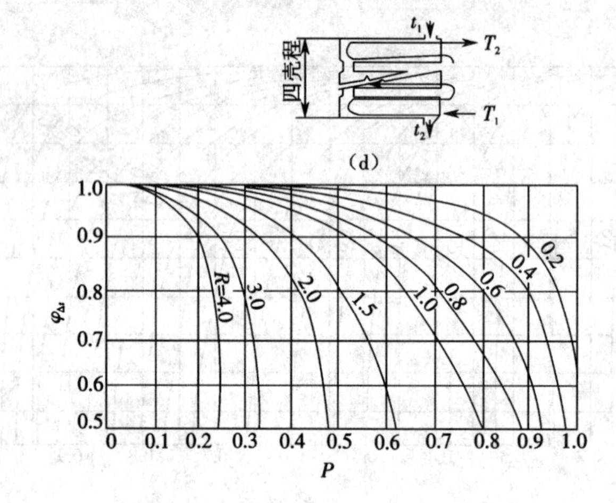

(d)

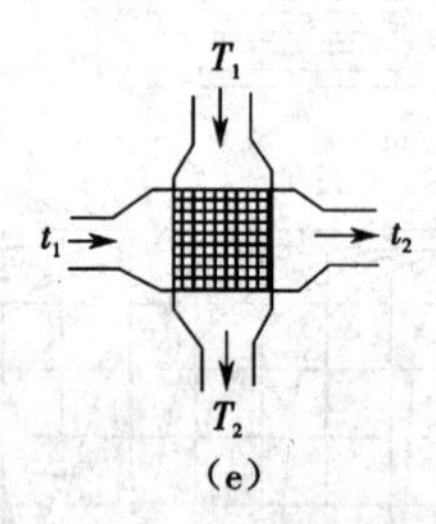

(e)

图 3.28　温差校正系数

(a)单壳程　(b)双壳程　(c)三壳程　(d)四壳程　(e)错流过程的 $\varphi_{\Delta t}$ 算图

程的总热阻等于各分热阻之和，可联立传热基本方程、对流传热速率方程及导热速率方程得出下列公式：

$$\frac{1}{KA}=\frac{1}{\alpha_i A_i}+\frac{\delta}{\lambda A_m}+\frac{1}{\alpha_o A_o} \tag{3.3.11}$$

式(3.3.11)即为计算 K 值的基本公式。计算时，等式左边的传热面积 A 可分别选择传热面(管壁面)的外表面积 A_o、内表面积 A_i 或平均表面积 A_m，但总传热系数 K 必须与所选传热面积相对应。

若 A 取 A_o，则有

$$K_o = \frac{1}{\dfrac{A_o}{\alpha_i A_i} + \dfrac{\delta A_o}{\lambda A_m} + \dfrac{1}{\alpha_o}} \tag{3.3.12}$$

同理，若 A 取 A_i，则有

$$K_i = \frac{1}{\dfrac{1}{\alpha_i} + \dfrac{\delta A_i}{\lambda A_m} + \dfrac{A_i}{\alpha_o A_o}} \tag{3.3.13}$$

若 A 取 A_m，则有

$$K_m = \frac{1}{\dfrac{A_m}{\alpha_i A_i} + \dfrac{\delta}{\lambda} + \dfrac{A_m}{\alpha_o A_o}} \tag{3.3.14}$$

式中　A_o、A_i、A_m——传热壁的外表面积、内表面积、平均表面积，m^2；

　　　K_i、K_o、K_m——基于 A_o、A_i、A_m 的总传热系数，$W/(m^2 \cdot K)$。

4.1.2　污垢热阻的影响

换热器在实际操作中，传热壁面常有污垢形成，对传热产生附加热阻，该热阻称为污垢热阻。通常污垢热阻比传热壁面的热阻大得多，因而在传热计算中应考虑污垢热阻的影响。

影响污垢热阻的因素很多，主要有流体的性质、传热壁面的材料、操作条件、清洗周期等。由于污垢热阻的厚度及导热系数难以准确地估计，因此通常选用经验值，表 3.4 列出一些常见流体的污垢热阻 R_s 的经验值。

表 3.4　常见流体的污垢热阻

流　体	$R_s/(m^2 \cdot K/kW)$	流　体	$R_s/(m^2 \cdot K/kW)$
水(>50 ℃)		水蒸气	
蒸馏水	0.09	优质不含油	0.052
海水	0.09	劣质不含油	0.09
清洁的河水	0.21	液体	
未处理的凉水塔用水	0.58	盐水	0.172
已处理的凉水塔用水	0.26	有机物	0.172
已处理的锅炉用水	0.26	熔盐	0.086
硬水、井水	0.58	植物油	0.52
气体		燃料油	0.172~0.52
空气	0.26~0.53	重油	0.86
溶剂蒸气	0.172	焦油	1.72

设管内、外壁面的污垢热阻分别为 R_{si}、R_{so}，根据串联热阻叠加原理，式(3.3.12)可写为

$$K_o = \frac{1}{\dfrac{A_o}{\alpha_i A_i} + R_{si} + \dfrac{\delta A_o}{\lambda A_m} + R_{so} + \dfrac{1}{\alpha_o}} \tag{3.3.15}$$

上式表明，间壁两侧流体间传热总热阻等于两侧流体的对流传热热阻、污垢热阻及管壁导

热热阻之和。

应予指出，在传热计算中，选择何种面积作为计算基准，结果完全相同。但工程上，大多以外表面积为基准，除特别说明外，手册中所列 K 值都是基于外表面积的总传热系数，换热器标准系列中的传热面积也是指外表面积。因此，总传热系数 K 的通用计算式为式(3.3.15)，此时，传热基本方程的形式为

$$Q = K_o A_o \Delta t_m$$

若传热壁面为平壁或薄管壁，A_o、A_i、A_m 相等或近似相等，则式(3.3.15)可简化为

$$K = \frac{1}{\dfrac{1}{\alpha_i} + R_{si} + \dfrac{\delta}{\lambda} + R_{so} + \dfrac{1}{\alpha_o}} \tag{3.3.16}$$

【例 3.5】 有一用 $\phi 25\ \text{mm} \times 2.5\ \text{mm}$ 的无缝钢管制成的列管式换热器，$\lambda = 45\ \text{W/(m·K)}$，管内通以冷却水，$\alpha_i = 1\ 000\ \text{W/(m}^2\text{·K)}$，管外为饱和水蒸气冷凝，$\alpha_o = 10\ 000\ \text{W/(m}^2\text{·K)}$，污垢热阻可以忽略。(1)试计算总传热系数 K；(2)将 α_i 提高一倍，其他条件不变，求 K 值；(3)将 α_o 提高一倍，其他条件不变，求 K 值。

解：(1)

$$K = \frac{1}{\dfrac{A_o}{\alpha_i A_i} + \dfrac{\delta A_o}{\lambda A_m} + \dfrac{1}{\alpha_o}}$$

$$= \frac{1}{\dfrac{0.025}{1\ 000 \times 0.02} + \dfrac{0.002\ 5 \times 0.025}{45} + \dfrac{1}{10\ 000}} = 749.0\ \text{W/(m}^2\text{·K)}$$

(2)将 α_i 提高一倍，即 $\alpha_i' = 2\ 000\ \text{W/(m}^2\text{·K)}$，

$$K' = \frac{1}{\dfrac{0.025}{2\ 000 \times 0.02} + \dfrac{0.002\ 5 \times 0.025}{45} + \dfrac{1}{10\ 000}} = 1\ 376.7\ \text{W/(m}^2\text{·K)}$$

增幅：$\dfrac{1\ 376.7 - 749.0}{749.0} \times 100\% = 83.8\%$。

(3)将 α_o 提高一倍，即 $\alpha_o'' = 20\ 000\ \text{W/(m}^2\text{·K)}$，

$$K'' = \frac{1}{\dfrac{0.025}{1\ 000 \times 0.02} + \dfrac{0.002\ 5 \times 0.025}{45} + \dfrac{1}{20\ 000}} = 768.4\ \text{W/(m}^2\text{·K)}$$

增幅：$\dfrac{768.4 - 749.0}{749.0} \times 100\% = 2.5\%$。

4.2 总传热系数的现场测定

对于已有换热器，总传热系数 K 可通过现场测定法确定。具体方法如下。

(1)现场测定有关的数据(如设备的尺寸、流体的流量和进出口温度等)；

(2)根据测定的数据求得传热速率 Q、传热温度差 Δt_m 和传热面积 A；

(3)由传热基本方程计算 K 值。

这样得到的 K 值可靠性较高，但是其使用范围受到限制，只有与所测情况相一致的场合(包括设备的类型、尺寸、流体性质、流动状况等)才准确。若使用情况与测定情况相似，所测 K 值仍有一定参考价值。

实测 K 值，不仅可以为换热器计算提供依据，而且可以帮助分析换热器的性能，以便寻求提高换热器传热能力的途径。

4.3 总传热系数的经验值

在换热器的工艺设计过程中，由于换热器的尺寸未知，因此总传热系数 K 无法通过实测或计算公式来确定。此时，K 值通常借助工具手册选取。表 3.5 列出了列管式换热器对于不同流体在不同情况下的总传热系数的大致范围，供读者参考。

表 3.5　列管式换热器的总传热系数 K 的经验值

冷流体	热流体	总传热系数 $K/(\mathrm{W/(m^2\cdot ℃)})$
水	水	850～1 700
水	气体	17～280
水	有机溶剂	280～850
水	轻油	340～910
水	重油	60～280
有机溶剂	有机溶剂	115～340
水	水蒸气冷凝	1 420～4 250
气体	水蒸气冷凝	30～300
水	低沸点烃类冷凝	455～1 140
水沸腾	水蒸气冷凝	2 000～4 250
轻油沸腾	水蒸气冷凝	455～1 020

【例 3.6】　在一逆流操作的换热器中，用冷水将质量流量为 1.25 kg/s 的某液体(比热容为 1.9 kJ/(kg·K))从 80 ℃冷却到 50 ℃。水在管内流动，进、出口温度分别为 20 ℃和 40 ℃。换热器的管子规格为 $\phi 25\ \mathrm{mm}\times 2.5\ \mathrm{mm}$，若已知管内、外的 α 分别为 1.70 kW/(m²·K)和 0.85 kW/(m²·K)，试求换热器的传热面积。假设污垢热阻、壁面热阻及换热器的热损失均可忽略。

解：(1)换热器的热负荷

$$Q=Q_\mathrm{h}=W_\mathrm{h}c_{ph}(T_1-T_2)=1.25\times 1.9\times(80-50)=71.25\ \mathrm{kW}$$

(2)平均传热温度差：

$$\begin{array}{r} 80\ ℃\rightarrow 50\ ℃\\ -\quad 40\ ℃\leftarrow 20\ ℃\\ \hline 40\ ℃\quad 30\ ℃ \end{array}$$

$$\Delta t'_\mathrm{m}=\frac{\Delta t_1-\Delta t_2}{\ln\dfrac{\Delta t_1}{\Delta t_2}}=\frac{40-30}{\ln\dfrac{40}{30}}=34.8\ ℃$$

(3)总传热系数

$$K_\mathrm{o}=\frac{1}{\dfrac{d_\mathrm{o}}{\alpha_\mathrm{i}d_\mathrm{i}}+\dfrac{1}{\alpha_\mathrm{o}}}=\frac{1}{\dfrac{0.025}{1.7\times 0.02}+\dfrac{1}{0.85}}=0.52\ \mathrm{kW/(m^2\cdot K)}$$

(4)传热面积

$$A=\frac{Q}{K\Delta t'_{m}}=\frac{71.25}{0.52\times34.8}=3.94\ m^{2}$$

5 传热速率影响因素分析

由传热速率基本方程 $Q=KA\Delta t_m$ 可以看出,传热速率与传热面积 A、传热温度差 Δt_m 以及总传热系数 K 有关,因此,改变这些因素,均对传热速率有影响。

5.1 传热面积

增大传热面积,可以提高换热器的传热速率,但是,增大传热面积不能靠简单地增大设备规格来实现,因为,这样会使设备的体积增大,金属耗用量增加,设备费用相应增加。实践证明,从改进设备的结构入手,增大单位体积的传热面积,可以使设备更加紧凑,结构更加合理。目前出现的一些新型换热器,如螺旋板式、板式换热器等,其单位体积的传热面积便大大超过了列管式换热器。同时,还研制出并成功使用了多种高效能传热面,如带翅片的传热管,便是工程上在列管式换热器中经常用到的高效能传热管,它们不仅使热表面有所增大,而且强化了流体的湍动程度,提高了 α,使传热速率显著提高。

5.2 传热温度差

增大传热平均温度差,可以提高换热器的传热速率。传热平均温度差的大小取决于两流体的温度大小及流动类型。一般来说,物料的温度由工艺条件所决定,不能随意变动,而加热剂或冷却剂的温度,可以通过选择不同介质和流量加以改变。例如:用饱和水蒸气作为加热剂时,增大水蒸气压力可以提高其温度;在水冷器中增大冷却水流量或以冷冻盐水代替普通冷却水,可以降低冷却剂的温度;等等。但需要注意的是,改变加热剂或冷却剂的温度,必须考虑到技术上的可行性和经济上的合理性。另外,采用逆流操作或增加壳程数,均可得到较大的平均传热温度差。

5.3 传热系数

增大传热系数,可以提高换热器的传热速率。增大传热系数,实际上就是降低换热器的总热阻。式(3.3.16)表明,间壁两侧流体间传热总热阻等于两侧流体的对流传热热阻、污垢热阻及管壁导热热阻之和。由此可见,要降低总热阻,必须减小各项分热阻。但不同情况下,各项分热阻所占比例不同,故应具体问题具体分析,设法减小占比例较大的分热阻。

一般来说,金属换热器壁面较薄且导热系数高,不会成为主要热阻。

污垢热阻是一个可变因素,在换热器刚投入使用时,污垢热阻很小,可不予考虑,但随着使用时间的加长污垢逐渐增加,便成为阻碍传热的主要因素。

减小污垢热阻的具体措施有:提高流体的流速和扰动,以减弱垢层的沉积;加强水质处理,尽量采用软化水;加入阻垢剂,防止和减缓垢层形成;采用机械或化学的方法及时清除污垢。

当壁面热阻和污垢热阻均可忽略时,式(3.3.16)可简化为

$$\frac{1}{K}=\frac{1}{\alpha_i}+\frac{1}{\alpha_o}$$

要提高 K 值必须提高流体的 α 值。当两个 α 值相差很大时，例如用水蒸气冷凝放热以加热空气，则 $1/K\approx1/\alpha_{小}$，此时欲提高 K 值，关键在于提高 α 小的那一侧流体的 α。若 α_i 与 α_o 较为接近，此时，必须同时提高两侧的 α，才能提高 K 值。

目前，在列管式换热器中，为提高 α，对于无相变对流传热，通常采取如下具体措施。

(1)在管程，采用多程结构，可使流速成倍增大，流动方向不断改变，从而大大提高了 α，但当程数增加时，流动阻力会随之增大，故需全面权衡。

(2)在壳程，也可采用多程，即装设纵向隔板，但限于制造、安装及维修上的困难，工程上一般不采用多程结构，而广泛采用折流挡板，这样，不仅可以局部提高流体在壳程内的流速，而且迫使流体多次改变流向，从而强化了对流传热。

对于冷凝传热，除了及时排除不凝性气体外，还可以采取一些其他措施，如在管壁上开一些纵向沟槽或装金属网，以阻止液膜的形成。对于沸腾传热，实践证明，设法使表面粗糙化或在液体中加入乙醇、丙酮等添加剂，均能有效地提高 α。

6 列管式换热器的选型

列管式换热器有系列标准，所以使用时工程上一般只需选型即可，只有在实际要求与标准系列相差较大的时候，方需要自行设计。下面仅介绍列管式换热器的选型。

6.1 列管式换热器选型时应考虑的问题

1)流动空间的选择

流体流经管程或壳程，以固定管板式换热器为例，一般确定原则如下。

(1)不洁净或易结垢的流体宜走管程，因为管程清洗较方便。

(2)腐蚀性流体宜走管程，以免管子和壳体同时被腐蚀，且管子便于维修和更换。

(3)压力高的流体宜走管程，以免壳体受压，以节省壳体金属消耗量。

(4)被冷却的流体宜走壳程，便于散热，增强冷却效果。

(5)高温加热剂与低温冷却剂宜走管程，以减少设备的热量或冷量的损失。

(6)有相变的流体宜走壳程，如冷凝传热过程，管壁面附着的冷凝液厚度即传热膜的厚度，让蒸汽走壳程有利于及时排出冷凝液，从而提高冷凝传热膜系数。

(7)有毒害的流体宜走管程，以减少泄漏量。

(8)黏度大的液体或流量小的流体宜走壳程，因流体在有折流挡板的壳程中流动，流速与流向不断改变，在 $Re>100$ 的情况下即可达到湍流，以提高传热效果。

(9)若两流体温差较大，对流传热系数较大的流体宜走壳程。因管壁温度接近于 α 较大的流体，以减小管子与壳体的温差，从而减小温差应力。

在选择流动路径时，上述原则往往不能同时兼顾，应视具体情况分析。一般首先考虑操作压力、防腐及清洗等方面的要求。

2)流速的选择

流体在管程或壳程中的流速，不仅直接影响传热膜系数，而且影响污垢热阻，从而影响传热系数的大小，特别对含有较易沉积颗粒的流体，流速过低甚至可能导致管路堵塞，严重影响设备的使用，但流速增大，又将使流体阻力增大。因此选择适宜的流速十分重要。根据经验，表3.6、表3.7列出了一些工业上常用的流速范围，以供参考。

表 3.6　列管式换热器内常用的流速范围

流体种类	流速/(m/s)	
	管程	壳程
一般液体	0.5~3	0.2~1.5
易结垢液体	>1	>0.5
气体	5~30	3~15

表 3.7　液体在列管式换热器中的流速(钢管)

液体黏度/(mPa·s)	最大流速/(m/s)
>1 500	0.6
500~1 500	0.75
100~500	1.1
35~100	1.5
1~35	1.8
1	2.4

3)加热剂(或冷却剂)进、出口温度的确定

通常,被加热(或冷却)流体进、出换热器的温度由工艺条件决定,但对加热剂(或冷却剂)而言,进、出口温度则需视具体情况而定。

为确保换热器在所有气候条件下均能满足工艺要求,加热剂的进口温度应按所在地的冬季状况确定;冷却剂的进口温度应按所在地的夏季状况确定。若综合利用系统流体作加热剂(或冷却剂),因流量、入口温度确定,故可由热量衡算直接求其出口温度。用蒸汽作加热剂时,为加快传热,通常宜控制为恒温冷凝过程,蒸汽入口温度的确定要考虑蒸汽的来源、锅炉的压力等。在用水作冷却剂时,为便于循环操作、提高传热推动力,冷却水的进、出口温度差一般宜控制在 5~10 ℃。

4)列管类型的选择

热、冷流体的温差在 50 ℃以内时,不需要热补偿,可选用结构简单、价格低廉且易清洗的固定管板式换热器。当热、冷流体的温差超过 50 ℃时,需要考虑热补偿。在温差校正系数 $\varphi_{\Delta t}$ <0.8 的前提下,若管程流体较为洁净,宜选用价格相对便宜的 U 形管式换热器;反之,应选用浮头式换热器。

5)单程与多程

前已述及,在列管式换热器中存在单程与多程结构(管程与壳程)。当温差校正系数小于 0.8 时,不能采用包括 U 形管式、浮头式在内的多程结构,宜采用几台固定管板式换热器串联或并联操作。

6)管子规格

管子的规格包括管径和管长。列管式换热器标准系列中只采用 ϕ25 mm×2.5 mm(或 ϕ25 mm×2 mm)、ϕ19 mm×2 mm 两种规格的管子。对于洁净的流体,可选择小管径;对于不洁净或易结垢的流体,可选择大管径。管长则以便于安装、清洗为原则。

7)流体通过换热器的流动阻力(压力降)的计算

列管式换热器是一局部阻力装置,流动阻力的大小将直接影响动力的消耗。当流体在换

热器中的流动阻力过大时,有可能导致系统流量低于工艺规定的流量要求。对选用合理的换热器而言,管、壳程流体的压力降一般应控制在 10.13 ~ 101.3 kPa。

(1)管程阻力的计算。流体通过管程的阻力包括各程的直管阻力、回弯阻力以及换热器进、出口阻力等。通常进、出口阻力较小,可以忽略不计。因此,管程阻力可按下式进行计算,即

$$\sum \Delta p_i = (\Delta p_1 + \Delta p_2) F_t N_s N_p \tag{3.3.17}$$

式中 Δp_1——因直管阻力引起的压力降,Pa;

Δp_2——因回弯阻力引起的压力降,Pa;

F_t——结垢校正系数(对 ϕ25 mm × 2.5 mm 的管子,$F_t = 1.4$;对 ϕ19 mm × 2 mm 的管子 $F_t = 1.5$);

N_s——串联的壳程数;

N_p——每壳程的管程数。

式(3.3.17)中的 Δp_1 可按直管阻力计算式进行计算;Δp_2 由下面的经验式估算,即

$$\Delta p_2 = 3\left(\frac{\rho u_i^2}{2}\right) \tag{3.3.18}$$

(2)壳程阻力的计算。壳程流体的流动状况较管程更为复杂,计算壳程阻力的公式很多,不同公式计算的结果差别较大。当壳程采用标准圆缺形折流挡板时,流体阻力主要有流体流过管束的阻力与通过折流挡板缺口的阻力。此时,壳程压力降可采用通用的埃索公式,即

$$\sum \Delta p_o = (\Delta p_1' + \Delta p_2') F_s N_s \tag{3.3.19}$$

其中

$$\Delta p_1' = F f_o n_c (N_B + 1) \frac{\rho u_o^2}{2} \tag{3.3.20}$$

$$\Delta p_2' = N_B \left(3.5 - \frac{2h}{D}\right) \frac{\rho u_o^2}{2} \tag{3.3.21}$$

式中 $\Delta p_1'$——流体流过管束的压力降,Pa;

$\Delta p_2'$——流体流过折流挡板缺口的压力降,Pa;

F_s——壳程结垢校正系数(对液体 $F_s = 1.15$;对气体或蒸汽 $F_s = 1$);

F——管子排列方式对压力降的校正系数(对正三角形排列 $F = 0.5$;对正方形斜转 45°排列 $F = 0.4$;对正方形直列 $F = 0.3$);

f_o——流体的摩擦系数,当 $Re_o = d_o u_o \rho/\mu > 500$ 时,$f_o = 5.0 Re_o^{-0.228}$;

N_B——折流挡板数;

h——折流挡板间距,m;

n_c——通过管束中心线上的管子数;

u_o——按壳程最大流通面积 A_o 计算的流速,m/s,$A_o = h(D - n_c d_o)$。

6.2 列管式换热器选型的步骤

列管式换热器选型的步骤如下。

(1)根据换热任务,确定两流体的流量,进、出口温度,操作压力,物性数据等。

(2)确定换热器的结构形式,确定流体在换热器内的流动空间。

(3)计算热负荷,计算平均温度差,选取总传热系数,并根据传热基本方程初步算出传热面积,以此作为选择换热器型号的依据,并确定初选换热器的实际换热面积 $S_{实}$ 以及在 $S_{实}$ 下所需的总传热系数 $K_{需}$。

(4)压力降校核。根据初选设备的情况,计算管、壳程流体的压力差是否合理。若压力降不符合要求,则需重新选择其他型号的换热器,直至压力降满足要求。

(5)核算总传热系数。计算换热器管、壳程的流体的传热膜系数,确定污垢热阻,再计算总传热系数 $K_{计}$。

(6)计算传热面积 $S_{需}$,再与换热器的实际换热面积 $S_{实}$ 比较,若 $S_{实}/S_{需}$ 在 1.1 ~ 1.25 范围内(也可以用 $K_{计}/K_{需}$),则认为合理,否则需另选 $K_{选}$,重复上述计算步骤,直至符合要求。

6.3 列管式换热器的型号与规格

6.3.1 基本参数

列管式换热器的基本参数主要有:①公称换热面积 S_N;②公称直径 D_N;③公称压力 p_N;④换热管规格;⑤换热管长度 L;⑥管子数量 n;⑦管程数 N_p;等等。

6.3.2 型号表示方法

列管式换热器的型号由五部分组成。

$$\underset{1}{\underline{\times}}\ \underset{2}{\underline{\times\times\times\times}}\ \underset{3}{\underline{\times}}\ \underset{4}{\underline{-\times\times}}\ \underset{5}{\underline{-\times\times\times}}$$

1——换热器代号;

2——公称直径 D_N,mm;

3——管程数 N_p,Ⅰ、Ⅱ、Ⅳ、Ⅵ;

4——公称压力 p_N,MPa;

5——公称换热面积 S_N,m^2。

例如,公称直径为 600 mm,公称压力为 1.6 MPa,公称换热面积为 55 m^2,双管程固定管板式换热器的型号为:G600Ⅱ-1.6-55,其中 G 为固定管板式换热器的代号。

【例 3.7】 某化工厂需要将 50 m^3/h 液体苯从 80 ℃冷却到 35 ℃,拟用水作冷却剂,当地冬季水温为 5 ℃,夏季水温为 30 ℃。要求通过管程和壳程的压力降均不大于 10 kPa,试选用合适型号的换热器。

解:1)基本数据的查取

苯的定性温度:$\dfrac{80+35}{2}=57.5$ ℃。

冷却水进口温度取夏季水温 30 ℃,根据设计经验,选择冷却水温升为 8 ℃,则其出口温度为 38 ℃。

水的定性温度:$\dfrac{30+38}{2}=34$ ℃。

查得苯在定性温度下的物性数据:$\rho=879$ kg/m^3;$\mu=0.41$ mPa·s;$c_p=1.84$ kJ/(kg·K);$\lambda=0.152$ W/(m·K)。

查得水在定性温度下的物性数据:$\rho=995$ kg/m^3;$\mu=0.743$ mPa·s;$c_p=4.174$ kJ/(kg·

K)；$\lambda=0.625\ \mathrm{W/(m\cdot K)}$；$Pr=4.98$。

2)流径的选择

为了利用壳体散热，增强冷却效果，选择苯走壳程，水走管程。

3)热负荷的计算

根据题意，热负荷应取苯的传热量；又因换热的目的是将热流体冷却，所以确定冷却水用量时，可不考虑热损失。

$$\begin{aligned}Q_{\mathrm{h}}&=W_{\mathrm{h}}c_{ph}(T_1-T_2)\\&=(50\times879/3\ 600)\times1.84\times(80-35)\\&=1.01\times10^3\ \mathrm{kW}\end{aligned}$$

冷却水用量

$$W_{\mathrm{c}}=\frac{Q}{c_{pc}(t_2-t_1)}=\frac{1.01\times10^3}{4.174\times(38-30)}=30.25\ \mathrm{kg/s}$$

4)平均温度差的计算

暂按单壳程、偶数管程考虑，先求逆流时的平均温度差：

$$\Delta t'_{\mathrm{m}}=\frac{\Delta t_1-\Delta t_2}{\ln\dfrac{\Delta t_1}{\Delta t_2}}=\frac{(80-38)-(35-30)}{\ln\dfrac{80-38}{35-30}}=17.4\ ℃$$

计算 P 和 R：

$$P=\frac{t_2-t_1}{T_1-t_1}=\frac{38-30}{80-30}=0.16$$

$$R=\frac{T_1-T_2}{t_2-t_1}=\frac{80-35}{38-30}=5.63$$

由 P 和 R 查图得，$\varphi_{\Delta t}=0.82>0.8$，故选用单壳程、偶数管程可行。

$$\Delta t_{\mathrm{m}}=\varphi_{\Delta t}\Delta t'_{\mathrm{m}}=0.82\times17.4=14.3\ ℃$$

5)选 K 值，估算传热面积

参照表3.5，取 $K=450\ \mathrm{W/(m^2\cdot K)}$，

$$A_{计}=\frac{Q}{K\Delta t_{\mathrm{m}}}=\frac{1.01\times10^3\times10^3}{450\times14.3}=157\ \mathrm{m^2}$$

6)初选换热器型号

由于两流体温差小于50 ℃，可选用固定管板式换热器，由固定管板式换热器的标准系列，初选换热器型号为：G1000Ⅳ-1.6-170。主要参数如下：

外壳直径	1 000 mm	公称压力	1.6 MPa
公称面积	170 $\mathrm{m^2}$	实际面积	173 $\mathrm{m^2}$
管子规格	ϕ25 mm×2.5 mm	管长	3 m
管子数	758	管程数	4
管子排列方式	正三角形	管程流通面积	0.059 5 $\mathrm{m^2}$
管间距	32 mm		

采用此换热器，则要求过程的总传热系数为

$$K_{需}=\frac{Q}{A_{实}\Delta t_{\mathrm{m}}}=\frac{1.01\times10^3\times10^3}{173\times14.3}=408.3\ \mathrm{W/(m^2\cdot K)}$$

7) 核算压降

(1) 管程压降。

$$\sum \Delta p_i = (\Delta p_1 + \Delta p_2) F_t N_s N_p$$

$$F_t = 1.4, N_s = 1, N_p = 4$$

管程流速

$$u_i = \frac{30.25}{0.0595 \times 995} = 0.51 \text{ m/s}$$

$$Re_i = \frac{d_i u_i \rho}{\mu} = \frac{0.02 \times 0.51 \times 995}{0.743 \times 10^{-3}} = 1.366 \times 10^4$$

对于钢管，取管壁粗糙度 $\varepsilon = 0.1$ mm，$\varepsilon / d_i = 0.1/20 = 0.005$，查图得 $\lambda = 0.037$。

$$\Delta p_1 = \lambda \cdot \frac{L}{d_i} \cdot \frac{\rho u_i^2}{2} = 0.037 \times \frac{3}{0.02} \times \frac{995 \times 0.51^2}{2} = 718.2 \text{ Pa}$$

$$\Delta p_2 = 3\left(\frac{\rho u_i^2}{2}\right) = 3 \times \frac{995 \times 0.51^2}{2} = 388.2 \text{ Pa}$$

$$\sum \Delta p_i = (\Delta p_1 + \Delta p_2) F_t N_s N_p = (718.2 + 388.2) \times 1.4 \times 4 = 6\ 196 \text{ Pa}$$

(2) 壳程压降。

$$\sum \Delta p_o = (\Delta p_1' + \Delta p_2') F_s N_s$$

$$F_s = 1.15, N_s = 1$$

$$\Delta p_1' = F f_o n_c (N_B + 1) \frac{\rho u_o^2}{2}$$

管子为正三角形排列，$F = 0.5$，$n_c = \dfrac{D}{t} - 1 = \dfrac{1}{0.032} - 1 = 30$。

取折流挡板间距 $h = 0.2$ m，$N_B = \dfrac{L}{h} - 1 = \dfrac{3}{0.2} - 1 = 14$。

$$A_o = h(D - n_c d_o) = 0.2 \times (1 - 30 \times 0.025) = 0.05 \text{ m}^2$$

壳程流速

$$u_o = \frac{50/3\ 600}{0.05} = 0.278 \text{ m/s}$$

$$Re_o = \frac{d_o u_o \rho}{\mu} = \frac{0.025 \times 0.278 \times 879}{0.41 \times 10^{-3}} = 1.49 \times 10^4$$

$$f_o = 5.0 Re_o^{-0.228} = 5.0 \times (1.49 \times 10^4)^{-0.228} = 0.559$$

$$\Delta p_1' = 0.5 \times 0.559 \times 30 \times (1 + 14) \times \frac{879 \times 0.278^2}{2} = 4\ 272 \text{ Pa}$$

$$\Delta p_2' = N_B \left(3.5 - \frac{2h}{D}\right) \frac{\rho u_o^2}{2}$$

$$= 14 \times \left(3.5 - \frac{2 \times 0.2}{1}\right) \times \frac{879 \times 0.278^2}{2} = 1\ 474 \text{ Pa}$$

$$\sum \Delta p_o = (4\ 272 + 1\ 474) \times 1.15 \times 1 = 6\ 608 \text{ Pa} < 10 \text{ kPa}$$

压力降满足要求。

8）核算总传热系数

（1）管程对流传热系数。

$$\alpha_i = 0.023\frac{\lambda}{d_i}Re^{0.8}Pr^{0.4} = 0.023\times\frac{0.625}{0.02}\times(1.366\times10^4)^{0.8}\times4.98^{0.4}$$

$$=2\ 778.6\ \text{W/(m}^2\cdot\text{K)}$$

（2）壳程对流传热系数。

查阅相关资料，采用凯恩法计算：

$$\alpha_o = 0.36\frac{\lambda}{d_o}\left(\frac{d_e u_o \rho}{\mu}\right)^{0.55}Pr^{1/3}\varphi_w$$

由于换热管采用正三角形排列，

$$d_e = \frac{4\left(\frac{\sqrt{3}}{2}t^2 - \frac{\pi}{4}d_o^2\right)}{\pi d_o} = \frac{4\left(\frac{\sqrt{3}}{2}\times0.032^2 - \frac{\pi}{4}\times0.025^2\right)}{\pi\times0.025} = 0.02\ \text{m}$$

$$\frac{d_e u_o \rho}{\mu} = \frac{0.02\times0.278\times879}{0.41\times10^{-3}} = 1.192\times10^4$$

$$Pr = \frac{c_p\mu}{\lambda} = \frac{1.84\times10^3\times0.41\times10^{-3}}{0.152} = 4.963$$

壳程苯被冷却，$\varphi_w = 0.95$。

$$\alpha_o = 0.36\times\frac{0.152}{0.02}\times(1.192\times10^4)^{0.55}\times4.963^{1/3}\times0.95$$

$$=814.7\ \text{W/(m}^2\cdot\text{K)}$$

（3）污垢热阻。

管内、外污垢热阻分别取

$$R_{si} = 2.1\times10^{-4}\ \text{m}^2\cdot\text{K/W},\ R_{so} = 1.72\times10^{-4}\ \text{m}^2\cdot\text{K/W}$$

（4）总传热系数。

忽略管壁热阻，则

$$K_{计} = \frac{1}{\frac{A_o}{\alpha_i A_i} + R_{si} + R_{so} + \frac{1}{\alpha_o}}$$

$$= \frac{1}{\frac{0.025}{2\ 278.6\times0.02} + 2.1\times10^{-4} + 1.72\times10^{-4} + \frac{1}{814.7}} = 463.4\ \text{W/(m}^2\cdot\text{K)}$$

$\frac{K_{计}}{K_{需}} = \frac{463.4}{408.3} = 1.13$，因此所选换热器是合适的。

7 换热器操作实训

训练目的

掌握工艺流程图的识读与表述。

熟悉现场装置及主要设备、仪表、阀门的位号、功能、工作原理和使用方法。

了解换热器装置的基本流程及设备结构。

能独立进行传热系统的开、停车操作。

能按照规定的工艺要求和质量指标进行生产操作。

设备示意

本实训所采用的换热器分别为单管程固定管板式换热器、套管式换热器、蛇管式换热器和螺旋板式换热器,通过逆流间壁式接触来达到换热的目的。空气由旋涡气泵提供,经过换热器加热之后放空。水蒸气由蒸汽发生器提供,在蒸汽分配器内缓冲之后进入换热器,与空气换热之后冷凝成液体,通过疏水器阀组排污。热流体以汽化潜热的方式将热量传递给换热器壁,之后热量以热传导方式由器壁的外侧传递至内侧,传递至内侧的热量又以对流方式传递给冷流体。操作稳定之后,在整个换热器中,在单位时间内,热流体放出的热量等于冷流体吸收的热量(在热损失不计的前提下)。搅拌反应器的原料存储在原料罐中,由离心泵输送至反应器,然后再放回原料罐。工艺流程图如图3.29所示。

训练要领

(1) 启动仪表柜总电源。通过变频器将空气流量显示与控制仪表值设定为40~100 m^3/h范围内的某一数值,空气流量通过涡轮流量计测量,变频器输出适宜的电源频率来调节旋涡气泵的转速,从而控制空气流量。

(2)启动旋涡气泵,空气由旋涡气泵吹出,由支路控制阀进入换热器。打开空气入口阀门,空气进入换热器,与蒸汽呈并流流动,通过出口阀门排出。通过换热,空气温度升高。

(3)缓慢打开蒸汽分配器上的蒸汽总管进汽阀门,使水蒸气进入蒸汽分配器。注意观察压力表,当其稳定在指定值(表压0.2 MPa)后,标志着蒸汽可用于实训。

(4)蒸汽通过支路控制阀进入换热器。依次打开蒸汽管线上的各个阀门以及换热器上方的放空阀,蒸汽通过入口阀门进入换热器的壳程,与管程空气呈逆流接触。通入蒸汽2 min后,关闭换热器上方的放空阀。通过换热,蒸汽变为冷凝水,从换热器的另一端通过出口阀门和疏水器排出。

【拓展与延伸】

热管换热器

热管换热器是用一种称为热管的新型换热元件组合而成的换热装置。目前使用的热管换热器多为箱式结构,由壳体、热管和隔板组成,把一组热管组合成一个箱形,中间用隔板分为热、冷两个流体通道,一般热管外壁上装有翅片,以强化传热效果,如图3.30所示。

热管是主要的传热元件,具有很好的导热性能。主要由密封管子、吸液芯及蒸气通道三部分组成。热管的种类很多,但其基本结构和工作原理基本相同。以吸液芯热管为例,如图3.31所示。在一根密闭的金属管内充以适量的工作液,紧靠管子内壁处装有金属丝网或纤维等多孔物质,称为吸液芯。热管沿轴向分成三段:蒸发段、绝热段和冷凝段。在蒸发段,当热流体从管外流过时,热量通过管壁传给工作液,使其汽化,蒸气在压差作用下,沿管子的轴向流动,在冷凝段向冷流体放出潜热而凝结,冷凝液在吸液芯内流回热端,再从热流体处吸收热量而汽化。如此反复循环,热量便不断地从热流体传给冷流体。绝热段的作用是当热源与冷源隔开时,使管内的工作液不与外界进行热量交换。

热管换热器的传热特点是热量传递按汽化、蒸气流动和冷凝三步进行,由于汽化和冷凝的

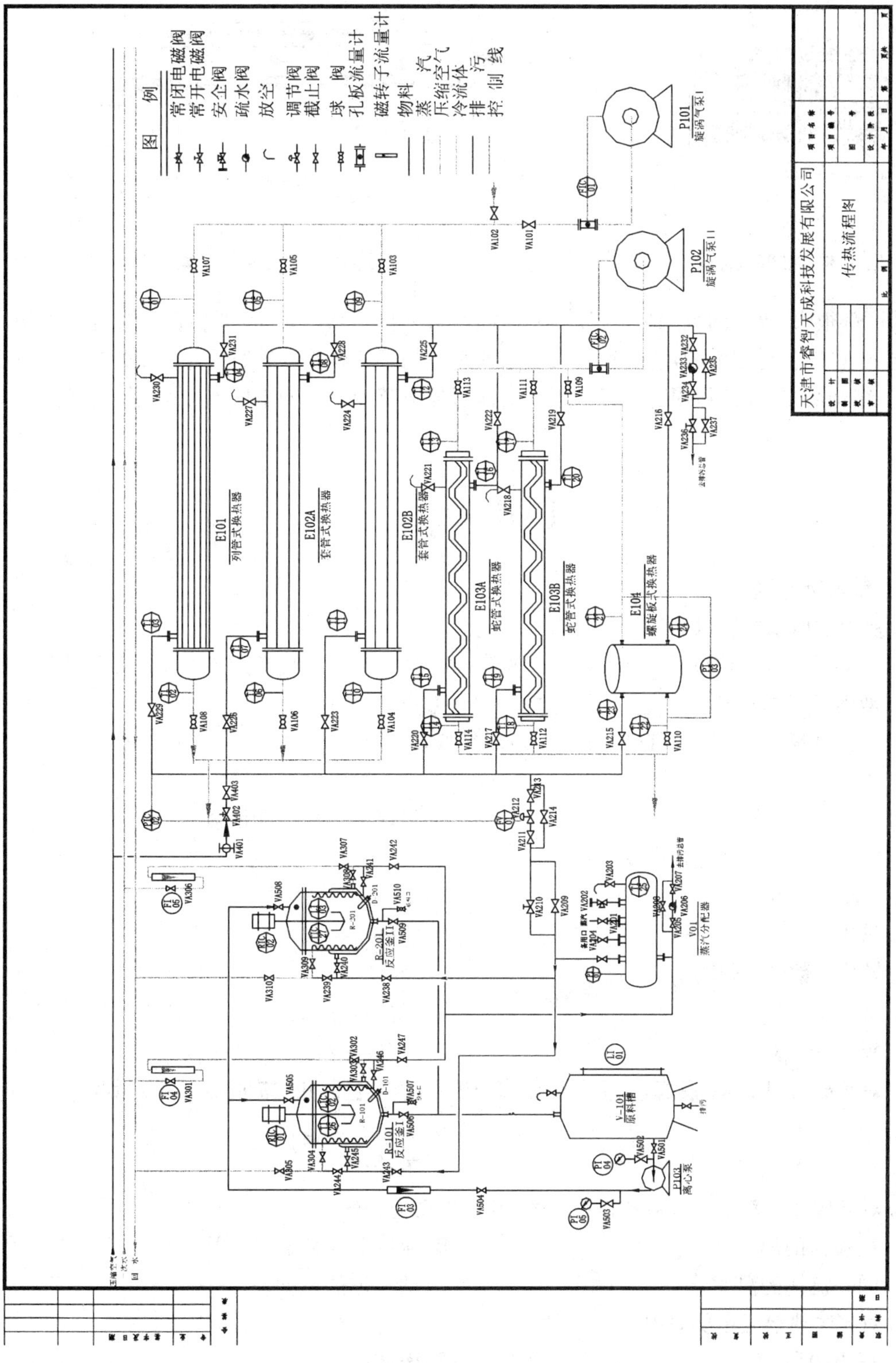

图 例

常闭电磁阀
常开电磁阀
安全阀
疏水阀
放空
调节阀
截止阀
球 阀
孔板流量计
磁转子流量计
物料
蒸 汽
压缩空气
冷流体
排 污
控 制 线

E101 列管式换热器
E102A 套管式换热器
E102B 套管式换热器
E103A 蛇管式换热器
E103B 蛇管式换热器
E104 螺旋板式换热器
R-101 反应釜I
R-201 反应釜II
V-101 原料槽
V01 蒸汽分配器
P101 旋涡气泵I
P102 旋涡气泵II
P103 离心泵

天津市睿智天成科技发展有限公司

传热流程图

图 3.29 换热器工艺流程

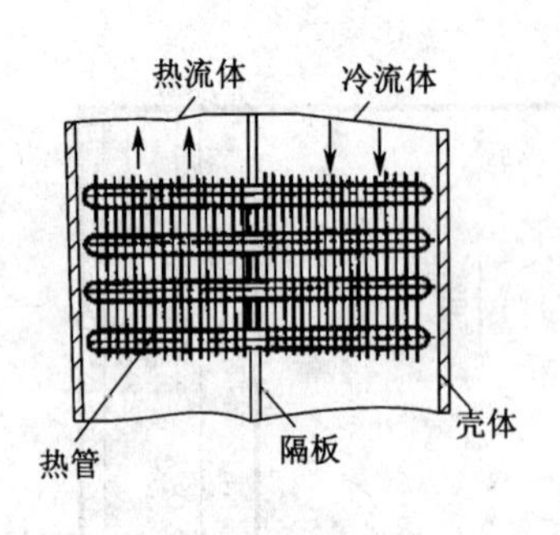

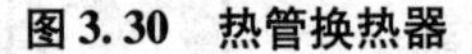
图3.30　热管换热器

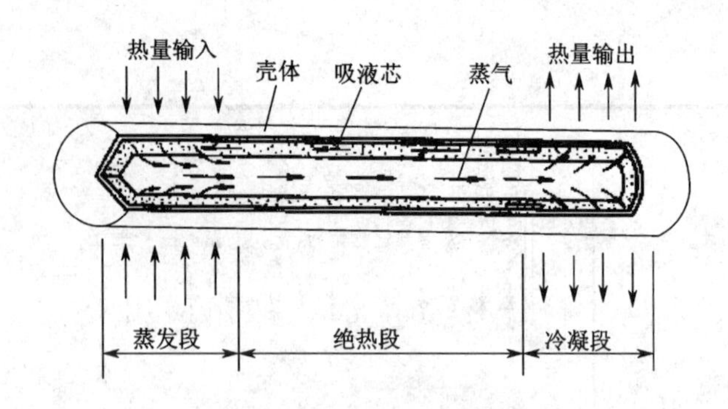

图3.31　热管结构示意

对流强度都很大,蒸气的流动阻力又较小,因此热管的传热热阻很小,即使在两端温度差很小的情况下,也能传递很大的热流量。因此,它特别适用于低温差传热的场合。热管换热器具有质量轻、结构简单、经济耐用、使用寿命长、工作可靠等优点,已应用于化工、电子、机械等工业部门中。

【知识检测】

一、单项选择题

1. 夏天电风扇之所以能解热是因为(　　)。

A. 它降低了环境温度　　B. 产生强制对流带走了人体表面的热量
C. 增强了自然对流　　D. 产生了导热

2. 蒸气中若含有不凝结气体,将(　　)凝结换热效果。

A. 大大减弱　　B. 大大增强
C. 不影响　　D. 可能减弱也可能增强

3. 翅片管换热器的翅片应安装在(　　)。

A. α 小的一侧　　B. α 大的一侧
C. 管内　　D. 管外

4. 导热系数的单位为(　　)。

A. W/(m · ℃)　　B. W/(m^2 · ℃)
C. W/(kg · ℃)　　D. W/(s · ℃)

5. 对间壁两侧流体一侧恒温、另一侧变温的传热过程,逆流和并流时 Δt_m 的大小为(　　)。

A. $\Delta t_{m逆} > \Delta t_{m并}$　　B. $\Delta t_{m逆} < \Delta t_{m并}$
C. $\Delta t_{m逆} = \Delta t_{m并}$　　D. 不确定

6. 对流传热速率等于系数乘以推动力,其中推动力是(　　)。

A. 两流体的温度差　　B. 流体温度和壁温度差
C. 同一流体的温度差　　D. 两流体的速度差

7. 对流给热热阻主要集中在(　　)。

A. 虚拟膜层　　B. 缓冲层

C. 湍流主体　　D. 层流内层

8. 对于间壁式换热器,流体的流动速度增大,其热交换能力将(　　)。

A. 减小　　B. 不变

C. 增大　　D. 不能确定

9. 对于列管式换热器,当壳体与换热管温度差(　　)时,产生的温度差应力具有破坏性,因此需要进行热补偿。

A. 大于 45 ℃　　B. 大于 50 ℃

C. 大于 55 ℃　　D. 大于 60 ℃

10. 多层串联平壁稳定导热,各层平壁的导热速率(　　)。

A. 不相等　　B. 不能确定

C. 相等　　D. 下降

11. 辐射和热传导、对流方式传递热量的根本区别是(　　)。

A. 有无传递介质　　B. 物体是否运动

C. 物体内分子是否运动　　D. A、B、C 均正确

12. 工业上采用翅片状的暖气管代替圆钢管,其目的是(　　)。

A. 增大热阻,减少热量损失　　B. 节约钢材

C. 增强美观　　D. 增大传热面积,提高传热效果

13. 工业生产中,沸腾传热应设法保持在(　　)。

A. 自然对流区　　B. 核状沸腾区

C. 膜状沸腾区　　D. 过渡区

14. 管壳式换热器启动时,首先通入的流体是(　　)。

A. 热流体　　B. 冷流体

C. 最接近环境温度的流体　　D. 任意流体

15. 管式换热器与板式换热器相比,(　　)。

A. 传热效率高　　B. 结构紧凑

C. 材料消耗少　　D. 耐压性能好

16. 化工厂常见的间壁式换热器是(　　)。

A. 固定管板式换热器　　B. 板式换热器

C. 釜式换热器　　D. 蛇管式换热器

17. 换热器经长时间使用须进行定期检查,检查内容不正确的是(　　)。

A. 外部连接是否完好　　B. 是否存在内漏

C. 对腐蚀性强的流体,要检测壁厚　　D. 检查传热面粗糙度

18. 换热器中冷物料出口温度升高,可能引起的原因有多个,除了(　　)。

A. 冷物料流量下降　　B. 热物料流量下降

C. 热物料进口温度升高　　D. 冷物料进口温度升高

19. 会引起列管式换热器冷物料出口温度下降的事故有(　　)。

A. 正常操作时,冷物料进口管堵　　B. 热物料流量太大

C. 冷物料泵坏　　D. 热物料泵坏

20. 可在器内设置搅拌器的是(　　)换热器。

A. 套管式　　B. 釜式　　C. 夹套式　　D. 热管

21. 空气、水、金属固体的导热系数分别为 λ_1、λ_2、λ_3，其大小顺序正确的是(　　)。

A. $\lambda_1 > \lambda_2 > \lambda_3$　　B. $\lambda_1 < \lambda_2 < \lambda_3$

C. $\lambda_2 > \lambda_3 > \lambda_1$　　D. $\lambda_2 < \lambda_3 < \lambda_1$

22. 冷、热流体在换热器中进行无相变逆流传热，换热器用久后形成污垢层，在同样的操作条件下，与无垢层相比，结垢后换热器的 K(　　)。

A. 变大　　B. 变小　　C. 不变　　D. 不确定

23. 利用水在逆流操作的套管式换热器中冷却某物料。要求热流体的进、出口温度及流量不变。今因冷却水进口温度升高，为保证完成生产任务，提高冷却水的流量，其结果是 Δt_m(　　)。

A. 增大　　B. 减小　　C. 不变　　D. 不确定

24. 利用水在逆流操作的套管式换热器中冷却某物料。要求热流体的温度 T_1、T_2 及流量 W_1 不变。今因冷却水进口温度 t_1 升高，为保证完成生产任务，提高冷却水的流量 W_2，其结果是(　　)。

A. K 增大，Δt_m 不变　　B. Q 不变，Δt_m 下降，K 增大

C. Q 不变，K 增大，Δt_m 不确定　　D. Q 增大，Δt_m 下降

25. 两种流体的对流传热膜系数分别为 α_1 和 α_2，当 $\alpha_1 \ll \alpha_2$ 时，欲提高总传热系数，关键在于提高(　　)的值。

A. α_1　　B. α_2

C. α_1 和 α_2　　D. 与两者无关

二、判断题

1. 物质的导热率均随温度的升高而增大。(　　)

2. 辐射不需要任何物质作媒介。(　　)

3. 浮头式换热器具有能消除热应力、便于清洗和检修方便的特点。(　　)

4. 多管程换热器的目的是强化传热。(　　)

5. 冷、热流体在换热时，并流时的传热温度差要比逆流时的传热温度差大。(　　)

6. 换热器投产时，先通入热流体，后通入冷流体。(　　)

7. 换热器冷凝操作应定期排放蒸气侧的不凝气体。(　　)

8. 热负荷是指换热器本身具有的换热能力。(　　)

9. 提高传热速率的最有效途径是增大传热面积。(　　)

10. 工业设备的保温材料，一般都是取导热系数较小的材料。(　　)

三、问答题

1. 用一列管式换热器来加热某溶液，加热剂为热水。拟定水走管程，溶液走壳程。已知溶液的平均比热容为 3.05 kJ/(kg·K)，进、出口温度分别为 35 ℃和 60 ℃，流量为 600 kg/h；水的进、出口温度分别为 90 ℃和 70 ℃。若不考虑热损失，试求热水的消耗量和该换热器的热负荷。

2. 在一釜式列管换热器中，用 280 kPa 的饱和水蒸气加热并汽化某液体(水蒸气仅放出冷凝潜热)。液体的比热容为 4.0 kJ/(kg·K)，进口温度为 50 ℃，沸点为 88 ℃，汽化潜热为 2 200 kJ/kg，流量为 1 000 kg/h。忽略热损失，求加热蒸汽消耗量。

3. 用一单壳程四管程的列管式换热器来加热某溶液,使其从 30 ℃升高至 50 ℃,加热剂则从 120 ℃下降至 45 ℃,试求换热器的平均温度差。

4. 在某列管式换热器中,管子为 ϕ25 mm × 2.5 mm 的钢管,管内外的对流传热系数分别为 200 W/(m^2 · K)和 2 500 W/(m^2 · K),不计污垢热阻,试求:

(1)此时的传热系数;

(2)将 α_i 提高 1 倍时(其他条件不变)的传热系数;

(3)将 α_o 提高 1 倍时(其他条件不变)的传热系数。

项目四　精馏塔操作技术

【知识目标】

掌握的内容:物料衡算的表示方法,理论板的含义及其求法,精馏段和提馏段操作线方程的表示方法,热状况参数的含义,回流比的含义;全回流、最小回流比、适宜回流比的表示方法,板式塔的有效高度,全塔效率和单板效率的表示方法,精馏装置的热量衡算。

熟悉的内容:平衡蒸馏和简单蒸馏的特点,蒸馏和精馏的特点,恒摩尔气流和恒摩尔液流的含义,填料塔的流体力学性能,雾沫夹带、液泛、漏液等异常现象的特点。

了解的内容:摩尔分数和质量分数的表示方法,沸点、泡点、露点等物性参数的含义,理想物系的含义,拉乌尔定律的含义;挥发度和相对挥发度的表示方法,恒沸精馏、萃取精馏、反应精馏和加盐精馏等特殊精馏的特点。

【能力目标】

会计算混合物的摩尔分数和质量分数,会计算混合液的挥发度和相对挥发度,认识精馏操作的组成及各部分的作用,会进行双组分物系全塔物料衡算,会进行精馏段、提馏段和 q 线、操作线方程的计算,认识原料的五种不同状况,能够判断进料热状况不同对精馏塔操作的影响,能够判断进料热状况对 q 线及操作线的影响,会运用逐板计算法求解理论板数,会运用图解法求解理论板数,会计算最小理论板数,能根据吉利兰图求解理论板数,能用简捷法求解理论板数,会进行塔高的计算,会进行板式塔的全塔效率和单板效率的计算,会进行精馏装置的热量衡算,认识板式塔的结构,认识塔板的类型,能够判断塔板上的气液两相接触状态,能够判断塔板上的异常操作现象,认识填料塔的结构,认识填料的类型,能够判断影响填料塔液泛的因素,会根据精馏操作情况判断影响因素,会进行精馏塔工艺参数的指标调节,会处理精馏操作中的常见异常现象。

任务1　认识蒸馏操作及其应用

1　蒸馏在化工生产中的应用

在化工生产过程中,常常需要对原料、中间产物或粗产物进行分离,以获得符合工艺要求的化工产品或中间产品。化工中常见的分离过程包括蒸馏、吸收、萃取、干燥及结晶等,其中蒸馏是分离液体混合物的典型单元操作,应用最为广泛。例如将原油蒸馏可得到汽油、煤油、柴油及重油等,将混合芳烃蒸馏可得到苯、甲苯及二甲苯等,将液态空气蒸馏可得到纯态的液氧和液氮等。可见蒸馏是均相液体混合物最常用且最重要的分离方法。

蒸馏分离是根据溶液中各组分挥发度(或沸点)的差异,使各组分得以分离。混合液中沸点低的组分易挥发,称为易挥发组分(或轻组分);混合液中沸点高的组分较难挥发,称为难挥发组分(或重组分)。例如,在容器中将苯和甲苯的溶液加热使之部分汽化,形成气液两相。当气液两相趋于平衡时,由于苯的挥发性能比甲苯强(即苯的沸点较甲苯低),气相中苯的含量必然较原来溶液的高，将蒸气引出并冷凝，即可得到苯含量较高的液体。而残留在容器中的液体，苯的含量比原来的溶液低，也即甲苯的含量比原来溶液的高。这样，溶液就得到了初步的分离。若多次进行上述分离过程，即可获得较纯的苯和甲苯。

应予指出，对均相混合物的分离条件是必须造成气液两相系统。

2　蒸馏操作的分类

工业上，蒸馏操作可按以下方法分类。

(1)按蒸馏操作方式，蒸馏可分为简单蒸馏、平衡蒸馏（闪蒸）、精馏和特殊精馏等。简单蒸馏和平衡蒸馏为单级蒸馏过程，常用于混合物中各组分的挥发度相差较大，对分离要求又不高的场合；精馏为多级蒸馏过程，适用于难分离物系或对分离要求较高的场合；特殊精馏适用于某些普通精馏难以分离或无法分离的物系。工业生产中以精馏的应用最为广泛。

(2)按物系中组分的数目，蒸馏可分为两组分精馏和多组分精馏。工业生产中，绝大多数为多组分精馏，但两组分精馏的原理及计算原则同样适用于多组分精馏，只是在处理多组分精馏过程时更为复杂些，因此常以两组分精馏为基础。

(3)按蒸馏操作流程，蒸馏可分为间歇蒸馏和连续蒸馏。间歇蒸馏具有操作灵活、适应性强等优点，主要应用于小规模、多品种或某些有特殊要求的场合；连续蒸馏具有生产能力大、产品质量稳定、操作方便等优点，主要应用于生产规模大、产品质量要求高的场合。间歇蒸馏为非稳态操作，连续蒸馏为稳态操作。

(4)按操作压力，蒸馏可分为加压、常压和减压蒸馏。常压下为气态（如空气、石油气）或常压下泡点为室温的混合物，常采用加压蒸馏；常压下泡点为室温至150 ℃的混合液，一般采用常压蒸馏；对于常压下泡点较高或热敏性混合物（高温下易发生分解、聚合等变质现象），宜采用减压蒸馏，以降低操作温度。

3　简单蒸馏与平衡蒸馏

在工业上最简单的蒸馏过程是简单蒸馏和平衡蒸馏，通常在混合液各组分挥发度相差较大、分离要求不高的场合采用。

3.1　简单蒸馏装置与流程

简单蒸馏又称微分蒸馏，是一种间歇、单级蒸馏操作。简单蒸馏是使混合液在蒸馏釜中逐渐受热汽化并不断将产生的蒸气引入冷凝器内冷凝，以达到混合液中各组分部分分离的方法。简单蒸馏装置与流程如图4.1所示。原料液一次性加入蒸馏釜中，通过间接加热使之部分汽化，产生的蒸气进入冷凝器中冷凝，冷凝液作为馏出液产品排入接收器中。随着蒸馏过程的进行，釜液中易挥发组分的含量不断降低，相应产生的气相组成（即馏出液组成）也随之下降，釜中液体的泡点则逐渐升高。通常馏出液平均组成或釜液组成降低至某

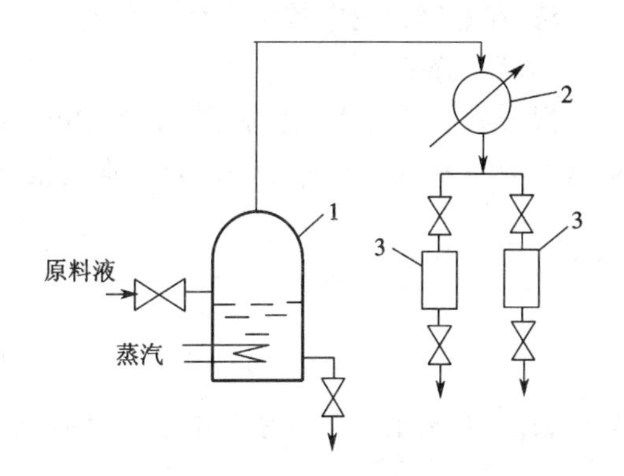

图4.1　简单蒸馏装置与流程

1—蒸馏釜　2—冷凝器　3—接收器

规定值后，即停止蒸馏操作。在一批操作中，馏出液可分段收集，以得到不同组成的馏出液。简单蒸馏是非定态操作过程，釜液温度和组成随时间而变。简单蒸馏适用于混合液中组分的沸点相差较大而分离要求不高的初步分离。

3.2 平衡蒸馏装置与流程

平衡蒸馏又称闪急蒸馏，简称闪蒸，是一种单级蒸馏操作。此种操作既可以间歇又可以连续方式进行。平衡蒸馏是使液体混合物在蒸馏釜内部汽化，并使气液两相达到平衡状态，而将气液两相分离的过程。连续操作的平衡蒸馏装置与流程如图 4.2 所示。被分离的混合液先经加热器加热，使之温度高于分离器压力下料液的泡点，然后通过减压阀使之压力降低后进入分离器。过热的液体混合物在分离器中部分汽化，将平衡的气液两相分别从分离器的顶部和底部引出，即实现了混合液的初步分离。通常分离器也称闪蒸罐。

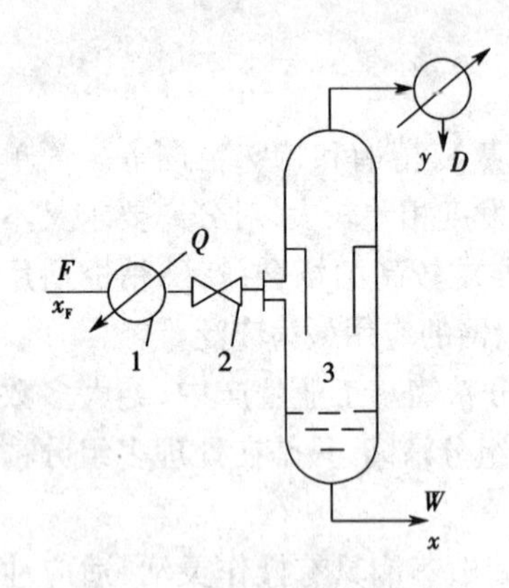

图 4.2 平衡蒸馏装置与流程

1—加热器 2—减压阀 3—分离器

任务 2 精馏操作的基础知识

1 蒸馏与精馏

1.1 相组成的表示方法

蒸馏操作是气液两相间的传质过程，气液两相达到平衡状态是传质过程的极限。因此，气液平衡关系是分析蒸馏原理、解决蒸馏计算的基础。

为了便于理解气液平衡，这里先介绍相组成的表示法。对于混合物中相的组成有多种表示方法，在蒸馏讨论中常用的有以下两种。

1）摩尔分率

混合物中某组分的摩尔数与混合物的总摩尔数的比值称为该组分摩尔分率。若混合物的总摩尔数为 n，对两组分（A 和 B）的混合液，则有

$$x_A = \frac{n_A}{n} \tag{4.1.1a}$$

$$x_B = \frac{n_B}{n} \tag{4.1.1b}$$

显然，任一组分的摩尔分率都小于 1，各组分的摩尔分率之和等于 1，即

$$x_A + x_B = 1$$

摩尔分率乘以 100% 即得摩尔百分率。

式中 n_A、n_B——A、B 组分的摩尔数，kmol；

x_A、x_B——A、B 组分的摩尔分率。

2）质量分率

混合物中某组分的质量与混合物的总质量的比值称为该组分的质量分率。若混合物的总质量为 m，对两组分（A 和 B）的混合液，则有

$$a_A = \frac{m_A}{m} \tag{4.1.2a}$$

$$a_B = \frac{m_B}{m} \tag{4.1.2b}$$

显然，任一组分的质量分率都小于 1，各组分的质量分率之和等于 1，即

$$a_A + a_B = 1$$

质量分率乘以 100% 即得质量百分率。

式中　m_A、m_B——A、B 组分的质量，kg；

a_A、a_B——A、B 组分的质量分率。

3）质量分率和摩尔分率的换算关系（以 A 组分为例）

$$x_A = \frac{a_A/M_A}{a_A/M_A + a_B/M_B} \tag{4.1.3}$$

$$a_A = \frac{x_A M_A}{x_A M_A + x_B M_B} \tag{4.1.4}$$

式中　M——组分的摩尔质量，kg/kmol。

1.2　两组分理想物系的气液平衡

所谓理想物系是指液相和气相应符合以下条件。

液相为理想溶液，遵循拉乌尔定律。

气相为理想气体，遵循道尔顿分压定律。当总压不太高（一般不高于 10^4 kPa）时气相可视为理想气体。

理想物系的相平衡是相平衡关系中最简单的模型。严格地讲，理想溶液并不存在，但对于由化学结构相似、性质极相近的组分组成的物系，如苯－甲苯、甲醇－乙醇、常压及 150 ℃以下的各种轻烃的混合物，可近似按理想物系处理。

1）温度－组成（$t-x-y$）图

用相图来表达气液平衡关系较为清晰直观，尤其对两组分蒸馏的气液平衡关系的表达更为方便，影响蒸馏的因素可在相图上直接反映出来。蒸馏中常用的相图为恒压下的温度－组成图及气相－液相组成图。

蒸馏一般在恒定的压力下进行，溶液的平衡温度随组成而变，溶液的平衡温度－组成图是分析蒸馏原理的理论基础。

将平衡温度与液（气）相的组成关系标绘成曲线图，该曲线图即为温度－组成图（或 $t-x-y$ 图）。

图 4.3 所示为总压 101.3 kPa 下，苯－甲苯混合液的平衡温度－组成图。图中以 x（或 y）为横坐标，以 t 为纵坐标。图中有两条曲线，上方的曲线为 $t-y$ 线，表示混合液的平衡温度 t 与气相组成 y 之间的关系，称为饱和蒸气线或露点线；下方的曲线为 $t-x$ 线，表示混合液的平

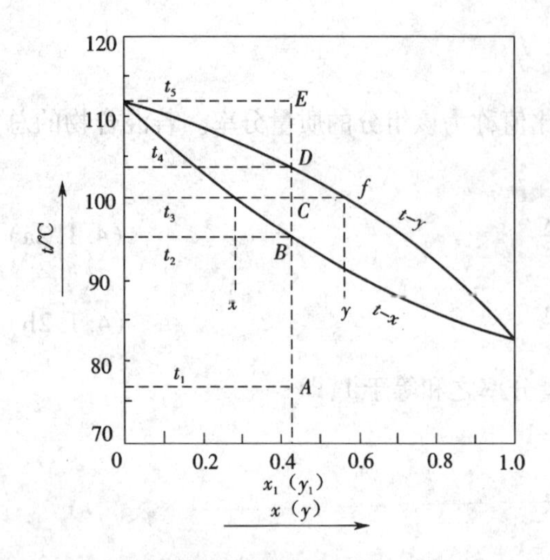

图 4.3 苯-甲苯混合液的 $t-x-y$ 图

衡温度 t 与液相组成 x 之间的关系,称为饱和液体线或泡点线。上述的两条曲线将 $t-x-y$ 图分成三个区域。饱和液体线以下的区域代表未沸腾的液体,称为液相区;饱和蒸气线上方的区域称为过热蒸气区;两条曲线包围的区域表示气液两相同时存在,称为气液共存区。

在恒定的压力下,若将温度为 t_1、组成为 x_1(图中点 A)的混合液加热,当温度升高到 t_2(点 B)时,溶液开始沸腾,此时产生第一个气泡,该温度即为泡点温度 t_B。继续升温到 t_3(点 C)时,气液两相共存,其气相组成为 y、液相组成为 x,两相互成平衡。同样,若将温度为 t_5、组成为 y_1(点 E)的过热蒸气冷却,当温度降到 t_4(点 D)时,过热蒸气开始冷凝,此时产生第一个液滴,该温度即为露点温度 t_D。继续降温到 t_3(点 C)时,气液两相共存。

由图 4.3 可见,气液两相呈平衡时,气液两相的温度相同,但气相组成(易挥发组分)大于液相组成;气液两相组成相同时,露点温度总是高于泡点温度。

2) $x-y$ 图

$x-y$ 图直观地表达了在一定压力下,处于平衡状态的气液两相组成的关系,在蒸馏计算中应用最为普遍。

图 4.4 所示为总压 101.3 kPa 下,苯-甲苯混合液的 $x-y$ 图。图中以 x 为横坐标,y 为纵坐标。图中的曲线代表液相组成和与之平衡的气相组成间的关系,称为平衡曲线。若已知液相组成 x_1,可由平衡曲线得出与之平衡的气相组成 y_1,反之亦然。图中的直线为对角线 $x=y$,作为计算时的辅助线。对于理想溶液,达到平衡时,气相中易挥发组分的浓度 y 总是大于液相的浓度 x,故平衡线位于对角线上方。平衡线偏离对角线愈远,表示该溶液愈易分离。

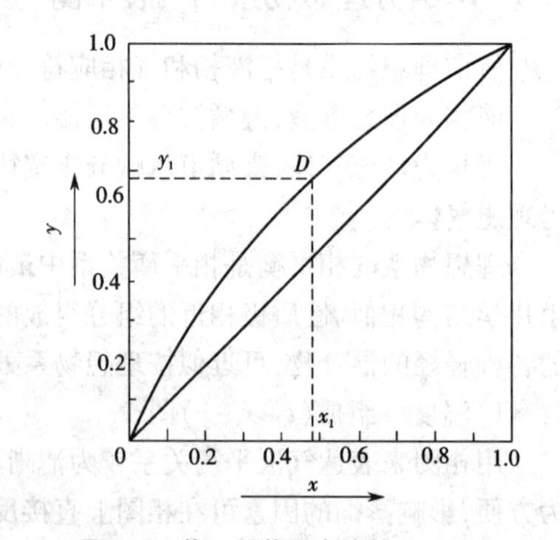

图 4.4 苯-甲苯混合液的 $x-y$ 图

$x-y$ 图还可通过 $t-x-y$ 图作出。常见两组分物系常压下的平衡数据由实验测定,可从理化手册中查得。

1.3 气液平衡的关系式

1.3.1 泡点方程

理想溶液的气液平衡关系遵循拉乌尔定律。在一定的温度下,气液两相达到平衡时,气相中组分的分压等于该组分在同温度下的饱和蒸气压与其在溶液中的摩尔分率的乘积。

对两组分物系,有

$$p_A = p_A^0 x_A \tag{4.1.5}$$

$$p_B = p_B^0 x_B = p_B^0 (1 - x_A) \tag{4.1.6}$$

式中　x——溶液中组分的摩尔分率；

p——溶液上方组分的平衡分压，Pa；

p^0——同温度下纯组分的饱和蒸气压，Pa。

下标 A 表示易挥发组分，B 表示难挥发组分。

式(4.1.5)所示的关系称为拉乌尔定律。纯组分的饱和蒸气压是温度的函数，通常可用安托尼方程计算，也可直接从理化手册中查得。

当外压不太高时理想物系气相服从道尔顿分压定律，即总压等于各组分分压之和。则

$$p = p_A + p_B \tag{4.1.7}$$

或

$$p = p_A^0 x_A^0 + p_B^0 (1 - x_A)$$

整理上式得到

$$x_A = \frac{p - p_B^0}{p_A^0 - p_B^0} \tag{4.1.8}$$

式(4.1.8)表示气液平衡时液相组成与平衡温度之间的关系，称为泡点方程。

气相组成可表示为

$$y_A = \frac{p_A}{p} \tag{4.1.9}$$

或

$$y_A = \frac{p_A^0}{p} x_A$$

将式(4.1.8)代入式(4.1.9)，可得

$$y_A = \frac{p_A^0}{p} \frac{p - p_B^0}{p_A^0 - p_B^0} \tag{4.1.10}$$

式(4.1.10)表示气液平衡时气相组成与平衡温度之间的关系，称为露点方程。气液平衡时，露点温度等于泡点温度。

在一定的压强下，对两组分理想溶液，只要已知平衡温度和纯组分的饱和蒸气压，根据泡点方程和露点方程，即可求得平衡时的气液相组成。当压强和温度一定时，气液两相中各组分的浓度为定值。

1.3.2　以相对挥发度表示的气液平衡方程

蒸馏的基本依据是混合液中各组分挥发度的差异。要引出以相对挥发度表示的气液平衡方程，应首先介绍挥发度的概念。挥发度表示物质(组分)挥发的难易程度。在同一温度下，蒸气压愈大，挥发性愈大。

在一定的温度下，气液两相达到平衡时，组分在气相中的分压与其在液相中的摩尔分率的比值，称为该组分的挥发度。纯液体的挥发度可以用一定温度下该液体的饱和蒸气压表示。

对两组分(A 和 B)混合液有

$$v_A = \frac{p_A}{x_A} \tag{4.1.11}$$

$$v_B = \frac{p_B}{x_B} \tag{4.1.12}$$

式中　v——组分的挥发度，kPa。

对于理想溶液，因符合拉乌尔定律，则有

$$v_A = p_A^0$$

$$v_B = p_B^0$$

以上关系表明各组分的挥发度等于相应温度下的饱和蒸气压。

因挥发度表示某组分挥发能力的大小，随温度而变，在使用上不太方便，故引出相对挥发度的概念。

混合液中两组分的挥发度之比，称为相对挥发度。对多组分物系，习惯上将易挥发组分的挥发度与难挥发组分的挥发度相比。即

$$\alpha = \frac{v_A}{v_B} = \frac{p_A/x_A}{p_B/x_B} \tag{4.1.13}$$

对于理想物系，气相遵循道尔顿分压定律，则上式可表示为

$$\alpha = \frac{py_A/x_A}{py_B/x_B} = \frac{y_A x_B}{y_B x_A} \tag{4.1.14}$$

通常将式(4.1.14)称为相对挥发度的定义式。对理想溶液，则有

$$\alpha = \frac{p_A^0}{p_B^0} \tag{4.1.15}$$

式(4.1.15)表明，理想溶液的相对挥发度等于同温度下两组分的饱和蒸气压之比。

由于p_A^0与p_B^0随温度而变，因而α也会有所变化；但α值变化不大时，计算中一般可将α取作常数或取操作温度范围内的平均值。

对于两组分溶液，当总压不高时，由式(4.1.14)经整理（略去下标）可得

$$y = \frac{\alpha x}{1 + (\alpha - 1)x} \tag{4.1.16}$$

式(4.1.16)即为以相对挥发度表示的气液平衡方程。在蒸馏的分析和计算中，常用该式表示气液平衡关系。相对挥发度值通常由实验测定。

根据相对挥发度α值的大小可判断某混合液是否能用一般蒸馏方法分离及分离的难易程度。若$\alpha > 1$，则$y > x$，表示组分 A 较 B 容易挥发，α值偏离 1 的程度愈大，挥发度差异愈大，混合液愈容易分离；若$\alpha = 1$，由式(4.1.16)可知，$y = x$，此时不能用普通蒸馏方法分离，需要采用特殊精馏或其他分离方法。

1.4　精馏及其原理

平衡蒸馏和简单蒸馏为单级分离过程，仅对液体混合物进行一次部分汽化和冷凝，采用这两种单级分离过程，只能使液体混合物得到有限的分离，很难得到纯度较高的产品，并且，如果混合物中各组分的挥发能力相差不大时，更是无法达到满意的分离效果。若要使液体混合物得到几乎完全的分离，必须进行多次部分汽化和冷凝，该过程为精馏。精馏是利用均相液体混合物中各组分挥发能力的差异，借助回流技术实现混合物高纯度分离的多级分离操作，是工业上广泛采用的一种液体混合物的分离方法。

精馏过程原理可用$t-x-y$图来说明。如图 4.5 所示，将组成为x_F、温度为t_F的某混合液加热至泡点以上，则该混合物被部分汽化，产生气液两相，其组成分别为y_1和x_1，此时$y_1 > x_F >$

x_1。将气液两相分离，并将组成为 y_1 的气相混合物进行部分冷凝，则可得到组成为 y_2 的气相和组成为 x_2 的液相。若再将组成为 y_2 的气相进行部分冷凝，又可得到组成为 y_3 的气相和组成为 x_3 的液相，显然 $y_3 > y_2 > y_1$。如此进行下去，最终在气相中即可获得高纯度的易挥发组分产品。同时，若将组成为 x_1 的液相进行加热升温使其部分汽化，则可得到组成为 y_2' 的气相和组成为 x_2' 的液相；若再将组成为 x_2' 的液相部分汽化，又可得到组成为 y_3' 的气相和组成为 x_3' 的液相，显然 $x_3' < x_2' < x_1'$。如此进行下去，最终在液相中可获得高纯度的难挥发组分产品。

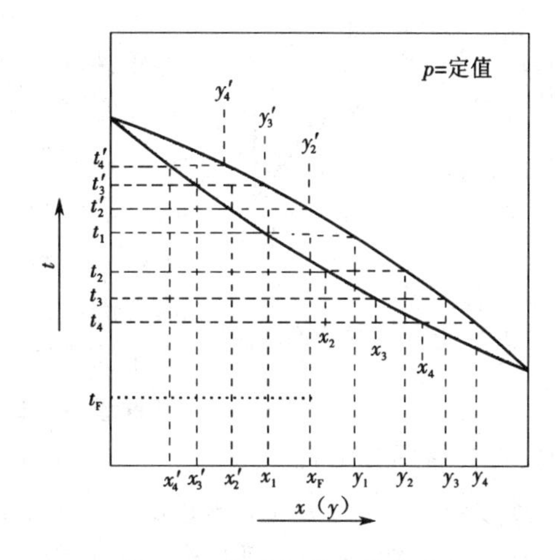

图 4.5　多次部分汽化和冷凝

由此可见，液体混合物经多次部分汽化和冷凝后，便可得到几乎完全的分离，这就是精馏过程的基本原理。

显然，上述重复的单级操作所需设备庞杂，能量消耗大，而且因产生中间馏分使产品收率降低。实际生产中的精馏过程是在精馏塔内进行的，即在精馏塔内将部分冷凝过程和部分汽化过程有机结合而实现的。

2　精馏操作工艺流程的描述

2.1　精馏塔模型

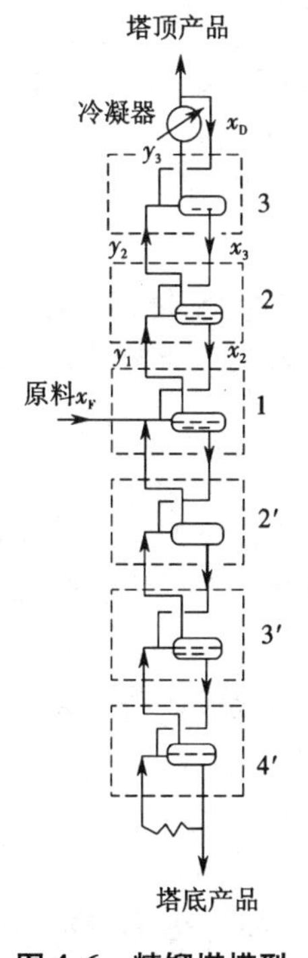

图 4.6　精馏塔模型

图 4.6 所示为精馏塔模型。在精馏塔内通常装有一些塔板或一定高度的填料，前者称为板式塔，后者则称为填料塔。现以板式塔为例，说明在塔内进行的精馏过程。

图 4.7 所示为精馏塔中任意第 n 层塔板上的操作情况。在塔板上设置升气道（筛孔、泡罩或浮阀等），由下层塔板（$n+1$ 板）上升的蒸气通过第 n 板的升气道；而上层塔板（$n-1$ 板）上的液体通过降液管下降到第 n 板上，在该板上横向流动而流入下一层板。蒸气鼓泡穿过液层，与液相进行热量和质量的交换。

设进入第 n 板的气相组成和温度分别为 y_{n+1} 和 t_{n+1}，液相组成和温度分别为 x_{n-1} 和 t_{n-1}，且 t_{n+1} 大于 t_{n-1}，x_{n-1} 大于与 y_{n+1} 呈平衡的液相组成 x_{n+1}。由于两者互不平衡，因此组成为 y_{n+1} 的气相与组成为 x_{n-1} 的液相在第 n 层上接触时由于存在温度差和浓度差，气相发生部分冷凝，因难挥发组分更易冷凝，故气相中部分难挥发组分冷凝后进入液相；同时液相发生部分汽化，因易挥发组分更易汽化，故液相中部分易挥发组分汽化后进入气相。其结果是离开第 n 板的气相中易挥发组分的组成较进入该板时增高，即 $y_n > y_{n+1}$，而离开该板的液相中易挥发组分的组成较进入该板时降低，即 $x_n < x_{n-1}$。由此可见，气体通过一层塔板，即进行了一次部分汽化和一次部分冷凝过程。当它们经过多层塔板后，则进

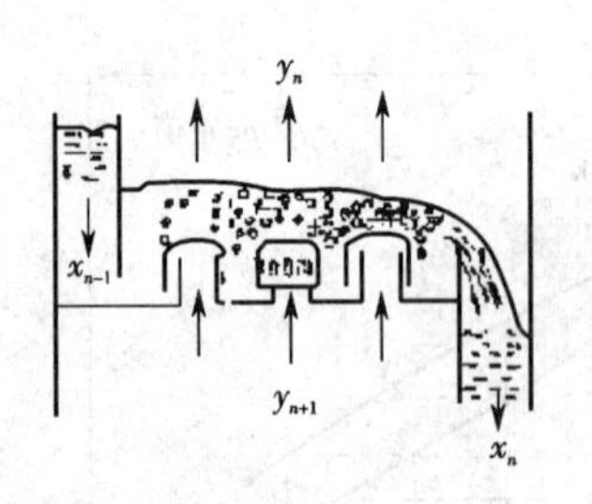

图 4.7　塔板上的操作情况

行了多次部分汽化和多次部分冷凝过程，最后在塔顶气相中获得较纯的易挥发组分，在塔底液相中获得较纯的难挥发组分，从而实现了液体混合物的分离。

在每层塔板上所进行的热量交换和质量交换是密切相关的，气液两相温度差越大，则所交换的质量越多。气液两相在塔板上接触后，气相温度降低，液相温度升高，液相部分汽化所需要的潜热恰好等于气相部分冷凝所放出的潜热，故每层塔板上不需设置加热器和冷凝器。通常原料液是从塔中间的某一位置进入，并与塔内的气液相混合，此进料位置是通过计算确定的（将在后面介绍）。

还应指出，塔板是气液两相进行传热与传质的场所，每层塔板上必须有气相和液相流过。为实现上述操作，必须从塔顶引入下降液流（即回流液）和从塔底产生上升蒸气流，以建立气液两相体系。因此，塔顶液体回流和塔底上升蒸气流是精馏过程连续进行的必要条件。回流是精馏与普通蒸馏的本质区别。

2.2　精馏操作流程

由精馏原理可知，只有精馏塔尚不能完成精馏操作，还必须同时有塔底再沸器和塔顶冷凝器，有时还配有原料预热器、回流液泵等附属设备。塔顶冷凝器的作用是提供塔顶馏出液产品以及保证塔顶有一定量的回流液，塔底再沸器的作用是提供一定量的上升蒸气流，精馏塔的作用是提供气液两相接触进行传热和传质的场所。精馏过程根据操作方式的不同，可分为连续精馏和间歇精馏两种流程。

2.2.1　连续精馏操作流程

图 4.8 所示为典型的连续精馏操作流程。操作时，原料液连续地加入精馏塔内。从再沸器不断地取出部分液体作为塔底产品（称为釜残液）；部分液体被汽化，产生上升蒸气，依次通过各层塔板。塔顶蒸气进入冷凝器被全部冷凝，将部分冷凝液用泵（或借重力作用）送回塔顶作为回流液体；其余部分作为塔顶产品（称为馏出液）采出。

通常，将原料液加入的那层塔板称为进料板。在进料板以上的塔段，称为精馏段，其作用是逐板提高上升蒸气中易挥发组分的浓度。进料板以下的塔段（包括进料板），称为提馏段，其作用是逐板降低下降的液体中易挥发组分的浓度。

2.2.2　间歇精馏操作流程

图 4.9 所示为间歇精馏操作流程。其与连续精馏的不同之处是：原料液一次加入精馏塔中，因而间歇精馏塔只有精馏段而无提馏段。在操作中，由于釜液的浓度不断变化，故产品的组成也逐渐降低。当釜液组成达到规定组成后，精馏操作即停止。

有时在塔底安装蛇管以代替再沸器。塔顶回流液也可依靠重力作用直接流入塔内而省去回流液泵。

3　板式精馏塔的主要结构及类型

化工、石油等工业部门常用塔设备来完成气－液和液－液两相间的传质和传热过程。塔设备是石油化工生产中不可缺少的大型设备，随着化工生产规模的增大，塔设备也越来越大，

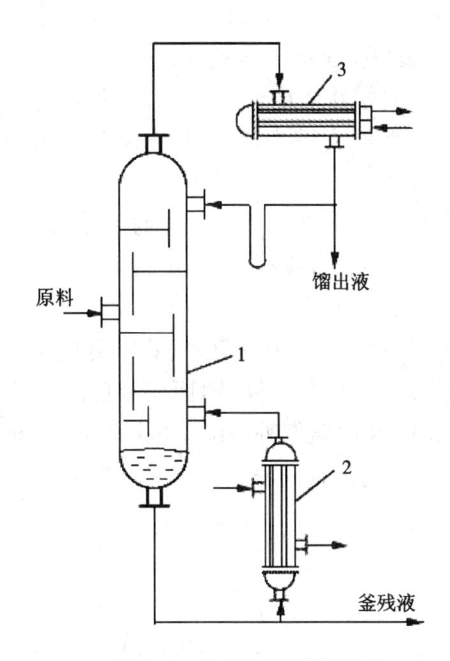

图 4.8 连续精馏操作流程

1—精馏塔 2—再沸器 3—冷凝器

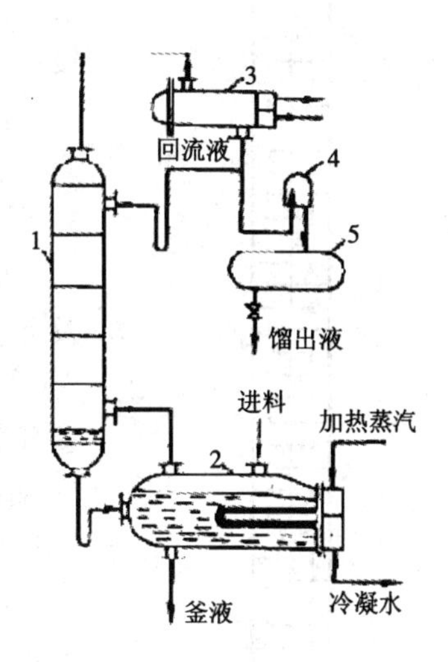

图 4.9 间歇精馏操作流程

1—精馏塔 2—再沸器 3—冷凝器

4—观察罩 5—贮槽

它的高度可以达到数十米甚至百米,质量可达数百吨。

3.1 塔设备的分类

塔设备的种类很多,为了便于比较和选型,必须对塔设备进行分类,常见的分类方法如下。

按操作压力分,有加压塔、常压塔及减压塔。

按单元操作分,有精馏塔、吸收塔、解吸塔、萃取塔、反应塔、干燥塔等。

按内件结构分,有板式塔、填料塔。

板式塔是一种阶段接触式的气液传质设备。塔内以塔板为基本构件,气体自塔底以鼓泡或喷射的形式穿过塔板上的液层,使气－液相密切接触而进行传质、传热,两相的浓度呈阶梯式变化。板式塔的优点是处理量大、效率高、质量轻、清理检修方便,可以满足化工工艺上诸如加热、中间冷却或中间提馏等的特殊要求。同填料塔相比,板式塔的压降大,结构复杂,目前化工、石油生产中以板式塔的使用居多。本项目重点介绍板式塔,填料塔的基本情况将放在吸收操作技术中介绍。

3.2 板式精馏塔的主要结构

板式塔早在1813年已应用于工业生产中,目前是应用范围最广、使用量最大的气液传质设备。板式塔内沿塔高装有一定数量的塔板,操作时,塔内液体依靠重力作用,自塔顶沿上层塔板的降液管流到下层塔板的受液盘,然后横向流过塔板,从另一侧的降液管流至下一层塔板,并在每层塔板上保持一定高度的液层,最后由塔底排出。气体则在压力差的推动下,自下而上穿过各层塔板的升气道(泡罩、筛孔或浮阀等),分散成小股气流,鼓泡通过各层塔板的液

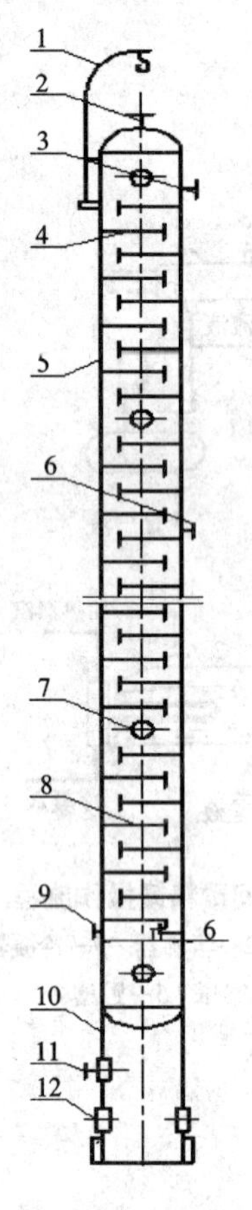

图 4.10　板式塔

1—吊柱　2—气体出口
3—回流液入口　4—精馏段塔盘
5—壳体　6—料液进口　7—人孔
8—提馏段塔盘　9—气体入口
10—裙座　11—釜液出口
12—出入口

层，在液层中气液两相充分接触，进行传质和传热，最后由塔顶排出。在整个板式塔中，气液两相总体上呈逆流流动，以提供最大的传质推动力。由于气液两相在塔内逐级接触，两相的组成沿塔高呈阶梯式变化，故也称板式塔为逐级接触式气液传质设备。

由图 4.10 可见，板式塔除了各种内件之外，均由塔体、支座、人孔或手孔、除沫器、接管、吊柱及扶梯、操作平台等组成。

3.2.1　塔体

塔体即塔设备的外壳，常见的塔体由等直径、等厚度的圆筒及上下封头组成。塔设备通常安装在室外，因而塔体除了要承受一定的操作压力（内压或外压）、温度外，还要考虑风载荷、地震载荷、偏心载荷。此外还要满足在试压、运输及吊装时的强度、刚度及稳定性要求。

3.2.2　支座

塔体支座是塔体与基础的连接结构。因为塔设备较高、重量较大，为保证其有足够的强度及刚度，通常采用裙式支座。

3.2.3　塔内部件

塔内部件主要指塔盘结构，板式塔的塔盘分为溢流式和穿流式两类，二者之间的区别就在于溢流式塔盘有降液管，而穿流式塔盘上的气液两相同时通过塔盘上的孔道流动，考虑到溢流式塔盘是化工厂的主要使用形式，后面主要介绍溢流式塔盘结构。

溢流式塔盘由塔板、降液管、受液盘、溢流堰及除沫装置等构成。

1）塔盘的分类

塔盘按结构特点可分为整块式塔盘和分块式塔盘。当塔径 $DN \leqslant 700$ mm 时，采用整块式塔盘；当塔径 $DN \geqslant 800$ mm 时，宜采用分块式塔盘。

Ⅰ. 整块式塔盘

整块式塔盘的塔体由若干个塔节组成，每个塔节安装若干层塔板，塔节之间用法兰连接。整块式塔盘分为定距管式及重叠式两种。最常采用的定距管式塔盘结构如图 4.11 所示。这种结构用定距管和拉杆将塔盘紧固在塔节内的支座上，定距管起支撑塔盘和保持塔板间距的作用。

重叠式塔盘结构如图 4.12 所示。重叠式塔盘是在每一塔节的下部焊有一组支座，底层塔盘安置在塔内壁的支座上，然后依次装入上一层塔盘，塔盘间距由焊在塔盘下的支柱保证，并用调节螺钉来调整塔盘的水平度。塔盘与塔壁之间的缝隙，以软质填料密封后通过压板及压圈压紧。

塔盘与塔壁的间隙以软质填料密封，并用压圈压紧，常用的密封结构如图 4.13 所示。

几种常见的塔板结构如图 4.14 所示，(a)、(b)为角焊结构，(c)、(d)为翻边结构。

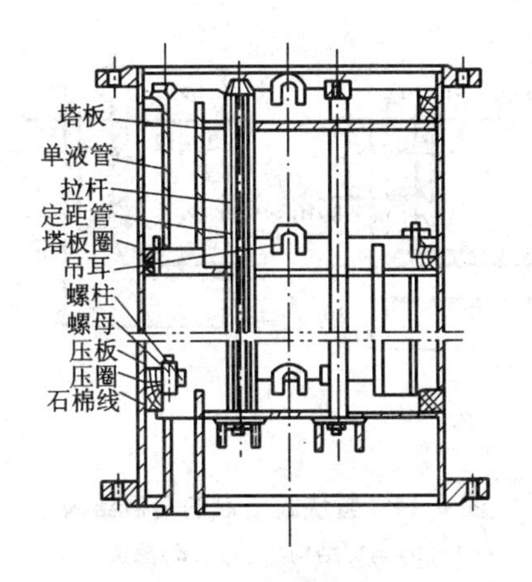

图 4.11　定距管式塔盘结构

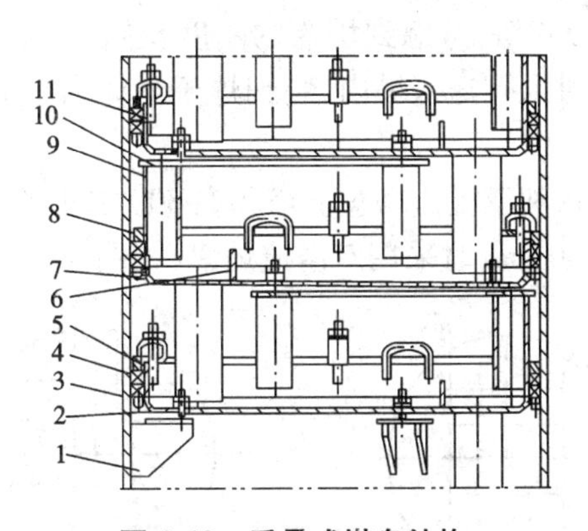

图 4.12　重叠式塔盘结构

1—支座　2—调节螺钉　3—圆钢圈　4—密封填料　5—塔盘圈
6—溢流堰　7—塔盘板　8—压圈　9—支柱　10—支撑板　11—压紧装置

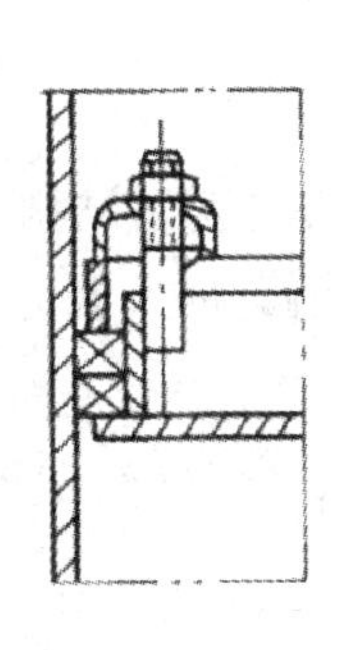

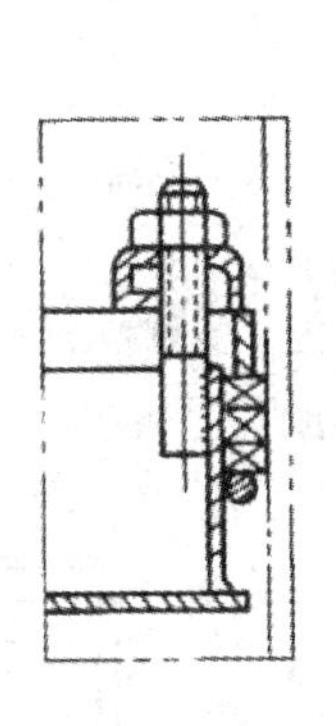

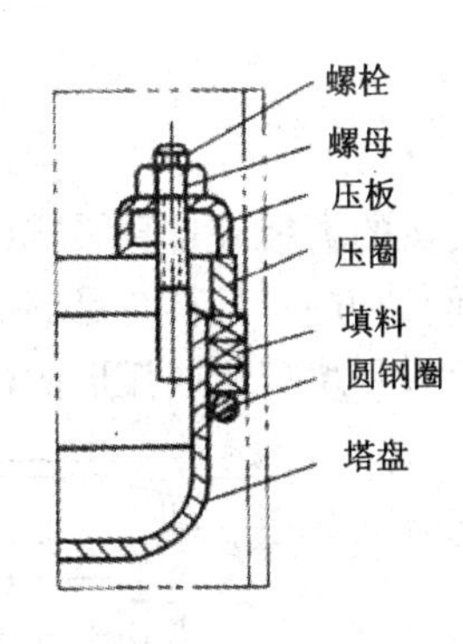

图 4.13　密封结构

塔节的长度与塔径大小有关，当塔径为 300 ~500 mm 时，只能伸入手臂安装，塔节长度以 800 ~1 000 mm 为宜。当塔径为 600 ~ 700 mm 时，可将上身伸入塔内安装，塔节长度可为 1 200 ~1 500 mm。当塔径大于 800 mm 时，人可进入塔内安装，但由于受拉杆长度和塔节内塔板数限制，塔节长度不应超过 2 500 ~3 000 mm。

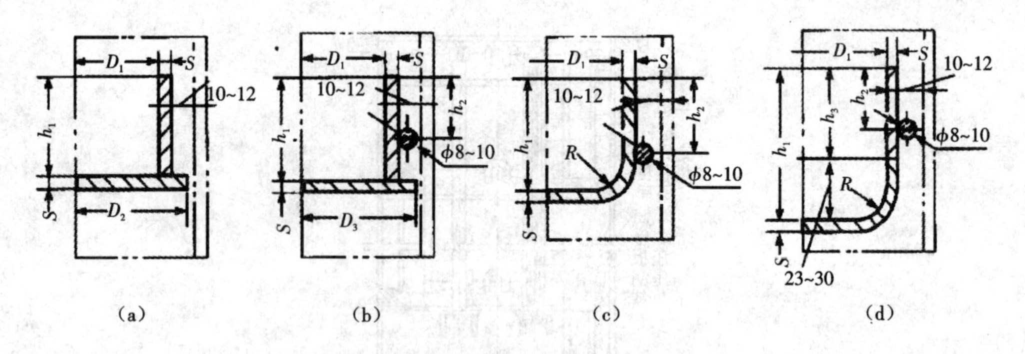

图 4.14　整块式塔盘的塔板结构

(a)、(b)角焊结构　(c)、(d)翻边结构

Ⅱ.分块式塔盘

塔径在 900 mm 以上的板式塔,考虑到塔盘的刚度及制造、安装等要求,多采用分块式塔盘,即将塔盘做成数块,并通过人孔送入塔内,装到焊于塔体内壁的固定件上。塔体为焊制圆筒,不分塔节。

分块式塔盘分单溢流塔盘和双溢流塔盘。塔径在 800 ~ 24 000 mm 时用单溢流塔盘,如图 4.15(a)所示。塔径大于 2 400 mm 时采用双溢流塔盘,如图 4.15(b)所示。

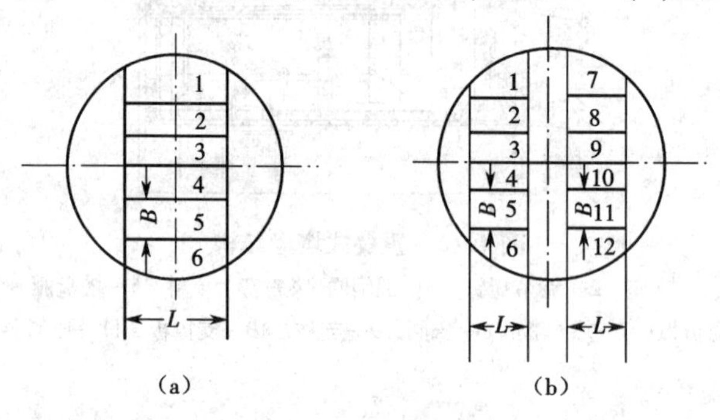

图 4.15　分块式塔盘

(a)单溢流塔盘　(b)双溢流塔盘

分块式塔盘的塔板有自身梁式(图 4.16(a))和槽式(图 4.16(b))两种结构,它们的特点是结构简单,制造方便,且具有足够的刚度。为了进行塔内安装和检修,使人能进入各层塔盘,在塔盘上还设有一块矩形或弧形的内部通道板。

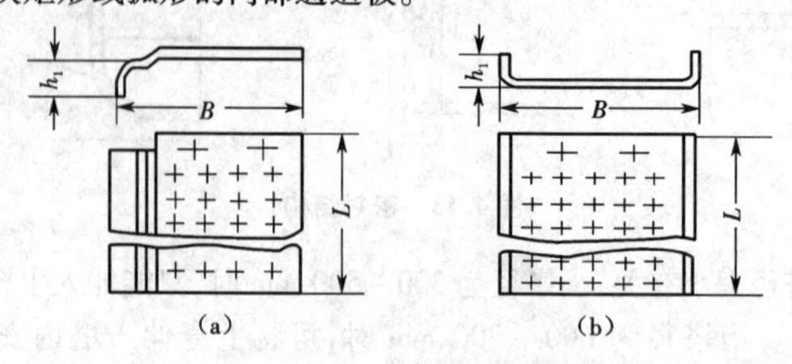

图 4.16　分块式塔盘的塔板

(a)自身梁式塔板　(b)槽式塔板

分块式塔盘塔板的连接分为上可拆连接(图4.17)和上下可拆连接(图4.18)两种。常用的紧固件为螺栓和椭圆形垫板。

另一种塔板连接结构是采用楔形紧固件,如图4.19所示。塔板与支持圈的连接一般用卡板,如图4.20所示。

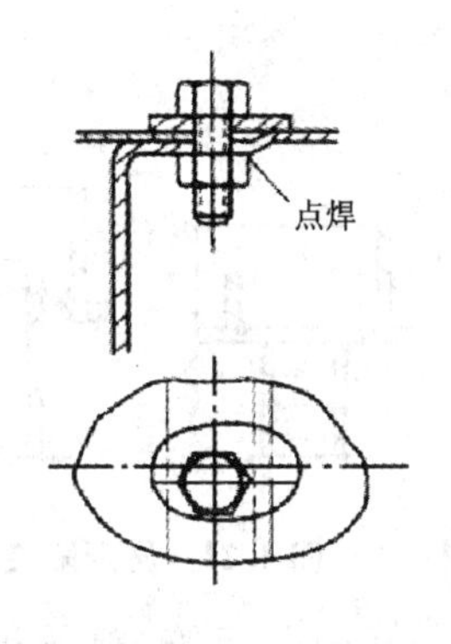

图4.17 上可拆连接结构

2)降液管

降液管的作用,是使夹带气泡的液流进入降液管后具有足够的分离空间,能将气泡分离出来,从而仅有清液流往下层塔盘。

降液管按结构形式可分为圆形降液管和弓形降液管两类 。图4.21为圆形降液管,图4.22为弓形降液管。圆形降液管通常用于液体负荷低或塔径较小的场合,弓形降液管适用于大液量及大直径的塔。

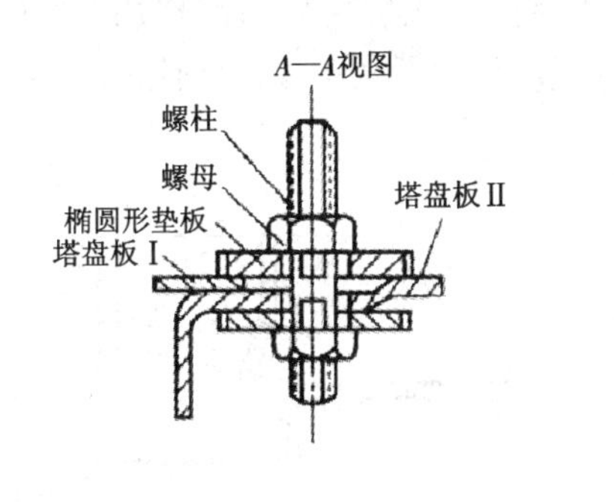

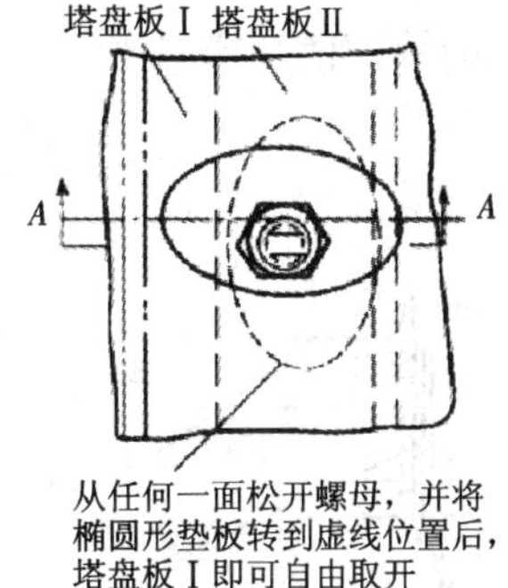

图4.18 上下可拆连接结构

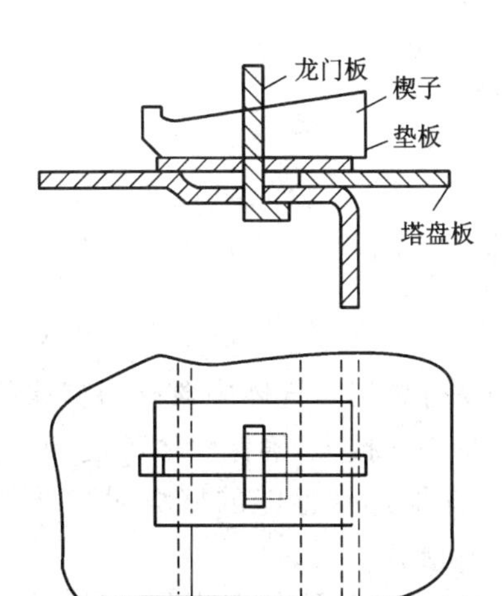

图4.19 楔形紧固件的塔板连接

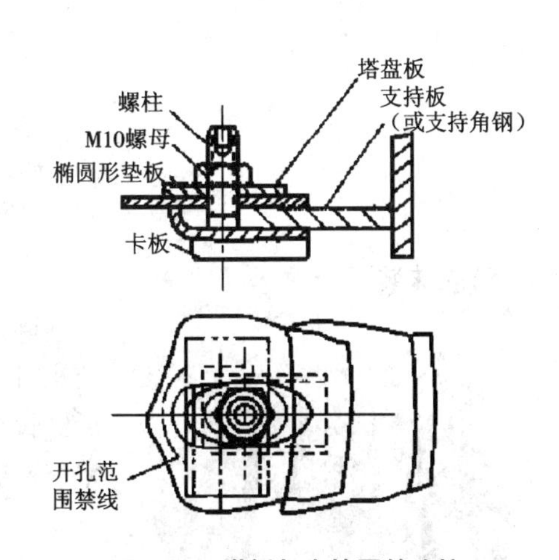

图4.20 塔板与支持圈的连接

3)受液盘

为了保证降液管出口处的液封,在塔盘上设置受液盘,受液盘有平型和凹型两种(见图4.23(a)、(b))。受液盘的形式和性能直接影响到塔的侧线取出、降液管的液封和流体流入塔盘的均匀性等。平型受液盘适用于物料容易聚合的场合 ;当液体通过降液管与受液盘的压力

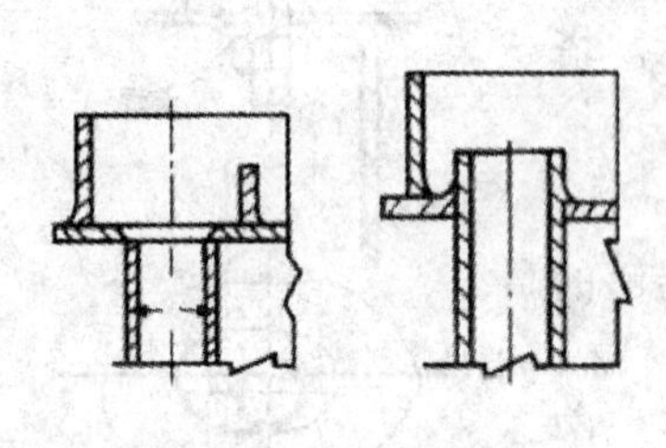

图 4.21　圆形降液管

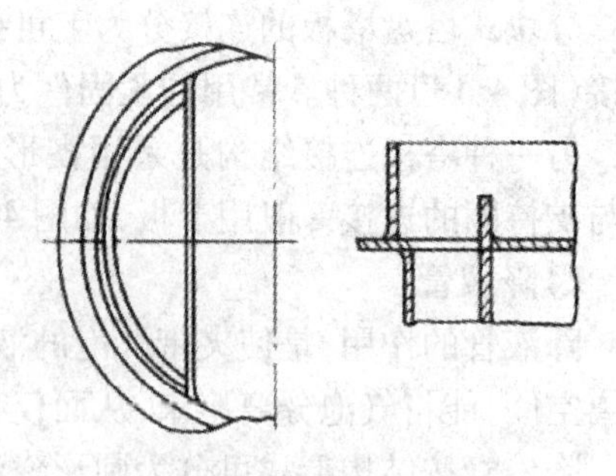

图 4.22　弓形降液管

降大于 25 mm 水柱,或使用倾斜式降液管时,应采用凹型受液盘。

4)溢流堰及进口堰

溢流堰有保持塔盘板上一定液层高度和促使液流均匀分布的作用。采用平型受液盘时,为使上层塔板流入的液体能在塔盘上均匀分布,并为了减小入口液流的冲力,常在液体进口处设置进口堰。

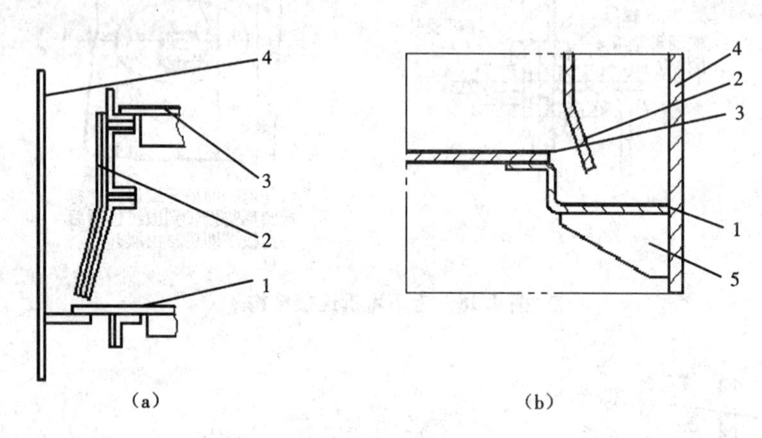

图 4.23　受液盘

(a)平型受液盘　(b)凹型受液盘

1—受液盘　2—降液管　3—塔盘板　4—塔壁　5—筋板

5)除沫装置

除沫装置的主要作用是分离出塔气体中含有的雾沫和液滴,以保证传质效率,减少物料损失,确保气体纯度,改善后续设备的操作条件。除沫器工作性能的好坏对除沫效率、分离效果都具有较大的影响。

图 4.24　丝网除沫器

丝网除沫器(如图 4.24)是一气液分离装置,气体通过除沫器的丝垫,可除去夹带的雾沫。它主要由丝网、丝网格栅组成的丝网块和固定丝网块的支撑装置构成,丝网为各种材质的气液过滤网,气液过滤网由金属丝或非金属丝组成。丝网除沫器不但能滤除悬浮于气流中的较大液沫,而且能滤除较小和微小液沫,广泛应用于化工、石油、塔器制造、压力容器等行业的气液分离装置中。

3.2.4 接管

接管用于连接工艺管线，使塔设备与其他相关设备相连接。其按用途可分为进液管、出液管、回流管、进气出气管、侧线抽出管、取样管、仪表接管、液位计接管等。

3.2.5 人孔及手孔

因安装、检修、检查等需要，往往在塔体上设置人孔或手孔。不同的塔设备，人孔或手孔的结构及位置等要求不同。

3.2.6 吊柱

吊柱安装于塔顶，主要用于安装、检修时吊运塔内件。

3.3 常见板式精馏塔的类型及特点

板式塔性能的好坏主要取决于塔板的结构，从1813年首先出现泡罩塔以来，板式塔逐渐成为工业生产中主要的气液传质设备，随着石油工业的发展；20世纪50年代出现了一些新型的板式塔，其中浮阀塔由于塔板效率高、操作弹性大等优点而得到广泛的应用。随着生产的需要和技术的进步，越来越多的新型板式塔不断涌现，但它们的基本结构并没有多大差别，所不同的主要在于塔板的结构。人们根据塔板结构，尤其是气液接触元件的不同来命名各种精馏塔。

一个好的塔板结构，应当在较大程度上满足如下要求：

(1)生产能力大，即处理量大；

(2)高的传质、传热效率，即气－液具有充分的接触空间、接触时间和接触面积；

(3)操作稳定、操作弹性(最大负荷与最小负荷之比)大，即气液负荷有较大的波动时仍能在较高的传质效率下进行稳定的操作，并且塔设备应能长期连续运转；

(4)流体流动的阻力小，即流体通过塔设备的压力降小，以达到节能、降低操作费用的要求；

(5)结构简单可靠，材料耗用量小，制造安装容易，以达到降低设备投资的要求。

实际上，现在的任何一种塔板都不可能完全满足上述的所有要求。不同类型的板式塔均具有自身的特点。下面介绍目前国内较为常见的各种板式塔的类型及其特点。

3.3.1 泡罩塔

泡罩塔是工业应用最早的板式塔，而且在相当长的一段时期内是板式塔中较为流行的一种塔型。泡罩塔盘的结构主要由泡罩、升气管、溢流堰、降液管及塔板等部分组成，如图4.25所示。

泡罩塔的气液接触元件是泡罩，有圆形与条形两种，应用广泛的是圆形泡罩。圆形泡罩的直径有80 mm、100 mm和150 mm三种。

优点：操作弹性大，因而在负荷波动范围较大时，仍能保持塔的稳定操作及较高的分离效率；气液比的范围大，不易堵塞等。

缺点：结构复杂、造价高、气相压降大以及安装维修麻烦等。

目前，只是在某些情况如生产能力变化大，操作稳定性要求高，要有相当稳定的分离能力时，考虑使用泡罩塔。

3.3.2 浮阀塔

浮阀塔的结构特点是在塔板上开有若干个阀孔，每个阀孔装有一个可上下浮动的阀片，阀

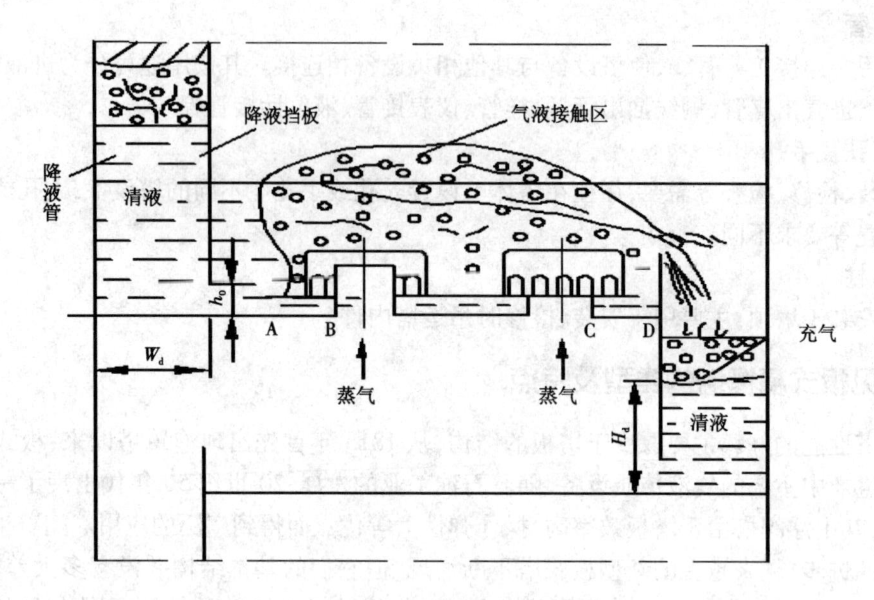

图 4.25　泡罩塔盘的结构

片本身连有几个阀腿，插入阀孔后将阀腿底脚拨转 90°，以限制阀片升起的最大高度，并防止阀片被气体吹走。阀片周边冲出几个略向下弯的定距片，当气速很低时，由于定距片的作用，阀片与塔板呈点接触而坐落在阀孔上，在一定程度上可防止阀片与板面的黏结。浮阀的类型很多，国内常用的有 F_1 形、十字形及条形等(图 4.26)。

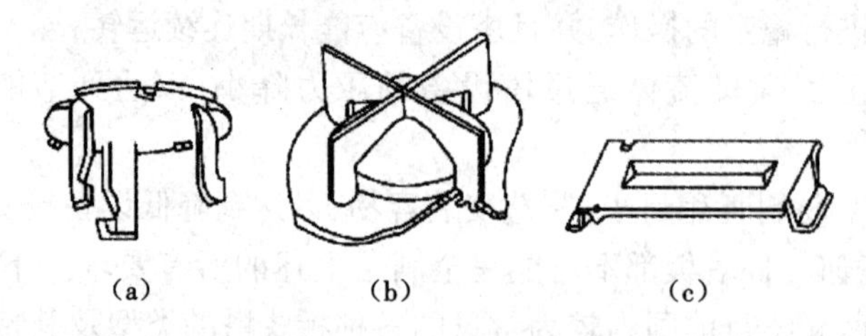

图 4.26　浮阀的类型

(a)F_1 形浮阀　(b)十字形浮阀　(c)条形浮阀

浮阀塔的优点：①生产能力大；②操作弹性大；③塔板效率较高；④塔板结构及安装较泡罩简单，质量较轻。

浮阀塔的缺点：①在气速较低时，仍有塔板漏液，故低气速时塔板效率有所下降；②浮阀阀片有卡死和吹脱的可能，这会导致操作运转及检修的困难；③塔板压力降较大，妨碍了它在高气相负荷及真空塔中的应用。

3.3.3　筛板塔

筛板塔也是应用历史较久的塔型之一，与泡罩塔相比，筛板塔结构简单，筛板塔的结构及气液接触状况如图 4.27 所示。筛板塔的塔盘分为筛孔区、无孔区、溢流堰及降液管等部分。

优点：①结构简单，制造和维修方便，相同条件下生产能力高于浮阀塔；②塔板压力降较小，适用于真空蒸馏；③塔板效率较高，但稍低于浮阀塔；④具有较大的操作弹性，但稍小于泡罩塔。

缺点:小孔径筛板易堵塞,不适于处理脏的、黏性大的和带固体粒子的料液。

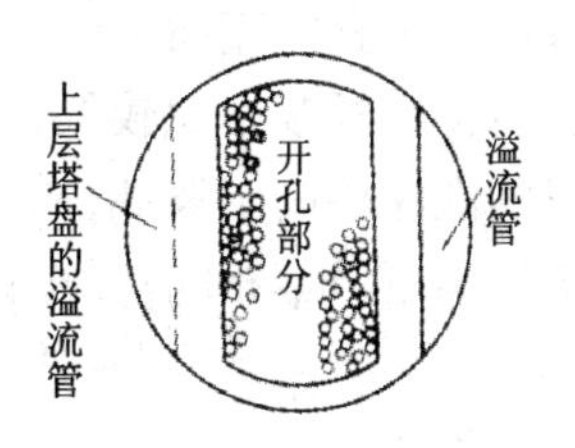

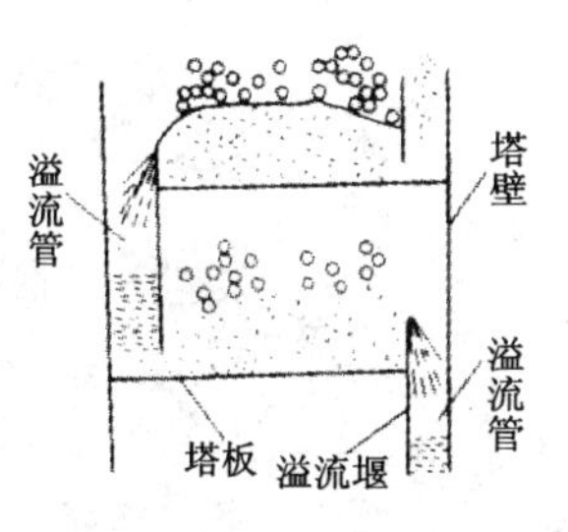

图 4.27　筛板塔的结构及气液接触状况

3.3.4　舌形塔及浮动舌形塔

1)舌形塔板产生的原因

一般情况下,塔板上气流垂直向上喷射(如筛板塔),这样往往产生较大的雾沫夹带,如果使气流在塔板上沿水平方向或倾斜方向喷射,则可以减轻夹带,同时通过调节倾斜角度还可以改变液流方向,减小液面梯度和液体返混。

2)舌形塔

舌形塔是应用较早的一种斜喷型塔。气体通道为在塔盘(图 4.28)上冲出的以一定方式排列的舌片。舌片开启一定的角度,舌孔方向与液流方向一致。

舌形塔结构简单,安装检修方便,但这种塔的负荷弹性较小,塔板效率较低,因而使用受到一定限制。

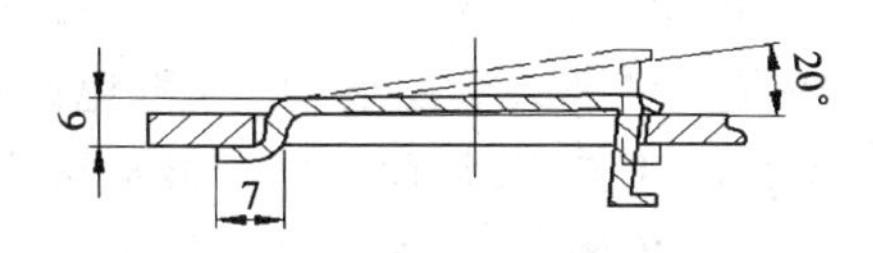

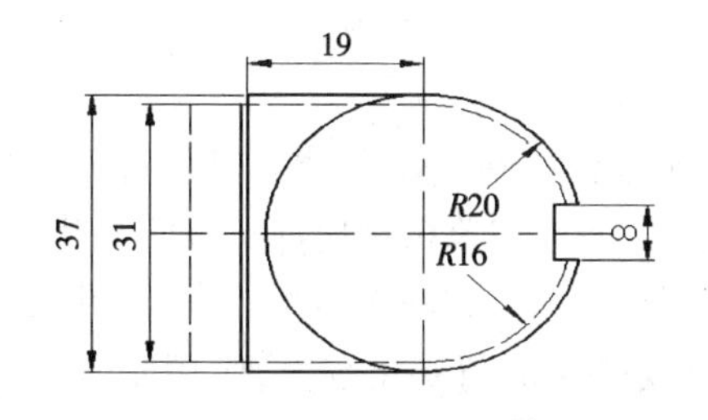

图 4.28　舌形塔盘

舌孔有两种:三面切口及拱形切口。通常采用三面切口的舌孔。舌片的大小有 25 mm 和 50 mm 两种,一般采用 50 mm 的,舌片的张角常用 20°。

3)浮动舌形塔

浮动舌形塔是 20 世纪 60 年代研制的一种定向喷射型塔。它的处理能力大,压降小,舌片可以浮动。因此,塔盘的雾沫夹带及漏液均较小,操作弹性显著增大,板效率也较高,但其舌片容易损坏。

浮动舌片的一端可以浮动,最大张角约为 20°。舌片的厚度一般为 1.5 mm,质量约为 20 g。

3.3.5　穿流式栅板塔

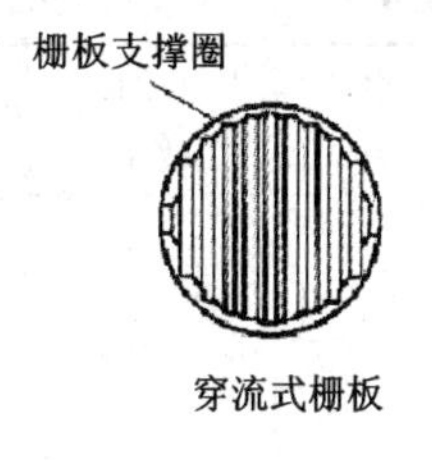

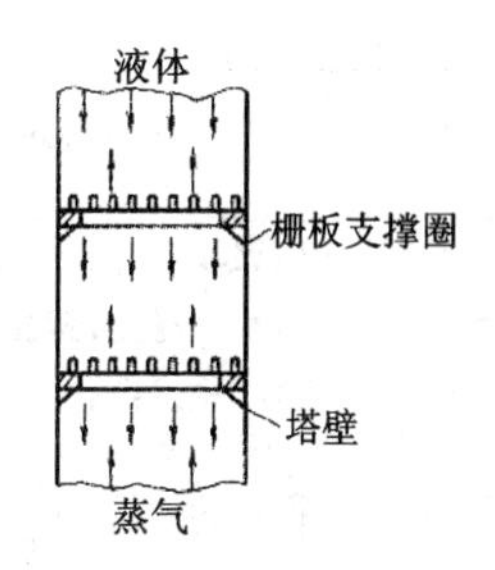

图 4.29　穿流式栅板塔

穿流式栅板塔(图 4.29)属于无溢流堰装置的板式塔,在工业上也得到广泛的应用。根据塔盘上所开的栅缝或筛孔,分别称为穿流式栅板塔或穿流式筛板塔。这种塔没有降液管,气液两相同时相向通过栅缝或筛孔。操作时蒸气通过孔缝上升进入液层,形成泡沫;与蒸气接触后的液体不断地通过孔缝流下。

优点:①由于没有降液管,所以结构简单,加工容易,安装维修方便,投资少;②因节省了降液管所占的塔截面(一般为塔盘截面的 15% ~30%),允许通过更多的蒸气,因此生产能力比泡罩塔大 20% ~100%;③因为塔盘上开孔率大,栅缝或筛孔处的压力降较小,比泡罩塔低

40% ~80%,可用于真空蒸馏。

其缺点是:①塔板效率比较低,比一般板式塔低 30% ~60%,但因这种塔盘的开孔率大,气速低,形成的泡沫层高度较低,雾沫夹带量小,所以可以减小塔板的间距,在同样的分离条件下,塔总高与泡罩塔基本相同;②操作弹性较小,保持较高的分离效率时,塔板负荷的上下限之比为 2.0 ~2.5。

3.3.6 导向筛板塔

图 4.30 导向筛板塔的塔盘

导向筛板塔塔盘的结构如图 4.30 所示。它是在普通筛板塔盘上进行了两项改进,其一是在筛板上开设了一定数量的与液流方向一致的导向孔;其二是在液体进口区设置了鼓泡促进装置。利用导向孔喷出的气流推动液体,既可减小液面落差,又可通过适当安排的导向孔来改善液流分布的状况,减少液体返混,从而提高塔板效率,并且导向孔气流与筛孔气流合成了抛物线形的气流,可减少雾沫夹带。鼓泡促进装置使塔盘进口区的液层变薄,可避免漏液,因而易于鼓泡,从而使整个鼓泡区内气体分布均匀,故可增大处理能力和减小塔板压力降。

3.3.7 板式塔的比较

各种板式塔的比较是一个十分复杂的问题。但从生产能力、塔板效率、操作弹性、压力降及造价等方面看,浮阀塔在蒸气负荷、操作弹性、塔板效率方面与泡罩塔相比都具有明显优势,因而目前获得了广泛应用。筛板塔的压降小、造价低、生产能力大,除操作弹性较小外,其余均接近浮阀塔,故应用也较广。栅板塔操作范围较窄,塔板效率随负荷变化较大,应用受到一定限制。各种板式塔的性能比较见表 4.1。

表 4.1 各种板式塔的性能比较

塔板类型	特 点	相对生产能力	相对效率	压强降	适用范围
泡罩塔板	(1)比较成熟; (2)操作稳定,弹性大; (3)结构复杂,造价高,压强降大	1	1	高	某些要求弹性大的特殊场合
筛板	(1)结构简单,造价低; (2)板效率较高; (3)安装要求高; (4)易堵; (5)弹性小	1.2 ~1.4	1.1	低	分离要求高,即适用于塔板层数要求多的工艺过程

续表

塔板类型	特点	相对生产能力	相对效率	压强降	适用范围
浮阀塔板	(1)生产能力大,操作弹性大; (2)塔板效率高; (3)结构简单,但阀要用不锈钢材料; (4)液面落差较小	1.2~1.4	1.1~1.2	中等	适用于分离要求高、负荷变化大、介质只能有一般聚合现象的场合
舌形塔板	(1)结构简单,生产能力大,压强降小; (2)弹性小,板效率较低	1.3~1.5	1.1	小	可用于分离要求较低的场合
浮舌塔板	(1)生产能力大; (2)操作弹性大,板效率较高; (3)浮舌易磨损	1.3~1.5	1.1	小	炼油厂常用于旧塔改造挖潜

任务3　精馏过程的工艺计算及其应用

1　精馏塔全塔物料衡算

为了确定连续精馏过程的馏出液、釜残液的流量及其组成与原料液的流量及其组成之间的定量关系,必须对全塔进行物料衡算。

图4.31所示为一连续精馏塔。在图中虚线范围内作全塔物料衡算,并以单位时间为基准,即

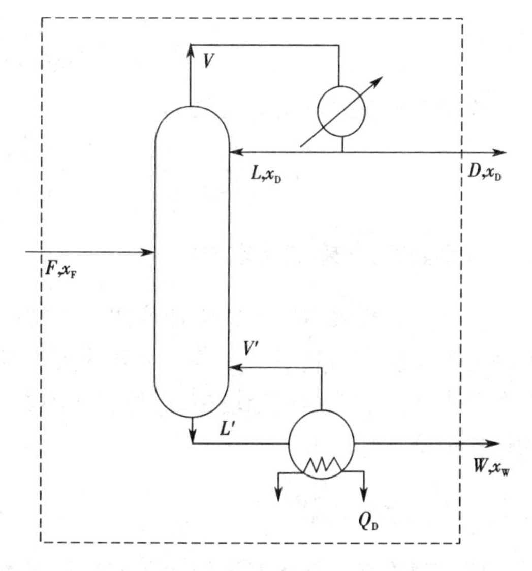

图4.31　精馏塔的物料衡算

总物料衡算

$$F = D + W \qquad (4.3.1)$$

易挥发组分衡算

$$Fx_F = Dx_D + Wx_W \qquad (4.3.2)$$

式中　F、D、W——原料液、塔顶馏出液、塔底釜残液的流量,kmol/h或kmol/s;

F、D、W——原料液、塔顶馏出液、塔底釜残液;

x_F、x_D、x_W——原料液中、馏出液中、釜残液中易挥发组分的摩尔分率。

在精馏计算中,除用两产品的摩尔分率表示分离要求外,还可用采出率和回收率表示。联立式(4.3.1)和式(4.3.2),可解得馏出液的采出率

$$\frac{D}{F}=\frac{x_F-x_W}{x_D-x_W} \tag{4.3.3}$$

塔顶易挥发组分的回收率为

$$\eta_D=\frac{Dx_D}{Fx_F}\times 100\% \tag{4.3.4}$$

【例 4.1】 在连续精馏塔中分离苯和甲苯的混合液。已知原料液流量为 12 000 kg/h,苯的组成为 40%(质量百分率,下同)。要求馏出液组成为 97%,釜残液组成为 2%。试求:馏出液和釜残液的流量,kmol/h;馏出液中易挥发组分的回收率和釜残液中难挥发组分的回收率。

解:苯的摩尔质量为 78 kg/mol,甲苯的摩尔质量为 92 kg/mol。

原料液组成 $$x_F=\frac{40/78}{40/78+60/92}=0.44$$

馏出液组成 $$x_D=\frac{97/78}{97/78+3/92}=0.975$$

釜残液组成 $$x_W=\frac{2/78}{2/78+98/92}=0.0235$$

原料液的平均摩尔质量

$$M_F=0.44\times 78+0.56\times 92=85.8\ \text{kg/kmol}$$

原料液的摩尔流量 $F=12\ 000/85.8=140\ \text{kmol/h}$

进行全塔物料衡算,可得

$$D+W=F=140$$

$$Dx_D+Wx_W=Fx_F=140\times 0.44$$

$$D=61.3\ \text{kmol/h},W=78.7\ \text{kmol/h}$$

馏出液中易挥发组分的回收率

$$\eta_D=\frac{Dx_D}{Fx_F}=\frac{61.3\times 0.975}{140\times 0.44}=0.97=97\%$$

釜残液中难挥发组分回收率

$$\eta_W=\frac{W(1-x_W)}{F(1-x_F)}=\frac{78.7\times(1-0.0235)}{140\times(1-0.44)}=0.98=98\%$$

2 精馏塔的操作线方程

操作线方程表示精馏塔中任意两相邻的塔板之间气液两相组成的操作关系,即任意塔板下降的液相组成与其下一层塔板上升的蒸气组成之间的关系。操作线方程可通过塔板间的物料衡算求得。在连续精馏塔中,因原料液不断从塔的中部加入,致使精馏段和提馏段具有不同的操作关系。

2.1 理论板的概念

所谓理论板是指离开该板的气液两相互成平衡,塔板上各处的液相组成均匀一致的理想化塔板。实际上,由于塔板上气液间的接触面积和接触时间是有限的,因此在任何形式的塔板上,气液两相难以达到平衡状态,也就是说理论板是不存在的。理论板仅作为一种假定,是用来衡量实际塔板分离效率的依据和标准。通常,在计算时,先求得理论板层数,用塔板效率予以校正，即可求得实际塔板层数。总之，引入理论板的概念，可用泡点方程和相平衡方程描述塔板上的传递过程，对精馏过程的分析和计算是非常有用的。

2.2 恒摩尔流假定

精馏操作时，在精馏段和提馏段内，每层塔板上升的气相摩尔流量和下降的液相摩尔流量一般并不相等，为了简化精馏计算，通常引入恒摩尔流的假定。

1）恒摩尔气流

恒摩尔气流是指在精馏塔内，从精馏段或提馏段每层塔板上升的气相摩尔流量都相等，但两段上升的蒸气摩尔流量不一定相等。即

精馏段　$V_1 = V_2 = V_3 = \cdots = V =$ 常数

提馏段　$V_1' = V_2' = V_3' = \cdots = V' =$ 常数

式中下标表示塔板序号。

2）恒摩尔液流

恒摩尔液流是指在精馏塔内，从精馏段或提馏段每层塔板下降的液相摩尔流量都相等，但两段下降的液相摩尔流量不一定相等。即

精馏段　$L_1 = L_2 = L_3 = \cdots = L =$ 常数

提馏段　$L_1' = L_2' = L_3' = \cdots = L' =$ 常数

式中下标表示塔板序号。

上述内容即为恒摩尔流假定。在精馏塔的每层塔板上，若有 n kmol 的蒸气冷凝，相应有 n kmol 的液体汽化，这样恒摩尔流的假定才能成立。为此必须满足：①混合物中各组分的摩尔汽化潜热相等；②各板上液体显热的差异可忽略；③塔设备保温良好，热损失可以忽略。由此，对基本符合以上条件的某些系统，塔内可视为恒摩尔流动。后面介绍的精馏计算均是以恒摩尔流为前提的。

2.3 精馏段操作线方程

在图 4.32 的虚线范围（包括精馏段的第 $n+1$ 层板以上的塔段及冷凝器）内作物料衡算，以单位时间为基准，可得

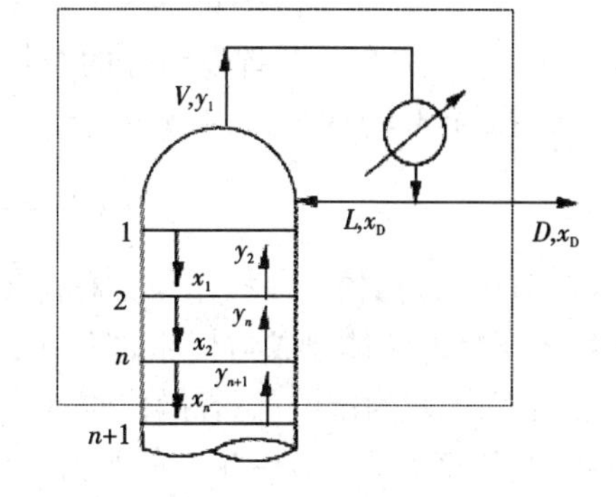

图 4.32　精馏段的物料衡算

总物料衡算

$$V = L + D \tag{4.3.5}$$

易挥发组分衡算

$$Vy_{n+1} = Lx_n + Dx_D \tag{4.3.6}$$

式中　x_n——精馏段中第 n 层板的下降液相中易挥发组分的摩尔分率；

y_{n+1}——精馏段中第 $n+1$ 层板的上升蒸气中易挥发组分的摩尔分率。

将式（4.3.5）代入式（4.3.6），并整理得

$$y_{n+1} = \frac{R}{R+1}x_n + \frac{1}{R+1}x_D \tag{4.3.7}$$

式中，R 表示精馏段下降液体的摩尔流量与馏出液的摩尔流量之比，称为回流比。其表达式为 $R=\frac{L}{D}$。它是精馏操作的重要参数之一。根据恒摩尔流假定，L 为定值，且在稳态操作时，D 及 x_D 为定值，故 R 也是常量，其值一般由设计者选定。R 值的确定将在后面讨论。

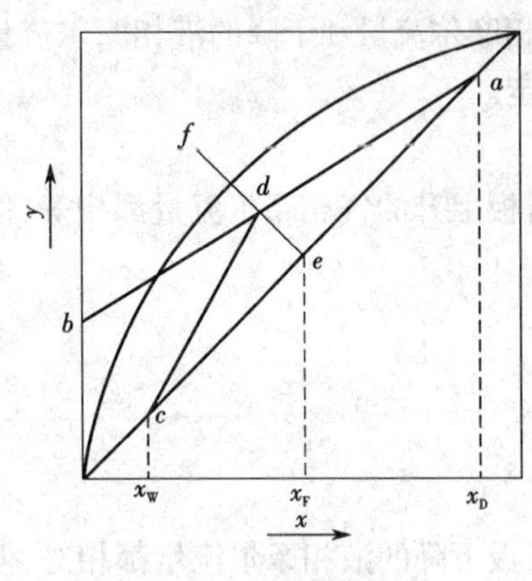

图 4.33 操作线与 q 线

式(4.3.6)、式(4.3.7)均称为精馏段操作线方程。该方程表示在一定的操作条件下，精馏段内自任意第 n 层塔板下降的液体组成与相邻的下一层（即 $n+1$）塔板上升的蒸气组成 y_{n+1} 之间的关系。精馏段操作线方程为直线方程，其斜率为 $\frac{R}{R+1}$，截距为 $\frac{x_D}{R+1}$；在 $x-y$ 图中 ab 为一条直线，如图 4.33 所示。该线可由两点法作出，b 点由截距 $\frac{x_D}{R+1}$ 确定，略去精馏段操作线方程中变量的下标与对角线方程 $y=x$ 联解可得 a 点（$x=x_D,y=x_D$）。连接 a、b 两点的直线即为精馏段操作线。

2.4 提馏段操作线方程

在图 4.34 的虚线范围（包括提馏段的第 m 层板以下的塔段及再沸器）内作物料衡算，以单位时间为基准，可得

总物料衡算

$$L'=V'+W \tag{4.3.8}$$

易挥发组分衡算

$$L'x'_m=V'y'_{m+1}+Wx_W \tag{4.3.9}$$

式中　x'_m——提馏段的第 m 层板下降液相中易挥发组分的摩尔分率；

y'_{m+1}——提馏段的第 $m+1$ 层板上升蒸气中易挥发组分的摩尔分率。

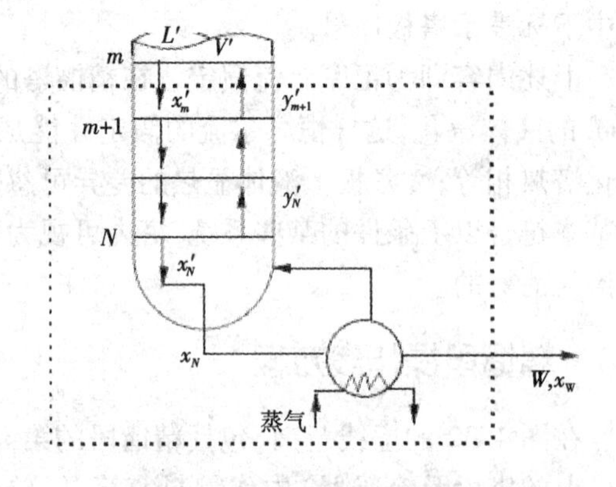

图 4.34 提馏段的物料衡算

将式(4.3.8)代入式(4.3.9)，经整理得

$$y'_{m+1}=\frac{L'}{L'-W}x'_m-\frac{W}{L'-W}x_W \tag{4.3.10}$$

式(4.3.10)称为提馏段操作线方程。该方程表示在一定的操作条件下，提馏段内自任意第 m 层塔板下降的液体组成与相邻的下一层（即 $m+1$）塔板上升的蒸气组成之间的关系。根据恒摩尔流假定，L'为定值，稳态操作时，W 与 x_W 也为定值，因此式(4.3.10)在 $x-y$ 相图上为一条直线，其斜率为 $L'/(L'-W)$，截距为 $-Wx_W/(L'-W)$。

应该指出：提馏段内液体的摩尔流量 L'不如精馏段内液体的摩尔流量 $L(L=RD)$ 那么容易求得，因 L'不仅与 L 的大小有关，而且还受进料量及进料热状况的影响。因此，需对进料热状况进行分析，从而得到 L'的确定方法后，才能根据提馏段操作线方程将提馏段操作线绘于 $x-y$ 图上。

【例 4.2】 在某两组分连续精馏塔中，已知原料液流量为 788 kmol/h，泡点进料；馏出液组成为 0.95（易挥发组分摩尔分数，下同），釜残液组成为 0.03；回流比 R 为 3，塔顶回流液量为 540 kmol/h。求：(1) 精馏段操作线方程；(2) 提馏段操作线方程及提馏段回流液量 L'。

解：1) 精馏段操作线方程

将已知量 $R=3$，$x_D=0.95$ 代入精馏段操作线方程可得

$$y_{n+1}=\frac{R}{R+1}x_n+\frac{x_D}{R+1}=\frac{3}{3+1}x_n+\frac{0.95}{3+1}$$

即

$$y_{n+1}=0.75x_n+0.238$$

2) 提馏段操作线方程及提馏段回流液量

已知 $R=3$，$L=540$ kmol/h，可得 $D=\frac{L}{R}=\frac{540}{3}=180$ kmol/h

由全塔物料衡算 $F=D+W$ 可得

$$W=F-D=788-180=608\ \text{kmol/h}$$

泡点进料：$q=1$。

提馏段回流液量：$L'=L+qF=L+F=540+788=1\ 328$ kmol/h。

提馏段操作线方程为

$$y'_{m+1}=\frac{L+qF}{L+qF-W}x'_m-\frac{W}{L+qF-W}x_W$$

代入已知量得

$$y'_{m+1}=\frac{1\ 328}{1\ 328-608}x'_m-\frac{608}{1\ 328-608}\times 0.03$$

即：$y'_{m+1}=1.844x'_m-0.025\ 33$。

3 理论板数的计算

理论板数的确定是精馏计算的主要内容之一，它是确定精馏塔有效高度的关键。对两组分连续精馏塔，理论板数的求算方法通常采用逐板计算法和图解法。在求算时需已知 x_F、R、进料热状况及分离要求，还需知道气液平衡关系（或气液平衡线）和操作线方程（或操作线）。

3.1 逐板计算法

逐板计算法通常从塔顶开始，计算中依次使用平衡方程和操作线方程，逐板进行计算，直至满足分离要求为止。

图 4.35 所示为一连续精馏塔，从塔顶最上一层塔板（序号为 1）上升的蒸气经全凝器全部冷凝成饱和温度下的液体，因此馏出液和回流液的组成均为 y_1，即

$$y_1=x_D$$

根据理论板的概念，由于离开每层理论板的气液组成互成平衡，因此自第一层板下降的液相组成 x_1 与 y_1 互成平衡，由平衡方程得

$$x_1=\frac{y_1}{y_1+\alpha(1-y_1)}$$

从第二层塔板上升的蒸气组成 y_2 与 x_1 符合精馏段操作线关系，故可用精馏段操作线方程由 x_1 求得 y_2，即

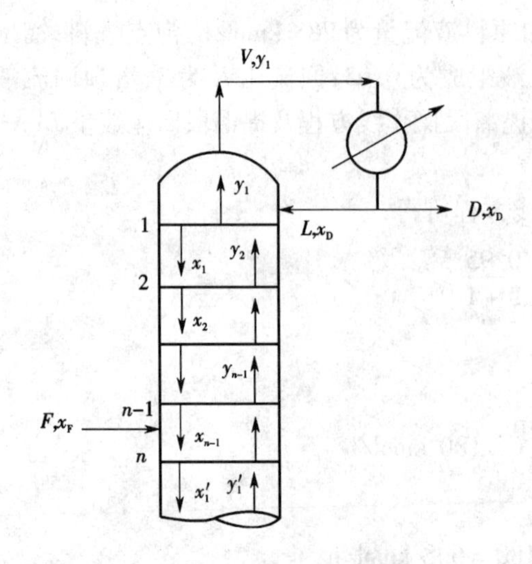

图 4.35　逐板计算法示意

$$y_2 = \frac{R}{R+1}x_1 + \frac{x_D}{R+1}$$

同理，如此交替地利用平衡方程及精馏段操作线方程进行逐板计算，直至求得的 $x_n \leqslant x_F$（仅指饱和液体进料情况）时，则第 n 层理论板便为进料板（属于提馏段）。

此后，可改用提馏段操作线和平衡方程求提馏段理论板数，直至算到 $x_m \leqslant x_W$ 为止。

在计算过程中使用了几次相平衡方程，即需要几块理论板（包括再沸器）。

计算中应注意精馏段所需理论板数为 $n-1$，提馏段所需理论板数为 $m-1$（不包括再沸器）。精馏塔所需的理论板数为 $n+m-2$（不包括再沸器）；若为其他进料热状况，应计算到 $x_n \leqslant x_q$（x_q 为两操作线交点下的液相组成）为止。

【例 4.3】　在常压下将含苯 25% 的苯和甲苯混合液连续精馏。已知原料液流量为 100 kg/h，要求馏出液中含苯 98%，釜残液中含苯不超过 8.5%（以上组成皆为摩尔百分数）。选用回流比为 5，泡点进料，塔顶为全凝器，泡点回流。试用逐板计算法确定所需理论板数。已知常压下苯和甲苯混合液的平均相对挥发度为 2.47。

解：苯－甲苯气液平衡方程：

$$y = \frac{2.47x}{1+(2.47-1)x}$$

物料衡算求塔顶、塔底产品流量：

$$F = D + W = 100$$

$$Fx_F = Dx_D + Wx_W$$

$$100 \times 0.25 = 0.98D + 0.085(100 - D)$$

得出 $D = 18.43$ kg/h，$W = 81.57$ kg/h。

精馏段操作线方程：

$$y = \frac{R}{R+1}x + \frac{x_D}{R+1} = \frac{5}{5+1}x + \frac{0.98}{5+1} = 0.833\,3x + 0.163\,3$$

泡点进料：$q=1$。

$$L' = L + qF = RD + F = 5 \times 18.43 + 100 = 192.15 \text{ kg/h}$$

提馏段操作线方程：

$$y = \frac{L+qF}{L+qF-W}x - \frac{Wx_W}{L+qF-W}$$

$$y = \frac{192.15}{192.15-81.57}x - \frac{81.57 \times 0.085}{192.15-81.57} = 1.737x - 0.062\,6$$

由平衡线方程、两操作线方程逐板计算理论板数。

因采用全凝器,泡点回流,则 $y_1 = x_D = 0.98$。

由平衡方程解得

$$x_1 = \frac{y_1}{\alpha - (\alpha - 1)y_1} = \frac{0.98}{2.47 - (2.47 - 1) \times 0.98} = 0.952$$

由精馏段操作线方程解得

$$y_2 = 0.8333x_1 + 0.1633 = 0.8333 \times 0.952 + 0.1633 = 0.9567$$

重复上述方法逐板计算,当求到 $x_n \leqslant 0.25$ 时该板即为进料板。然后改用提馏段操作线方程和平衡方程进行计算,直至 $x_m \leqslant 0.085$ 为止。计算结果列于下表。

	1	2	3	4	5	6	7	8	9	10
y	0.98	0.956 7	0.912 8	0.837 6	0.726 8	0.595 5	0.474 5	0.386 4	0.290 3	0.184 2
x	0.952	0.889 4	0.809 1	0.676 2	0.518 6	0.373 4	0.267 7	0.203 2	0.142 1	0.083 76

故总理论板数为10(包括再沸器),其中精馏段为7层,第8层为进料板。

3.2 图解法

图解法是以逐板计算法的基本原理为基础,在 $x-y$ 相图上,用平衡曲线和操作线代替平衡方程和操作线方程,用简便的图解法求解理论板数,虽然准确性差,但此方法在两组分精馏计算中得到广泛应用。

用直角梯级图解法求理论板数的方法步骤如下。(图4.36)

(1)在坐标纸上绘出要求处理的两组分混合液的 $x-y$ 图,并作出对角线。

(2)作精馏段操作线。从 $x = x_D$ 处引垂直线与对角线交于 a 点,再由精馏段操作线的截距 $\frac{x_D}{R+1}$,在 y 轴上定出 b 点,连接 ab 得精馏段操作线。

(3)作进料线。从 $x = x_F$ 处引垂直线与对角线交于 e 点,根据进料热状况计算进料线的斜率 $\frac{q}{q-1}$,从 e 点作 q 线,与精馏段操作线 ab 交于 d 点。

(4)作提馏段操作线。从 $x = x_W$ 处引垂直线与对角线交于 c 点,连接 cd 便得到提馏段操作线。

(5)绘直角梯级。自对角线上的点 a 开始,在精馏段操作线与平衡线之间作直角梯级,即从 a 点作水平线与平衡线交于点1,该点即代表离开第一层理论板的气液相平衡组成(x_1,y_1),故由点1可确定 x_1。由点1作垂直线与精馏段操作线的交点1′可确定 y_2。再由点1′作水平线与平衡线交于点2,由此点定出 x_2。如此重复在平衡线与精馏段操作线之间作梯级。当梯级跨过两操作线的交点 d 时,改在平衡线与提馏段操作线之间绘梯级,直至梯级的垂线达到或跨过点 c(x_W,x_W)为止。平衡线上每个梯级的顶点即代表一层

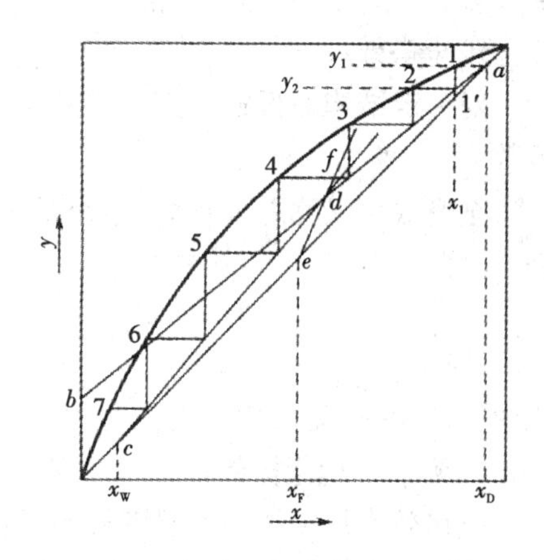

图4.36 图解法求理论板数

理论板。跨过点 d 的梯级为进料板,最后一个梯级为再沸器。总理论板数为梯级数减 1。图 4.36 中的图解结果为:所需理论板数为 7,其中精馏段理论板数为 3,提馏段理论板数为 4(因再沸器相当于一层理论板),第 4 块板为进料板。

3.3 适宜的进料位置

如前所述,当用图解法求理论板时,进料位置应由精馏段操作线与提馏段操作线的交点确定,即适宜的进料位置应该在跨过两操作线交点的梯级上,这是因为对一定的分离任务而言,如此作图所需理论板最少。当进料组成一定时,进料位置随进料热状况而异。适宜的进料位置一般应在塔内液相或气相组成相同或相近的塔板上,这样可达到较好的分离效果,或者对一定的分离要求所需的理论板数较少。

4 板式精馏塔的塔高和塔径计算

4.1 塔高的计算

对于板式精馏塔,首先根据全塔效率将理论板数折算为实际板数。然后由实际板数和板间距计算精馏塔塔高。由上述方法计算得到的塔高,是精馏塔的有效高度,而不包括精馏塔塔釜和塔顶空间等所需要的其他高度。

4.1.1 板式塔有效高度的计算

板式塔的有效高度是指气、液接触段的高度,由实际板数和板间距计算,即

$$Z=(N_P-1)H_T \tag{4.3.11}$$

式中 Z——板式塔的有效高度,m;

H_T——两相邻塔板间的距离,为经验值,计算时可选定(选定方法可参考有关书籍);

N_P——实际板数。

4.1.2 板效率

前已述及,当气液两相在实际板上接触传质时,一般难于达到平衡状态,故实际板数多于理论板数。实际板偏离理论板的程度用板效率表示。板效率可用不同的方法表示,即总板效率(全塔效率)、单板效率和点效率等。以下只介绍前两种板效率。

1)全塔效率

对一定结构的板式塔,若已知在某种操作条件下的全塔效率,可根据理论板数求得实际板数。

全塔效率又称总板效率,它是指一定分离任务下所需理论板数与实际板数的比值,用 E 表示,即

$$E=\frac{N_T}{N_P}\times 100\% \tag{4.3.12}$$

式中 E——全塔效率,%;

N_T——理论板数。

全塔效率反映塔中各层塔板的平均效率,因此它是理论板层数的一个校正系数,其值恒小于 1。影响全塔效率的因素很多,因此,很难找到各影响因素之间的定量关系。计算时所用的全塔效率数据,一般是从条件相近的生产装置或中试装置中取得的经验数据,也可通过经验关

联式计算，详细内容可参考有关书籍。

2）单板效率

单板效率又称默弗里（Murphree）效率，它是以混合物经过实际板前后的组成变化与经过理论板前后的组成变化之比表示的，单板效率既可用气相组成表示，也可用液相组成表示，分别称为气相单板效率和液相单板效率。对任意的第 n 层塔板，其表达式分别为：

气相单板效率

$$E_{MV} = \frac{y_n - y_{n+1}}{y_n^* - y_{n+1}} \tag{4.3.13}$$

液相单板效率

$$E_{ML} = \frac{x_{n-1} - x_n}{x_{n-1} - x_n^*} \tag{4.3.14}$$

式中 E_{MV}——气相单板效率（气相默弗里板效率）；

E_{ML}——液相单板效率（液相默弗里板效率）；

y_n^*——与 x_n 成平衡的气相组成，摩尔分率；

x_n^*——与 y_n 成平衡的液相组成，摩尔分率。

应予指出，单板效率可直接反映该层塔板的传质效果，但各层塔板的单板效率通常不相等。即便塔内各板效率相等，全塔效率在数值上也不等于单板效率。这是因为两者定义的基准不同，全塔效率是基于所需理论板数的概念，而单板效率基于该板理论增浓程度的概念。

4.2 塔径的计算

精馏塔的直径，可由塔内上升蒸气的体积流量及空塔速度求得，即

$$D = \sqrt{\frac{4V_s}{\pi u}} \tag{4.3.15}$$

式中 D——精馏塔内径，m；

u——空塔速度，m/s；

V_s——塔内上升蒸气的体积流量，m^3/s。

空塔速度是影响精馏操作的重要因素，适宜的空塔速度通常可取液泛气速的 0.6～0.8 倍，液泛气速的确定方法可参考有关书籍。

如前所述，由于精馏塔内两段上升蒸气的体积流量 V_s 可能不同，则两段的 V_s 及直径应分别计算。

精馏塔内上升气体的体积流量可按下式计算：

$$V_s = \frac{VM_m}{3\,600\rho_V} \tag{4.5.16}$$

式中 V——塔内上升蒸气的摩尔流量，kmol/h；

ρ_V——塔内上升蒸气的平均密度，kg/m^3；

M_m——塔内上升蒸气的平均摩尔质量，kg/kmol。

若操作压力较低，气相可视为理想气体混合物，则

$$V_s = \frac{22.4V}{3\,600}\frac{Tp_0}{T_0 p} \tag{4.3.17}$$

式中　T、T_0——分别为精馏操作的平均温度和标准状况下的热力学温度,K;

p、p_0——分别为精馏操作的平均压力和标准状况下的压力,Pa。

通过计算,若精馏塔两段塔径不相等,为使塔的结构简化,两段宜采用相同的塔径(取两者中较大的),经圆整后作为精馏塔塔径。

5　精馏装置的热量衡算

精馏装置的热量衡算通常是指对冷凝器和再沸器进行的热量衡算,通过对精馏装置的热量衡算,可求得冷凝器和再沸器的热负荷以及冷却介质和加热介质的消耗量。

5.1　冷凝器的热负荷

精馏塔的冷凝方式有全凝器冷凝和分凝器-全凝器冷凝两种。工业上采用前者的为多。对前面的图5.26所示的全凝器作热量衡算,以单位时间为基准,并忽略热损失,则

$$Q_C = VI_{VD} - (LI_{LD} + DI_{LD})$$

将 $V = L + D = (R+1)D$ 代入上式并整理得

$$Q_C = (R+1)D(I_{VD} - I_{LD}) \tag{4.3.18}$$

式中　Q_C——全凝器的热负荷,kJ/h;

I_{VD}——塔顶上升蒸气的焓,kJ/kmol;

I_{LD}——塔顶馏出液的焓,kJ/kmol。

冷却介质消耗量可按下式计算:

$$W_C = \frac{Q_C}{C_{PC}(t_2 - t_1)} \tag{4.3.19}$$

式中　W_C——冷却介质消耗量,kg/h;

C_{PC}——冷却介质的平均比热容,kJ/(kg·℃);

t_1、t_2——冷却介质在冷凝器的进、出口处的温度,℃。

5.2　再沸器的热负荷

精馏的加热方式分为直接蒸气加热与间接蒸气加热两种。工业上采用后者为多。对间接蒸气加热的再沸器作热量衡算,如前面图5.26所示,以单位时间为基准,则

$$Q_B = V'I_{VW} + WI_{LW} - L'I_{lm} + Q_L \tag{4.3.20}$$

式中　Q_B——再沸器的热负荷,kJ/h;

Q_L——再沸器的热损失,kJ/h;

I_{VW}——再沸器中上升蒸气的焓,kJ/kmol;

I_{LW}——釜残液的焓,kJ/kmol;

I_{lm}——提馏段底层塔板下降液体的焓,kJ/kmol。

若近似取 $I_{LW} = I_{lm}$,且因 $V' = L' - W$,则

$$Q_B = V'(I_{VW} - I_{LW}) + Q_L \tag{4.3.21}$$

加热介质消耗量可用下式计算:

$$W_h = \frac{Q_B}{I_{B1} - I_{B2}} \tag{4.3.22}$$

式中　W_h——加热介质消耗量,kg/h;

I_{B1}、I_{B2}——分别为加热介质进、出再沸器的焓,kJ/kg。

若用饱和蒸气加热,且冷凝液在饱和温度下排出,则加热蒸气消耗量可按下式计算:

$$W_h = \frac{Q_B}{r} \tag{4.3.23}$$

式中　r——加热蒸气的汽化热,kJ/kg。

6　精馏工艺仿真操作训练

训练目的

通过仿真实习,使学生了解仿真操作的基本操作(简单控制系统、串级控制系统、分程控制系统)。

了解精馏仿真实训工艺流程,掌握各个工艺操作点。

能够独立完成精馏塔开停车仿真操作。

设备示意

如图4.37所示,原料为67.8 ℃的脱丙烷塔的釜液(主要有C4、C5、C6、C7等),由脱丁烷塔(DA405)的第16块板进料(全塔共32块板),进料量由流量控制器FIC101控制。通过调节器TIC101调节再沸器加热蒸汽的流量来控制提馏段的灵敏板温度,从而控制丁烷的分离质量。

训练要领

(1)向精馏塔内进料,塔压基本稳定在4.25 atm后,可加大塔进料量。

(2)待塔釜液位LIC101升至20%以上时启动塔底再沸器。

(3)随着塔进料增加和再沸器、冷凝器投用,塔压会有所升高。回流罐逐渐积液。通过FIC104的阀开度控制回流量,维持回流罐液位不超高,同时逐渐关闭进料,全回流操作。

(4)当各项操作指标趋近正常值时,打开进料阀,将各控制回路投自动,各参数稳定并与工艺设计值吻合后,投产品采出串级。

(5)进料流量FIC101设为自动,设定值为14 056 kg/h;塔釜采出量FIC103设为串级,设定值为7 349 kg/h;LIC101设为自动,设定值为50%;塔顶采出量FIC102设为串级,设定值为6 707 kg/h;塔顶回流量FIC104设为自动,设定值为9 664 kg/h;塔顶压力PIC102设为自动,设定值为4.25 atm;PIC101设为自动,设定值为5.0 atm;灵敏板温度TIC101设为自动,设定值为89.3 ℃。

(6)主要工艺生产指标的调整方法如下。

Ⅰ.质量调节:采用以提馏段灵敏板温度作为主参数,调节再沸器和加热蒸汽流量的调节系统,以实现对塔的分离质量的控制。

Ⅱ.压力控制:在正常的压力情况下,通过塔顶冷凝器的冷却水量来调节压力,当压力高于操作压力4.25 atm(表压)时,压力报警系统发出报警信号,同时调节器PIC101将调节回流罐的气相出料,为了保持同气相出料的相对平衡,该系统采用压力分程调节。

Ⅲ.液位调节:塔釜液位通过调节塔釜产品采出量来维持恒定,设有高低液位报警;回流罐液位通过调节塔顶产品采出量来维持恒定,设有高低液位报警。

Ⅳ.流量调节:进料量和回流量都采用单回路的流量控制;再沸器加热介质流量由灵敏板

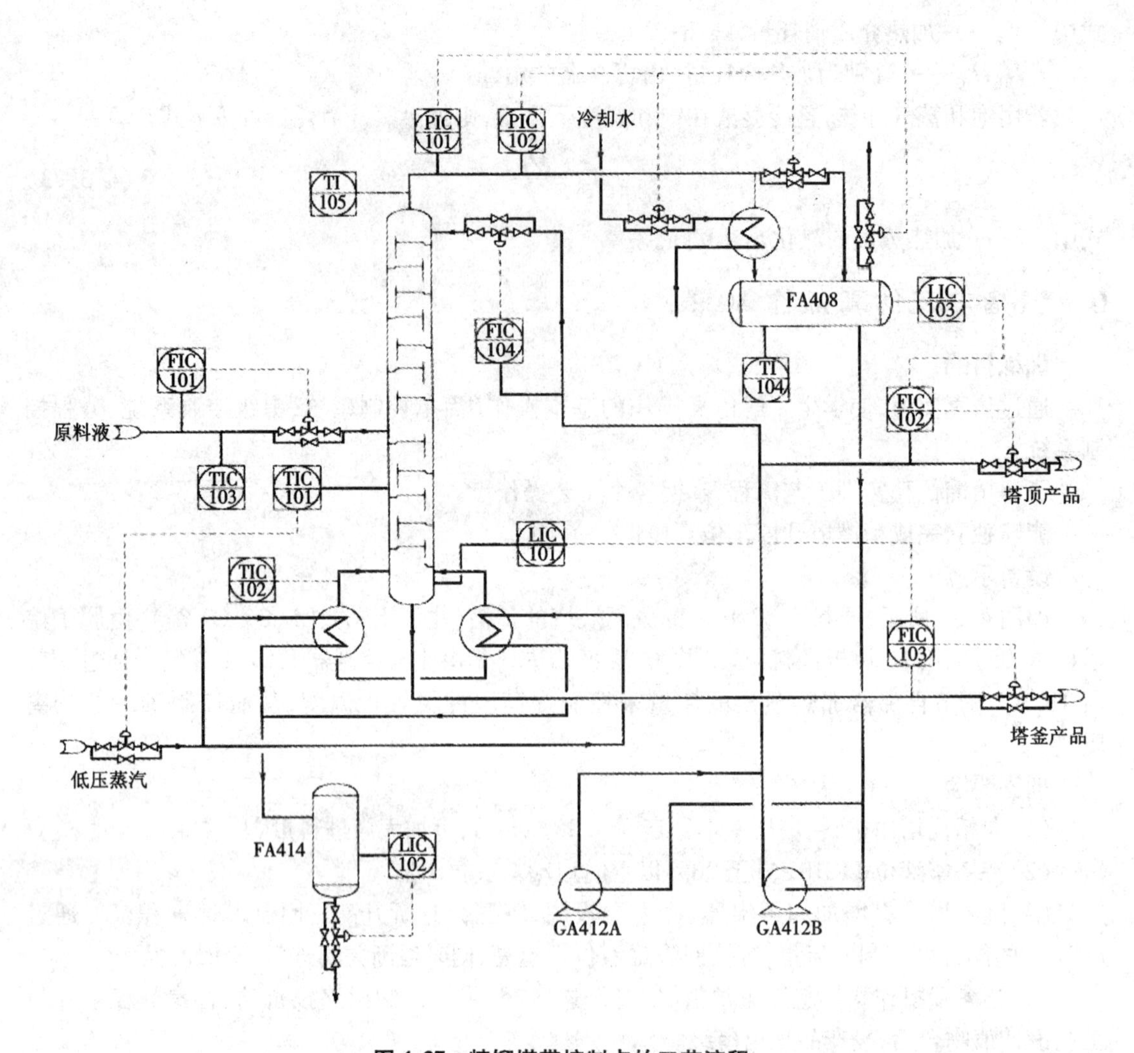

图 4.37　精馏塔带控制点的工艺流程

温度调节。

任务 4　精馏操作过程工艺指标的控制与调节

1　板式精馏塔内的气、液两相存在状态

气液两相的传热和传质与其在塔板上的流动状况密切相关，板式塔内气液两相的流动状况表明板式塔的流体力学性能。

1.1　塔板上气、液两相的接触状态

塔板上气液两相的接触状态是决定板上两相流体力学及传质和传热规律的重要因素。如图 4.38 所示，当液体流量一定时，随着气速的增大，可以出现四种不同的接触状态。

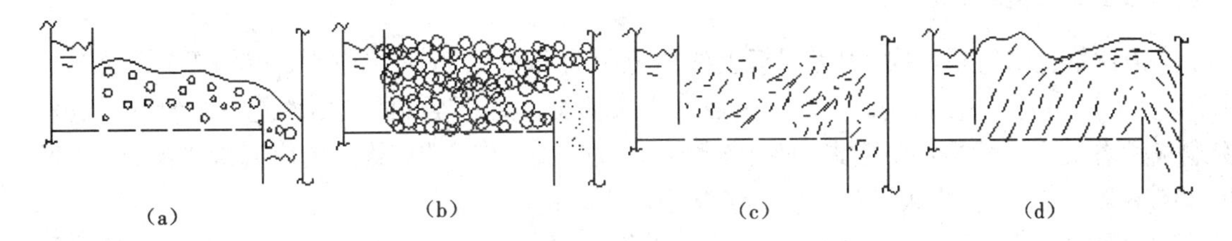

图 4.38　塔板上的气液接触状态

(a)鼓泡状态　(b)蜂窝状态　(c)泡沫状态　(d)喷射状态

1)鼓泡接触状态

当气速较低时,气体以鼓泡形式通过液层。由于气泡的数量不多,形成的气液混合物基本上以液体为主,气液两相接触的表面积不大,传质效率很低。

2)蜂窝接触状态

随着气速的增大,气泡的数量不断增加。当气泡的形成速度大于气泡的浮升速度时,气泡在液层中累积。气泡之间相互碰撞,形成各种多面体的大气泡,板上为以气体为主的气液混合物。由于气泡不易破裂,表面得不到更新,所以此种状态不利于传热和传质。

3)泡沫接触状态

当气速继续增大时,气泡数量急剧增加,气泡不断发生碰撞和破裂,此时板上液体大部分以液膜的形式存在于气泡之间,形成一些直径较小、扰动十分剧烈的动态泡沫,在板上只能看到较薄的一层液体。由于泡沫接触状态的表面积大,并不断更新,为两相传热与传质提供了良好的条件,是一种较好的接触状态。

4)喷射接触状态

当气速继续增大时,由于气体动能很大,把板上的液体向上喷成大小不等的液滴,直径较大的液滴受重力作用又落回到塔板上,直径较小的液滴被气体带走,形成液沫夹带。此时塔板上的气体为连续相,液体为分散相,两相传质的面积是液滴的外表面。由于液滴回到塔板上又被分散,这种液滴的反复形成和聚集,使传质面积大大增加,而且表面不断更新,有利于传质与传热进行,也是一种较好的接触状态。

如上所述,泡沫状态和喷射状态均是优良的塔板接触状态。因喷射接触状态的气速高于泡沫接触状态,故喷射接触状态有较大的生产能力,但喷射状态液沫夹带较多,若控制不好,会破坏传质过程,所以多数塔均控制在泡沫接触状态下工作。

1.2　气体通过塔板的压降

气体通过塔板的压降(塔板的总压降)包括:塔板的干板阻力(即板上各部件所造成的局部阻力),板上充气液层的静压力及液体的表面张力。

塔板压降是影响板式塔操作特性的重要因素。塔板压降增大,一方面塔板上气液两相的接触时间随之延长,板效率升高,完成同样的分离任务所需的实际板数减少,设备费降低;另一方面,塔釜温度随之升高,能耗增大,操作费增加,若分离热敏性物系易造成物料的分解或结焦。因此,进行塔板计算时,应综合考虑,在保证较高效率的前提下,力求减小塔板压降,以降低能耗和改善塔的操作性能。

1.3 塔板上的液面落差

当液体横向流过塔板时,为克服板上的摩擦阻力和板上部件(如泡罩、浮阀等)的局部阻力,需要一定的液位差,则在板上形成由液体进入板面到离开板面的液面落差。液面落差也是影响板式塔操作特性的重要因素,液面落差将导致气流分布不均,从而造成漏液现象,使塔板的效率下降。因此,在塔板设计中应尽量减小液面落差。

液面落差的大小与塔板结构有关。泡罩塔板结构复杂,液体在板面上流动阻力大,故液面落差较大;筛板板面结构简单,液面落差较小。此外,液面落差还与塔径和液体流量有关,当塔径或流量很大时,也会造成较大的液面落差。为此,对于直径较大的塔,设计中常采用双溢流或阶梯溢流等溢流形式来减小液面落差。

1.4 塔板的负荷性能图

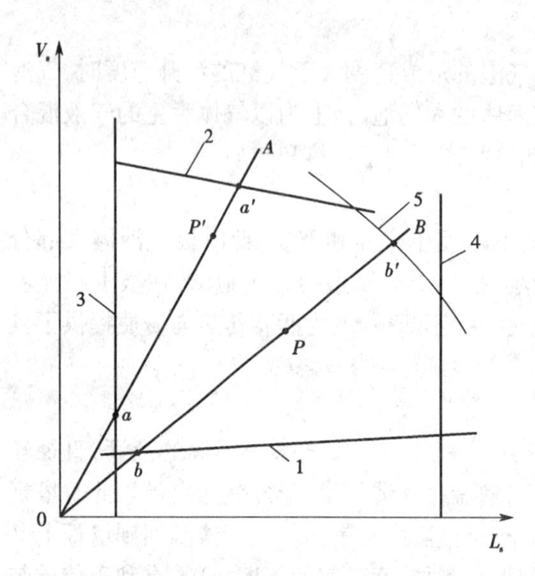

图 4.39 塔板的负荷性能图

影响板式塔操作状况和分离效果的主要因素为物料性质、塔板结构及气液负荷,对一定的分离物系,当操作选定塔板类型后,其操作状况和分离效果便只与气液负荷有关。要维持塔板正常操作和塔板效率的基本稳定,必须将塔内的气液负荷限制在一定的范围内,该范围即为塔板的负荷性能。将此范围在直角坐标系中,以液相负荷 L 为横坐标,气相负荷 V 为纵坐标进行绘制,所得图形称为塔板的负荷性能图,如图 4.39 所示。

负荷性能图通常由以下五条线组成。

1)漏液线

图中线 1 为漏液线,该线又称气相负荷下限线。操作时若气相负荷低于此线,将发生严重的漏液现象,此时气液两相不能充分接触,使塔板效率下降。塔板的适宜操作区应在该线以上。

2)液沫夹带线

图中线 2 为液沫夹带线,该线又称气相负荷上限线。操作时若气相负荷超过此线,液沫夹带现象严重,塔板效率下降。塔板的适宜操作区应在该线以下。

3)液相负荷下限线

图中线 3 为液相负荷下限线。操作时若液相负荷低于此线,塔板上液流不能均匀分布,气液接触不良,易出现干吹现象,导致塔板效率下降。塔板的适宜操作区应在该线以右。

4)液相负荷上限线

图中线 4 为液相负荷上限线。操作时若液相负荷高于此线,液体流量过大,此时液体在降液管内停留时间过短,进入降液管内的气泡来不及与液相分离而被带入下层塔板,造成气相返混,使塔板效率下降。塔板的适宜操作区应在该线以左。

5)液泛线

图中线5为液泛线。操作时若气液负荷超过此线,塔内将发生液泛现象,使塔不能正常操作。塔板的适宜操作区在该线以下。

1.5 板式塔的操作分析

在塔板的负荷性能图中,由五条线所包围的区域称为塔板的适宜操作区。操作时的气相负荷V与液相负荷L在负荷性能图上的坐标点称为操作点。在连续精馏塔中,回流比为定值,故塔板上操作的气液比V/L也为定值。因此,每层塔板上的操作点沿通过原点、斜率为V/L的直线而变化,该直线称为操作线。操作线与负荷性能图上曲线的两个交点分别表示塔的上下操作极限,两极限的气体流量之比称为塔板的操作弹性。操作弹性大,说明塔的变动负荷能力大,操作性能好。应使操作点尽可能位于操作区的适中位置,若操作点紧靠某一条边界线,则负荷稍有波动时,塔的正常操作即被破坏。

当分离物系和分离任务确定后,操作点的位置即固定,但负荷性能图中各条线的相应位置随着塔板的结构尺寸而变。

图4.39所示为塔板的性能负荷图的一般形式。实际上,塔板的负荷性能图与塔板的类型密切相关,如筛板塔与浮阀塔的负荷性能图的形状有一定的差异,对于同一个塔,各层塔板的负荷性能图也不尽相同。

塔板的负荷性能图在操作中具有重要的意义。对于操作中的板式塔,也需作出负荷性能图,以分析操作状况是否合理。当板式塔操作出现问题时,通过塔板的负荷性能图可分析问题所在,为如何解决问题提供依据。

2 回流比对精馏生产的影响分析

回流比是精馏过程的一个重要参数,它的大小直接影响着理论板数、塔径及冷凝器和再沸器的负荷。在实际生产中回流是保证精馏塔连续稳定操作的重要条件之一。因此,正确地选择回流比是精馏塔操作中的关键问题。回流比有两个极限值,其上限为全回流(即回流比为无限大);下限为最小回流比,操作回流比介于两个极限值之间。

2.1 全回流和最小理论板数

2.1.1 全回流的分析

精馏塔塔顶上升蒸气经全凝器冷凝后,冷凝液全部回流到塔内,此种回流方式称为全回流。

在全回流操作下,既不向塔内加料,也不从塔内取走产品,即F、D、W皆为零。全回流时的回流比为

$$R=\frac{L}{D}=\frac{L}{0}\rightarrow\infty$$

在全回流下,精馏段操作线的斜率$\frac{R}{R+1}=1$,在y轴上的截距$\frac{x_D}{R+1}=0$。

全回流时操作线方程为:$y_{n+1}=x_n$。

此时,在$x-y$图上,精馏段操作线及提馏段操作线与对角线重合,全塔无精馏段和提馏段

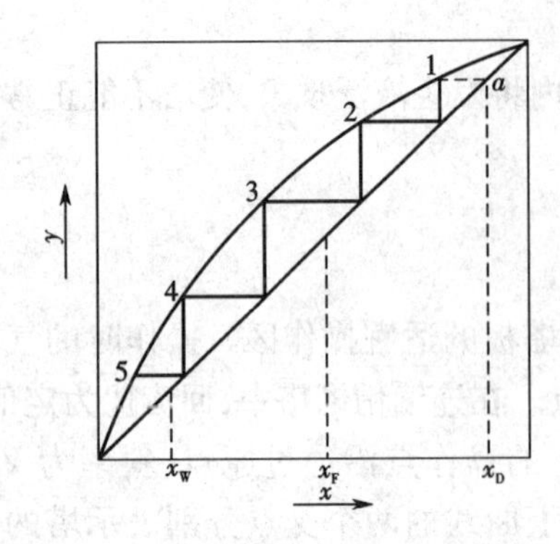

图 4.40 全回流最小理论板数的图解

之分，如图 4.40 所示，显然操作线和平衡线之间的距离最近，说明塔内气、液两相间的传质推动力最大，完成同样的分离任务，所需的理论板数最少。

2.1.2 最小理论板数

全回流时的理论板数除可用如前介绍的逐板计算法和图解法外，还可用芬斯克方程计算，即

$$N_{min} = \frac{\lg\left[\left(\frac{x_D}{1-x_D}\right)\left(\frac{1-x_W}{x_W}\right)\right]}{\lg \alpha_m} - 1 \tag{4.4.1}$$

式中 N_{min}——全回流时的最小理论板数（不含再沸器）；

α_m——全塔平均相对挥发度，当 α 变化不大时，可取塔顶的 α_D 和塔底的 α_W 的几何平均值。

如前所述，全回流时因无生产能力，对正常生产无实际意义，只用于精馏塔的开工阶段或实验研究中。但在精馏操作不正常时，有时会临时改为全回流操作，便于过程的调节和控制。

2.2 最小回流比

2.2.1 最小回流比的概念

对于一定的分离任务，若逐渐减小回流比，精馏段操作线的截距随之不断增大，两操作线向平衡线靠近。当回流比减小到某一数值后，两操作线的交点 d 落在平衡曲线上时，相应的回流比称为最小回流比，以 R_{min} 表示。

在最小回流比下，若在平衡线和操作线之间不论绘多少梯级都不能跨过点 d，此时所需理论板数为无穷多。两操作线和平衡线的交点 d 称为夹点，在点 d 前后各板之间（通常在进料板附近）的区域气、液两相组成基本没有变化，即无增浓作用，故此区域称为恒浓区（又称夹紧区）。

最小回流比是回流比的下限。当回流比较 R_{min} 还要小时，操作线和进料线的交点 d' 就落在平衡线之外，精馏操作无法完成指定的分离程度。还应指出，实际操作时回流比应大于最小回流比，否则不论用多少理论板也无法达到规定的分离要求。当然在精馏操作中，因塔板数已固定，不同回流比下将达到不同的分离程度，因此 R_{min} 也就无实际意义了。

2.2.2 最小回流比的求法

1）正常相平衡曲线

若平衡曲线为正常曲线（如图 4.41 中的平衡曲线），夹点出现在两操作线与平衡线的交点，此时精馏段操作线的斜率为

$$\frac{R_{min}}{R_{min}+1} = \frac{x_D - y_q}{x_D - x_q} \tag{4.4.2}$$

整理上式，可得最小回流比为

$$R_{min} = \frac{x_D - y_q}{y_q - x_q} \tag{4.4.3}$$

式中，x_q、y_q 为 q 线与平衡线的交点坐标，可在图中读得，也可将 q 线方程与平衡线方程联立确定。

2）不正常相平衡曲线

如图4.42所示，对有下凹部分的平衡曲线，两操作线与平衡线的交点尚未落到平衡线上之前，精馏段和提馏段操作线已分别与平衡线相切，如图中的点 g 所示。

此时，最小回流比 R_{min} 仍然根据精馏段操作线的斜率求得。d 点坐标（x_q，y_q）由图中读出。

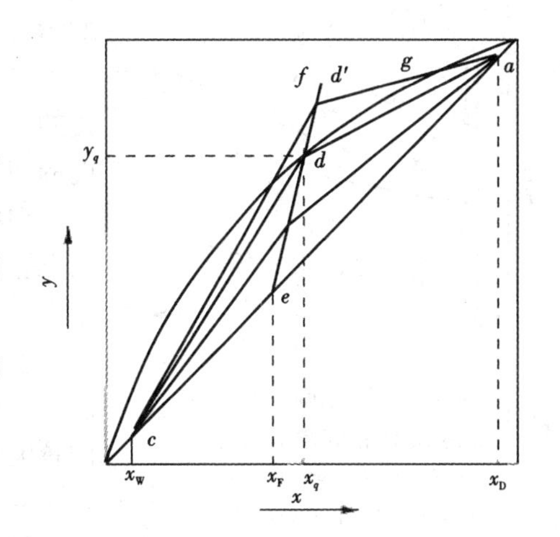

图4.41 最小回流比的确定

2.3 适宜回流比的选择

由以上讨论可知，全回流和最小回流都不为实际生产所采用。实际回流比应在全回流和最小回流比之间。精馏过程适宜的回流比是指操作费用和设备费用之和最低时的回流比，适宜回流比应通过经济核算来确定。

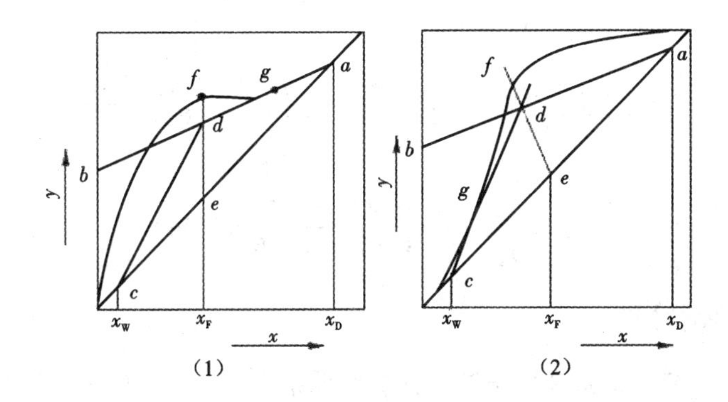

图4.42 不正常相平衡曲线最小回流比的确定

精馏过程的操作费用主要取决于塔顶冷凝器中冷却介质的消耗量、再沸器中加热介质的消耗量及两种介质在输送过程中的动力消耗等，而这些消耗与塔内上升的蒸气量 V 和 V' 有直接关系，当 F、q 及 D 一定时，V 和 V' 均随 R 而变。即

$$V = (R+1)D$$

$$V' = V + (q-1)F$$

R 增大时，加热介质及冷却介质用量均随之增加，即精馏操作费用增加。操作费用和回流比的大致关系如图4.43中的曲线1所示。

精馏装置的设备费用主要是指精馏塔、再沸器、冷凝器及其他辅助设备的费用。若设备类型和材质被选定，此项费用主要取决于设备的尺寸。当 $R = R_{min}$ 时，所需的理论板数 $N_T \to \infty$，故设备费用为∞。但 R 稍大于 R_{min}，理论板数 N_T 便从无穷多锐减至某一有限值，设备费用亦随之锐减。当 R 继续增大时，理论板数固然仍随之减少，但减少的趋势变缓。与此同时，由于 R 的增大，塔内上升蒸气量随之增加，从而使塔径及再沸器、冷凝器的尺寸相应增大，故 R 增大到某一数值后，设备费用反而增加。设备费用与回流比的大致关系如图4.43中的曲线2

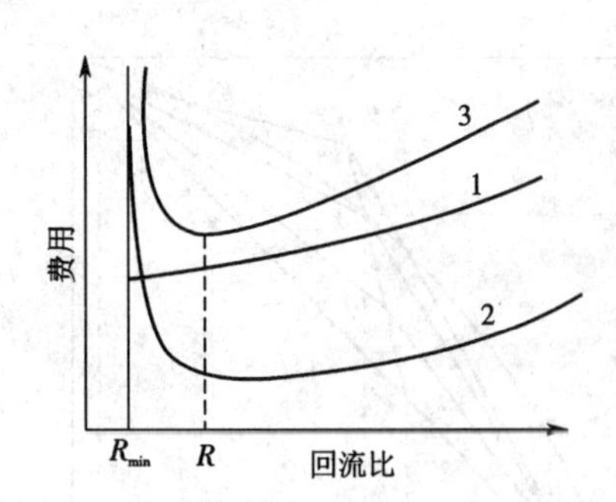

图 4.43 适宜回流比的确定

1—操作费用与回流比的关系

2—设备费用与回流比的关系

3—总费用与回流比的关系

所示。

总费用（总费用为操作费用与设备费用之和）与回流比的关系如图 4.43 中的曲线 3 所示，总费用最低时所对应的回流比即为适宜回流比。

在精馏过程中，回流比常采用经验值。根据实践总结，适宜回流比的范围为

$$R=(1.1\sim2.0)R_{min} \tag{4.4.4}$$

上述确定适宜回流比的方法为一般的原则，实际回流比还应视具体情况选定，例如，对难分离的混合液应选用较大的回流比；又如，为减少加热蒸气消耗量，应采用较小的回流比。其准确值较难确定。

【例 4.4】 在常压连续精馏塔中分离苯－甲苯混合液。原料液组成为 0.46（摩尔分数，下同），馏出液组成为 0.97，釜残液组成为 0.05。操作条件下物系的平均相对挥发度为 2.47。试求饱和液体进料时的最小回流比。

解：因饱和液体进料，$x_q=x_F=0.46$，

$$y_q=\frac{\alpha x_q}{1+(\alpha-1)x_q}=\frac{2.47\times0.46}{1+(2.47-1)\times0.46}=0.678$$

故

$$R_{min}=\frac{x_D-y_q}{y_q-x_q}=\frac{0.97-0.678}{0.678-0.46}=1.34$$

2.4 回流比的影响分析

在精馏操作中，回流是维持全塔正常操作的必要条件。回流比的大小对精馏效果、产品质量、塔板数和水、电、气的消耗都有直接影响。回流的形式有强制回流和位差回流。

一般，回流比是根据塔顶产品量按一定的比例来调节的。位差回流就是冷凝器按其回流比将塔顶蒸出来的气体冷凝，冷凝液借冷凝器与回流入口之位差（静压头）返回塔顶的，因此，回流比的波动与冷凝的效果有直接关系。冷凝效果不好，蒸出来的气体不能按其回流比冷凝，则回流比将会减小。另外，采出量不均，也会引起压差的波动而影响回流比的波动。强制回流是借泵把回流液输送到塔顶，它虽然克服塔压差的波动，保证回流比平稳，但冷凝器的冷凝好坏及塔顶采出量的情况都会影响回流，甚至使得回流不能连续。

回流比增大，塔压差明显增大，塔顶产品纯度会提高；回流比减小，塔压差变小，塔顶产品纯度降低（重组分含量增加）。在操作中，一般依据这两方面的因素来调节回流比。

3 进料状况对精馏生产的影响分析

3.1 进料热状况的影响和进料线方程

精馏塔在操作过程中，由于进料热状况的不同，直接影响了精、提两段的液体流量 L 与 L' 间的关系以及上升蒸气 V 与 V' 之间的关系。

3.1.1 进料热状况的影响

1)精馏塔的进料热状况

在实际生产中,根据工艺条件和操作要求,精馏塔可以不同的热状况进料。进料热状况有以下几种:①冷液进料;②饱和液体(泡点)进料;③气液混合物进料;④饱和蒸气(露点)进料;⑤过热蒸气进料。

2)进料热状况参数

要得出不同的进料热状况下,精馏塔中精、提两段气、液摩尔流量之间通用的定量关系,先引入进料热状况参数。

进料热状况参数是通过对加料板进行物料衡算和热量衡算求得的。

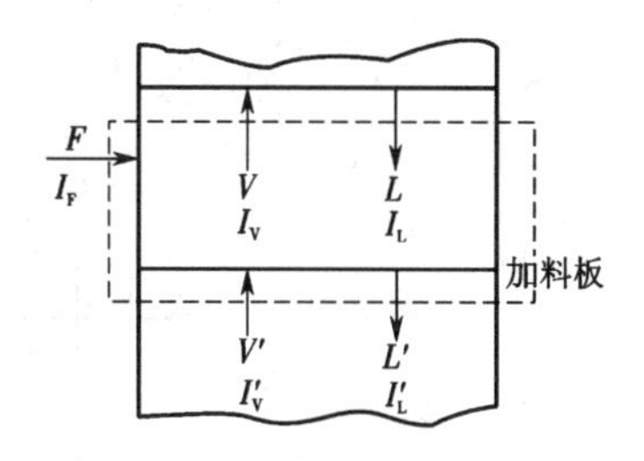

图 4.44 进料板上的物料衡算和热量衡算

在如图 4.44 所示的虚线范围分别作进料板的物料衡算和热量衡算,以单位时间为基准,即:

物料衡算

$$F + V' + L = V + L' \tag{4.4.5}$$

热量衡算

$$FI_F + V'I'_V + LI_L = VI_V + L'I'_L \tag{4.4.6}$$

式中 I_F——原料液的焓,kJ/kmol;

I_V、I'_V——分别为进料板上、下处饱和蒸气的焓,kJ/kmol;

I_L、I'_L——分别为进料板上、下处饱和液体的焓,kJ/kmol。

由于塔中液体和蒸气都呈饱和状态,且进料板上、下处的温度及气液相浓度各自都比较相近,故

$$I_V \approx I'_V$$

$$I_L \approx I_{L'}$$

将上述关系代入式(4.4.5)与式(4.4.6)整理得:

$$\frac{I_V - I_F}{I_V - I_L} = \frac{L' - L}{F} \tag{4.4.7}$$

令

$$q = \frac{I_V - I_F}{I_V - I_L} = \frac{1\ \text{kmol 原料变为饱和蒸气所需的热量}}{\text{原料液的千摩尔汽化热}} \tag{4.4.8}$$

q 值称为进料热状况参数。对各种进料热状况都可用上式计算 q 值。

由式(4.4.7)和式(4.4.8)可得

$$L' = L + qF \tag{4.4.9}$$

整理可得

$$V = V' + (1 - q)F \tag{4.4.10}$$

式(4.4.9)和式(4.4.10)即表示在精馏塔内,精、提两段的气、液相流量与进料量及进料热状况参数之间的基本关系。

3)进料热状况对加料板上、下各股流量的影响

进料热状况不同,q 值就不同,直接影响精馏塔内精、提两段上升蒸气和下降液体量之间

的关系，图4.45定性地表示了不同进料热状况对进料板上、下各股流量的影响。

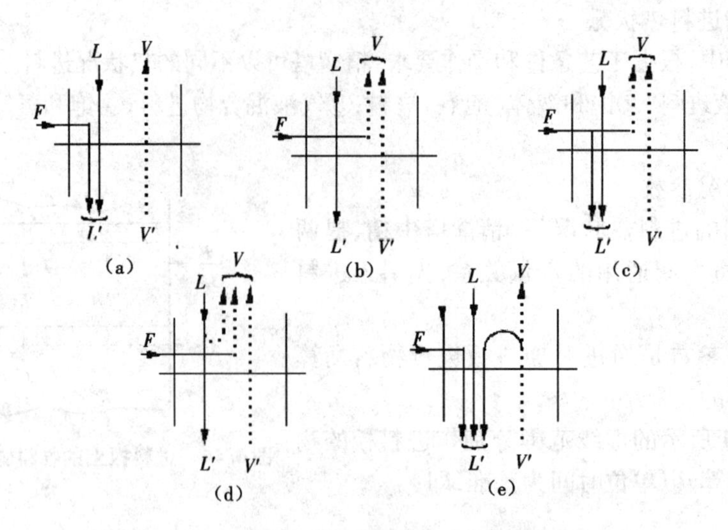

图4.45　进料热状况对进料板上、下各股流量的影响

(a)饱和液体进料　(b)饱和蒸气进料　(c)气液混合物进料

(d)过热蒸气进料　(e)冷液进料

根据 q 值的大小，在五种不同的进料热状况下，、进料板上、下两段气、液流量的关系如下。

(1)饱和液体进料($q=1$)，若进料为饱和液体，其温度等于泡点，该原料加入后全部进入提馏段。因此，提馏段的液流量为精馏段的液流量与进料量之和；而精馏段的气流量等于提馏段的气流量，即

$$L'=L+F$$

$$V'=V$$

(2)饱和蒸气进料($q=0$)，若进料为饱和蒸气，其温度等于露点，此原料加入后全部进入精馏段。因而，精馏段的气流量为提馏段的气流量与进料量之和；提馏段的液流量等于精馏段的液流量，即

$$L'=L$$

$$V=V'+F$$

(3)气液混合物进料($0<q<1$)，若进料为气液混合物，其温度介于泡点和露点之间，该原料加入，液相部分进入提馏段，气相部分进入精馏段。因此，提馏段的液流量大于精馏段的液流量，但小于精馏段的液流量与进料量之和；而精馏段的气流量大于提馏段的气流量，即

$$L<L'<L+F$$

$$V'<V$$

(4)过热蒸气进料($q<0$)，若进料为过热蒸气，其温度高于露点，该原料加入后，使得进料板上的部分液体汽化。因此，提馏段的液流量小于精馏段的液流量；而精馏段的气流量除包括提馏段的气流量与进料量之外，还包括部分液体汽化所形成的蒸气量，即

$$L'<L$$

$$V>V'+F$$

(5)冷液进料($q>1$)，若进料为冷液体，其温度低于泡点，该原料加入后，使得进料板上的

部分蒸气冷凝。因此,提馏段的液流量除包括精馏段的液流量和进料量外,还包括部分蒸气冷凝所形成的液量;而精馏段的气流量小于提馏段的气流量,即

$$L' > L + F$$

$$V' > V$$

由以上分析得知,要计算提馏段内下降的流体流量 L',关键在于求出进料热状况参数 q,从而将 $L' = L + qF$ 代入式(4.3.10)中,得出提馏段操作线方程的另一表达式:

$$y'_{m+1} = \frac{L + qF}{L + qF - W} x'_m - \frac{W}{L + qF - W} x_W \tag{4.4.11}$$

对定态精馏过程而言,式中 L、F、x_W、q 为已知值。

如前所述提馏段操作线方程同样为直线方程,其斜率为 $(L + qF)/(L + qF - W)$,截距为 $-Wx_W/(L + qF - W)$,在 $x-y$ 图上为一条直线,此线也可以用两点法作出。略去提馏段操作线方程中变量的下标与对角线方程联解得出点 $c(x = x_W, y = x_W)$。为了反映进料热状况的影响,通常找出两操作线的交点,将 c 点与两操作线的交点连接而得出提馏段操作线。两操作线的交点可由两操作线方程联解得出。

3.1.2 进料线方程

1)进料线方程

因在交点处两操作线方程中的变量相同,故略去方程式中变量的上、下标,即

$$y = \frac{L}{L + D} x + \frac{Dx_D}{L + D}$$

$$y = \frac{L + qF}{L + qF - W} x - \frac{Wx_W}{L + qF - W}$$

将上两式联解,再将全塔的物料衡算式及全塔易挥发组分的衡算式代入,并整理得

$$y = \frac{q}{q - 1} x - \frac{1}{q - 1} x_F \tag{4.4.12}$$

上式称为进料线方程或 q 线方程。该方程为代表两操作线交点的轨迹方程。该式亦为直线方程,其斜率为 $q/(q-1)$,截距为 $-x_F/(q-1)$,在 $x-y$ 图上为一条直线,并必与两操作线相交于一点。

将 q 线方程与对角线方程联解得交点 $e(x = x_F, y = x_F)$,过点 e 作斜率为 $q/(q-1)$ 的直线 ef,即为 q 线(进料线)。q 线与精馏段操作线 ab 相交于点 d,连接 c、d 两点即得到提馏段操作线。

2)进料热状况对 q 线及操作线的影响

进料热状况不同,q 值便不同,q 线的位置亦不同,故 q 线和精馏段操作线的交点随之而变,从而提馏段操作线的位置也相应变动。

当进料组成、回流比和分离要求一定时,五种不同进料热状况对 q 线及操作线的影响如图 4.46 所示。

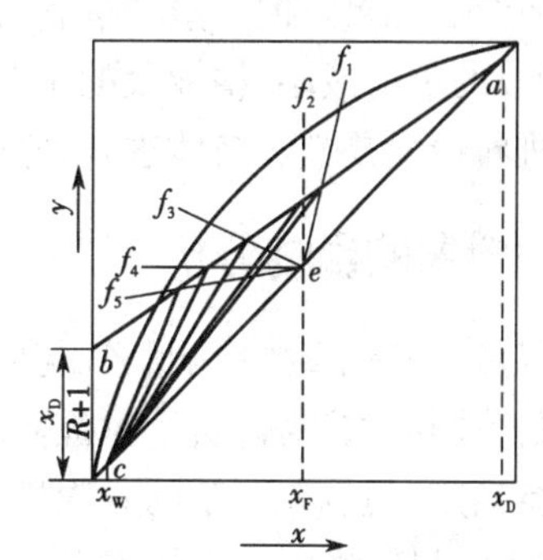

图 4.46 进料热状况对 q 线及操作线的影响

【例 4.5】 一常压精馏塔,分离进料组成为 0.44(摩尔分数)的苯-甲苯混合液,求下述进料

热状况下的 q 值及 q 线斜率:(1)原料液为气液各占一半的气液混合物;(2)原料液为 20 ℃的冷液体。$p=101.33$ kPa 条件下,查图知苯的汽化热为 390 kJ/kg,甲苯的汽化热为 360 kJ/kg。

解:(1)根据 q 为进料热状况参数,可知 $q=\frac{1}{2}$,则

$$I_F=\frac{1}{2}I_V+\frac{1}{2}I_L$$

解得

$$q=\frac{I_V-I_F}{I_V-I_L}=\frac{I_V-(I_V+I_L)/2}{I_V-I_L}=\frac{(I_V-I_L)/2}{I_V-I_L}=\frac{1}{2}$$

q 线斜率:$q/(q-1)=\frac{\frac{1}{2}}{\frac{1}{2}-1}=-1$。

(2)由图查得当 $x_F=0.44$ 时进料泡点温度 $t_S=93$ ℃,查图知苯和甲苯在平均温度($\frac{93+20}{2}=56.5$ ℃)下比热容为 1.84 kJ/(kg·℃)。

$$r_m=0.44\times390\times78+0.56\times360\times92=31\ 932\ \text{kJ/kmol}$$

$$c_p=1.84\times0.44\times78+1.84\times0.56\times92=158\ \text{kJ/(kmol·℃)}$$

故

$$q=1+\frac{c_p\Delta t}{r_m}=1+\frac{158\times(93-20)}{31\ 932}=1.36$$

q 线斜率:$q/(q-1)=\frac{1.36}{1.36-1}=3.78$。

3.2 进料温度的影响分析

进料情况对精馏操作有着重要的意义。常见的进料情况有饱和液体进料、冷液进料、饱和蒸气进料、气液混合物进料和过热蒸气进料。不同的进料情况,都显著地直接影响提馏段的回流比和塔内的气液平衡。

如果是冷液进料,并且进料温度低于加料板上的温度,那么,加入的物料全部进入提馏段,使提馏段负荷增大,塔釜蒸气消耗量增加,塔顶难挥发组分含量降低。若塔顶为产品,则会提高产品质量。如果是饱和蒸气进料,则进料温度高于加料板上的温度,所进物料全部进入精馏段,提馏段的负荷减小,精馏段的负荷增大,会使塔顶产品质量降低,甚至不合格。精馏塔较为理想的进料情况是饱和液体进料,它较为经济,最为常用。

3.3 进料量的影响分析

进料量的变化直接影响蒸气速度的改变。后者增大,会产生夹带,甚至液泛。当然,在允许负荷的范围内,提高进料量对提高产量是有益的。如果超出允许负荷,只有提高操作压力,才可维持生产,但也有一定的局限性。

进料量过低,塔的平衡操作不好维持,特别是浮阀塔、筛板塔、斜孔塔等,由于负荷小,蒸气速度小,塔板容易漏液,精馏效率低。在低负荷操作时,可适当地增大回流比,使塔在负荷下限

之上操作,以维持塔操作的正常稳定。

3.4 进料组分的影响分析

进料组分的改变直接影响产品质量。若进料中重组分增加,使精馏段负荷增大,在塔板数不变时,分离效果不好,结果重组分被带到塔顶,造成塔顶产品质量不合格,如是从塔釜得到产品,则塔顶损失增加。如果进料组分中易挥发组分增加,使提馏段的负荷增大,可能因分离不好而造成塔顶产品质量不合格,若是从塔釜得到产品,则塔釜损失增加。如果进料组分中易挥发组分增加,使提馏段的负荷增大,可能因分离不好而造成塔釜产品质量不合格,其中夹带的易挥发组分增多。总之,加料组分的改变直接影响着塔顶产品与塔釜产品的质量。进料中重组分增加时,加料口往下移,反之,则向上移。同时,操作温度、回流比和操作压力等都须相应地调整,才能保证精馏操作的稳定性。

4 影响精馏操作的因素

4.1 塔压的调节

精馏塔的压力是工艺操作诸多因素中最主要的因素之一,只有弄清楚塔压变化是由哪些因素引起的,才能找准控制和调节塔压的地方。

在正常操作中,如果加料量、釜温以及塔顶冷凝器的冷剂量等条件都不变化,则塔压将随采出量的多少而发生变化。采出量太少,塔压升高。反之,采出量太大,塔压下降。可见,采出量的相对稳定可使塔压稳定。可用塔顶采出量来控制塔压。

操作中有时釜温、加料量以及塔顶采出量都未变化,塔压却升高。可能是冷凝器、冷却器的冷剂量不足或冷剂温度升高,抑或冷剂压力下降。这时应尽快联系供冷单位予以调节。如果一时冷剂不能恢复到正常操作情况,则应在允许的条件下,塔压维持高一点或适当加大塔顶采出,并降低釜温,以保证不超压。

一定的温度有相应的压力。在加料量、回流比及冷剂量不变的情况下,塔顶或塔釜温度的波动引起塔压的相应波动,这是正常现象。如果塔釜温度突然升高,塔内上升蒸气量增加,必然导致塔压升高。这时除调节塔顶冷凝器的冷剂和加大采出量之外,更重要的是恢复塔的正常温度,如果处理不及时,重组分被带到塔顶,将使塔顶产品不合格;如果单纯用采出量来调节压力,会破坏塔内各板上的物料组成,严重影响塔顶产品质量。若釜温突然降低,情况恰恰与上述相反,处理方法也对应地变化。至于塔顶温度变化引起塔压变化的情况,可能性很小。

若是设备问题引起塔压变化,则应适当地改变其他操作因素,进行适当调节,严重时停车修理。

4.2 塔釜温度的调节

在一定的压力下,被分离的液体混合物的汽化程度取决于温度,而温度由塔釜加热器(又称蒸发器或再沸器)的蒸气来控制。在釜温波动时,除了分析加热器的蒸气量和蒸气压力的变动之外,还应考虑其他因素的影响。例如,塔压升高或降低,也能引起釜温的变化,当塔压突然升高时,虽然釜温随之升高,但上升蒸气量却下降,使塔釜轻组分变多,此时,要分析压力升高的原因并予以排除。如果塔压突然下降,此时釜温随之下降,上升蒸气量却增加,塔釜液可能被蒸空，重组分就会被带到塔顶。

在正常操作中，有时釜温会随着进料量或回流比的改变而改变。因此，在调节进料量或回流比时，要相应地调节塔釜温度和塔顶采出量，使塔釜温度和操作压力平稳。

4.3 塔顶温度的调节

在精馏操作中，塔顶温度由回流温度控制，但不是以回流比来控制。塔顶温度波动受多种因素的影响。

在正常操作中，若进料量、回流比、釜温及操作压力都不变，则塔顶温度处于稳定正常状态。当操作压力提高时，塔顶温度就会下降，反之，塔顶温度就要上升。如遇到这种情况，必须恢复正常操作压力，方能使塔顶温度正常。另外，在操作压力正常的情况下，塔顶温度随塔釜温度的变化而变化。塔釜温度稍有下降，塔顶温度随之下降，塔釜温度稍有提高，塔顶温度立即上升。遇到此情况，若操作压力适当，产品质量很好，可适当调节釜温，恢复塔顶温度。否则，会因塔顶温度的波动而影响塔顶或塔釜的产品质量。

在一般情况下，尽量不以回流温度来调节塔顶温度，如果由于塔顶冷凝器效果不好，或冷凝剂条件差，使回流温度升高而导致塔顶温度上升，进而塔压提高不易控制，则应尽快设法解决冷凝器的冷却效果，否则，会影响精馏的正常进行，使塔釜排出物中易挥发组分增多。

4.4 塔釜液位的调节

无论哪一种精馏操作，严格控制塔釜液面都是很重要的。控制塔釜的液面至一定高度，一方面起到塔釜液封的作用，使被蒸发的轻组分蒸气不致从塔釜排料管跑掉；另一方面，使被蒸发的液体混合物在釜内有一定的液面高度和塔釜蒸发空间以及塔釜混合液体在蒸发器内的蒸发面与塔釜液面有一个位差高度，保证液体在静压头的作用下不断循环去蒸发器内进行蒸发。

塔釜的液面一般以塔釜排出量来控制，在正常操作中，当进料、产品、取样和回流比等条件一定时，塔釜液的排出量也应该一定。但是，它随塔内温度、压力、回流比等条件的变化而变化。如果这些条件发生变化，将引起塔釜排出物组成的改变，塔釜液面亦随之改变，若不及时调节塔釜排出量，就会影响正常操作。例如，当进料不变时，塔釜温度下降，塔釜液中易挥发组分增多，促使塔釜液面升高，如不增大釜液排出量，塔釜必然被充满，为了恢复正常，就得提高釜温，或增大釜液排出量来稳定塔釜的液面。又如进料组成中重组分增加，在其他操作条件都不变的情况下，必然导致釜液排出量增加，这时如不以增大釜液排出量来控制塔釜液面，而是用提高温度保持塔釜液面，则重组分将被蒸到塔顶，使塔顶产品质量下降。

5 板式塔的异常操作现象

塔板的异常操作现象包括漏液、液沫夹带和液泛等，这些现象会使塔板效率降低，严重时使操作无法进行，因此，应尽量避免这些异常操作现象的出现。

5.1 漏液

在正常操作的错流型塔板上，液体横向流过塔板与垂直向上流动的气体接触，然后经降液管流下。当气体通过塔板的速度较小时，气体通过升气孔道的动压不足以阻止板上液体经孔道流下，便会出现漏液现象。漏液的发生导致气液两相不能在塔板上充分接触，使塔板效率下降，严重时会使塔板不能积液而无法正常操作。通常，为保证塔的正常操作，漏液量应不大于液体流量的10%。漏液量达到10%的气体速度称为漏液速度，它是板式塔操作气速的下限。

造成漏液的主要原因是气速太小和板面上液面落差所引起的气流分布不均匀。在塔板液体入口处，液层较厚，往往出现漏液，为此常在塔板液体入口处留出一条不开孔的安定区域。

5.2 液沫夹带

上升气流穿过塔板上的液层时，必然将部分液体分散成微小液滴，气体夹带着这些液滴在板间的空间上升，如液滴来不及沉降分离，则将随气体进入上层塔板，这种现象称为液沫夹带。

液滴的生成虽然可增大气液两相的传质和传热面积，但过量的液沫夹带常造成液相在塔板间的返混，严重时会发生雾沫夹带液泛，进而导致板效率严重下降。

影响液沫夹带量的因素很多，最主要的是空塔气速和塔板间距。空塔气速增大，雾沫夹带量增大；塔板间距增大，可使雾沫夹带量减小。

5.3 液泛

塔板正常操作时，在板上维持一定厚度的液层，以和气体进行接触传质。如果液体充满每块塔板之间的空间阻碍了气体的上升和液体的下降，这种现象称为液泛，亦称淹塔。

液泛产生的情况有以下两种。

其一：当降液管内液体不能顺利向下流动时，管内液体必然积累，致使管内液位增高而越过溢流堰顶部，两板间液体相连，塔板产生积液，并依次上升，最终导致塔内充满液体，这种由于降液管内充满液体而引起的液泛称为降液管液泛。

其二：当塔板上液体流量很大，上升气体的速度很大时，液体被气体夹带到上一层塔板上的量剧增，使塔板间充满气液混合物，最终使整个塔内都充满液体，这种由于液沫夹带量过大引起的液泛称为夹带液泛。

液泛的形成与气液两相的流量相关。对一定的液体流量，气速过大会发生液泛；反之，对一定的气体流量，液量过大也可能发生液泛。液泛时的气速称为泛点气速，正常操作气速应控制在泛点气速之下。

影响液泛的因素除气液流量外，还有塔板的结构，特别是塔板间距等参数，设计中采用较大的板间距，可提高泛点气速。

6 精馏正常工况维持操作训练

训练目的

熟悉精馏操作的基本方法、工艺操作指标，掌握连续精馏的操作，学习精馏塔的操作型分析与调节。

设备示意

本实训装置（图4.47）用来分离一定浓度的乙醇－水溶液。将原料在再沸器中加热至一定温度后，轻组分乙醇逐层通过塔板上升至塔顶，在塔顶冷凝器的作用下冷凝至液态，流至凝液罐中，一部分回流至塔中，一部分作为产品采出至塔顶产品罐。塔釜残液经过塔釜换热器进行热量交换后至塔釜产品罐中。最终经过精馏操作得到提纯至一定浓度的乙醇。

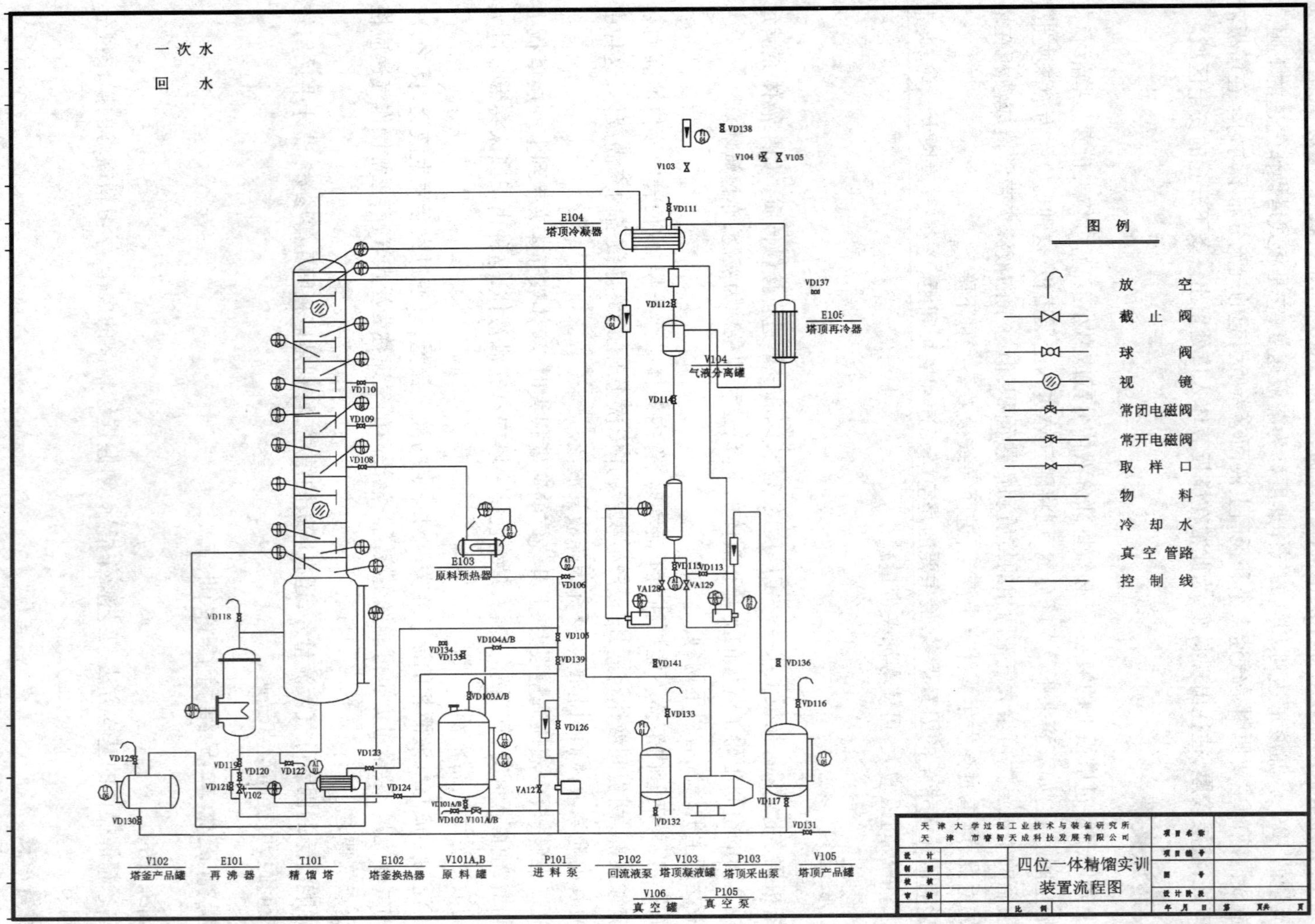

一次水
回 水
V103
VD138
V104
V105
VD111
E104
塔顶冷凝器
VD112
VD137
E105
塔顶再冷器
V104
气液分离罐
VD114
VD110
VD109
VD108
E103
原料预热器
VD106
VD115
VD113
VA128
VA129
VD118
VD105
VD104A/B
VD134
VD135
VD139
VD141
VD136
VD103A/B
VD133
VD116
VD126
VD123
VD125
VD119
VD120
VD122
VD121
VD124
V102
VA127
VD101A/B
VD102 V101A/B
VD117
VD130
VD132
VD131
V102
塔釜产品罐
E101
再沸器
T101
精馏塔
E102
塔釜换热器
V101A,B
原料罐
P101
进料泵
P102
回流液泵
V103
塔顶凝液罐
P103
塔顶采出泵
V105
塔顶产品罐
V106
真空罐
P105
真空泵
图例
放空
截止阀
球阀
视镜
常闭电磁阀
常开电磁阀
取样口
物料
冷却水
真空管路
控制线
天津大学过程工业技术与装备研究所
天津市睿智天成科技发展有限公司
四位一体精馏实训
装置流程图

图 4.47 精馏实训装置流程

训练要领

1. 正常开车

(1)从原料取样点 AI02 取样分析原料组成。

(2)精馏塔上有三个进料位置,根据实训要求,选择合适的进料板位置,打开相应进料管线上的阀门。

(3)开启操作台总电源开关。

(4)正确启动进料泵 P101。

(5)当塔釜液位指示计达到合适位置时,关闭进料泵,同时关闭 VD126 阀门。

(6)打开再沸器 E101 的电加热开关,调节加热电压至合适值,加热塔釜内的原料液。

(7)通过第十二节塔段上的视镜和第二节玻璃观测段观察液体加热情况。当液体开始沸腾时,注意观察塔内的气液接触状况,同时调节加热电压在某一数值。

(8)当塔顶观测段出现蒸气时,打开塔顶冷凝器冷凝水调节阀 V104,使塔顶蒸气冷凝为液体,流入塔顶凝液罐 V103。

(9)当凝液罐中的液位达到规定值后,正确启动回流液泵 P102 进行全回流操作,适时调节回流流量,使塔顶凝液罐 V103 的液位稳定在某一数值。

(10)随时观测塔内各点温度、压力、流量和液位值的变化情况,每 5 min 记录一次数据。

(11)当塔顶温度 TIC01 稳定一段时间(15 min)后,在塔顶的取样点 AI03 位置取样分析。

2. 正常操作

(1)待全回流稳定后,切换至部分回流,将原料罐、进料泵 P101 和进料口管线上的相关阀门全部打开,使进料管路通畅。

(2)正确开启进料泵 P101,并通过转子流量计调节至合适的进料量。

(3)正确开启塔顶采出泵 P103,适时调节回流量与采出量,以使塔顶凝液罐 V103 液位稳定。

(4)观测塔顶回流液位变化以及回流和采出流量计值的变化。在此过程中可根据情况小幅增大塔釜加热电压值(5 ~ 10 V)以及冷凝水流量。

(5)塔顶温度稳定一段时间后,取样测量浓度。

3. 正常停车

(1)正确关闭进料泵。

(2)停止再沸器 E101 加热。

(3)正确关闭回流液泵 P102。

(4)待塔顶凝液罐的液体采出完毕后,正确关闭塔顶采出泵 P103。

(5)关闭塔顶冷凝器 E104 的冷凝水。

(6)将各阀门恢复到初始状态。

(7)关仪表电源和总电源。

【拓展与延伸】

某些液体混合物,组分间的相对挥发度接近于 1 或形成恒沸物,以至于不宜或不能用一般精馏方法进行分离,则需要采用特殊精馏方法。特殊精馏方法有恒沸精馏、萃取精馏、盐效应精馏、膜蒸馏、催化精馏、吸附精馏等。

1 恒沸精馏

若在两组分恒沸液中加入第三组分(称为夹带剂),该组分能与原料液中的一个或两个组分形成新的恒沸液,从而使原料液能用普通精馏方法予以分离,这种精馏操作称为恒沸精馏。恒沸精馏可分离具有最低恒沸点的溶液、具有最高恒沸点的溶液以及挥发度相近的物系。

分离乙醇–水混合液的恒沸精馏流程如图 4.48 所示。在原料液中加入适量的夹带剂苯,苯与原料液形成苯–乙醇–水三元非均相恒沸液(相应的恒沸点为 64.85 ℃,恒沸摩尔组成为苯 0.539、乙醇 0.228、水 0.233)。只要苯的加入量适当,原料液中的水可全部转入三元恒沸液中,从而使乙醇–水混合液得以分离。

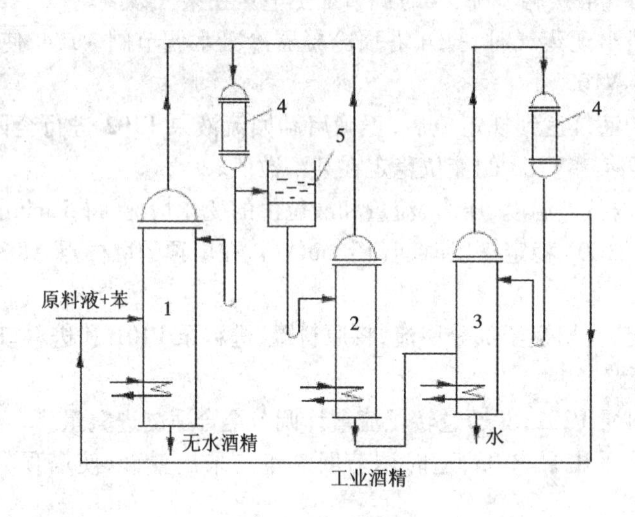

图 4.48　恒沸精馏流程示意

1—恒沸精馏塔　2—苯回收塔　3—乙醇回收塔

4—冷凝器　5—分层器

由于常压下此恒沸液的恒沸点为 64.85 ℃,故其由塔顶蒸出苯–乙醇–水三元恒沸物,塔底产品为近于纯态的乙醇。塔顶蒸气进入冷凝器 4 中冷凝后,部分液相回流到塔 1,其余的进入分层器 5,在器内分为轻重两层液体。轻相富苯层返回塔 1 作为补充回流。重相富水层送入苯回收塔 2,以回收其中的苯。塔 2 顶部引出的蒸气也进入冷凝器 4 中,塔 2 底部的产品为稀乙醇,被送到乙醇回收塔 3 中。塔 3 中塔顶产品为乙醇–水恒沸液,送回塔 1 作为原料,塔底产品几乎为纯水。在操作中苯是循环使用的,但因有损耗,故隔一段时间后需补充一定量的苯。

2 萃取精馏

萃取精馏和恒沸精馏相似,也是向原料液中加入第三组分(称为萃取剂或溶剂),以改变原有组分间的相对挥发度而达到分离要求的特殊精馏方法。但不同的是萃取剂的沸点较原料中各组分的沸点要高,且不与组分形成恒沸液。萃取精馏常用于分离相对挥发度接近 1 的物系(组分沸点十分接近)。例如苯和环己烷的沸点(分别为 80.1 ℃和 80.73 ℃)十分接近,它们难于用普通精馏方法予以分离。若在苯－环己烷溶液中加入萃取剂糠醛（沸点为161.7 ℃），因糠醛分子与苯分子之间的作用力较强，从而使环己烷和苯之间的相对挥发度增大，且相对挥发度随萃取剂量加大而增大。

分离苯－环己烷溶液的萃取精馏流程如图4.49所示。原料液进入萃取精馏塔1中，萃取剂（糠醛）由塔1顶部加入，以便在每层板上都与苯相结合。塔顶蒸出的为环己烷蒸气。为回收微量的糠醛蒸气，在塔1上部设置回收段2（若萃取剂沸点很高，也可以不设回收段）。塔底釜液为苯－糠醛混合液，再将其送入苯回收塔3中。因苯与糠醛的沸点相差很大故两者容易分离。塔3中釜液为糠醛，可循环使用。

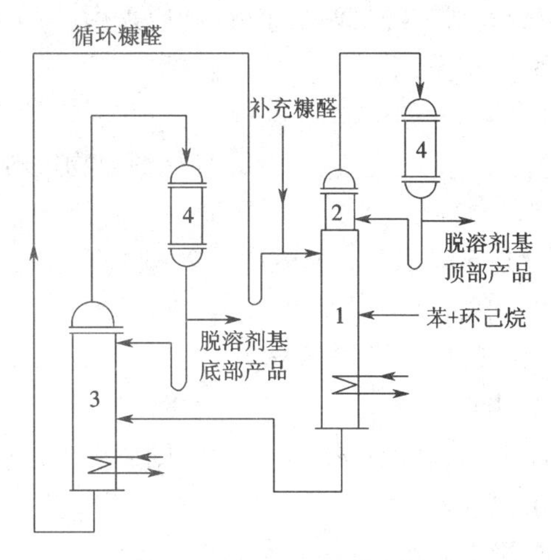

图4.49　苯－环己烷萃取精馏流程示意

1—萃取精馏塔　2—萃取剂回收段　3—苯回收塔　4—冷凝器

【知识检测】

一、单项选择题

1. 精馏塔中自上而下（　　）。

A. 分为精馏段、加料板和提馏段三个部分　　B. 温度依次降低

C. 易挥发组分浓度依次降低　　D. 蒸气质量依次减少

2. 最小回流比（　　）。

A. 下回流量接近于零　　B. 在生产中有一定应用价值

C. 不能用公式计算　　D. 是一种极限状态，可用来计算实际回流比

3. 由气体和液体流量过大两种原因共同造成的是（　　）现象。

A. 漏液　　B. 液沫夹带　　C. 气泡夹带　　D. 液泛

4. 在其他条件不变的情况下，增大回流比能（　　）。

A. 减少操作费用　　B. 增大设备费用

C. 提高产品纯度　　D. 增大塔的生产能力

5. 在温度－组成（$t-x-y$）图中的气液共存区内，当温度升高时，液相中易挥发组分的含量会（　　）。

A. 增大　　　　B. 增大及减少　　　　C. 减少　　　　D. 不变

6. 二元溶液连续精馏计算中，物料的进料状态变化将引起(　　)的变化。

A. 相平衡线　　　　B. 进料线和提馏段操作线

C. 精馏段操作线　　　　D. 相平衡线和操作线

7. 加大回流比，塔顶轻组分组成将(　　)。

A. 不变　　　　B. 变小　　　　C. 变大　　　　D. 忽大忽小

8. 下述分离过程中不属于传质分离过程的是(　　)。

A. 萃取分离　　　　B. 吸收分离　　　　C. 精馏分离　　　　D. 离心分离

9. 若要求双组分混合液分离成较纯的两个组分，则应采用(　　)。

A. 平衡蒸馏　　　　B. 一般蒸馏　　　　C. 精馏　　　　D. 无法确定

10. 以下说法正确的是(　　)。

A. 冷液进料 $q=1$　　　　B. 气液混合物进料 $0<q<1$

C. 过热蒸气进料 $q=0$　　　　D. 饱和液体进料 $q<1$

11. 某精馏塔的馏出液量是 50 kmol/h，回流比是 2，则精馏段的回流量是(　　)。

A. 100 kmol/h　　　　B. 50 kmol/h　　　　C. 25 kmol/h　　　　D. 125 kmol/h

12. 蒸馏操作的依据是组分间的(　　)差异。

A. 溶解度　　　　B. 沸点　　　　C. 挥发度　　　　D. 蒸气压

13. 塔顶全凝器改为分凝器后，其他操作条件不变，则所需理论板数(　　)。

A. 增多　　　　B. 减少　　　　C. 不变　　　　D. 不确定

14. 两组分物系的相对挥发度越小，表示分离该物系越(　　)。

A. 容易　　　　B. 困难　　　　C. 完全　　　　D. 不完全

15. 在再沸器中溶液(　　)而产生上升蒸气，是精馏得以连续稳定操作的一个必不可少条件。

A. 部分冷凝　　　　B. 全部冷凝　　　　C. 部分汽化　　　　D. 全部汽化

16. 正常操作的二元精馏塔，塔内某截面上升气相组成 y_{n+1} 和下降液相组成 x_n 的关系是(　　)。

A. $y_{n+1}>x_n$　　　　B. $y_{n+1}<x_n$　　　　C. $y_{n+1}=x_n$　　　　D. 不能确定

17. 精馏过程设计时，增大操作压强，塔顶温度(　　)。

A. 升高　　　　B. 降低　　　　C. 不变　　　　D. 确定

18. 某精馏塔的理论板数为 17 块(包括塔釜)，全塔效率为 0.5，则实际板数为(　　)块。

A. 34　　　　B. 31　　　　C. 33　　　　D. 32

19. 若仅仅加大精馏塔的回流量，会引起(　　)。

A. 塔顶产品中易挥发组分浓度提高　　　　B. 塔底产品中易挥发组分浓度提高

C. 塔顶产品的产量提高　　　　D. 无确定答案

20. 冷凝器的作用是提供(　　)产品及保证有适宜的液相回流。

A. 塔顶气相　　　　B. 塔顶液相　　　　C. 塔底气相　　　　D. 塔底液相

二、判断题

1. 精馏操作的作用是分离液体均相混合物。(　　)

2. 精馏分离的依据为利用混合液中各组分挥发度的不同。(　　)

3. 蒸馏过程可以分为简单蒸馏、平衡蒸馏、精馏和特殊精馏等。简单蒸馏和平衡蒸馏适用于易分离或分离要求不高的物系；精馏用于分离要求较高，难分离的物系；特殊精馏用于普通精馏很难分离或无法分离的物系。(　　)

4. 常用的特殊精馏方法是恒沸精馏和萃取精馏，两种方法的共同点是都在被分离溶液中加入第三组分以改变原溶液中各组分间的相对挥发度而实现分离。(　　)

5. 精馏塔内塔顶的液相回流和塔釜中产生的蒸气(气相回流)构成了气、液两相接触传质的必要条件。(　　)

6. 理论板是理想化的塔板，即不论进入该板的气、液组成如何，离开该板的气、液相在传质、传热两方面都达到平衡，或者说离开该板的气、液两相组成平衡，温度相同。(　　)

7. 全回流时为达到指定的分离程度所需的理论板最少。(　　)

三、计算题

1. 在乙醇和水的混合液中，乙醇的质量为 15 kg，水为 25 kg。求乙醇和水分别在混合液中的质量分数、摩尔分数和该混合液的平均摩尔质量。

2. 在连续精馏塔中分离含苯 50%(质量百分数，下同)的苯－甲苯混合液。要求馏出液组成为 98%，釜残液组成为 1%(均为苯的组成)。求：甲苯的回收率。

3. 在一两组分连续精馏塔中，进入精馏段中某层理论板 n 的气相组成 y_{n+1} 为 0.75，从该板流出的液相组成 x_n 为 0.65(均为摩尔分数)，塔内气液比 $V/L=2$，物系的相对挥发度 α 为 2.5。求：(1) 从该板上升的蒸气组成 y_n；(2) 流入该板的液相组成 x_{n-1}；(3) 回流比 R。

4. 某连续操作精馏塔，分离苯－甲苯混合液，原料中含苯 45%，馏出液中含苯 95%，残液中含甲苯 95%(以上均为摩尔分数)。塔顶全凝器每小时全凝 28 000 kg 蒸气，液体在泡点下回流。提馏段回流液量为 470 kmol/h，原料液于泡点进料。求：(1) 釜残液和馏出液的流量(W 和 D)；(2) 回流比 R。

5. 在连续精馏塔中分离两组分理想溶液。已知原料液组成为 0.6(摩尔分数，下同)，馏出液组成为 0.9，釜残液组成为 0.02，泡点进料。(1) 求每获得 1 kmol/h 馏出液时的原料液用量 F。(2) 若回流比为 1.5，它相当于最小回流比的多少倍？(3) 假设原料液加到加料板上后，该板的液相组成仍为 0.6，求上升到加料板上的气相组成。(物系的平均相对挥发度为 3)

6. 在连续精馏塔内分离两组分理想溶液，塔顶为全凝器。进料量为 100 kmol/h，其组成为 0.5(摩尔分数)。塔顶易挥发组分的回收率为 90%。精馏段操作线方程为 $y=0.8x-0.19$。求：(1) 馏出液的组成 x_D 和流量 D；(2) 釜残液的组成 x_W 和流量 W。

项目五　吸收操作技术

【知识目标】

掌握的内容:气体在液体中的溶解度;亨利定律及各种表达式;相平衡的应用;总传质系数和总传质速率方程式;吸收过程的物料衡算;操作线方程及其物理意义;最小液气比的概念及吸收剂用量计算。

熟悉的内容:吸收剂的选择;气膜控制和液膜控制;吸收塔设计计算;传质单元数的计算;解吸的特点。

了解的内容:分子扩散机理;双膜理论;填料塔的结构和填料特性;填料塔的附件。

【能力目标】

能判定吸收进行的方向;能借助溶解度理解强化吸收的方法;能根据物料衡算核算工艺指标;能计算吸收剂用量;能根据工艺条件强化吸收－解吸过程。

任务1　吸收操作入门知识

1　吸收操作在化工生产中的应用

工业生产中常常会遇到均相气体混合物的分离问题。为了分离混合气体中的各组分,通常将混合气体与选择的某种液体相接触,气体中的一种或几种组分便溶解于液体内而形成溶液,不能溶解的组分则保留在气相中,从而实现了气体混合物分离的目的。这种利用各组分溶解度不同而分离气体混合物的操作称为吸收。在混合气体中,能够溶解于溶剂中的组分称为吸收质或溶质,以 A 表示;不溶解的组分称为惰性组分或载体,以 B 表示;吸收所采用的溶剂称为吸收剂,以 S 表示;吸收操作终了时所得到的溶液称为吸收液,其成分为吸收剂 S 和溶质 A;排出的气体称为吸收尾气,其主要成分应是惰性组分 B 和未被吸收的组分 A。

1.1　吸收在化工生产中应用

吸收操作在化工生产中的主要用途如下。

1)净化或精制气体

例如用水或碱液脱除合成氨原料气中的二氧化碳,用丙酮脱除石油裂解气中的乙炔等。

2)制备某种气体的溶液

例如用水吸收二氧化氮制造硝酸,用水吸收氯化氢制取盐酸,用水吸收甲醛制备福尔马林溶液等。

3)回收混合气体中的有用组分

例如用硫酸处理焦炉气以回收其中的氨,用洗油处理焦炉气以回收其中的苯、二甲苯等,用液态烃处理石油裂解气以回收其中的乙烯、丙烯等。

4)废气治理,保护环境

工业废气中含有 SO_2、NO、NO_2、H_2S 等有害气体,直接排入大气,对环境危害很大。可通过吸收操作使之净化,变废为宝,综合利用。

1.2 气体吸收的分类

吸收过程通常按以下方法分类。

1)物理吸收与化学吸收

在吸收过程中,如果溶质与溶剂之间不发生显著的化学反应,可以当作气体溶质单纯地溶解于液相溶剂的物理过程,称为物理吸收。相反,如果在吸收过程中气体溶质与溶剂(或其中的活泼组分)发生显著的化学反应,则称为化学吸收。

2)低浓度吸收与高浓度吸收

在吸收过程中,若溶质在气液两相中的浓度均较低(通常不超过 0.1),这种吸收称为低浓度吸收;反之,则称为高浓度吸收。对于低浓度吸收过程,由于气相中溶质浓度较低,传递到液相中的溶质量相对于气、液相流率也较小,因此流经吸收塔的气、液相流率均可视为常数。

3)等温吸收与非等温吸收

气体溶质溶解于液体时,常由于溶解热或化学反应热而产生热效应,热效应使液相的温度逐渐升高,这种吸收称为非等温吸收。如果吸收过程的热效应很小,或被吸收的组分在气相中浓度很低,而吸收剂的用量相对很大,此时液相的温度变化并不显著,这种吸收称为等温吸收。

4)单组分吸收与多组分吸收

吸收过程按被吸收组分数目的不同,可分为单组分吸收和多组分吸收。若混合气体中只有一个组分进入液相,其余组分不溶(或微溶)于吸收剂,这种吸收过程称为单组分吸收。反之,若在吸收过程中,混合气中有两个以上的组分进入液相,这样的吸收称为多组分吸收。

1.3 吸收剂的选择

吸收操作是气、液两相之间接触的传质过程。因此,吸收效果的关键往往取决于吸收剂性能的优劣。选择吸收剂应注意以下几点。

(1)溶解度:吸收剂对混合气体中被分离的组分应有较大的溶解度,溶解度越大则传质推动力越大,吸收速率越快,且吸收剂的耗用量越少。

(2)选择性:吸收剂对混合气体中的其他组分溶解度要小,即溶剂应具有较高的选择性,否则不能实现有效的分离。

(3)挥发度:在吸收操作中,操作温度下吸收剂的蒸气压要低,即挥发度要小,以减少吸收剂的损失量。

(4)黏度:在操作温度下吸收剂的黏度要低,黏度越低塔内的流动阻力越小,这样扩散系数就较大,有助于传质速率的提高。

吸收剂应尽可能无毒性、无腐蚀性、不易燃易爆、不发泡、冰点低、价廉易得,且化学性质稳定。

2 吸收操作工艺流程的描述

吸收过程通常在吸收塔中进行,根据气、液两相的流动方向,分为逆流操作和并流操作两类，工业生产中以逆流操作为主。作为一种完整的分离方法，吸收过程应包括“吸收”和“解吸”两个步骤。“吸收”仅起到把溶质从混合气体中分离出去的作用，在塔底得到的是由溶剂和溶质组成的混合液，这种液相混合物还需进行“解吸”才能得到纯溶质并回收溶剂。

以合成氨生产中CO_2气体的净化为例，说明吸收与解吸联合操作的流程（图5.1）。

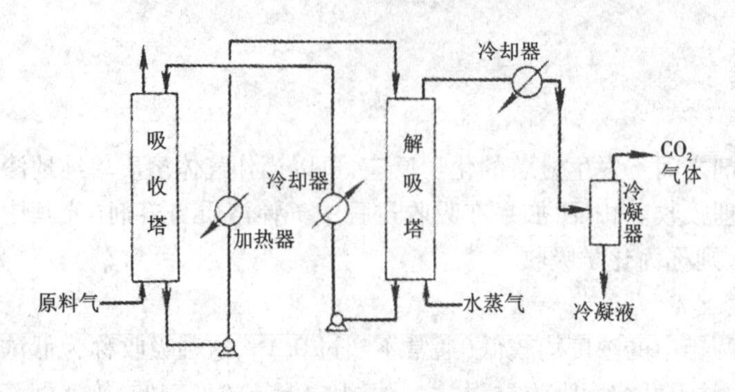

图5.1　合成氨生产中CO_2气体的净化

合成氨原料气（含CO_2 30%左右）从底部进入吸收塔，塔顶喷入乙醇胺溶液。气、液逆流接触传质，乙醇胺吸收了CO_2后从塔底排出，从塔顶排出的气体中CO_2含量可降至0.5%以下。将吸收塔底排出的含CO_2的乙醇胺溶液用泵送至加热器，加热到130 ℃左右后从解吸塔顶喷淋下来，与塔底送入的水蒸气逆流接触，CO_2在高温、低压下自溶液中解吸出来。从解吸塔顶排出的气体经冷却、冷凝后得到可用的CO_2。解吸塔底排出的含少量CO_2的乙醇胺溶液经冷却降温至50 ℃左右，经加压仍可作为吸收剂送入吸收塔循环使用。

由此可见，采用吸收操作实现气体混合物的分离必须解决以下问题。

(1)选择合适的吸收剂，选择性地溶解某个（或某些）被分离组分。

(2)选择适当的传质设备以实现气液两相接触，使溶质从气相转移至液相。

(3)吸收剂的再生和循环使用。

3　填料塔的结构

3.1　填料塔的构造

吸收过程常在填料塔中进行。填料塔是以塔内的填料作为气液两相间接触构件的传质设备。填料塔的结构如图5.2所示，其主要由直立圆柱形塔体、填料、填料支撑装置、液体分布装置组成。操作时，液体从塔顶经液体分布器喷淋到填料上，并沿填料表面成液膜流下，最后由塔底取出。气体从塔底送入，经气体分布装置（小直径塔一般不设气体分布装置）分布后，与填料表面的液膜呈逆流连续通过填料层的空隙，在填料表面上，气液两相密切接触进行传质，最后由塔顶排出管排出。填料塔属于连续接触式气液传质设备，两相组成沿塔高连续变化，在正常操作状态下，气相为连续相，液相为分散相。

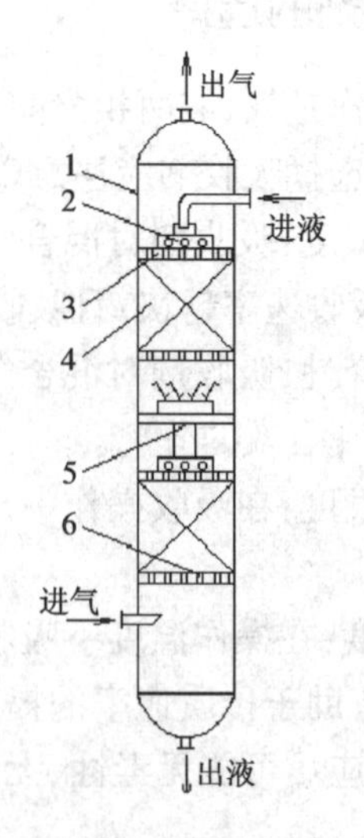

图5.2　填料塔的结构

1—塔壳体　2—液体分布器　3—填料压板
4—填料　5—液体再分布装置　6—填料支撑板

当液体沿填料层向下流动时，有逐渐向塔壁集中的趋势，使得塔壁附近的液流量逐渐增大，这种现象称为壁流。壁流效应造成气液两相在填料层中分布不均，从而使传质效率下降。因此，当填料层较高时，往往需要进行分段，中间设置再分布装置。液体再分布装置包括液体收集器和液体再分布器两部分，上层填料流下的液体经液体收集器收集后，送到液体再分布器，经重新分布后再喷淋到下层填料上。

填料塔的优点是结构简单，生产能力大，分离效率高，压降小，持液量小，操作弹性大等。缺点是填料造价高，当液体负荷较小时不能有效地润湿填料表面，使传质效率降低。填料塔不适用于有悬浮物或容易聚合的物料；也不适用于侧线进料和出料的操作。

3.2 填料塔的内件

填料塔的内件主要有填料支撑装置、填料压紧装置、液体分布装置、液体收集及再分布装置等。填料塔的内件对保证填料塔的正常操作及良好的传质性能十分重要。

3.2.1 液体分布装置

操作时，填料塔的任意截面上气、液的均匀分布是十分重要的。气体分布是否均匀主要取决于液体分布的均匀程度。因此在塔顶液体的初始均匀喷淋是保证填料塔达到预期分离效果的重要条件。

常见的液体分布装置有如下几种。

1)莲蓬式喷淋器

莲蓬式喷淋器的结构如图5.3(a)所示，喷头下部为半球形多孔板，小孔作同心圆排列，喷洒角≤80°。操作时，液体由半球形喷头上的小孔喷出分布在填料表面上。此种喷洒器一般用于直径小于0.6 m的塔中。其优点：结构简单。主要缺点：小孔容易堵塞，故不适用于处理污浊液体。应注意，操作时液体的压头必须维持在规定的数值范围内，否则喷淋半径改变，不能保证预期的分布情况。

2)盘式分布器

盘式分布器有盘式筛孔型分布器、盘式溢流管式分布器等形式。其结构如图5.3(b)、(c)所示。操作时液体加至分布盘上，经筛孔或溢流管流下分布在填料表面。筛孔型较溢流管式的液体分布效果好，但溢流管式的自由截面积大，且不易堵塞。盘式分布器的直径为塔径的0.6到0.8倍，这种分布器用于$D<800$ mm的塔中。

3)管式分布器

管式分布器由不同结构形式的开孔管制成。如图5.3中(d)、(e)所示，前者为盘管式，后者为环管式。其突出的特点是结构简单，供气体流过的自由截面大，阻力小。但小孔易堵塞，弹性一般较小。管式液体分布器适用于液量小而气量大的填料吸收塔。根据液体负荷情况可做成单排或双排。

4)槽式液体分布器

槽式液体分布器通常是由分流槽(又称主槽或一级槽)、分布槽(又称副槽或二级槽)构成的，如图5.3(f)所示。操作时一级槽通过槽底开孔将液体初分成若干流股，分别加入其下方的液体分布槽。分布槽的槽底(或槽壁)上设有孔道(或导管)，将液体均匀分布于填料表面。

槽式液体分布器具有较大的操作弹性和极好的抗污性，特别适合于气液负荷大及含有固体悬浮物、黏度大的液体的分离场合。由于槽式分布器具有优良的分布性能和抗污垢堵塞性能，应用范围非常广泛。

5)槽盘式分布器

槽盘式分布器是近年来开发的新型液体分布器。其结构如图5.3(g)所示。它将槽式及盘式分布器的优点有机地结合于一体,兼有集液、分液及分气三种作用,结构紧凑,操作弹性高达10:1,气液分布均匀,阻力较小,特别适用于易发生夹带、易堵塞的场合。

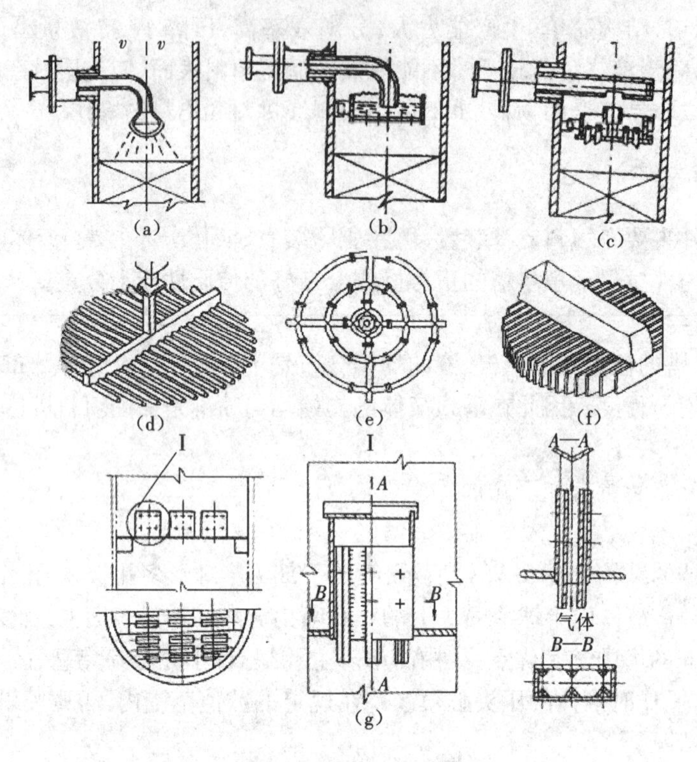

图5.3 液体分布装置

(a)莲蓬式喷淋器 (b)盘式筛孔型 (c)盘式溢流管式 (d)盘管式
(e)环管式 (f)槽式 (g)槽盘式

3.2.2 填料压紧装置

填料上方安装压紧装置可防止在气流的作用下填料床层发生松动和跳动。填料压紧装置分为填料压板和床层限制板两大类,每类又有不同的形式,图5.4中列出了几种常用的填料压紧装置。床层限制板用于金属、塑料等制成的不易发生破碎的散装填料及所有规整填料。填料压板自由放置于填料层上端,靠自身重量将填料压紧。它适用于陶瓷、石墨等制成的易发生破碎的散装填料。床层限制板要固定在塔壁上,为不影响液体分布器的安装和使用,不能采用连续的塔圈固定,对于小塔可用螺钉固定于塔壁,而大塔则用支耳固定。

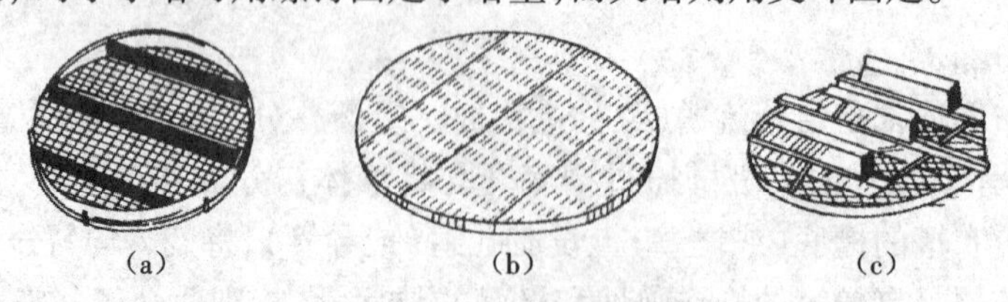

图5.4 填料压紧装置

(a)填料压紧栅板 (b)填料压紧网板 (c)905型金属压板

3.2.3 填料支撑装置

常用的填料支撑装置有如图 5.5 所示的栅板型、孔管型、驼峰型等。填料支撑装置的作用是支撑塔内的填料及所持有的液体质量。支撑装置要有足够的机械强度。为使流体能顺利通过,支撑装置的自由截面积不应小于填料的截面积,否则当气速增大时,填料塔的液泛将首先发生在支撑装置处。选择支撑装置的主要依据是塔径、填料的种类及型号、塔体及填料的材质、气液流率等。

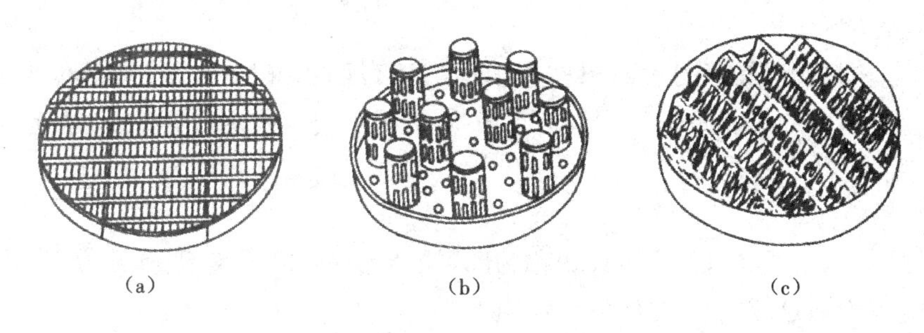

图 5.5 填料支撑装置

(a)栅板型 (b)孔管型 (c)驼峰型

3.2.4 液体收集及再分布装置

液体沿填料层向下流动时,有偏向塔壁流动的现象,这种现象称为壁流。壁流将导致填料层内气液分布不均,使传质效率下降。为减少壁流现象,使液体重新汇集并被引向塔中心区域,可间隔一定高度在填料层内设置液体再分布装置。

最简单的液体再分布装置为截锥式再分布器,如图 5.6(a)所示。截锥式再分布器结构简单,安装方便,但它只起到将壁流向中心汇集的作用,无液体再分布的功能,一般用于直径小于 0.6 m 的塔中。

通常情况下,可将液体收集器及液体分布器同时使用,构成液体收集及再分布装置。液体收集器的作用是将上层填料流下的液体收集,然后送至液体分布器进行液体再分布。如图 5.6(b)所示,常用的液体收集器为斜板式液体收集器。

由于槽盘式液体分布器兼有集液和分液的功能,故槽盘式液体分布器是优良的液体收集及再分布装置。

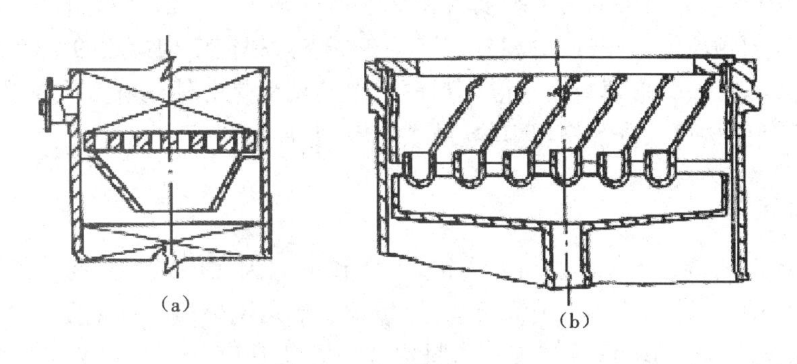

图 5.6 液体收集及再分布装置

(a)截锥式再分布器 (b)斜板式液体收集器

4　填料塔的性能评价

4.1　填料的特性

在吸收操作时，气液两相间的传质过程是在湿润的填料表面上进行的。因此，填料塔的生产能力和传质效率均与填料特性密切相关。对操作影响较大的填料特性有如下几种。

1. 比表面积

单位体积填料层所具有的表面积称为填料的比表面积，以 δ 表示，其单位为 m^2/m^3。显然，填料应具有较大的比表面积，以增大塔内传质面积。同一种类的填料，尺寸越小，则比表面积越大。

2. 空隙率

单位体积填料层所具有的空隙体积称为填料的空隙率，以 ε 表示，其单位为 m^3/m^3。填料的空隙率大，气液通过能力大，且气体流动阻力小。

3. 填料因子

将 δ 与 ε 组合成 δ/ε^3 的形式称为干填料因子，单位为 m^{-1}。填料因子表示填料的流体力学性能。当填料被喷淋的液体润湿后，填料表面覆盖了一层液膜，δ 与 ε 均发生相应的变化，此时 δ/ε^3 称为湿填料因子，以 ϕ 表示。ϕ 值小则填料层阻力小，发生液泛时的气速高，亦即流体力学性能好。

4. 单位堆积体积的填料数目

对于同一种填料，单位堆积体积内所含填料的个数是由填料尺寸决定的。填料尺寸减小，填料数目增加，填料层的比表面积也增大，而空隙率减小，气体阻力亦相应增大，填料造价提高。反之，若填料尺寸过大，在靠近塔壁处，填料层空隙很大，将有大量气体由此短路流过。为控制气流分布不均匀现象，填料尺寸不应大于塔径 D 的 $\frac{1}{10} \sim \frac{1}{8}$。

此外，从经济、实用及可靠的角度考虑，填料还应具有质量轻，造价低，坚固耐用，不易堵塞，耐腐蚀，有一定的机械强度等特性。各种填料往往不能完全具备上述各种条件，实际应用时，应依具体情况加以选择。

填料的种类很多，大致可分为散装填料和整砌填料两大类。散装填料是一粒粒具有一定几何形状和尺寸的颗粒体，一般以散装方式堆积在塔内。根据结构特点的不同，散装填料分为环形填料、鞍形填料、环鞍形填料及球形填料等。整砌填料是一种在塔内整齐地有规则排列的填料，根据其几何结构可以分为格栅填料、波纹填料、脉冲填料等。

4.2　填料的类型

填料是填料塔的核心元件。填料种类很多，大致可分为实体填料和网体填料两大类。实体填料包括环形填料、鞍形填料以及栅板、波纹板填料等。网体填料为主要由金属丝制成的各种填料，如鞍形网、θ 网、波纹网填料等。填料按装填方法又可分为乱堆填料（散装填料）和整砌填料。各种颗粒型填料多属乱堆填料，如拉西环、鞍形、θ 网环等。整砌填料是各种新型组合填料，如波纹板、波纹网。

长期以来，人们对填料结构的设计、制造、技术改进做了大量的研究工作。无论是颗粒填料还是整砌填料均可用陶瓷、金属和塑料材料制造。

需要说明,在指定的任务下,采用的填料尺寸越大,单位体积填料的费用越小,但传质效率越低,导致填料层高度越大。由此在选择填料尺寸时,除保证一定的分离效率外,还应考虑设备费和动力费之间的权衡。工业常用的填料如图 5.7 所示。

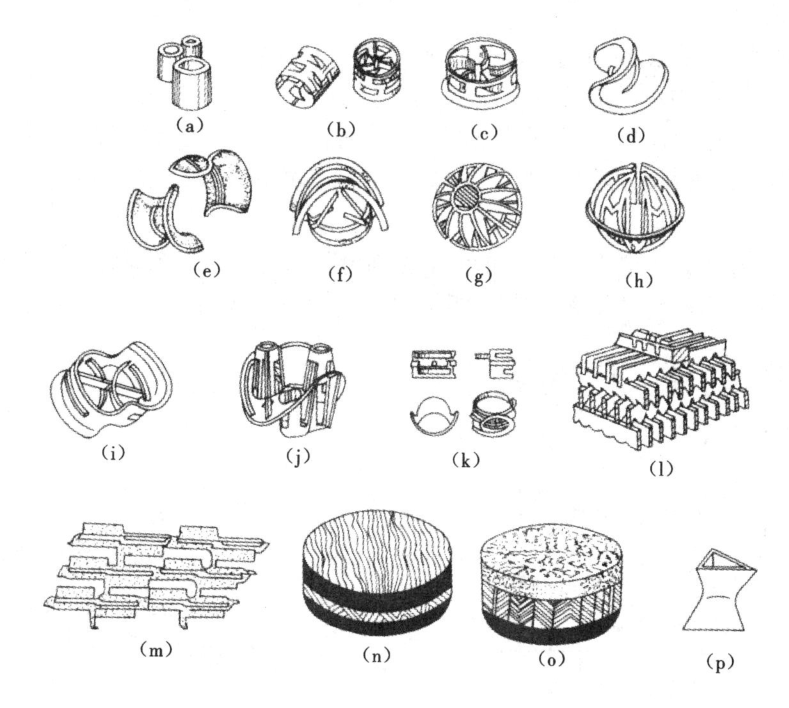

图 5.7 几种常见填料

(a)拉西环填料 (b)鲍尔环填料 (c)阶梯环填料 (d)矩鞍填料 (e)金属环矩鞍填料 (g)多面球形填料 (h)TRI 球形填料 (i)共轭环填料 (j)海尔环填料 (k)纳特环填料 (l)木格栅填料 (m)格里奇格栅填料 (n)金属丝网波纹填料 (o)金属板波纹填料 (p)脉冲填料

任务 2 吸收操作的理论知识

1 吸收过程的相平衡关系

1.1 气体在液体中的溶解度

在一定压力和温度下,使一定量的吸收剂与混合气体接触,气相中的溶质便向液相溶剂中转移,直至液相中溶质组成达到饱和浓度为止,这种状态称为相际动平衡,简称相平衡或平衡。平衡状态下气相中的溶质分压称为平衡分压或饱和分压,液相中的溶质组成称为平衡组成或饱和组成,即气体在液体中的溶解度(或饱和组成)。气体在液相中的溶解度表明在一定条件下吸收过程可能达到的极限程度。一般而言,气体溶质在一定液体中的溶解度与整个物系的温度、压强及该溶质在气相中的浓度有关。在总压不很高的情况下,可认为溶解度只取决于温度和溶质在气相中的分压,与总压无关。

气体在液体中的溶解度可通过实验测定。溶解度的单位习惯上用单位质量(或体积)的液体中所含溶质的质量表示。由实验结果绘成的曲线称为溶解度曲线,某些气体在液体中的溶解度曲线可从有关书籍、手册中查得。

图5.8、图5.9和图5.10分别为总压不很高时氨、氧和二氧化硫在水中的溶解度曲线。从图分析可知以下几点。

(1)对同一溶质,在相同的气相分压下,溶解度随温度的升高而减小。

(2)对同一溶质,在相同的温度下,溶解度随气相分压的升高而增大。

(3)在同一溶剂(水)中,在相同的温度和溶质分压下,不同气体的溶解度不同,其中氨在水中的溶解度最大,氧在水中的溶解度最小。这表明氨易溶于水,氧难溶于水,而二氧化硫则居中。

从溶解度曲线所表现出来的规律可以得知,加压和降温有利于吸收操作,因为加压和降温可提高气体溶质的溶解度。反之,减压和升温则有利于解吸操作。

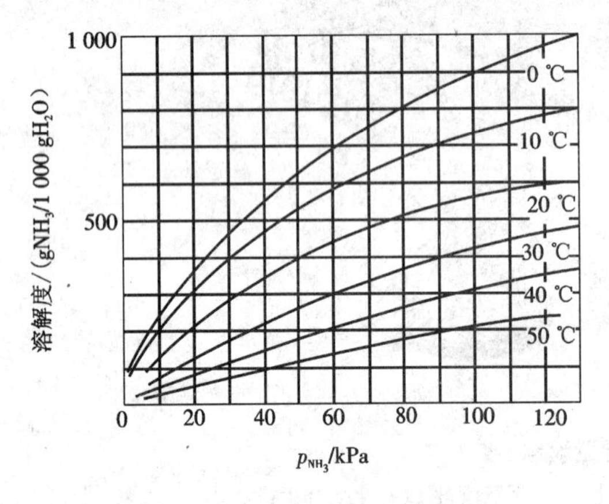

图5.8 氨在水中的溶解度曲线

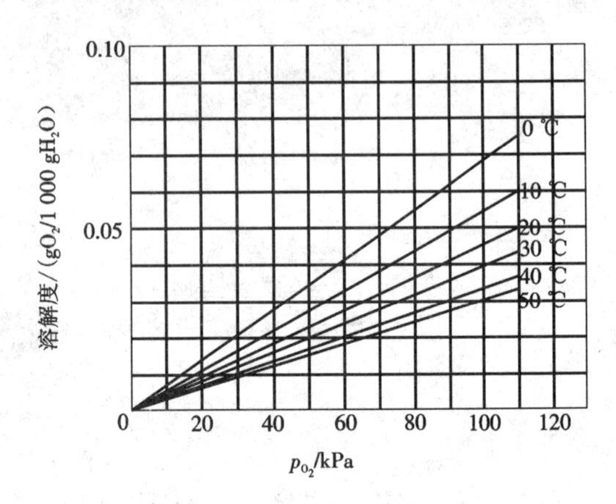

图5.9 氧在水中的溶解度曲线

1.2 亨利定律

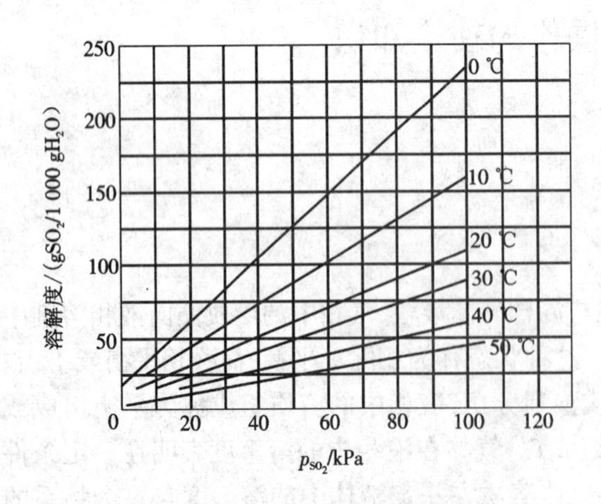

图5.10 二氧化硫在水中的溶解度曲线

当总压不高时(一般不超过 500×10^3 Pa),在一定温度下,对于稀溶液(或难溶气体)互成平衡的气、液两相组成之间的关系可用亨利定律表示。由于组成可采用不同的表示方法,故亨利定律的表达式也有所不同。

(1)$p-x$ 关系。若溶质在气、液两相中的组成分别以分压 p、摩尔分率 x 表示,则亨利定律可写成如下的关系,即

$$p^* = Ex \tag{5.2.1}$$

式中 p^*——溶质在气相中的平衡分压,kPa;

x——溶质在液相中的摩尔分率;

E——亨利系数,kPa。

式(5.2.1)称为亨利定律。该式表明:稀溶液上方的溶质分压与该溶质在液相中的摩尔分率成正比,其比例系数即为亨利系数。

对于理想溶液,在压力不高及温度恒定的条件下,亨利定律与拉乌尔定律是一致的,此时亨利系数即为该温度下纯溶质的饱和蒸气压。但实际的吸收操作所涉及的系统多为非理想溶液,此时亨利系数不等于纯溶质的饱和蒸气压。

应予指出,亨利系数的大小表示气体溶于液体中的难易程度。E 值越大,表示气体的溶解度越小,即越难溶解。反之,则易溶。对一定的溶质和溶剂,E 值随温度的升高而增大。亨利系数是由实验测定的,亦可从有关手册中查得。

(2)$p-c$ 关系。若溶质在气、液两相中的组成分别以分压 p、摩尔浓度 c 表示,则亨利定律可写成如下的关系,即

$$p^{*}=\frac{c}{H} \tag{5.2.2}$$

式中 c——溶液中溶质的摩尔浓度,$kmol/m^3$;

p^{*}——气相中溶质的平衡分压,kPa;

H——溶解度系数,$kmol/(m^3 \cdot kPa)$。

溶解度系数是温度的函数,其数值随物系而变。对一定的溶质和溶剂,H 值随温度的升高而减小。对于易溶气体,H 值很大;对于难溶气体,H 值很小;对稀溶液,H 值可由下式近似估算,即

$$H=\frac{\rho}{EM_S} \tag{5.2.3}$$

式中 ρ——溶液的密度,kg/m^3,对于稀溶液,ρ 可取纯溶剂的密度值 ρ_S;

M_S——溶剂的分子量。

(3)$y-x$ 关系。若溶质在气、液两相中的组成分别以摩尔分率 y、x 表示,则亨利定律可写成如下的关系,即

$$y^{*}=mx \tag{5.2.4}$$

式中 x——液相中溶质的摩尔分率;

y^{*}——与液相成平衡的气相中溶质的摩尔分率;

m——相平衡常数,或称为分配系数。

若系统的总压为 P,由理想气体分压定律可知 $p=Py$,同理 $p^{*}=Py^{*}$,代入式(5.2.1)得

$$y^{*}=\frac{E}{P}x$$

将此式与式(5.2.4)比较可得

$$m=\frac{E}{P} \tag{5.2.5}$$

对于一定的物系,相平衡常数 m 是温度和压力的函数,其数值可由实验测得。由 m 值同样可以比较不同气体溶解度的大小,m 值越大,表明该气体的溶解度越小;反之,则溶解度越大。由式(5.2.5)可看出,温度升高,总压下降,m 值增大,不利于吸收操作。

(4)$Y-X$ 关系。在吸收计算中,为方便起见,常采用摩尔比 Y、X 表示气、液两相组成。摩尔比的定义如下:

$$X = \text{液相中溶质的摩尔数/液相中溶剂的摩尔数} = \frac{x}{1-x} \tag{5.2.6}$$

$$Y = \text{气相中溶质的摩尔数/气相中惰性组分的摩尔数} = \frac{y}{1-y} \tag{5.2.7}$$

上两式可变换为

$$x = \frac{X}{1+X} \tag{5.2.8}$$

$$y = \frac{Y}{1+Y} \tag{5.2.9}$$

当溶液很稀时,式(5.2.4)可简化为

$$Y^* = mX \tag{5.2.10}$$

上式表明当液相中溶质组成足够低时,平衡关系在 $Y-X$ 直角坐标系中的图形可近似地表示成一条通过原点的直线,其斜率为 m,如图5.11所示。

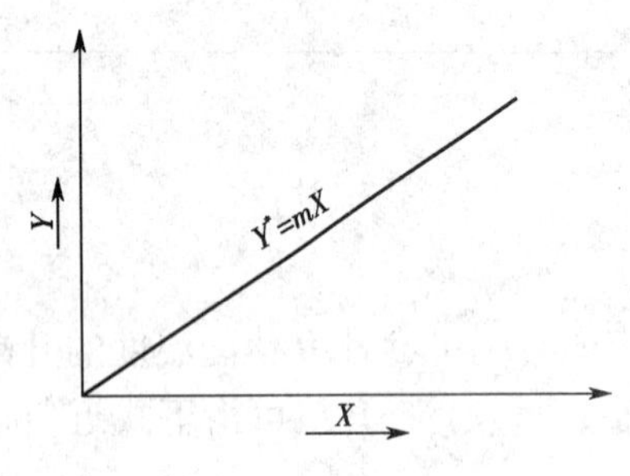

图5.11　吸收平衡线(稀溶液)

1.3　相平衡关系在吸收过程中的应用

1)判别过程的方向

对于一切未达到相际平衡的系统,组分将由一相向另一相传递,其结果是使系统趋于相平衡。所以,传质的方向是使系统向达到平衡的方向变化。一定浓度的混合气体与某种溶液相接触,溶质是由液相向气相转移,还是由气相向液相转移,可以利用相平衡关系作出判断。下面举例说明。

【例5.1】　设在101.3 kPa、20 ℃下,稀氨水的相平衡方程为 $Y^* = 0.94X$,现将含氨摩尔分数为10%的混合气体与 $x = 0.05$ 的氨水接触,试判断传质方向。若以含氨摩尔分数为5%的混合气体与 $x = 0.10$ 的氨水接触,传质方向又如何?

解:实际气相摩尔分数 $y = 0.10$。根据相平衡关系,与实际 $x = 0.05$ 的溶液成平衡的气相摩尔分数 $y^* = 0.94 \times 0.05 = 0.047$。

由于 $y > y^*$,故两相接触时将有部分氨自气相转入液相,即发生吸收过程。

同样,此吸收过程也可理解为实际液相摩尔分数 $x = 0.05$,与实际气相摩尔分数 $y = 0.10$ 成平衡的液相摩尔分数 $x^* = \frac{y}{m} = 0.106$,$x^* > x$,故两相接触时部分氨自气相转入液相。

反之,若以含氨 $y = 0.05$ 的气相与 $x = 0.10$ 的氨水接触,则因 $y < y^*$ 或 $x^* < x$,部分氨将由液相转入气相,即发生解吸。

2)指明过程的极限

将溶质摩尔分数为 y_1 的混合气体送入某吸收塔的底部,溶剂自塔顶淋入作逆流吸收,如图5.12所示。在气、液两相流量和温度、压力一定的情况下,设塔高无限(即接触时间无限长),最终完成液中溶质的极限浓度最大值是与气相进口摩尔分数 y_1 相平衡的液相组成 x_1^*,即

$$x_{1,\max} = x_1^* = \frac{y_1}{m} \tag{5.2.11}$$

同理,混合气体尾气中溶质含量 y_2 的最小值是与进塔吸收剂的溶质摩尔分数 x_2 相平衡的气相组成 y_2^*,即 $y_{2,\min}=y_2^*=mx_2$。

由此可见,相平衡关系限制了吸收剂出塔时的溶质最高含量和气体混合物离塔时的溶质最低含量。

3)计算过程的推动力

相平衡是过程的极限,不平衡的气液两相相互接触就会发生气体的吸收或解吸过程。吸收过程通常以实际浓度与平衡浓度的差值来表示吸收传质推动力的大小。推动力可用气相推动力或液相推动力表示,气相推动力表示为塔内任何一个截面上气相实际浓度 y 和与该截面上液相实际浓度 x 成平衡的 y^* 之差,即 $y-y^*$(其中 $y^*=mx$)。液相推动力即以液相摩尔分数之差 x^*-x 表示吸收推动力,其中 $x^*=\dfrac{y}{m}$。

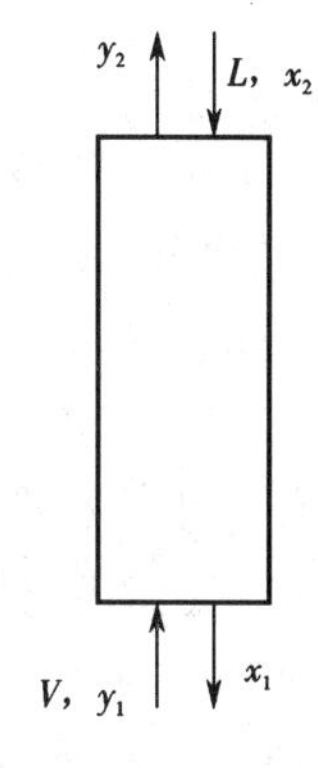

图 5.12　逆流吸收塔

【例 5.2】　在一吸收塔内,用含苯 0.45%(摩尔分数,下同)的再生循环洗油逆流吸收煤气中的苯。进塔煤气中含苯 2.5%,要求出塔煤气中含苯不超过 0.1%,已知气液相平衡方程为 $y^*=0.065x$。试计算:(1)塔顶处的推动力 Δy_2 和 Δx_2;(2)塔顶排出的煤气中苯的含量最低可降到多少?(3)塔底排出的洗油中苯的含量最高可达到多少?

解:(1)$\Delta y_2=y_2-y_2^*=y_2-mx_2=0.001-0.065\times0.0045=0.000708$

$$\Delta x_2=x_2^*-x_2=\frac{y_2}{m}-x_2=\frac{0.001}{0.065}-0.0045=0.0109$$

(2)$y_{2,\min}=y_2^*=mx_2=0.065\times0.0045=0.29\times10^{-3}$

(3)$x_{1,\max}=x_1^*=\dfrac{y_1}{m}=\dfrac{0.025}{0.065}=0.385$

2　吸收传质机理

2.1　传质的基本方式

吸收操作是溶质从气相转移到液相的传质过程,其中包括溶质由气相主体向气液相界面的传递和由相界面向液相主体的传递。因此,讨论吸收过程的机理,首先要说明物质在单一相(气相或液相)中的传递规律。

物质在单一相(气相或液相)中的传递是扩散作用。发生在流体中的扩散有分子扩散与涡流扩散两种:一般发生在静止或层流的流体里,凭借着流体分子的热运动而进行物质传递的是分子扩散;发生在湍流流体里,凭借流体质点的湍动和旋涡而传递物质的是涡流扩散。

2.1.1　分子扩散

分子扩散是物质在单一相内部存在组分浓度差的条件下,由流体分子的无规则热运动而产生的物质传递现象。分子扩散现象在日常生活中经常碰到,如向杯子里静止的水中滴一滴蓝墨水,过一段时间水就变成了均匀的蓝色,这是墨水中有色物质的分子扩散到水中的结果。物质以分子运动的方式通过静止流体或层流流体的转移称为分子扩散。此外,物质通过层流流体,且传质方向与流体的流动方向相垂直时也属于分子扩散。分子扩散速率可由费克定律表示如下:

$$J_A = -D\frac{dc_A}{dz} \tag{5.2.12}$$

式中　J_A——组分A的分子扩散速率,kmol/(m^2·s);

D——分子扩散系数,表示组分A在介质B中的扩散能力,m^2/s;

$\frac{dc_A}{dz}$——物质A的浓度梯度,kmol/m^4。

式中负号表示扩散是沿组分A浓度降低的方向进行。

费克定律表明,只要混合物中存在某组分的浓度梯度,就必然产生物质的分子扩散流,且扩散速率与浓度梯度成正比。

分子扩散速率主要取决于扩散物质和流体的温度以及某些物理性质。

分子扩散系数是物质的物理性质之一,扩散系数大表示分子扩散快。其值由实验方法求取或估算。

2.1.2　涡流扩散

物质在湍流流体中扩散,主要是依靠流体质点的无规则运动。由于流体质点在湍流中产生旋涡,而引起各部位流体间的剧烈混合;若存在浓度差,物质便朝着浓度降低的方向进行传递。这种凭借流体质点的湍动和旋涡来传递物质的现象,称为涡流扩散。显然,在湍流流体中,分子扩散与涡流扩散同时发挥着传递作用,由于在湍流流体中质点传递的规模和速度远大于单个分子,因此涡流扩散的效果占主要地位。此时,扩散速率用下式表示:

$$J_A = -(D + D_e)\frac{dc_A}{dz} \tag{5.2.13}$$

式中　D_e——涡流扩散系数,m^2/s。

涡流扩散系数D_e不是物性常数,它与湍流程度有关,且随位置而不同,其值难于测定与计算,因而常将分子扩散与涡流扩散两种传质作用结合起来考虑。

2.1.3　对流扩散

对流扩散就是湍流主体与相界面之间的涡流扩散及分子扩散两种传质作用的总称。由于对流扩散过程极为复杂,影响因素又多,所以对流扩散速率一般难以解析求出,而是依靠实验测定。

2.2　双膜理论

吸收过程是气液两相间的传质过程,关于这种相际间的传质过程的机理曾提出多种不同的理论,其中应用最广泛的是刘易斯和惠特曼在20世纪20年代提出的双膜理论,其主要论点如下。

(1)当气液两相相互接触时,在气液两相间存在着稳定的相界面,界面的两侧各有一层很薄的滞流膜层,气相一侧的称为"气膜",液相一侧的称为"液膜",溶质A(吸收质)经过两膜层的传质方式为分子扩散。

(2)在气液相界面处,气液两相处于平衡状态。即相界面上,液相浓度c_i和气相浓度p_i平衡。

(3)气膜、液膜以外分别称为气相主体和液相主体。在气液两相主体中由于流体的强烈湍动,各处浓度基本均匀一致,即两相主体内浓度梯度皆为零,全部浓度变化集中在两个膜层中。

双膜模型把复杂的相际传质过程归结为气、液两膜层的分子扩散过程,如图 5.13 所示的双膜模型图。依此模型,在相界面处及两相主体中均无传质阻力存在。这样,整个相际传质过程的阻力便全部集中在两个滞流膜层内。在两相主体一定的情况下,两膜层的阻力便决定了传质速率的大小。因此,双膜模型又称为双阻力模型。

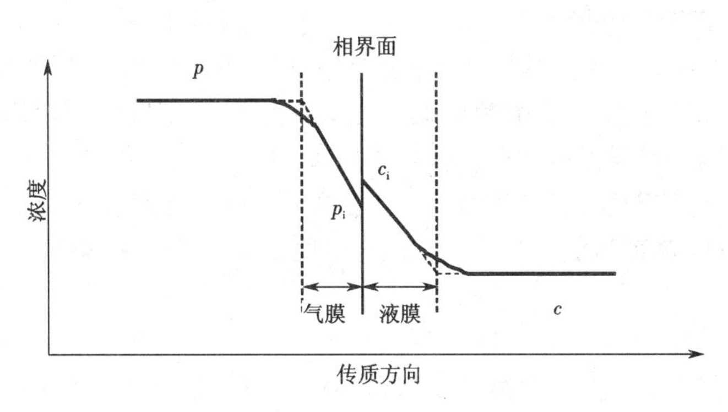

图 5.13 双膜理论示意

对于具有固定相界面的系统以及流动速度不高的两流体间的传质,双膜理论与实际情况是相当符合的,根据这一理论所确定的吸收过程的传质速率关系,至今仍然是传质设备计算的主要依据。后面关于吸收速率的讨论皆以双膜理论为基础。

3 气体吸收速率方程

3.1 气体吸收速率方程概述

由吸收机理可知,吸收过程的相际传质由气相与液相的对流传质、界面上溶质组分的溶解、液相与界面的对流传质三个过程构成。仿照间壁两侧对流给热过程的传热速率分析思路,现分析对流传质的传质速率 N_A 的表达式及传质阻力的控制。

1)气相与界面的传质速率

$$N_A = k_G(p - p_i) \tag{5.2.14}$$

或

$$N_A = k_y(y - y_i) \tag{5.2.15}$$

式中 N_A——吸收速率,kmol/(m^2·s);

p、p_i——吸收质在气相主体中及相界面处的分压,kPa;

y、y_i——吸收质在气相主体中及相界面处的摩尔分数;

k_G——以气相分压差表示推动力的气相传质系数,kmol/(m^2·s·kPa);

k_y——以气相摩尔分数差表示推动力的气相传质系数,kmol/(m^2·s)。

2)液相与界面的传质速率

$$N_A = k_L(c_i - c) \tag{5.2.16}$$

或

$$N_A = k_x(x_i - x) \tag{5.2.17}$$

式中 N_A——吸收速率,kmol/(m^2·s);

c_i、c——吸收质在相界面处及液相主体中的浓度,kmol/m^3;

x_i、x——吸收质在相界面处及液相主体中的摩尔分数;

k_L——以液相摩尔浓度差表示的推动力的液相传质系数,m/s;

k_x——以液相摩尔分数差表示的推动力的液相传质系数,kmol/(m^2·s)。

根据双膜理论相界面上的浓度 y_i、x_i,成平衡关系,如图 5.13 所示,但是无法测取。

以上传质速率方程式用不同的推动力表达同一个传质速率,类似于传热中的牛顿冷却定律的形式,即传质速率正比于界面浓度与流体主体浓度之差。其他所有影响对流传质的因素均包括在气相(或液相)传质系数之中。传质系数 k_G、k_y、k_L、k_x 的数据只有根据具体操作条件由实验测取,它与流体流动状态和流体物性、扩散系数、密度、黏度、传质界面形状等因素有关。类似于传热中对流给热系数的研究方法,对流传质系数也有经验关联式,可查阅有关手册得到。

3)总吸收速率方程式

膜吸收速率方程式中的推动力都涉及相界面处吸收质的浓度,而相界面上的浓度 p_i、c_i、x_i、y_i 不易直接测定,故在工程中很少应用气、液膜吸收速率方程式,通常采用相际传质速率方程来表示吸收的速率方程,即

$$N_A = K_G(p - p^*) = \frac{p - p^*}{\frac{1}{K_G}} \tag{5.2.18}$$

$$N_A = K_Y(Y - Y^*) = \frac{Y - Y^*}{\frac{1}{K_Y}} \tag{5.2.19}$$

$$N_A = K_L(c^* - c) = \frac{c^* - c}{\frac{1}{K_L}} \tag{5.2.20}$$

$$N_A = K_X(X^* - X) = \frac{(X^* - X)}{\frac{1}{K_X}} \tag{5.2.21}$$

式中 c^*、X^*、Y^*、p^*——与气相主体或液相主体组成成平衡关系的溶质的浓度、摩尔比、分压;

K_L——以液相浓度差为推动力的总传质系数,m/s;

K_G——以气相分压差为推动力的总传质系数,kmol/(m^2·s·kPa);

K_Y——以气相摩尔比差为推动力的总传质系数,kmol/(m^2·s);

K_X——以液相摩尔比差为推动力的总传质系数,kmol/(m^2·s);

X、Y——溶质在液相主体及气相主体中的摩尔比。

采用与对流传热过程相类似的处理方法,气、液传质系数与总传质系数之间的关系举例推导如下:

$$N_A = \frac{p - p_i}{\frac{1}{k_G}} = \frac{c_i - c}{\frac{1}{k_L}} = \frac{\frac{c_i}{H} - \frac{c}{H}}{\frac{1}{k_L H}} = \frac{p_i - p}{\frac{1}{k_L H}} = \frac{p - p_i + p_i - p^*}{\frac{1}{k_G} + \frac{1}{k_L H}} = \frac{p - p^*}{\frac{1}{k_G} + \frac{1}{k_L H}}$$

故

$$\frac{1}{K_G}=\frac{1}{Hk_L}+\frac{1}{k_G} \tag{5.2.22}$$

$$N_A=\frac{p-p_i}{\dfrac{1}{k_G}}=\frac{Hp-Hp_i}{\dfrac{H}{k_G}}=\frac{c^*-c_i}{\dfrac{H}{k_G}}=\frac{c_i-c}{\dfrac{1}{k_L}}=\frac{c^*-c}{\dfrac{H}{k_G}+\dfrac{1}{k_L}}$$

故

$$\frac{1}{K_L}=\frac{H}{k_G}+\frac{1}{k_L} \tag{5.2.23}$$

可见,气液两相相际传质总阻力等于分阻力之和,总推动力等于各层推动力之和。

3.2　吸收阻力的控制

对于易溶气体,H 值很大,在 k_G 与 k_L 数量级相同或接近的情况下存在如下的关系:即

$$\frac{1}{Hk_L}\ll\frac{1}{k_G} \tag{5.2.24}$$

说明吸收总阻力的绝大部分存在于气膜之中,液膜阻力可忽略,因此式(5.2.22)可简化为

$$\frac{1}{K_G}\approx\frac{1}{k_G}\text{或 }K_G\approx k_G$$

由上式可看出,吸收过程的总阻力主要集中在气膜一方,气膜阻力控制着整个吸收过程的速率,这种情况称为气膜控制。对于气膜控制的吸收过程,要提高吸收速率,在选择设备类型及确定操作条件时应设法减小气膜阻力。例如用水吸收 HCl、NH_3 等气体都属于此类控制过程。

对于难溶气体,H 值很小,在 k_G 与 k_L 数量级相同或接近的情况下存在如下关系:即

$$\frac{H}{k_G}\ll\frac{1}{k_L}$$

说明吸收总阻力的绝大部分存在于液膜之中,气膜阻力可以忽略,式(5.2.23)可简化为

$$\frac{1}{K_L}\approx\frac{1}{k_L}\text{或 }K_L\approx k_L$$

由上式可看出,吸收过程的总阻力主要集中在液膜一方,液膜阻力控制着整个吸收过程的速率,这种情况称为液膜控制。对于液膜控制的吸收过程,要提高吸收速率,在选择设备类型式及确定操作条件时应特别注意减小液膜阻力。例如用水吸收 O_2、CO_2 等气体都属于此类控制过程。

一般情况下,对于具有中等溶解度的气体吸收过程,气膜阻力和液膜阻力均不能忽略,欲提高过程速率,应同时降低气、液两膜的阻力。

以上介绍的吸收速率方程式,前提是气、液相浓度保持不变,因此只适用于描述稳定操作的吸收塔内任意截面上的速率关系,而不能直接用来描述全塔的吸收速率。在塔内不同的截面上的气、液浓度各不相同,所以吸收速率也不相同。

任务3　吸收塔的操作分析

1　填料塔内的气液两相存在状态

在逆流操作的填料塔内,液体从塔顶喷淋下来,依靠重力在填料表面作膜状流动,液膜与填料表面的摩擦及液膜与上升气体的摩擦构成了液膜流动的阻力。因此,液膜的膜厚取决于液体和气体的流量。液体流量越大,液膜越厚;当液体流量一定时,上升气体的流量越大,液膜也越厚。液膜的厚度直接影响到气体通过填料层的压力降、液泛气速及塔内持液量等流体力学性能。

1.1　填料层的持液量

填料层的持液量是指在一定操作条件下,在单位体积填料层内所积存的液体体积,以(m^3液体)/(m^3填料)表示。持液量可分为静持液量 H_s、动持液量 H_d和总持液量 H_t。静持液量是指当填料被充分润湿后,停止气液两相进料,并经排液至无滴液流出时存留于填料层中的液体量,静持液量只取决于填料和流体的特性,与气液负荷无关。动持液量是指填料塔停止气液两相进料的瞬间起流出的液体量,它与液体特性、气液负荷及填料有关。总持液量是指在一定操作条件下存留于填料层中的液体总量。显然,总持液量为静持液量和动持液量之和,即 $H_t = H_s + H_d$。

填料层的持液量可由实验测出,也可由经验公式计算。一般来说,适当的持液量对填料塔操作的稳定性和传质是有益的,但持液量过大,将减少填料层的空隙和气相流通截面,使压降增大,处理能力下降。

1.2　填料层的压降

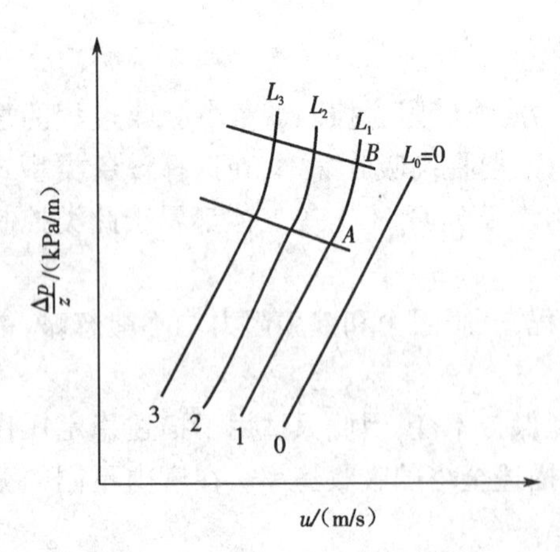

图 5.14　填料层 $\Delta p/z$ 与 u 的关系

在逆流操作的填料塔中,从塔顶喷淋下来的液体依靠重力作用在填料表面呈膜状向下流动,上升气体与下降液膜的摩擦阻力形成了填料层的压降。填料层的压降与液体喷淋量及气速有关,在一定的液体喷淋量下,气速越大,压降也越大;在一定的气速下,液体喷淋量越大,压降越大。将不同液体喷淋量下单位填料层的压降 $\Delta p/z$ 与空塔气速 u 的关系标绘在对数坐标纸上,可得到如图 5.14 所示的曲线簇。

在图 5.14 中,直线 0 表示无液体喷淋($L=0$)时,干填料的 $\Delta p/z-u$ 关系,称为干填料压降线。曲线 1、2、3 表示在不同液体喷淋量下,填料层的 $\Delta p/z-u$ 关系,称为填料操作压降线。

从图中可看出,在恒定的喷淋量下,压降随空塔气速的变化曲线大致可分为三个区段:当气速低于 A 点时,气体流动对液膜的曳力很小,液体流动不受气流的影响,填料表面上覆盖的液膜厚度基本不变，因而填料层的持液量不变，该区域称为恒持液量区。此时 $\Delta p/z-u$ 为一直线，位于干填料压降线的左侧，且基本上与干填料压降线平行。当气速超过 A 点时，上升气流对液膜的曳力较大，开始对液膜流动产生阻滞作用，使液膜增厚，填料层的持液量随气速的增大而增大，此现象称为拦液。开始发生拦液现象时的空塔气速称为载点气速，曲线上的转折点 A 称为载点。若气速继续增大，到达图中的 B 点时，由于液体不能顺利向下流动，使填料层的持液量不断增大，填料层内几乎充满液体。气速增大很小便会引起压降的剧增，此现象称为液泛，开始发生液泛现象时的气速称为泛点气速，以 u_F 表示，曲线上的点 B 称为泛点。从载点 A 到泛点 B 的区域称为载液区，泛点 B 以上的区域称为液泛区。

应予指出，在同样的气液负荷下，不同填料的 $\Delta p/z-u$ 关系曲线有所差异，但基本形状相近。对于某些填料，载点与泛点并不明显，故上述三个区域间无截然的界限。

1.3 液泛

在泛点气速下，持液量的增多使液相由分散相变为连续相，而气相则由连续相变为分散相，此时气液两相间的相互接触从填料表面转移到填料层的空隙中。气体呈气泡形式通过液层，气流出现脉动，液体被大量带出塔顶，塔的操作极不稳定，甚至会被破坏，此种情况称为淹塔或液泛。

泛点气速就是开始发生液泛现象时的空塔气速，以 u_{max} 表示。泛点气速是填料塔操作的最大极限气速，填料塔的适宜操作气速通常根据泛点气速选定。泛点气速常采用埃克特通用关联图确定，其确定方法在这里不作介绍，请读者参阅有关书籍。影响液泛的因素很多，如填料的特性、流体的物性及操作的液气比等。填料特性的影响集中体现在填料因子上。填料因子 F 值越小，越不易发生液泛现象。

流体物性的影响体现在气体的密度、液体的密度和黏度上。气体的密度越小，液体的密度越大、黏度越小，则泛点气速越大。

操作的液气比愈大，则在一定气速下液体喷淋量愈大，填料层的持液量愈大而空隙率愈小，故泛点气速愈小。

1.4 液体喷淋密度和填料表面的润湿

填料塔中气液两相间的传质主要是在填料表面流动的液膜上进行的。液体能否成膜取决于填料表面的润湿性能，而填料表面的润湿状况又取决于塔内的液体喷淋密度及填料表面的润湿性能。

液体喷淋密度是指单位塔截面积上、单位时间内喷淋的液体体积，以 U 表示，单位为 $m^3/(m^2\cdot h)$。为保证填料层的充分润湿，必须保证液体喷淋密度大于某一极限值，该极限值称为最小喷淋密度。

最小润湿速率是指在塔的截面上，单位长度的填料周边的最小液体体积流量。其值可采用经验值，也可由经验公式计算。对于直径不超过 75 mm 的散装填料，可取最小润湿速率 $L_{w,min}$ 为 0.08 $m^3/(m^2\cdot h)$；对于直径大于 75 mm 的散装填料，取 $L_{w,min}=0.12\ m^3/(m^2\cdot h)$。

填料表面的润湿性能与填料的材质、表面形状及装填方法有关。如常用的陶瓷、金属、塑料三种材质，以陶瓷填料的润湿性能最好，塑料填料的润湿性能最差。

实际操作时采用的液体喷淋密度应大于最小喷淋密度。若喷淋密度过小，可采用增大回流比或采用液体再循环的方法加大液体流量，以保证填料表面的充分润湿；也可采用减小塔径的方法予以补偿；对于金属、塑料材质的填料，可采用表面处理方法改善其表面的润湿性能。

1.5 返混

在填料塔内，气液两相的逆流并不呈理想的活塞流状态，而是存在着不同程度的返混。造成返混现象的原因很多，如：填料层内的气液分布不均，气体和液体在填料层内的沟流，液体喷淋密度过大时所造成的气体局部向下运动，塔内气液的湍流脉动使气液微团停留时间不一致等。填料塔内流体的返混使得传质平均推动力变小，传质效率降低。因此，按理想的活塞流计算的填料层高度，因返混的影响需适当加高，以保证预期的分离效果。

2 吸收操作过程工艺指标的计算

2.1 物料衡算

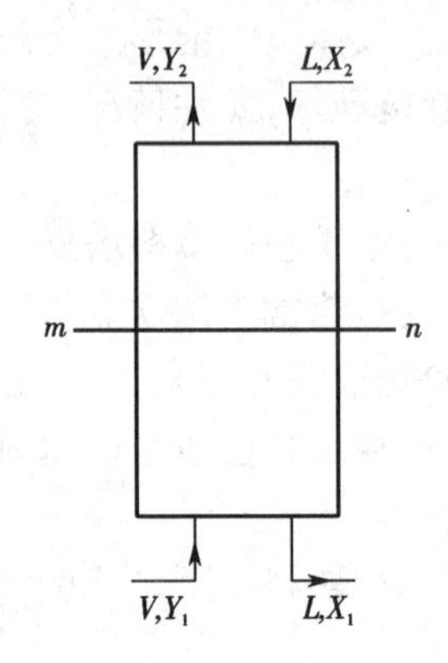

图 5.15 逆流吸收塔的物料衡算

图 5.15 所示为一个处于稳态操作下，气、液两相逆流接触的吸收塔。塔底截面用下标 1 表示，塔顶截面用下标 2 表示，塔中任一横截面用 m—n 表示。图中符号的意义如下：

V——单位时间通过吸收塔的惰性气体量，kmol B/s；

L——单位时间通过吸收塔的吸收剂量，kmol S/s；

Y_1、Y_2——进塔、出塔气体中吸收质的摩尔比，kmol A/kmol B；

X_1、X_2——出塔、进塔液体中吸收质的摩尔比，kmol A/kmol S。

在吸收塔的全塔范围内，对吸收质作物料衡算，可得

$$VY_1 + LX_2 = VY_2 + LX_1 \tag{5.3.1}$$

或

$$V(Y_1 - Y_2) = L(X_1 - X_2) \tag{5.3.1a}$$

一般情况下，进塔混合气的组成与流量是由吸收任务规定的，如吸收剂的组成和流量已确定，则 V、Y_1、L 及 X_2 均为已知，再根据规定的吸收质回收率 ϕ_A，便可求出气体出塔时的吸收质浓度 Y_2，即

$$Y_2 = Y_1(1 - \varphi_A) \tag{5.3.2}$$

式中　φ_A——吸收质的吸收率或回收率。

若已知 V、Y_1、L、X_2、Y_2，可根据式(5.3.1)即全塔的物料衡算式求得吸收液中吸收质的浓度 X_1。

2.2 操作线方程

吸收塔内任一横截面上，气液组成 Y 与 X 之间的关系称为操作关系，描述该关系的方程即为操作线方程。在稳态操作的情况下，操作线方程可在吸收塔任一截面与塔的一个端面之间作吸收质的物料衡算获得。参照图 5.15，任取一横截面 m—n 与塔底端面之间对吸收质进行衡算，可得

$$VY_1 + LX = VY + LX_1 \tag{5.3.3}$$

或

$$Y = \frac{L}{V}\left(Y_1 - \frac{L}{V}X_1\right) \tag{5.3.3a}$$

式(5.3.3)称为逆流吸收塔的操作线方程。

由式(5.3.3)操作线方程可知,塔内任一横截面上的气相浓度 Y 与液相浓度 X 成线性关系,直线的斜率为 L/V,该直线通过点 $B(X_1, Y_1)$ 及点 $A(X_2, Y_2)$。图5.16中的直线 BA 即为逆流吸收塔的操作线。操作线 BA 上任一点 C 的坐标(X, Y)代表塔内相应截面上液、气组成 X、Y 之间的操作关系;端点 B 代表填料层底部端面,即塔底的情况,该处具有最大的气液组成,故称之为“浓端”;端点 A 代表填料层顶部端面,即塔顶的情况,该处具有最小的气液组成,故称之为“稀端”。图5.16中的曲线 OE 为相平衡曲线 $Y^* = f(X)$。当进行吸收操作时,在塔内任一截面上,吸收质在气相中的实际组成 Y 总是高于与其相接触的液相平衡组成 Y^*,所以吸收操作线 BA 总是位于平衡线 OE 的上方。反之,如果操作线位于相平衡曲线的下方,则应进行脱吸过程。

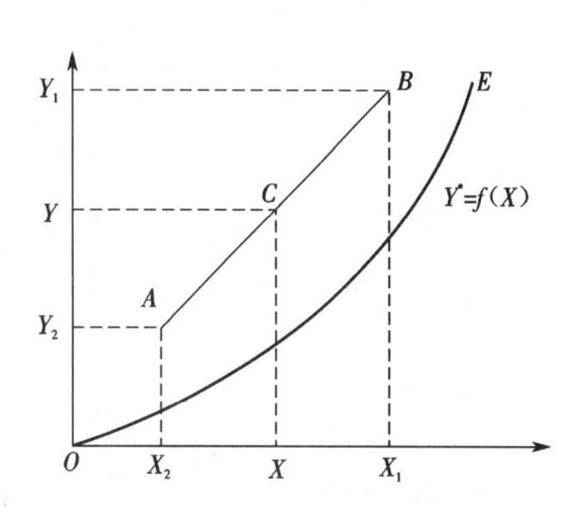

图5.16　逆流吸收塔的操作线

应予指出,操作线方程及操作线都是由物料衡算求得的,与吸收系统的平衡关系、操作条件以及设备的结构类型等无关。

2.3　吸收剂的用量

在吸收塔的计算中,通常气体处理量以及气相的初始和最终浓度 Y_1、Y_2均由生产任务所规定。吸收剂的入塔浓度 X_2则由工艺条件决定,吸收剂的用量需要通过工艺计算来确定。在气量 V 一定的情况下,确定吸收剂的用量也即确定液气比 L/V。仿照精馏中适宜(操作)回流比的确定方法,可先求出吸收过程的最小液气比,然后再根据工程经验,确定适宜(操作)液气比。

2.3.1　最小液气比

操作线的斜率 L/V 称为液气比,即在吸收操作中吸收剂与惰性气体摩尔流量的比值,也称为吸收剂的单位耗用量,简称液气比。如图5.17(a)所示,当 Y_1、Y_2及 X_2已知的情况下,吸收塔操作线的端点 A 已固定,另一端点 B 则可在 $Y = Y_1$的水平线上移动。B 点的横坐标取决于操作线的斜率 L/V,若 V 值一定,则取决于吸收剂用量 L 的大小。

在 V 值一定的情况下,若减小吸收剂用量 L,操作线斜率就变小,点 B 便沿水平线 $Y = Y_1$向右移动,其结果是使出塔吸收液的浓度 X_1增大,但此时吸收推动力也相应减小。若吸收剂用量减小到恰使点 B 移至水平线 $Y = Y_1$与平衡线 OE 的交点 B^*,$X_1 = X_1^*$,即塔底吸收液浓度与刚进塔的混合气组成达到平衡。这是理论上吸收液所能达到的最大浓度,但此时吸收过程的推动力已变为零,因而需要无限大的相际接触面积,即吸收塔需要无限高的填料层。显然它是一种极限情况,实际生产中是不能实现的。此种状况下吸收操作线 AB^* 的斜率称为最小液气比,以$(L/V)_{min}$表示;相应的吸收剂用量即为最小吸收剂用量,以 L_{min}表示。

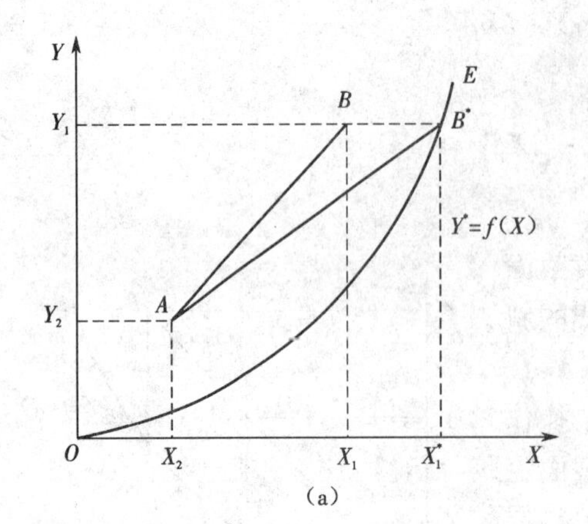

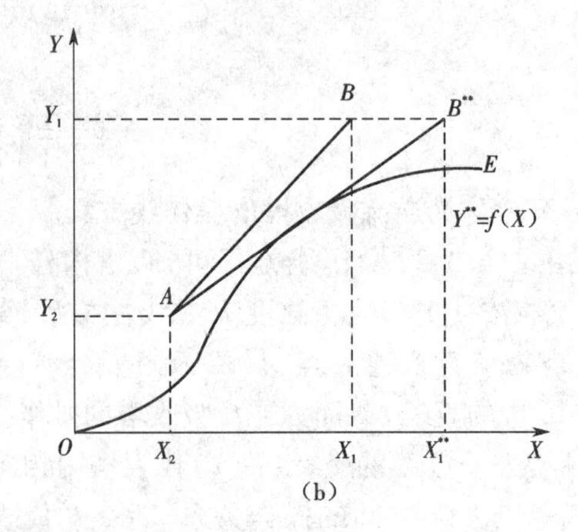

图 5.17 吸收塔的最小液气比

(a)操作线与平衡线相交 (b)操作线与平衡线相切

最小液气比可用图解法求得。如果平衡关系符合图 5.17 (a)所示的情况,则要找到水平线 $Y=Y_1$ 与平衡线的交点 B^*,从而读出 X_1^* 的数值,然后用下面的公式计算最小液气比:

$$\left(\frac{L}{V}\right)_{\min}=\frac{Y_1-Y_2}{X_1^*-X_2} \tag{5.3.4}$$

或

$$L'_{\min}=\frac{Y_1-Y_2}{X_1^*-X_2}V$$

如果平衡曲线呈现如图 5.17(b)所示的形状,则应过点 A 作平衡曲线的切线,找到水平线 $Y=Y_1$ 与此切线的交点 B^{**},从而读出点 B^{**} 的横坐标 X_1^{**} 的数值,用 X_1^{**} 代替上式中的 X_1^*,便可求得最小液气比或最小吸收剂用量。

若平衡关系可用 $Y^*=mX$ 表示,则可以用下式算出最小液气比:

$$\left(\frac{L}{V}\right)_{\min}=\frac{Y_1-Y_2}{\dfrac{Y_1}{m}-X_2} \tag{5.3.5}$$

或

$$L_{\min}=\frac{V(Y_1-Y_2)}{\dfrac{Y_1}{m}-X_2}$$

2.3.2 适宜吸收剂用量

由以上分析可见,若吸收剂用量不断减小,所需的相际传质面积逐渐增加,因而使设备费用增加;相反,若不断增大吸收剂用量,则操作费用增加。然而,吸收剂用量的多少应从设备费用与操作费用两方面综合考虑,选择适宜的液气比,使两种费用之和最小。根据生产实践经验,一般情况下比较适宜的吸收剂用量为最小用量的 1.1 ~1.2 倍,即

$$\frac{L}{V}=(1.1\sim2.0)\left(\frac{L}{V}\right)_{\min} \tag{5.3.6}$$

或

$$L=(1.0\sim2.0)L_{\min}$$

在填料吸收塔中,填料表面必须被液体润湿才能起到传质作用。为了保证填料表面能被液体充分地润湿,液体量不得小于某一最低允许值。如果按式(5.3.6)算出的吸收剂用量不能满足充分润湿填料的起码要求,则应采用较大的液气比。

【例5.3】 用油吸收混合气体中的苯蒸气,混合气体中苯的摩尔分数为0.04,油中不含苯。吸收塔内操作压强为101.33 kPa,温度为30 ℃,吸收率为80%,操作条件下平衡关系为$Y^*=0.126X$。混合气体流量为1 000 kmol/h,油用量为最少用量的1.9倍,求油的用量L(kmol/h)和溶液出塔浓度X_1。

解:

$$Y_1=\frac{y_1}{1-y_1}=\frac{0.04}{1-0.04}=0.041\ 7$$

$$Y_2=Y_1(1-\phi_1)=0.041\ 7\times(1-0.80)=0.008\ 34$$

由题意知,$X_2=0$,$m=0.126$,混合气体流量$V=1\ 000$ kmol/h,则

$$V=V_{混}(1-y_1)=1\ 000\times(1-0.04)=960\ \text{kmol/h}$$

可得

$$L_{\min}=\frac{V(Y_1-Y_2)}{\frac{Y_1}{m}-X_2}=\frac{960\times(0.041\ 7-0.008\ 34)}{\frac{0.041\ 7}{0.126}-0}=96.8\ \text{kmol/h}$$

因而

$$L=1.9L_{\min}=1.9\times96.8=184\ \text{kmol/h}$$

$$X_1=\frac{V(Y_1-Y_2)}{L}+X_2=\frac{960\times(0.041\ 7-0.008\ 34)}{184}=0.174$$

3 影响吸收操作的因素

1)温度

吸收温度对塔的吸收率影响很大。吸收剂的温度降低,气体的溶解度增大,溶解度系数增大。对于液膜控制的吸收过程,降低操作温度,吸收过程的阻力$\frac{1}{K_G}\approx\frac{1}{Hk_L}$将减小,结果使吸收效果变好,$Y_2$降低,传质推动力增大。$\frac{1}{K_G}\approx\frac{1}{k_G}$基本不变,但传质推动力增大,吸收效果同样变好。总之,吸收剂温度的降低,改变了相平衡常数,对过程阻力及过程推动力都产生影响,使吸收总效果变好,溶质回收率增大。

2)压力

提高操作压力,可以提高混合气体中溶质组分的分压,增大吸收的推动力,有利于气体吸收。但压力过高,操作难度和生产费用会增大,因此,吸收一般在常压下操作。若吸收后气体在高压下继续加工,则可采用高压吸收操作,既有利于吸收,又有利于增大吸收塔的处理能力。

3)气体流量

在稳定的操作情况下,若气速不大,液体作层流流动,流体阻力小,吸收速率很低;当气速增大,为湍流流动时,气膜变薄,气膜阻力减小,吸收速率增大;当气速增大到液泛速度时,液体不能顺畅向下流动,造成雾沫夹带,甚至造成液泛现象。因此。稳定操作流速,是吸收高效、平稳操作的可靠保证。对于易溶气体吸收,传质阻力通常集中在气侧,气体流量的大小及其湍动情况对传质阻力影响很大。对于难溶气体,传质阻力通常集中在液侧,此时气体流量的大小及湍动情况虽可改变气侧阻力,但对总阻力影响很小。

4)吸收剂用量

改变吸收剂用量是吸收过程最常用的方法。当气体流量一定时,增大吸收剂流量,吸收速率增大,溶质吸收量增加,气体的出口浓度减小,回收率增大。当液相阻力较小时,增大液体的

流量，传质总系数变化较小或基本不变，溶质吸收量的增大主要是由于传质推动力的增大而引起的，此时吸收过程的调节主要靠传质推动力的变化。当液相阻力较大时，增大吸收剂流量，传质系数大幅增大，传质速率增大，溶质吸收量增大。

5）吸收剂入塔浓度 X_2

吸收剂入塔浓度升高，使塔内的吸收推动力减小，气体出口浓度 Y_2 升高。吸收剂的再循环会使吸收剂入塔浓度提高，对吸收过程不利。但有时采用吸收剂再循环可能有利，例如当新鲜吸收剂量过小以致不能满足良好润湿填料的要求时，采用吸收剂再循环，推动力的减小可由有效比表面积 a 和体积传质系数 K_Ya 的增大得到补偿，吸收效果好；某些有显著热效应的吸收过程，吸收剂经塔外冷却后再循环可降低吸收剂的温度，相平衡常数减小，全塔吸收推动力有所增大，吸收效果好。

4　吸收塔操作训练

训练目的

能独立地进行吸收－解吸系统的开、停车操作。

能按照规定的工艺要求和质量指标进行生产操作。

设备示意（图 5.18）

吸收段：本实训装置用来吸收混合在空气中的 CO_2 气体，所用吸收剂为经解吸塔解吸所得的解吸剂。空气由空气压缩机提供，CO_2 气体由 CO_2 气体发生器提供，二者混合后从吸收塔的底部进入吸收塔向上流动，通过吸收塔与下降的吸收剂逆流接触吸收，吸收尾气一部分进入二氧化碳气体分析仪，大部分排空；吸收液从吸收塔底部进入吸收液储槽，经解吸塔解吸后循环用作吸收剂。

解吸段：吸收液经吸收液泵输送至解吸塔的顶端向下流动，经过解吸塔与上升的空气解吸惰性气体（空气）逆流接触，解吸其中的溶质（CO_2），所得解吸液从解吸塔底部进入解吸液储槽，供循环使用。

训练要领

1. 建立循环

（1）打开吸收剂冷却水开关，通入冷却水。

（2）启动解吸液泵，逐渐打开解吸泵出口阀，吸收剂（解吸液）通过流量计从塔顶部进入吸收塔。

（3）当吸收塔底的液位达到规定值时，启动吸收塔旋涡气泵，将空气流量调节到 1.4～1.8 m^3/h。

（4）观测吸收液储槽的液位，待其高于规定液位高度（1/3）后，启动吸收液泵将吸收液通入解吸塔，润湿解吸塔填料。

（5）启动解吸塔旋涡气泵，调节解吸塔底空气入口流量到 4.0～10.0 m^3/h。

（6）启动吸收液泵，观测泵出口压力（如压力没有示值，关泵，必须及时报告指导教师进行处理），打开泵出口阀，调节解吸液流量，直至解吸塔底液位保持稳定。

（7）打开吸收液加热开关，并将吸收液温度控制设置到 40～60 ℃。

（8）调节空气流量，使解吸塔内气液正常接触。

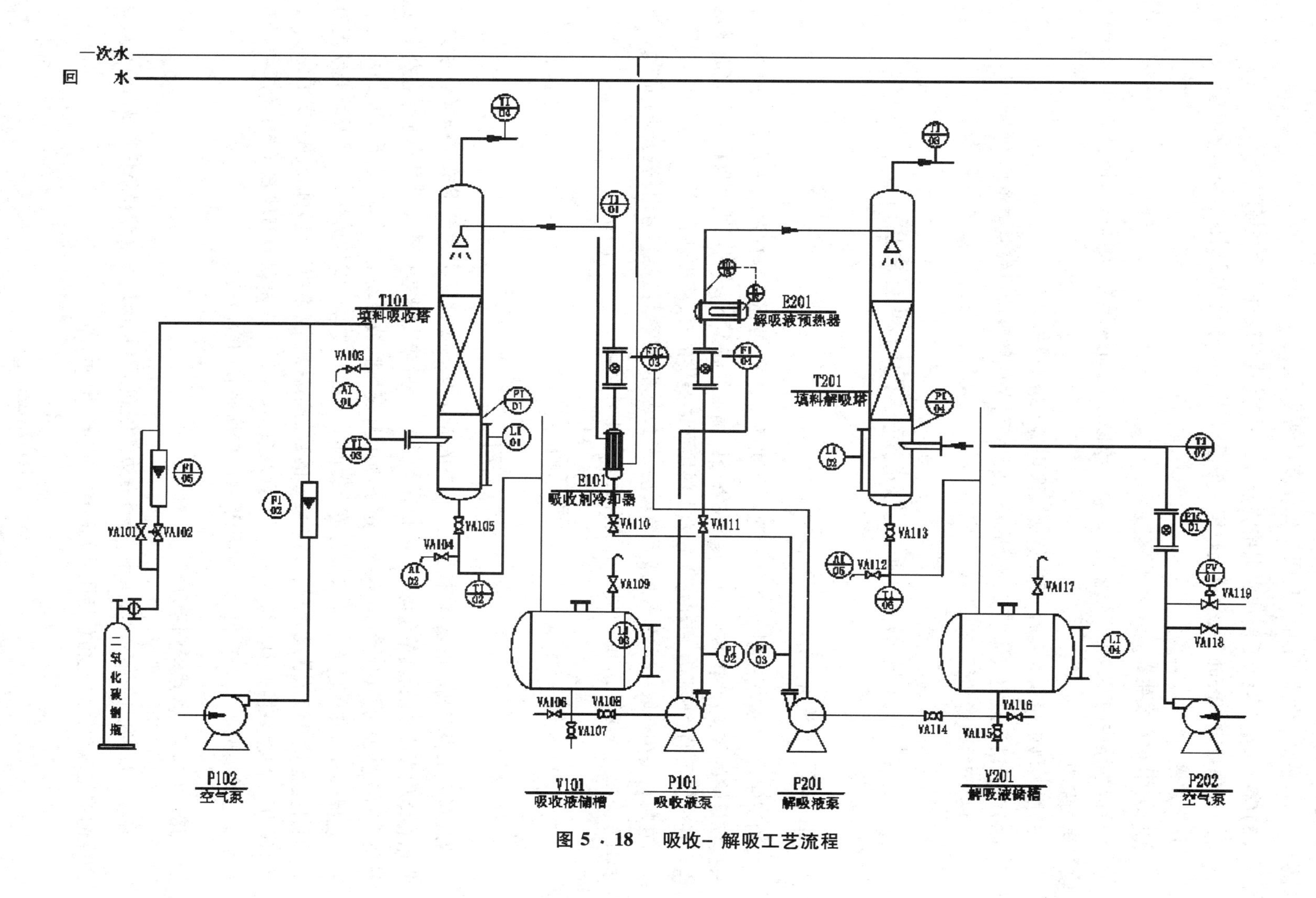

图5．18 吸收－解吸工艺流程

2. 通入 CO_2 气体

(1)打开 CO_2 发生器的阀门,调节 CO_2 流量到适宜值。

(2) CO_2 和空气混合后制成实训用混合气,并使其从塔底进入吸收塔。

(3)操作稳定 20 min 后,分析吸收塔顶放空气体(AI03)及解吸塔顶放空气体(AI05)。

3. 正常停车

(1)关闭 CO_2 发生器。

(2)待管路中的 CO_2 吹扫完毕后,关闭吸收液泵电加热开关,关闭吸收液泵电源,关闭吸收旋涡气泵电源。

(3)吸收液流量变为零后,关闭解吸液泵电源,关闭冷却水。

(4)解吸塔顶放空气体中 CO_2 含量降至最小后,关闭解吸旋涡气泵电源。

(5)关闭总电源。

任务4　确定吸收过程的填料层高度

1　填料层高度的基本计算式

为了使填料吸收塔的出口气体达到一定的工艺要求,就需要塔内装填一定高度的填料层来提供足够的气、液两相的接触面积。在塔径已确定的前提下,填料层高度仅取决于完成规定生产任务所需的总吸收面积和每立方米填料层所能提供的气、液接触面积。

在填料塔中任取一段高度的微元填料层,从以气相浓度差(或液相浓度差)表示的吸收总速率方程和物料衡算式出发,可导出填料层的基本计算式:

$$Z=\frac{V}{K_Ya\Omega}\int_{Y_2}^{Y_1}\frac{\mathrm{d}Y}{Y-Y^*} \tag{5.4.1}$$

$$Z=\frac{L}{K_Xa\Omega}\int_{X_2}^{X_1}\frac{\mathrm{d}X}{X^*-X} \tag{5.4.2}$$

上两式即为填料层高度的基本计算式。式中的 K_Ya 及 K_Xa 分别称为气相总体积吸收系数及液相总体积吸收系数,其单位均为 $\mathrm{kmol/(m^3 \cdot s)}$。其中有效比表面积 a 总是小于单位体积填料层中的固体表面积(比表面积 σ)。这是因为只有那些被流动的液体膜层所湿润的填料表面才能提供气液接触的有效面积。有效比表面积 a 值不仅与填料的形状、尺寸及填充状况有关,而且受物性及流动状况的影响。一般 a 的数值不易测定,常将其与吸收系数的乘积视为一体,作为一个完整的物理量,称为“体积吸收系数”。体积吸收系数的物理意义为:在推动力为一个单位的情况下,单位时间单位体积填料层内所吸收的溶质的量。

2　传质单元高度与传质单元数

在填料层高度的基本计算式中,等号右边的因式 $V/(K_Ya\Omega)$ 是由过程条件所决定的,具有高度的单位,定义为“气相总传质单元高度”,以 H_{OG} 表示,即

$$H_{\mathrm{OG}}=\frac{V}{K_Ya\Omega} \tag{5.4.3}$$

等号右边的积分项$\int_{Y_2}^{Y_1}\frac{dY}{Y-Y^*}$中的分子与分母具有相同的单位,因而整个积分为无因次的数值,可认为它代表所需填料层总高度 Z 相当于气相总传质单元高度 H_{OG} 的倍数,定义为"气相总传质单元数",以 N_{OG} 表示,即

$$N_{OG}=\int_{Y_2}^{Y_1}\frac{dY}{Y-Y^*} \tag{5.4.4}$$

于是,式(5.4.1)可改写为

$$Z=H_{OG}N_{OG} \tag{5.4.5}$$

同理,式(5.4.2)可写成如下的形式:

$$Z=H_{OL}N_{OL} \tag{5.4.6}$$

式中　H_{OL}——液相总传质单元高度,$H_{OL}=\frac{L}{K_X a\Omega}$,m;

N_{OL}——液相总传质单元数,$N_{OL}=\int_{X_2}^{X_1}\frac{dX}{X^*-X}$,无因次。

由此,可写出如下的通式:

填料层高度 = 传质单元数 × 传质单元高度

传质单元数反映吸收过程进行的难易程度。生产任务所要求的气体组成变化越大,吸收过程的平均推动力越小,意味着过程的难度越大,此时所需的传质单元数也就越大。

传质单元高度反映传质阻力的大小、填料性能的优劣以及润湿情况的好坏。吸收过程的传质阻力越大,填料层的有效比表面积越小,则每个传质单元所相当的填料层高度就越大。常用吸收塔的传质单元高度的数值在 0.15 ~ 1.5 m 之间,具体数值可根据填料类型和操作条件进行计算或查有关资料,也可由实验测定。

3　传质单元数的求法

3.1　对数平均推动力法

在吸收操作所涉及的浓度范围内,若平衡线和操作线均为直线,则可仿照传热中对数平均温度差的方法,根据吸收塔进口端和出口端的推动力来计算全塔的平均推动力,则

$$\Delta Y_m=\frac{\Delta Y_1-\Delta Y_2}{\ln\frac{\Delta Y_1}{\Delta Y_2}}=\frac{(Y_1-Y_1^*)-(Y_2-Y_2^*)}{\ln\frac{Y_1-Y_1^*}{Y_2-Y_2^*}} \tag{5.4.7}$$

式中,ΔY_m 表示气相对数平均推动力。

结合填料吸收塔全塔的吸收负荷和全塔的吸收速率方程整理可得

$$Z=\frac{V}{K_Y a\Omega}\times\frac{Y_1-Y_2}{\Delta Y_m} \tag{5.4.8}$$

可知

$$N_{OG}=\int_{Y_2}^{Y_1}\frac{dY}{Y-Y^*}=\frac{Y_1-Y_2}{\Delta Y_m}$$

同理,可写出液相总传质单元数与液相对数平均推动力的计算式:

$$N_{OL}=\frac{X_1-X_2}{\Delta X_m} \tag{5.4.9}$$

$$\Delta X_m=\frac{\Delta X_1-\Delta X_2}{\ln\frac{\Delta X_1}{\Delta X_2}}=\frac{(X_1^*-X_1)-(X_2^*-X_2)}{\ln\frac{X_1^*-X_1}{X_2^*-X_2}} \tag{5.4.10}$$

式中　ΔX_m——液相对数平均推动力。

当$\frac{1}{2}<\frac{\Delta Y_1}{\Delta Y_2}<2$或$\frac{1}{2}<\frac{\Delta X_1}{\Delta X_2}<2$时,可用算术平均推动力来代替相应的对数平均推动力,使计算得以简化。

【例5.4】　某填料塔用纯轻油吸收混合气中的苯,进气量为1 000 m^3/h(标准状态下),进料气体含苯5%(体积百分数),其余为惰性气体,要求回收率为95%,操作时轻油用量为最小用量的1.5倍,平衡关系的$Y=1.4X$,已知气相体积总吸收系数$K_Ya=125\ kmol/(m^3\cdot h)$,塔径为1 m。试以平均推动力法求填料层高度。

解:$Y_1=\frac{0.05}{1-0.05}=0.052\,6$,$X_2=0$。

$$Y_2=Y_1(1-\varphi_A)=0.052\,6\times(1-0.95)=0.002\,63$$

$$V=\frac{1\,000}{22.4}\times(1-0.05)=42.4\ kmol/h$$

$$\left(\frac{L}{V}\right)_{min}=\frac{Y_1-Y_2}{\frac{Y_1}{m}-X_2}=\frac{0.052\,6-0.002\,63}{\frac{0.052\,6}{1.4}}=1.33$$

$$L=1.5\times1.33\times42.4=84.6\ kmol/h$$

由全塔物料衡算式得

$$X_1=\frac{V(Y_1-Y_2)}{L}+X_2=\frac{42.4\times(0.052\,6-0.002\,63)}{84.6}=0.025$$

$$\Delta Y_1=Y_1-Y_1^*=Y_1-mX_1=0.052\,6-1.4\times0.025=0.017\,6$$

$$\Delta Y_2=Y_2-Y_2^*=0.002\,63$$

$$\Delta Y_m=\frac{\Delta Y_1-\Delta Y_2}{\ln\frac{\Delta Y_1}{\Delta Y_2}}=\frac{0.017\,6-0.002\,63}{\ln\frac{0.017\,6}{0.002\,63}}=0.007\,88$$

$$Z=H_{OG}N_{OG}=\frac{V}{K_Ya\Omega}\frac{Y_1-Y_2}{\Delta Y_m}=\frac{42.4}{125\times0.785}\times\frac{0.052\,6-0.002\,63}{0.007\,88}=2.76\ m$$

3.2　脱吸因数法

脱吸因数法适用于在吸收过程所涉及的组成范围内平衡关系为直线的情况。以气相总传质单元数N_{OG}为例:设平衡关系为$Y^*=mX+b$,得

$$N_{OG}=\int_{Y_2}^{Y_1}\frac{dY}{Y-Y^*}=\int_{Y_2}^{Y_1}\frac{dY}{Y-(mX+b)}$$

由操作线方程可得

$$X=X_2+\frac{V}{L}(Y-Y_2)$$

将上式代入 N_{OG}的积分式中，并令 $S=\frac{mV}{L}$，积分化简可得

$$N_{OG}=\frac{1}{1-S}\ln\left[(1-S)\frac{Y_1-Y_2^*}{Y_2-Y_2^*}+S\right] \tag{5.4.11}$$

式中 S 为平衡线斜率与操作线斜率的比值，称为脱吸因数，无因次。

为方便计算，在半对数坐标上以 S 为参数，标绘出 $N_{OG}-\frac{Y_1-Y_2^*}{Y_2-Y_2^*}$的函数关系，得到如图 5.19 所示的一组曲线。若已知 V、L、Y_1、Y_2、X_2 及平衡线的斜率 m，便可求出 S 及$\frac{Y_1-Y_2^*}{Y_2-Y_2^*}$的值，进而可从图中读出 N_{OG}的数值。

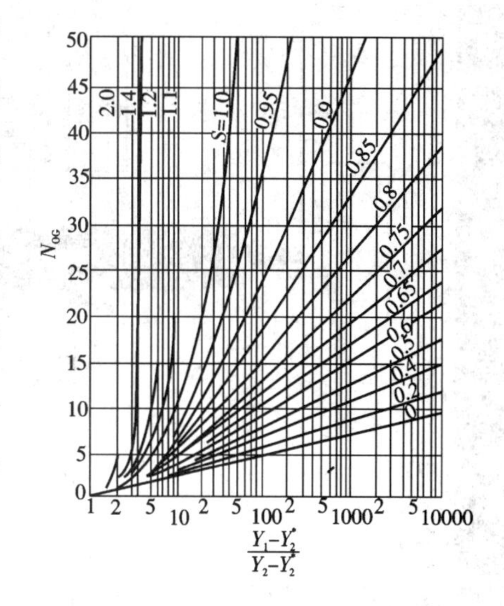

图 5.19　$N_{OG}-\frac{Y_1-Y_2^*}{Y_2-Y_2^*}$关系

应予指出，图 5.19 用于 N_{OG}的求取及其他有关吸收过程的分析估算虽十分方便，但只有在$\frac{Y_1-Y_2^*}{Y_2-Y_2^*}$及 $S<0.75$ 的范围内使用该图时，读数才较准确，否则误差较大。

4　吸收－解吸仿真操作训练

训练目的

了解吸收－解吸仿真实训流程，掌握各个工艺操作点。

掌握简单控制系统、串级控制系统及分程控制系统。

设备示意(图 5.20)

从界区外来的富气从底部进入吸收塔 T－101。界区外来的纯 C6 油吸收剂贮存于贮罐 D－101 中，由 C6 油泵 P－101A/B 送入吸收塔 T－101 的顶部，C6 流量由 FRC103 控制。吸收剂 C6 油在吸收塔 T－101 中自上而下与富气逆向接触，富气中的 C4 组分被溶解在 C6 油中。不溶解的贫气自 T－101 顶部排出，经盐水冷却器 E－101 被 －4 ℃的盐水冷却至 2 ℃进入尾气分离罐 D－102。吸收了 C4 组分的富油(C4:8.2%，C6:91.8%)从吸收塔底部排出，经贫富油换热器 E－103 预热至 80 ℃进入解吸塔 T－102。吸收塔塔釜液位由 LIC101 和 FIC104 通过调节塔釜富油采出量串级控制。

来自吸收塔顶部的贫气在尾气分离罐 D－102 中回收冷凝的 C4、C6 后，不凝气在 D－102 的压力控制器 PIC103(1.2 MPa)的控制下排入放空总管进入大气。回收的冷凝液(C4、C6)与吸收塔釜排出的富油一起进入解吸塔 T－102。

训练要领

(1)冷态开车过程(包括氮气充压、吸收塔及解吸塔进吸收油、吸收油冷循环、吸收油热循环、进富气及调整等操作)。

(2)正常运行过程(维持各工艺参数稳定运行，密切注意参数变化)。

(3)正常停车过程(包括停富气进料和产品出料、停吸收塔系统、停解吸塔系统和吸收油贮罐泄油等操作)。

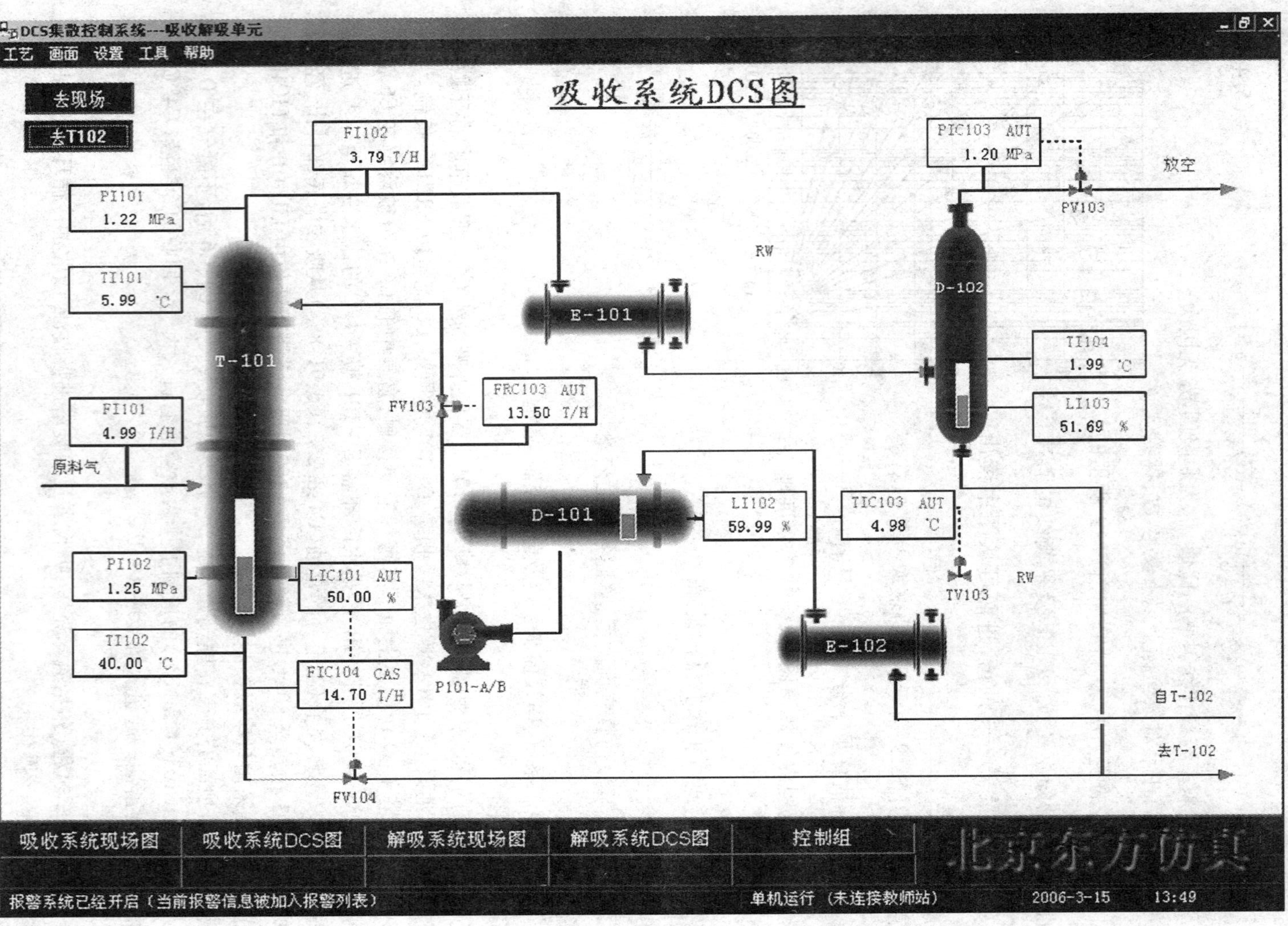

图 5 · 20　吸收－解吸仿真实训流程

【拓展与延伸】

解吸是吸收操作的逆过程,常见的有气提解吸、加热解吸和减压解吸等,工业中很少采用单一的解吸方法,往往是先升温再减压,最后再采用气提解吸。

气提解吸:又称为载气解吸法,采用不含溶质的惰性气体或吸收剂蒸气作为载气,使其与吸收液相接触,将溶质从液相中带出。常见的载气有空气、氮气、二氧化碳、水蒸气、吸收剂蒸气等。

减压解吸:采用加压吸收时,解吸可采用一次或多次减压的方法,使溶质从吸收液中解吸出来。解吸的程度取决于操作的最终压力和温度。

加热解吸:当气体溶质的溶解度随温度升高而显著降低时,可采用加热解吸。

加热-减压解吸:将吸收液先升高温度再减压,能显著提高解吸操作的推动力,从而提高溶质的解吸程度。

【知识检测】

一、单项选择题

1. 在填料吸收塔中,为了保证吸收剂液体的均匀分布,塔顶需设置(　　)。

A. 液体喷淋装置　　B. 再分布器　　C. 冷凝器　　D. 塔釜

2. 下列哪一项不是工业上常用的解吸方法(　　)。

A. 加压解吸　　B. 加热解吸　　C. 在惰性气体中解吸　D. 精馏

3. 某吸收过程,已知 $k_y = 4 \times 10^{-1}$ kmol/($m^2 \cdot s$),$k_x = 8 \times 10^{-4}$ kmol/($m^2 \cdot s$),由此可知该过程为(　　)。

A. 液膜控制　　B. 气膜控制

C. 判断依据不足　　D. 液膜阻力和气膜阻力相差不大

4. 在进行吸收操作时,吸收操作线总是位于平衡线的(　　)。

A. 上方　　B. 下方　　C. 重合　　D. 不一定

5. 吸收混合气中的苯,已知 $Y_1 = 0.04$,吸收率是 80%,则 Y_1、Y_2是(　　)。

A. 0.041 67 kmol 苯/kmol 惰气,0.008 33 kmol 苯/kmol 惰气

B. 0.02 kmol 苯/kmol 惰气,0.005 kmol 苯/kmol 惰气

C. 0.041 67 kmol 苯/kmol 惰气,0.02 kmol 苯/kmol 惰气

D. 0.083 1 kmol 苯/kmol 惰气,0.002 kmol 苯/kmol 惰气

6. 根据双膜理论,用水吸收空气中的氨的吸收过程是(　　)。

A. 气膜控制　　B. 液膜控制　　C. 双膜控制　　D. 不能确定

7. 吸收塔开车操作时,(　　)。

A. 应先通入气体后进入喷淋液体　　B. 增大喷淋量总是有利于吸收操作的

C. 应先进入喷淋液体后通入气体　　D. 先进气体或液体都可以

8. 填料塔以清水逆流吸收空气与氨混合气体中的氨。当操作条件(Y_1、L、V)一定时,若塔内填料层高度 Z 增加,而其他操作条件不变,出口气体的浓度 Y_2将(　　)。

A. 上升　　　B. 下降　　　C. 不变　　　D. 无法判断

9. 最小液气比(　　)。

A. 在生产中可以达到　　　B. 是操作线斜率

C. 均可用公式进行计算　　　D. 可作为选择适宜液气比的依据

10. 利用气体混合物中各组分在液体中溶解度的差异而使气体中不同组分分离的操作称为(　　)。

A. 蒸馏　　　B. 萃取　　　C. 吸收　　　D. 解吸

二、计算题

在一填料塔中,用洗油逆流吸收混合气体中的苯。已知混合气体的流量为1 600 m^3/h,进塔气体中含苯5%(摩尔分数,下同),要求吸收率为90%,操作温度为25 ℃,压力为101.3 kPa,洗油进塔浓度为0.001 5,相平衡关系为 $Y^* = 26X$,操作液气比为最小液气比的1.3倍。试求吸收剂用量及出塔洗油中苯的含量。

项目六　萃取操作技术

【知识目标】

掌握的内容:分配系数及分配曲线,萃取的操作与控制。

熟悉的内容:液液萃取的基本原理,萃取操作流程,萃取操作的分类,萃取剂的选择。

了解的内容:液液相平衡,萃取设备的主要类型。

【能力目标】

理解液液萃取分离的基本原理,理解萃取操作步骤,能够进行萃取操作的分类,能够对常见萃取设备进行分类,能够说明各种常见萃取设备的特点,能够在三角形相图上进行组成的表示,能够进行分配系数的计算,能够进行萃取剂的选择,能够进行萃取操作的控制。

能够分析影响萃取操作的因素。

任务1　认识液－液萃取技术

1　萃取基本知识

在石油、化工、医药等工业部门都经常用到萃取操作,也称抽提操作。例如,用烧酒浸渍中药材,提取其中的有效成分制成药酒(如杜仲酒);用苯或磷酸二甲苯酯作溶剂萃取分离含酚工业废水中的苯酚等。它们都是利用某种溶剂对混合物中的各组分有不同的溶解度而将液体(或固体)混合物分离的一种操作。在萃取过程中易溶组分从混合物进入溶剂,发生了传质现象,萃取操作也属于一种传质过程。

按照溶剂所处理的混合物状态,可将萃取操作分为液－液萃取和固－液萃取。液－液萃取处理的物料是液体混合物,固－液萃取处理的物料是固体混合物。本任务主要介绍液－液萃取(即溶液的萃取)过程的基本原理、影响因素及常用设备。

1.1　溶液萃取分离的基本原理

液－液萃取操作的基本方法是选择一种适当的溶剂(称为萃取剂)加到要处理的液体混合物中,液体混合物中的各组分在萃取剂中具有不同的溶解度,使混合液中要分离的组分(称为溶质)能溶解到萃取剂中,其余组分不溶或微溶,从而使混合液得到分离。

以二乙二醇醚为萃取剂分离甲苯－正庚烷混合物为例,见图6.1。混合液由正庚烷(53.2%)与甲苯(46.8%)组成,在容器1中与萃取剂二乙二醇醚溶剂经搅拌充分混合,并维持一定的温度进行萃取。萃取结束后,将容器1内的液体全部放入容器2中,静置后自然分层,由于甲苯很容易溶解于萃取剂中,而正庚烷很难溶,所以在容器2中出现了密度不同的上下两层液层。经分析测定,上层液层含正庚烷58.5%、甲苯41.4%,萃取剂0.1%;下层液层中含正庚烷0.7%、甲苯5.3%,萃取剂94%。两液层在组成上的区别就是由于甲苯和正庚烷在溶剂中具有不同的溶解度造成的。

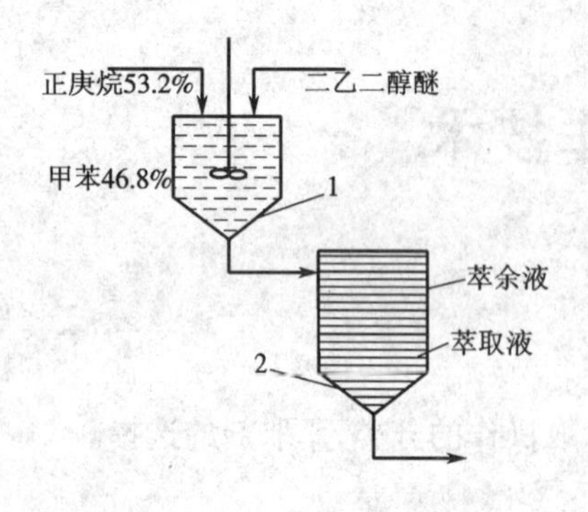

图 6.1 液－液萃取原理示意

在工业上常将含有萃取剂较多的下层液体叫做萃取相,含萃取剂较少的上层液体叫萃余相。如果将上下两层液体自容器 2 中分别放出,然后设法除去萃取剂,就得到两个组成不同的产品,下层萃取相中除去萃取剂后的液体(称为萃取液)中甲苯含量较原料高,可达 88.3%,而正庚烷含量则较低,为 11.7%。如果再用二乙二醇醚进一步抽提此萃取液,则得到的新萃取液中甲苯的含量将会更高,这样经过多次抽提,必然能将甲苯和正庚烷分离开,这就是萃取分离混合液的基本原理。

萃取和蒸馏都是分离液体混合物的方法,但萃取过程要复杂得多,操作费用也大,因此能应用精馏分离时一般不要采用萃取操作,只有当混合液中各组分的沸点相差不大,或是混合液是恒沸物,而且一般精馏方法很难分离或不可能分离时才采用萃取分离方法。

1.2 液－液相平衡

萃取传质过程进行的极限是液－液相平衡,因此讨论萃取时,首先要了解液－液相平衡问题。由于萃取的两相通常为三元混合物,故其组成和相平衡的图解表示法与前述的气液传质不同,在此首先介绍三元混合物的组成在三角形坐标图上的表示方法,然后介绍液－液平衡相图。

1.2.1 组成在三角形坐标图上的表示方法

混合液的组成以在等腰直角三角形坐标图上表示最方便,因此萃取计算中常常采用等腰直角三角形坐标图。

如图 6.2 所示,在萃取过程中很少遇到恒摩尔流的简化情况,故在三角形坐标图中混合物的组成常用质量分数表示。

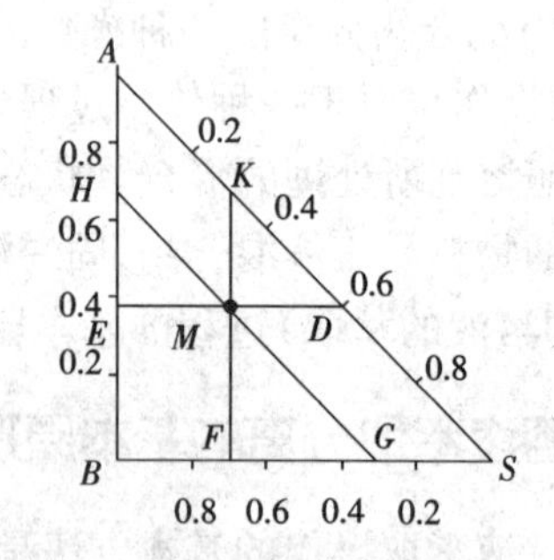

图 6.2 组成在三角形坐标图上的表示方法

在三角形坐标图中,*AB* 边以 A 的质量分数作为标度,*BS* 边以 B 的质量分数作为标度,*SA* 边以 S 的质量分数作为标度。

三角形坐标图的每个顶点分别代表一个纯组分,即顶点 *A* 表示纯溶质 A,顶点 *B* 表示纯原溶剂(稀释剂)B,顶点 *S* 表示纯萃取剂 S。

三角形坐标图三条边上的任一点代表一个二元混合物系,第三组分的组成为零。例如 *AB* 边上的 *E* 点表示由 A、B 组成的二元混合物系,由图可读得:A 的组成为 0.40,则 B 的组成为(1.00－0.40)＝0.60,S 的组成为零。

三角形坐标图内任一点代表一个三元混合物系。例如 *M* 点即表示由 A、B、S 三个组分组成的混合物系。其组成可按下法确定:过物系点 *M* 分别作对边的平行线 *ED*、*HG*、*KF*,则由点 *E*、*G*、*K* 可直接读得 A、B、S 的组成分别为 $x_A=0.40$、$x_B=0.30$、$x_S=0.30$,也可由点 *D*、*H*、*F* 读得 A、B、S 的组成分别为 $x_A=1.00-0.60=0.40$、$x_B=1.00-0.70=0.30$、$x_S=1.00-0.70=0.30$。

有时，也采用不等腰直角三角形表示相组成，可根据需要将某直角边适度放大，使所绘的曲线展开，方便使用。

1.2.2 相平衡关系在三角形相图上的表示方法

根据萃取操作中各组分的互溶性，可把三元物系分为以下情况，即：

溶质A可完全溶于B及S，但B与S不互溶；

溶质A可完全溶于B及S，但B与S部分互溶；

溶质A可完全溶于B，但A与S及B与S部分互溶。

通常，将前两种情况的物系称为第Ⅰ类物系，如丙酮(A)－水(B)－甲基异丁基酮(S)、醋酸(A)－水(B)－苯(S)等物系；将第三种情况的物系称为第Ⅱ类物系，如甲基环己烷(A)－正庚烷(B)－苯胺(S)、苯乙烯(A)－乙苯(B)－二甘醇(S)等。在萃取操作中，第Ⅰ类物系较为常见，故以下主要讨论这类物系的相平衡关系。

1)溶解度曲线及联结线

设溶质A可完全溶于B及S，但B与S部分互溶，其平衡相图如图6.3所示。此图是在一定温度下绘制的，图中曲线 $R_1R_2R_iR_nKE_nE_iE_2E_1$ 称为溶解度曲线，该曲线将三角形相图分为两个区域：曲线以内的区域为两相区，以外的区域为均相区。位于两相区内的混合物分成两个互相平衡的液相，称为共轭相，联结两共轭液相相点的直线称为联结线，如图6.3中的 R_iE_i 线($i=0,1,2,\cdots,n$)。显然萃取操作只能在两相区内进行。

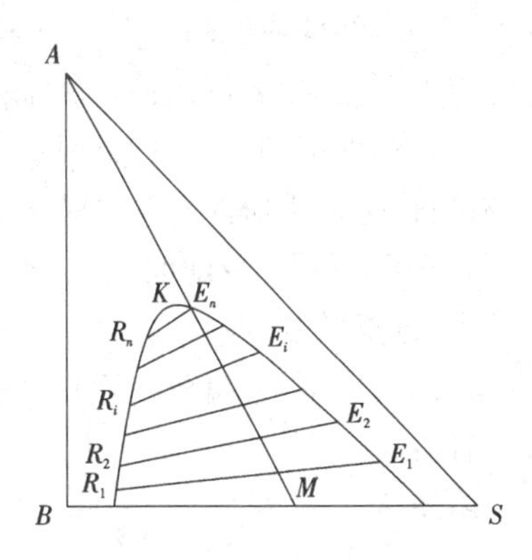

图6.3 溶解度曲线

溶解度曲线可通过下述实验方法得到：在一定温度下，将组分B与组分S以适当比例相混合，使其总组成位于两相区，设为 M，则达平衡后必然得到两个互不相溶的液层，其相点为 R_0、E_0。在恒温下，向此二元混合液中加入适量的溶质A并充分混合，使之达到新的平衡，静置分层后得到一对共轭相，其相点为 R_1、E_1，然后继续加入溶质A，重复上述操作，即可以得到 $n+1$ 对共轭相的相点 R_i、E_i($i=0,1,2,\cdots,n$)，当加入A的量使混合液恰好由两相变为一相时，其组成点用 K 表示，K 点称为混溶点或分层点。联结各共轭相的相点及 K 点的曲线即为实验温度下该三元物系的溶解度曲线。

若组分B与组分S完全不互溶，则点 R_0 与 E_0 分别与三角形的顶点 B 及顶点 S 相重合。

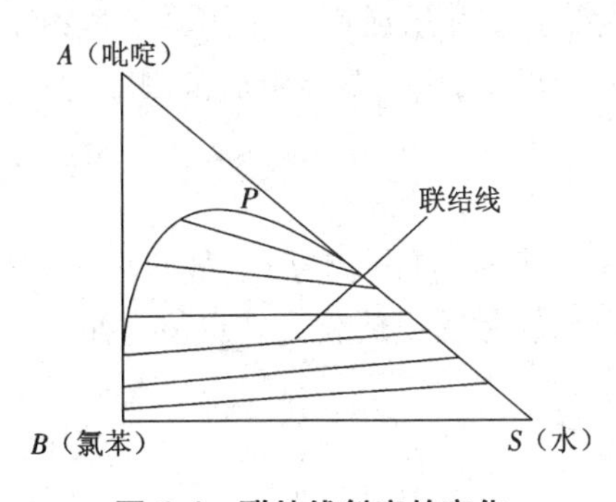

图6.4 联结线斜率的变化

通常联结线的斜率随混合液的组成而变，但同一物系其联结线的倾斜方向一般是一致的，有少数物系，例如吡啶－氯苯－水，当混合液组成变化时，其联结线的斜率会有较大的改变，如图6.4所示。

2)辅助曲线和临界混溶点

在一定温度下，测定体系的溶解度曲线时，实验测出的联结线的条数(即共轭相的对数)总是有限的，此时为了得到任何已知平衡液相的共轭相的数据，常借助辅助曲线(亦称共轭曲线)。

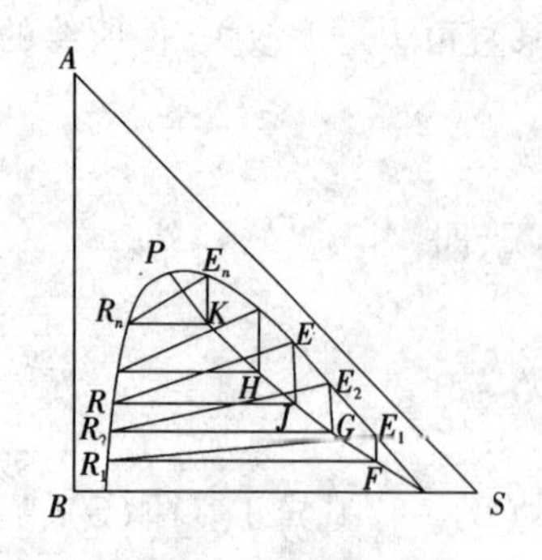

图 6.5　辅助曲线

辅助曲线的作法如图 6.5 所示，通过已知点 R_1、R_2、……分别作 BS 边的平行线，再通过相应联结线的另一端点 E_1、E_2、…… 分别作 AB 边的平行线，各线分别相交于点 F、G、……，联结这些交点所得的平滑曲线即为辅助曲线。

利用辅助曲线可求任何已知平衡液相的共轭相。如图 6.5 所示，设 R 为已知平衡液相，自点 R 作 BS 边的平行线交辅助曲线于点 J，自点 J 作 AB 边的平行线，交溶解度曲线于点 E，则点 E 即为 R 的共轭相点。

辅助曲线与溶解度曲线的交点为 P，显然通过 P 点的联结线无限短，即该点所代表的平衡液相无共轭相，相当于该系统的临界状态，故称点 P 为临界混溶点。P 点将溶解度曲线分为两部分：靠原溶剂 B 一侧为萃余相部分，靠溶剂 S 一侧为萃取相部分。由于联结线通常都有一定的斜率，因而临界混溶点一般并不在溶解度曲线的顶点。临界混溶点由实验测得，但仅当已知的联结线很短即共轭相接近临界混溶点时，才可用外延辅助曲线的方法确定临界混溶点。

一定温度下的三元物系溶解度曲线、联结线、辅助曲线及临界混溶点的数据均由实验测得，有时也可从手册或有关专著中查得。

3）分配系数和分配曲线

Ⅰ. 分配系数

一定温度下，某组分在互相平衡的 E 相与 R 相中的组成之比称为该组分的分配系数，以 k 表示，即：

溶质 A

$$k_A = \frac{y_A}{x_A} \tag{6.1.1}$$

原溶剂 B

$$k_B = \frac{y_B}{x_B} \tag{6.1.2}$$

式中　y_A、y_B——萃取相 E 中组分 A、B 的质量分数；

x_A、x_B——萃余相 R 中组分 A、B 的质量分数。

分配系数 k_A 表达了溶质在两个平衡液相中的分配关系。显然，k_A 值愈大，萃取分离的效果愈好。k_A 值与联结线的斜率有关。同一物系，其 k_A 值随温度和组成而变。如第Ⅰ类物系，一般 k_A 值随温度的升高或溶质组成的增大而减小。一定温度下，仅当溶质组成范围变化不大时，k_A 值才可视为常数。

Ⅱ. 分配曲线

由相律可知，一定温度、压力下，三组分体系两液相成平衡时，自由度为 1。故只要已知任一平衡液相中的任一组分的组成，则其他组分的组成及其共轭相的组成就为确定值。换言之，温度、压力一定时，溶质在两平衡液相间的平衡关系可表示为

$$y_A = f(x_A) \tag{6.1.3}$$

式中　y_A——萃取相 E 中组分 A 的质量分数；

x_A——萃余相 R 中组分 A 的质量分数。

此即分配曲线的数学表达式。

如图6.6所示，若以 x_A 为横坐标，以 y_A 为纵坐标，则可在直角坐标图上得到表示这一对共轭相组成的点 N。每一对共轭相可得一个点，将这些点联结起来即可得到曲线 ONP，称为分配曲线。曲线上的 P 点即为临界混溶点。

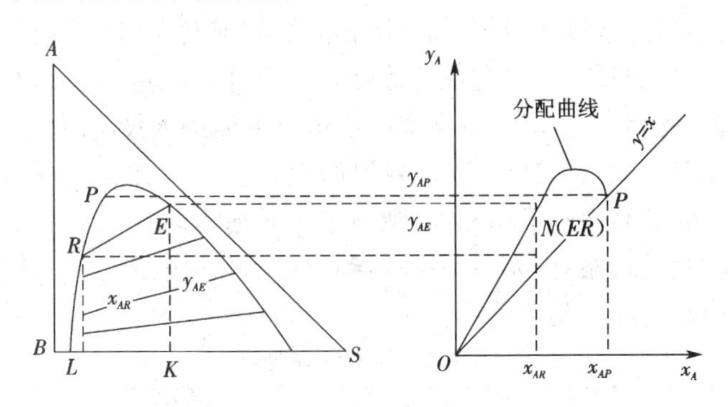

图6.6　有一对组分部分互溶时的分配曲线

分配曲线表达了溶质 A 在互成平衡的 E 相与 R 相中的分配关系。若已知某液相组成，则可由分配曲线求出其共轭相的组成。

若在分层区内 y 均大于 x，即分配系数 $k_A>1$，则分配曲线位于直线 $y=x$ 的上方，反之则位于直线 $y=x$ 的下方。若随着溶质 A 组成的变化，联结线倾斜的方向发生改变，则分配曲线将与对角线出现交点，这种物系称为等溶度体系。

4)杠杆规则

如图6.7所示，将质量为 r kg，组成为 x_A、x_B、x_S 的混合物系 R 与质量为 e kg，组成为 y_A、y_B、y_S 的混合物系 E 相混合，得到一个质量为 m kg，组成为 z_A、z_B、z_S 的新混合物系 M，其在三角形坐标图中分别以点 R、E 和 M 表示。M 点称为 R 点与 E 点的和点，R 点与 E 点称为差点。

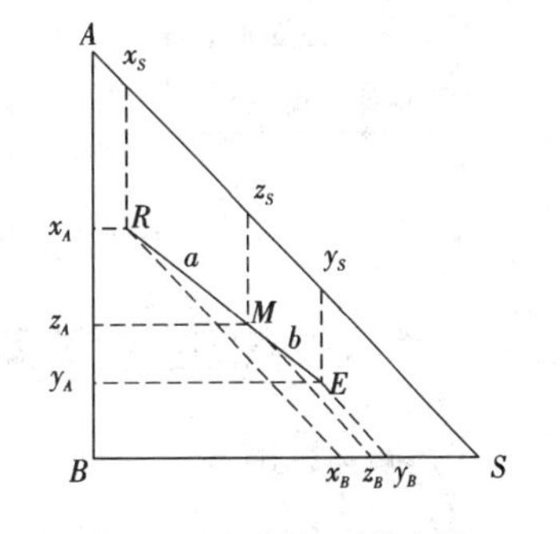

图6.7　杠杆规则的应用

和点 M 与差点 E、R 之间的关系可用杠杆规则描述如下。

(1)几何关系：和点 M 与差点 E、R 共线。即：和点在两差点的连线上；一个差点在另一差点与和点连线的延长线上。

(2)数量关系：和点与差点的量 m、r、e 与线段长 a、b 之间的关系符合杠杆规则，即以 R 为支点可得 m、e 之间的关系

$$m \times a = e(a+b) \tag{6.1.4}$$

以 M 为支点可得 r、e 之间的关系

$$r \times a = e \times b \tag{6.1.5}$$

以 E 为支点可得 r、m 之间的关系

$$r \times (a+b) = m \times b \tag{6.1.6}$$

根据杠杆规则，若已知两个差点，则可确定和点；若已知和点和一个差点，则可确定另一个差点。

2 萃取设备的类型及特点

根据两相接触方式的不同,萃取设备可分为逐级接触式和微分接触式两类。在逐级接触式设备中,每一级均进行两相的混合与分离,因此两液相的组成在级间发生阶跃式变化。在微分接触式设备中,两相逆流连续接触传质,两液相的组成则发生连续变化。

根据外界是否输入机械能,萃取设备通常可分为有外加能量的和无外加能量的两类。无外加能量的萃取设备:两相密度差较大,萃取时仅依靠液体进入设备时的压力差及密度差就可使液体较好地分散和流动,达到较好的萃取效果的设备;有外加能量的萃取设备:两相密度差较小,界面张力较大,液滴易聚合不易分散,则利用外界输入能量的方法来改善两相的相对运动及分散状况,如施加搅拌、振动、离心等,来达到一定的分离效果。

工业上常用萃取设备的分类情况见表 6.1。

表 6.1 萃取设备分类

液体分散的动力		逐级接触式	微分接触式
重力差外加能量		筛板塔	喷洒塔
			填料塔
外加能量	脉冲	脉冲混合 - 澄清器	脉冲填料塔
			液体脉冲筛板塔
	旋转搅拌	混合澄清器 夏贝尔(Scheibel)塔	转盘塔(RDC)
			偏心转盘塔(ARDC)
			库尼(Kühni)塔
	往复搅拌		往复筛板塔
	离心力	芦威离心萃取机	POD 离心萃取机

目前,工业上使用的萃取设备种类很多,在此仅介绍一些典型设备。

2.1 萃取设备的主要类型

2.1.1 混合澄清器

最早使用,而且目前仍广泛应用的一种萃取设备是混合澄清器,它由混合器与澄清器组成。典型的混合澄清器如图 6.8 所示。

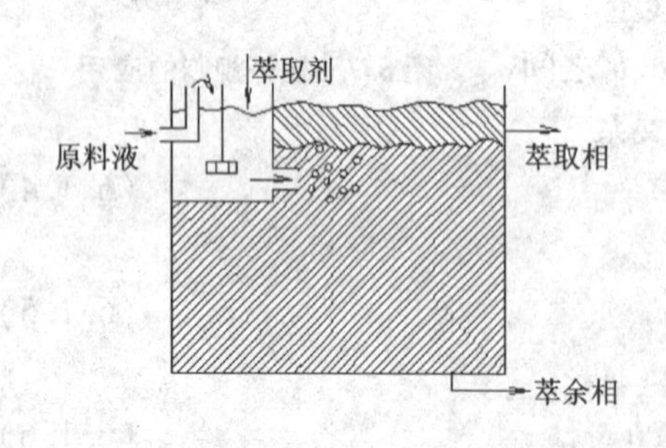

图 6.8 混合器与澄清器组合装置

在混合器中,原料液与萃取剂借助搅拌装置的作用使其中一相破碎成液滴而分散于另一相中,以加大相际接触面积并提高传质速率。两相分散体系在混合器内停留一定时间后,流入澄清器。在澄清器中,轻、重两相依靠密度差进行重力沉降(或升浮),并在界面张力的作用下凝聚分层,形成萃取相和萃余相。

混合澄清器可以单级使用,也可以多级串联使用。图 6.9 为水平排列的三级逆流混合 -

澄清萃取装置示意图。

混合澄清器具有如下优点：

(1)处理量大，传质效率高，通常单级效率可达 80% 以上；

(2)两液相流量比范围大，流量比达到 1/10 时仍能正常操作；

(3)设备操作方便，易于放大，结构简单，运转稳定可靠，适应性强；

(4)易实现多级连续操作，便于调节级数。

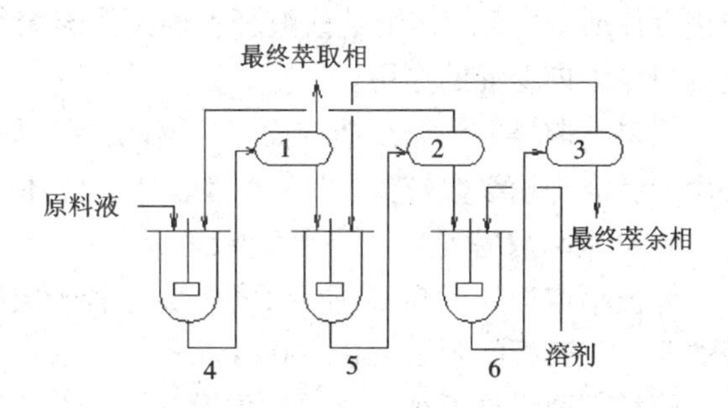

图 6.9　三级逆流混合－澄清萃取设备

1,2,3—澄清槽　4,5,6—混合槽

混合澄清器的缺点是水平排列的设备占地面积大，溶剂储量大，每级内都设有搅拌装置，液体在级间流动需输送泵，设备费和操作费都较高。

2.1.2　萃取塔

一般将高径比较大的萃取装置统称为塔式萃取设备，简称萃取塔。萃取塔通常具有分散装置，以提供两相间良好的接触条件，从而获得良好的萃取效果；同时，塔顶、塔底具有足够的分离空间。为了使两相的分层更有利，对两相混合和分散采用不同的措施，萃取塔的结构形式也多种多样，下面介绍几种工业上常用的萃取塔。

1)喷洒塔

喷洒塔又称喷淋塔，是最简单的萃取塔，如图 6.10 所示，轻、重两相分别从塔底和塔顶进入。若分散相为重相，则重相经塔顶的分布装置分散为液滴后通过连续的轻相，与其逆流接触传质，重相液滴降至塔底分离段处聚合形成重相液层排出，而轻相上升至塔顶并与重相分离后排出(图 6.10(a))。若轻相为分散相，则轻相经塔底的分布装置分散为液滴后进入连续的重相，与重相进行逆流接触传质，轻相升至塔顶分离段处聚合形成轻相液层排出，而重相流至塔底与轻相分离后排出(图 6.10(b))。

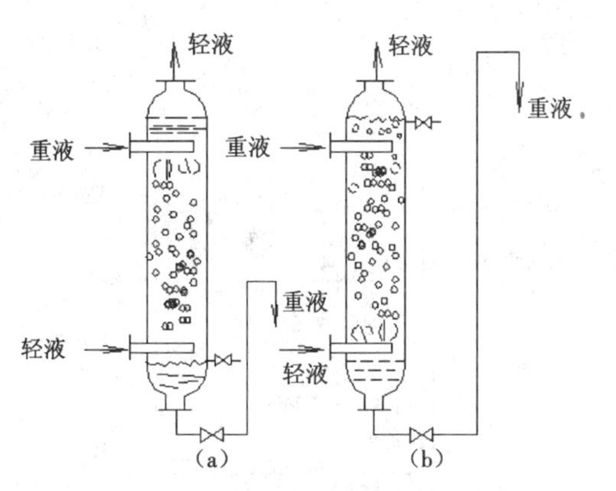

图 6.10　喷洒塔

(a)重液为分散相　(b)轻液为分散相

喷洒塔结构简单，塔体内除进出各流股物料的接管和分散装置外，无其他内部构件。其缺点是塔轴向返混严重，传质效率较低，适用于只需一二个理论级的场合，如水洗、中和或处理含有固体的物系。

2)填料萃取塔

填料萃取塔的结构与精馏和吸收填料塔基本相同，如图 6.11 所示。塔内装有适宜的填料，轻、重两相分别由塔底和塔顶进入，由塔顶和塔底排出。萃取时，连续相充满整个填料塔，分散相由分布器分散成液滴进入填料层中的连续相，在与连续相逆流接触

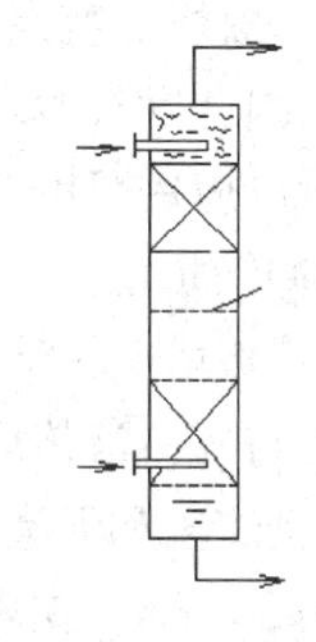

图 6.11　填料萃取塔

中进行传质。填料的作用是使液滴不断发生凝聚与再分散,以促进液滴的表面更新,填料还能起到减少轴向返混的作用。

填料萃取塔的优点是结构简单、操作方便、适合于处理腐蚀性料液;缺点是传质效率低,通常用于所需理论级数较少(如3个萃取理论级)的场合。

3)筛板萃取塔

筛板萃取塔如图6.12所示,塔内装有若干层筛板,筛板的孔径一般为3~9 mm,孔距为孔径的3~4倍,板间距为150~600 mm。

筛板萃取塔是逐级接触式萃取设备,在重力的作用下,两相依靠密度差进行分散和逆向流动。如果以轻相为分散相,其通过塔板上的筛孔就被分散成细小的液滴,与塔板上的连续相充分接触而进行传质。穿过连续相的轻相液滴逐渐凝聚,并聚集于上层筛板的下侧,待两相分层后,轻相借助压力差的推动,再经筛孔分散,液滴表面得到更新。这样分散、凝聚交替进行,达塔顶进行澄清、分层、排出。连续相则横向流过筛板,在筛板上与分散相液滴接触传质后,由降液管流至下一层塔板。如果以重相为分散相,则重相穿过板上的筛孔,分散成液滴落入连续的轻相中进行传质,穿过轻液层的重相液滴逐渐凝聚,并聚集于下层筛板的上侧,轻相则连续地从筛板下侧横向流过,从升液管进入上层塔板,如图6.13所示。

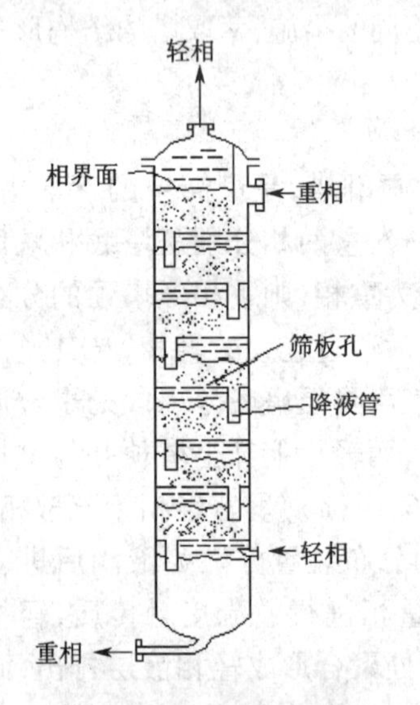

图6.12 筛板萃取塔

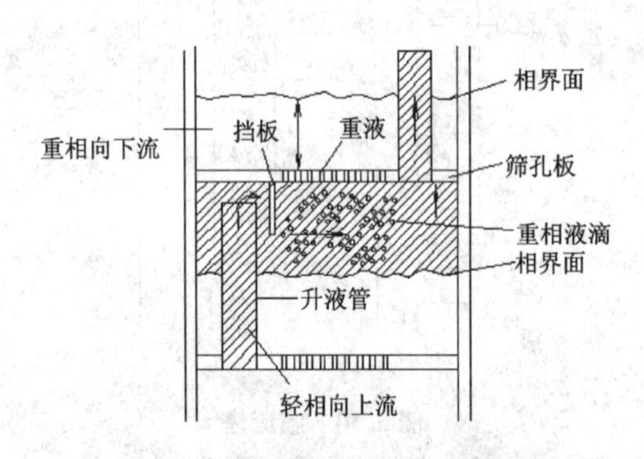

图6.13 筛孔板结构示意(重相为分散相)

筛板萃取塔的特点:因为塔板的限制,减小了轴向返混,分散相多次分散和聚集,液滴表面不断更新,因此筛板萃取塔的效率比填料塔高;其次,筛板塔结构简单,造价低廉,可处理腐蚀性料液,所以应用范围广。

4)脉冲筛板塔

脉冲筛板塔又称液体脉动筛板塔,是指在外力作用下,液体在塔内产生脉冲运动的筛板塔,其结构与气-液传质过程中无降液管的筛板塔类似,如图6.14所示。塔两端直径较大的部分为上澄清段和下澄清段,中间为两相传质段,其中装有若干层具有小孔的筛板,板间距较小,一般为50 mm。在塔的下澄清段装有脉冲管,萃取操作时,由脉冲发生器提供的脉冲使塔内液体作上下往复运动,迫使液体经过筛板上的小孔,使分散相破碎成较小的液滴分散在连续相中,并形成强烈的湍动,从而促进传质过程的进行。脉冲发生器的类型有多种,如活塞型、膜片型、风箱型等。

在脉冲萃取塔内,一般脉冲振幅为 9 ~ 50 mm,频率为 30 ~ 200 min^{-1}。实验研究和生产实践证明,脉冲频率对萃取效率影响较大,振幅对其影响较小。一般频率较高、振幅较小时萃取效果较好。如脉冲过于激烈,会导致严重的轴向返混,使传质效率下降。

脉冲萃取塔的优点是结构简单,传质效率高,但其生产能力较低,在化工生产中的应用受到一定限制。

5)往复筛板萃取塔

往复筛板萃取塔的结构如图 6.15 所示,将若干层筛板按一定间距固定在中心轴上,由塔顶的传动机构驱动而作上下往复运动。往复振幅一般为 3 ~ 50 mm,频率可达 100 min^{-1}。往复筛板的孔径要比脉动筛板的大些,一般为 7 ~ 16 mm。当筛板向上运动时,迫使筛板上侧的液体经筛孔向下喷射;向下运动时,又迫使筛板下侧的液体向上喷射。为防止液体沿筛板与塔壁间的缝隙走短路,每隔若干块筛板,在塔内壁应设置一块环形挡板。

塔板的往复频率直接影响着往复筛板萃取塔的效率。当振幅一定时,在不发生液泛的前提下,效率随频率的增大而提高。

往复筛板萃取塔的优点有,它较大幅度地增大了相际接触面积和提高了液体的湍动程度,流体阻力小,传质效率高,操作方便,生产能力大,在石油化工、食品、制药和湿法冶金工业中应用日益广泛。

6)转盘萃取塔(RDC 塔)

转盘萃取塔的基本结构如图 6.16 所示,在塔体内壁面上按一定间距装有若干个环形挡板,称为固定环,固定环将塔内分割成若干个小空间。两固定环之间均装一转盘。转盘固定在中心轴上,转轴由塔顶的电机驱动。转盘的直径小于固定环的内径,以便于装卸。

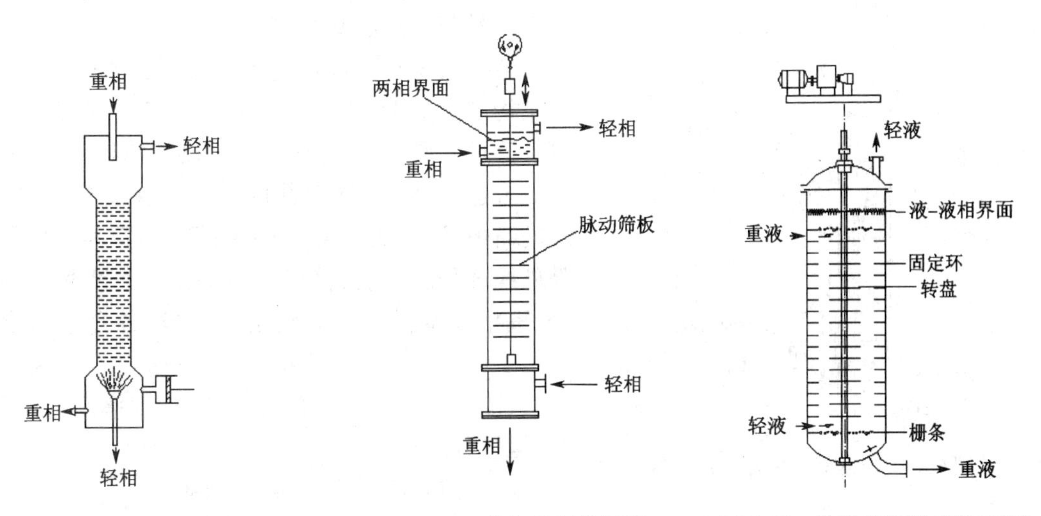

图 6.14　脉冲筛板塔　　**图 6.15　往复筛板萃取塔**　　**图 6.16　转盘萃取塔(RDC 塔)**

萃取操作时,转盘随中心轴高速旋转,其在液体中产生的剪应力使分散相破裂成许多细小的液滴,在液相中产生强烈的涡漩运动,从而增大了相际接触面积和传质系数。同时固定环的存在在一定程度上抑制了轴向返混,因而转盘萃取塔的传质效率较高。

转盘萃取塔结构简单,传质效率高,生产能力大,因而在石油化工中应用比较广泛。

为进一步提高转盘塔的效率,近年来又开发了不对称转盘塔(偏心转盘萃取塔),其基本结构如图6.17所示。带有搅拌叶片的转轴安装在塔体的偏心位置,塔内不对称地设置垂直挡板,将其分成混合区3和澄清区4。混合区由横向水平挡板分割成许多小室,每个小室内的转盘起混合搅拌器的作用。澄清区又由环形水平挡板分割成许多小室。

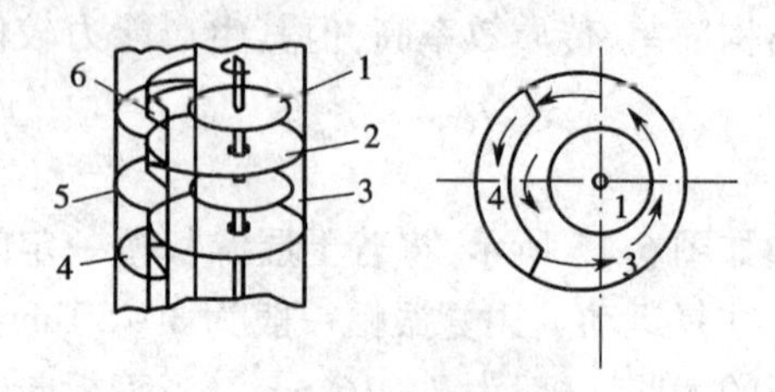

图6.17 偏心转盘萃取塔的基本结构

1—转盘 2—横向水平挡板 3—混合区 4—澄清区 5—环形分割板 6—垂直挡板

偏心转盘萃取塔既保持了转盘萃取塔用转盘进行分散的特点,同时分开的澄清区又可使分散相液滴反复进行凝聚分散,减小了轴向混合,从而提高了萃取效率。此外,该类型萃取塔的尺寸范围较大,塔高可达30 m,塔径可达4 m,对物系的性质(密度差、黏度、界面张力等)适应性很强,且适用于含有悬浮固体或易乳化的料液。

2.1.3 离心萃取器

离心萃取器是利用离心力的作用使两相快速混合、分离的萃取装置。离心萃取器的类型较多,按两相接触方式可分为逐级接触式和微分接触式两类。在逐级接触式萃取器中,两相的作用过程与混合澄清器类似。而在微分接触式萃取器中,两相接触方式则与连续逆流萃取塔类似。

1)转筒式离心萃取器

转筒式离心萃取器是单级接触式离心萃取器,其结构如图6.18所示。重液和轻液由底部的三通管并流进入混合室,在搅拌桨的剧烈搅拌下,两相充分混合进行传质,然后共同进入高速旋转的转筒。在转筒中,混合液在离心力的作用下,重相被甩向转鼓外缘,而轻相则被挤向转鼓的中心。两相分别经轻、重相堰流至相应的收集室,并经各自的排出口排出。

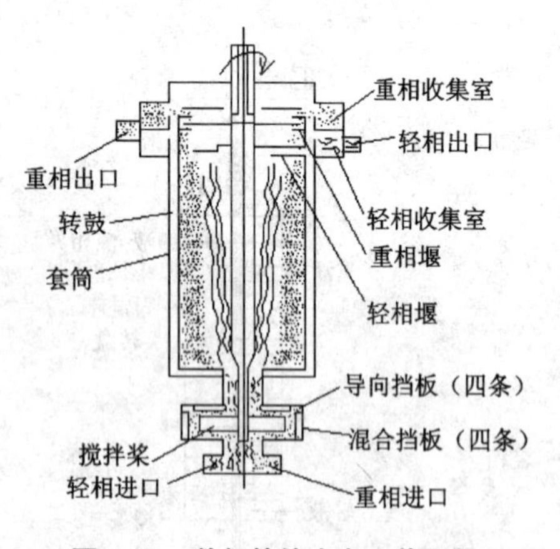

图6.18 单级转筒式离心萃取器

转筒式离心萃取器结构简单,效率高,易于控制,运行可靠。

2)芦威式离心萃取器(Luwesta)

芦威式离心萃取器简称LUWE离心萃取器,它是立式逐级接触式离心萃取器的一种。图6.19所示为三级离心萃取器,其主体是固定在壳体上并随之作高速旋转的环形盘。壳体中央有固定不动的垂直空心轴,轴上也装有圆形盘,盘上开有若干个喷出孔。

萃取操作时,原料液与萃取剂均由空心轴的顶部加入。重液沿空心轴的通道向下流至萃取器的底部而进入第三级的外壳内,轻液由空心轴的通道流入第一级。在空心轴内,轻液与来自下一级的重液相混合，再经空心轴上的喷嘴沿转盘与上方固定盘之间的通道被甩至外壳的四周。重液由外部沿转盘与下方固定盘之间的通道进入轴的中心，并由顶部排出，其流向为由第三级经第二级再到第一级，然后进入空心轴的排出通道，如图中实线所示；轻液则由第一级经第二级再到第三级，然后进入空心轴的排出通道，如图中虚线所示。两相均由萃取器顶部排出。

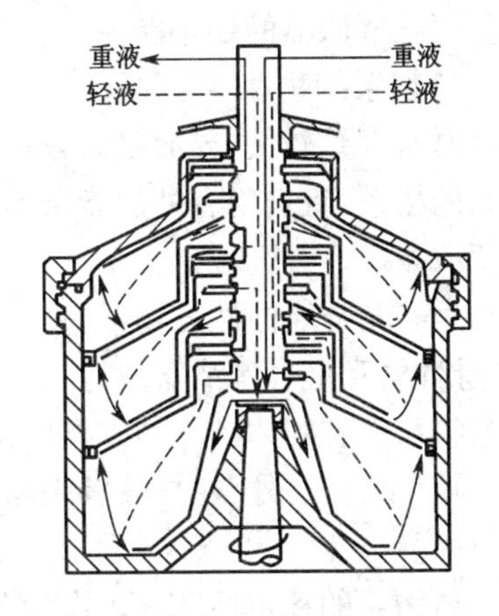

图 6.19 芦威式离心萃取器

该类萃取器主要用于制药工业，其处理能力为 7 ~ 49 m^3/h，在一定条件下，级效率可接近 100%。

3）波德式离心萃取器（Podbielniak）

波德式离心萃取器亦称离心薄膜萃取器、POD 离心萃取器，是一种微分接触式的萃取设备，其结构如图 6.20 所示。波德式离心萃取器由一水平转轴和随其高速旋转的圆形转鼓以及固定的外壳组成。转鼓由一多孔的长带卷绕而成，其转速很高，一般为 2 000 ~ 5 000 r/min，操作时轻、重液体分别由转鼓外缘和转鼓中心引入。由于转鼓旋转时产生的离心力作用，重液从中心向外流动，轻液则从外缘向中心流动，同时液体通过螺旋带上的小孔被分散，两相在逆向流动过程中，于螺旋形通道内密切接触进行传质。最后重液和轻液分别由位于转鼓外缘和转鼓中心的出口通道流出。它适合于处理两相密度差很小或易乳化的物系。波德式离心萃取器的传质效率很高，其理论级数可达 3 ~ 12。

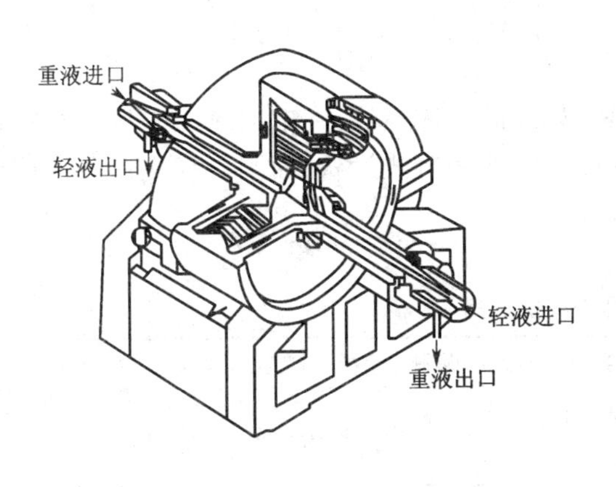

图 6.20 波德式离心萃取器

离心萃取器的优点是结构紧凑，生产强度高，物料停留时间短，分离效果好，特别适用于两相密度差小、易乳化、难分相及要求接触时间短、处理量小的场合；缺点是结构复杂、制造困难、操作费高。

2.2 萃取设备的选择

萃取设备的类型较多，特点各异，物系的性质对操作的影响错综复杂。选择萃取设备的原则是：在满足工艺条件要求的前提下，使设备费和操作费之和趋于最低。通常选择萃取设备时应考虑以下因素。

1）需要的理论级数

当需要的理论级数不超过 2 ~ 3 级时，各种萃取设备均可满足要求；当需要的理论级数较多（如超过 5 级）时，可选用筛板塔；当需要的理论级数再多（如 10 ~ 20 级）时，可选用有外加能量的设备，如混合澄清器、脉冲塔、往复筛板塔、转盘塔等。

2）生产能力

处理量较小时，可选用填料塔、脉冲塔；处理量较大时，可选用混合澄清器、筛板塔及转盘塔。离心萃取器的处理能力也相当大。

3)物系的物性

对密度差较大、界面张力较小的物系,可选用无外加能量的设备;对密度差较小、界面张力较大的物系,宜选用有外加能量的设备;对密度差甚小、界面张力小、易乳化的物系,应选用离心萃取器。

对有较强腐蚀性的物系,宜选用结构简单的填料塔或脉冲填料塔。对于放射性元素的提取,脉冲塔和混合澄清器用得较多。

物系中有固体悬浮物或在操作过程中产生沉淀物时,需定期清洗,此时一般选用混合澄清器或转盘塔。另外,往复筛板塔和脉冲筛板塔本身具有一定的自清洗能力,在某些场合也可考虑使用。

4)物系的稳定性和液体在设备内的停留时间

对工业生产中需考虑物料的稳定性、要求在设备内停留时间短的物系,如抗菌素的生产,宜选用离心萃取器;反之,若萃取物系有缓慢的化学反应,要求有足够长的反应时间,应选用混合澄清器。

5)其他

在选用萃取设备时,还应考虑其他一些因素,如能源供应情况,在电力紧张地区应尽可能选用依靠重力流动的设备;当厂房面积受到限制时,宜选用塔式设备,而当厂房高度受到限制时,则宜选用混合澄清器。

选择设备时应考虑的各种因素列于表 6.2。

表 6.2　萃取设备的选择

设备类型/考虑因素		喷洒塔	填料塔	筛板塔	转盘塔	往复筛板 脉动筛板	离心萃取器	混合－澄清器
工艺条件	理论级数多	×	0	0	√	√	0	0
	处理量大	×	×	0	√	×	0	√
	两相流比大	×	×	×	0	0	√	√
物系性质	密度差小	×	×	×	0	0	√	√
	黏度大	×	×	×	0	0	√	√
	界面张力大	×	×	×	0	0	√	0
	腐蚀性强	√	√	0	0	0	×	×
	有固体悬浮物	√	×	×	√	0	×	0
设备费用	制造成本	√	0	0	0	0	×	0
	操作费用	√	√	√	0	0	×	×
	维修费用	√	√	0	0	0	×	0
安装场地	面积有限	√	√	√	√	√	√	×
	高度有限	×	×	×	0	0	√	√

注:√——适用;0——可以;×——不适用。

3　液－液萃取技术在工业上的应用

在石油化工中,液－液萃取技术已广泛应用于分离和提纯各种有机物质。轻油裂解和铂重整油产生的芳香烃混合物的分离就是其中的一例。含有芳香烃的原料中除含有芳香烃外,还含有烷烃、环烷烃、烯烃等非芳香烃碳氢化合物,因此必须精炼芳香烃,此时使用液－液萃取技术是比较好的选择。用环丁砜萃取芳香烃的方法可以根据回收芳香烃的纯度需要而设计,同时可以生产纯度高的苯、甲苯和二甲苯,每天的处理量可达几万桶到几十万桶。环丁砜的负荷容量较大,选择性好,热稳定性好,同时对设备的腐蚀性也小。由于环丁砜溶剂的相对密度大,比热容小和沸点高,因此也有利于萃取操作和溶剂回收。国内已采用环丁砜为溶剂,从加氢汽油和对二甲苯装置来的粗苯混合物中提取芳香烃。

润滑油精制是液－液萃取在石油化工中的又一应用。减压蒸馏塔的润滑油馏分含有石蜡、沥青、胶质和芳香烃,应用萃取剂除去这些物质以达到精制的目的。润滑油精制首先要通过减压蒸馏塔的渣油经萃取剂脱沥青装置分离除去沥青后制得高黏度润滑油馏分,由于这种润滑油含有多环芳香烃,因而使黏度指数降低。经脱蜡、白土处理或加氢精制,并加入各种添加剂,就能制得高级润滑油。糠醛精制润滑油是目前应用最多的一种方法。由于糠醛具有较高的负荷容量和选择性,因此主要应用于含蜡润滑油的处理。

在生化制药过程和精细化工生产中,生成的复杂有机混合液体大多为热敏性混合物,使用适合的萃取剂进行萃取,可以避免热敏性物料受热分解,提高有效物质的利用率。例如青霉素的生产,用玉米发酵得到的含青霉素的发酵液,经过多次萃取可得到青霉素的浓溶液。可以说,萃取操作已在制药工业和精细化工中占有重要的地位。

液－液萃取在湿法冶金中也应用广泛。自20世纪40年代以来,原子能工业发展迅速,大量的研究工作集中于铀金属的提炼,萃取法几乎完全代替了传统的化学沉淀法。近20年来,随着有色金属使用量的剧增,伴随而来的是开采矿石的品位逐年降低,促使萃取法在这一领域迅速发展起来。对于价格昂贵的有色金属如钴、镍、锆等,都应优先考虑溶剂萃取法,有色金属已逐渐成为萃取应用的领域。

任务2　液－液萃取操作技术

1　液－液萃取工艺流程

1.1　液－液萃取流程介绍

根据萃取分离的原理,可以知道萃取操作过程通常要经过以下三步:①原料混合液与萃取剂的充分接触混合;②将萃取相与萃余相两液层分开;③从萃取相(有时也许从萃余相)中除去萃取剂后,获得萃取产品即从萃取相中除去萃取剂后的萃余液。以上三个步骤中,前两个步骤均在萃取设备中进行。

下面分析塔式液－液萃取设备中的萃取流程,参看图6.21。

由于原料液的密度比萃取剂的密度大,原料液 F 由塔的上部进入塔内,萃取剂应由塔的下部进入塔内。萃取液与原料液在塔内逆向流动,两个液相在塔内充分混合接触。萃取剂在塔内向上流动时逐渐溶解原料液中需萃取的组分(溶质),因此从塔顶排出的液体(萃取相)中已含有大量溶质。而原料液由塔顶向下流动时溶质含量逐渐减少,当从塔底排出时,液体(萃余相)中溶质含量已很少了。

由于塔顶萃余相必须循环使用,因此还需将萃取相引入萃取剂回收塔中。回收萃取剂采

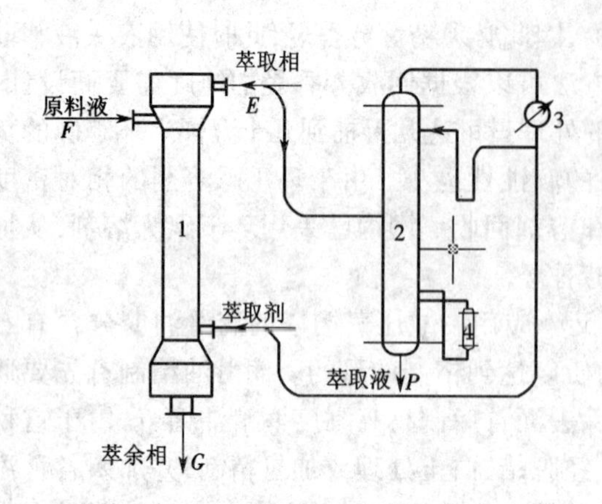

图 6.21 塔式液 - 液萃取流程

1—萃取塔 2—溶剂回收塔 3—冷凝器 4—再沸器

用精馏或蒸馏的方法。若萃取剂的沸点低于溶质的沸点,从回收塔处获得萃取剂供循环使用,从塔底获得富有溶质的萃取液。若萃取相中也有一定数量的萃取剂需回收时,则应再增设一个萃取剂回收塔来回收萃余相中的萃取剂。

1.2 液 - 液萃取操作的分类

液 - 液萃取操作过程分为单级萃取,多级错流、多级逆流接触萃取等方式。本项目主要介绍单级萃取计算。

1.2.1 单级萃取操作

这是最简单、最基本的液 - 液萃取操作方式,其流程如图 6.22 所示,可间歇操作也可连续操作。

1.2.2 多级错流萃取

除了具有极高选择性系数的物系之外,通常单级萃取所得的萃余相中还含有较多的溶质,因此常采用多级错流萃取,以进一步降低萃余相中溶质的含量,其流程如图 6.23 所示。

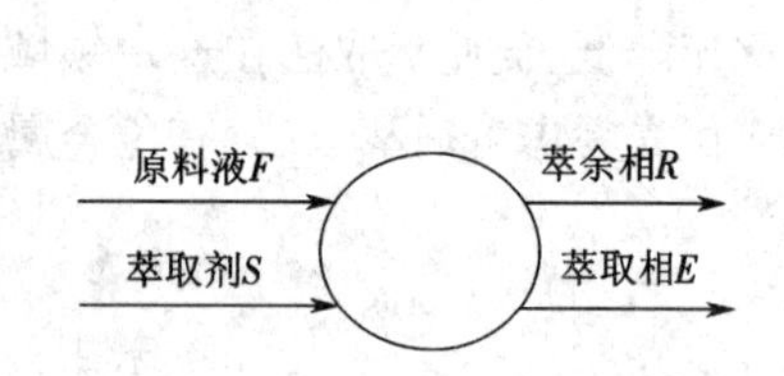

图 6.22 单级萃取流程

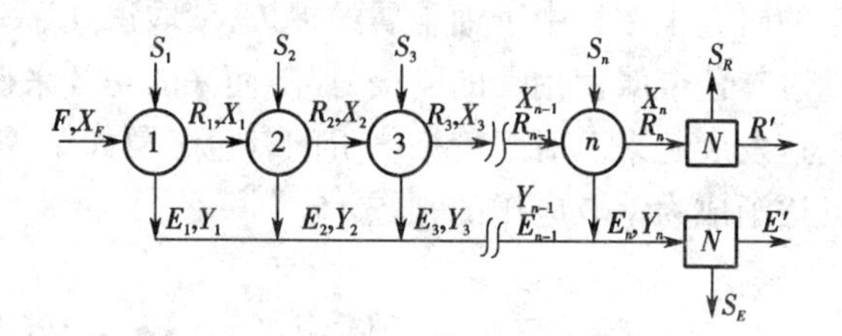

图 6.23 多级错流萃取流程

在多级错流萃取操作中,每一级都加入新鲜萃取剂。原料液首先进入第 1 级,被萃取后,所得的萃余相进入第 2 级作为第 2 级的原料液,并用新鲜萃取剂再次进行萃取,第 2 级萃取所得的萃余相又进入第 3 级作为第 3 级的原料液……萃余相经过多次萃取,若级数足够多,最终可得到溶质组成低于指定值的萃余相。

各级溶剂用量之和为多级错流萃取中的总溶剂用量,原则上,各级溶剂用量可以相等也可以不等。实践证明,当各级溶剂用量相等时,达到一定的分离程度所需的总溶剂用量最少,因此在多级错流萃取操作中,通常各级溶剂用量均相等。

1.2.3 多级逆流萃取

在生产中,常采用多级逆流萃取操作,因为这种操作方式可以用较少的萃取剂而达到较高的萃取率,其流程如图 6.24 所示。原料液从第 1 级进入系统,依次经过各级萃取,成为各级的萃余相,其溶质组成逐级下降,最后从第 n 级流出;萃取剂则从第 n 级进入系统,依次通过各级与萃余相逆向接触,进行多次萃取,其溶质组成逐级提高,最后从第 1 级流出。最终的萃取相与萃余相可在溶剂回收装置中脱除萃取剂得到萃取液与萃余液,脱除的溶剂返回系统循环使用。

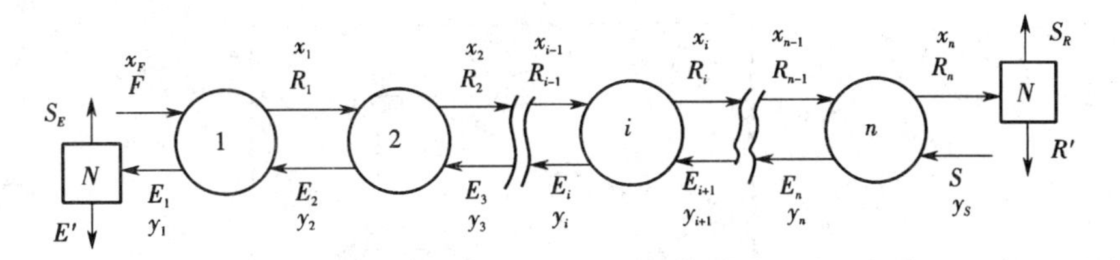

图 6.24　多级逆流萃取流程

2　液－液萃取仿真操作训练

训练目的

(1)了解仿真操作的基本操作(简单控制系统、串级控制系统、分程控制系统)。

(2)了解萃取塔仿真实训流程,掌握各个工艺操作点。

(3)能够独立完成萃取塔开停车仿真操作。

设备示意

本实训所用装置是通过萃取剂(水)来萃取丙烯酸丁酯生产中用的催化剂(对甲苯磺酸)。具体工艺流程如图 6.25 所示。

将自来水(FCW)通过阀 V4001 或者通过泵 P－425 及阀 V4002 送进催化剂萃取塔 C－421,当液位调节器 LIC4009 显示值为 50% 时,关闭阀 V4001 或泵 P－425 及阀 V4002;开启泵 P－413 使含有产品和催化剂的 R－412B 的流出物在被 E－415 冷却后进入催化剂萃取塔 C－421 的塔底;开启泵 P－412,将来自 D－411 作为溶剂的水从顶部加入。泵 P－413 的流量由 FIC4020 控制在 21 126.6 kg/h;P－412 的流量由 FIC4021 控制在 2 112.7 kg/h;萃取后的丙烯酸丁酯主物流从塔顶排出,进入塔 C－422;塔底排出的水相中含有大部分的催化剂及未反应的丙烯酸,一路返回反应器 R－411 循环使用,一路去重组分分解器 R－460 作为分解用的催化剂。

表 6.3 是萃取过程中用到的物质。

表 6.3　萃取操作中用到的物质

	组分	名称	分子式
1	H_2O	水	H_2O
2	BUOH	丁醇	$C_4H_{10}O$
3	AA	丙烯酸	$C_3H_4O_2$
4	BA	丙烯酸丁酯	$C_7H_{12}O_2$
5	D-AA	3－丙烯酰氧基丙酸	$C_6H_8O_4$
6	FUR	糠醛	$C_5H_4O_2$
7	PTSA	对甲苯磺酸	$C_7H_8O_3S$

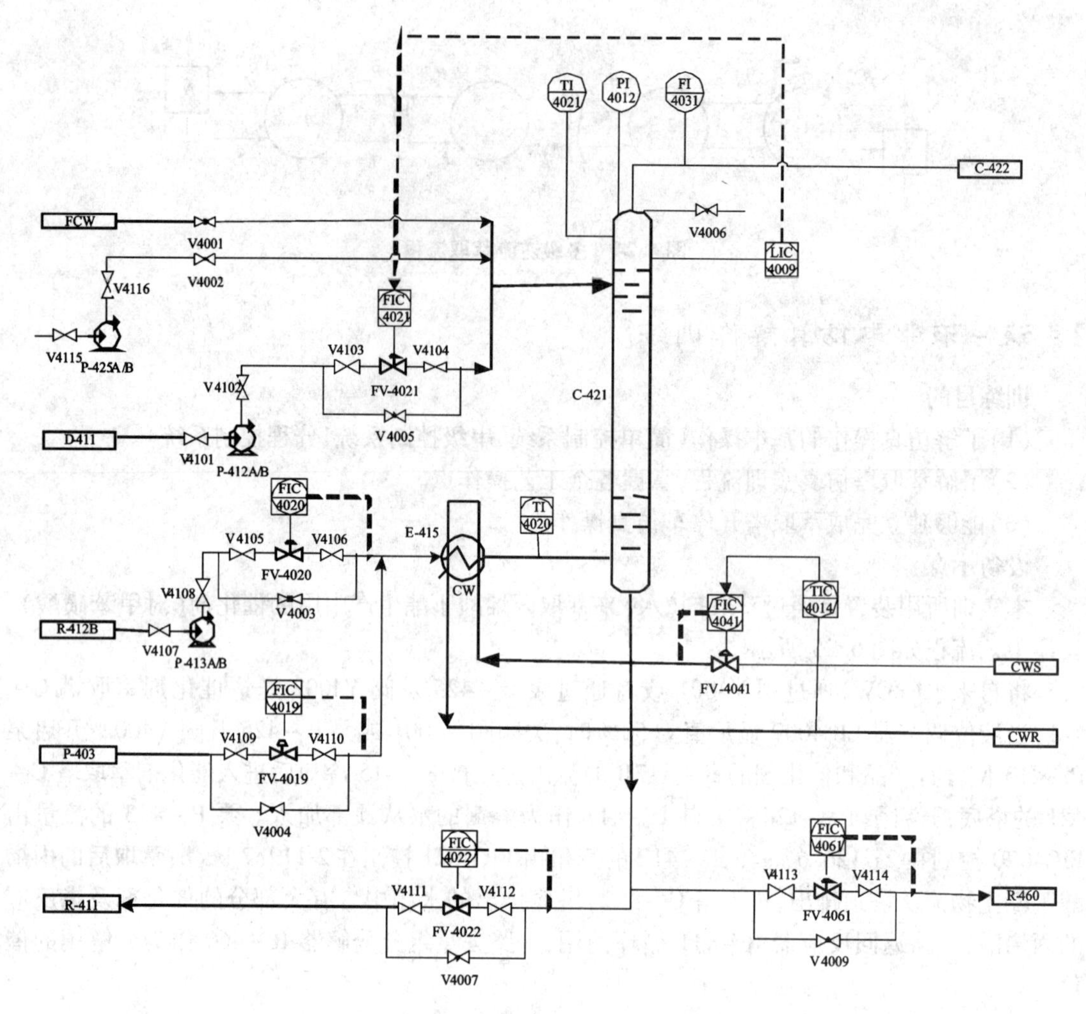

图 6.25　萃取仿真 DCS 工艺流程

训练要领

冷态开车

进料前确认所有调节器为手动状态,调节阀和现场阀均处于关闭状态,机泵处于关停状态。

1)灌水

(1)(当 D－425 的液位 LIC4016 达到 50% 时)全开泵 P－425 的前、后阀 V4115 和 V4116,启动泵 P－425。

(2)打开手阀 V4002,使其开度为 50%,对萃取塔 C－421 进行灌水。

(3)当 C－421 界面液位 LIC4009 的显示值接近 50% 时,关闭阀门 V4002。

(4)依次关闭泵 P－425 的后阀 V4116、开关阀 V4123、前阀 V4115。

2)启动换热器

开启调节阀 FV－4041,使其开度为 50%,对换热器 E－415 通冷物料。

3)引反应液

(1)依次开启泵 P－413 的前阀 V4107、开关阀 V4125、后阀 V4108,启动泵 P－413。

(2)全开调节器 FIC4020 的前、后阀 V4105 和 V4106,开启调节阀 FV－4020,使其开度为50%,将 R－412B 的出口液体经热换器 E－415 送至 C－421。

(3)将 TIC4014 投自动,设为 30 ℃;并将 FIC4041 投串级。

4)引溶剂

(1)打开泵 P－412 的前阀 V4101、开关阀 V4124、后阀 V4102,启动泵 P－412。

(2)全开调节器 FIC4021 的前、后阀 V4103 和 V4104,开启调节阀 FV－4021,使其开度为50%,将 D－411 的出口液体送至 C－421。

5)引 C－421 萃取液

(1)全开调节器 FIC4022 的前、后阀 V4111 和 V4112,开启调节阀 FV－4022,使其开度为50%,将 C－421 塔底的部分液体返回 R－411 中。

(2)全开调节器 FIC4061 的前、后阀 V4113 和 V4114,开启调节阀 FV－4061,使其开度为50%,将 C－421 塔底的其余部分液体送至重组分分解器 R－460 中。

6)调至平衡

(1)界面液位 LIC4009 达到 50% 时,投自动。

(2)FIC4021 的流量达到 2 112.7 kg/h 时,投串级。

(3)FIC4020 的流量达到 21 126.6 kg/h 时,投自动。

(4)FIC4022 的流量达到 1 868.4 kg/h 时,投自动。

(5)FIC4061 的流量达到 77.1 kg/h 时,投自动。

正常运行

熟悉工艺流程,维持各工艺参数稳定;密切注意各工艺参数的变化情况,发现突发事故时,应先分析事故原因,并做出正确处理。

正常停车

1)停主物料进料

(1)关闭调节阀 FV－4020 的前、后阀 V4105 和 V4106,将 FV－4020 的开度调为 0。

(2)关闭泵 P－413 的后阀 V4108、开关阀 V4125、前阀 V4107。

2)灌自来水

(1)打开进自来水阀 V4001,使其开度为 50%。

(2)当罐内物料相中的 BA 的含量小于 0.9% 时,关闭 V4001。

3)停萃取剂

(1)将控制阀 FV－4021 的开度调为 0,关闭前、后阀 V4103 和 V4104;

(2)关闭泵 P－412 的后阀 V4102、开关阀 V4124、前阀 V4101。

4)萃取塔 C－421 泄液

(1)打开阀 V4007,使其开度为 50%,同时将 FV－4022 的开度调为 100%。

(2)打开阀 V4009,使其开度为 50%,同时将 FV－4061 的开度调为 100%。

(3)当 FIC4022 的值小于 0.5 kg/h 时,关闭 V4007,将 FV－4022 的开度置 0,关闭其前、后阀 V4112 和 V4111;同时关闭 V4009,将 FV－4061 的开度置 0,关闭其前、后阀 V4113 和 V4114。

3 萃取剂的选择

选择合适的萃取剂是保证萃取操作正常进行且经济合理的关键。萃取剂的选择主要考虑以下因素。

3.1 萃取剂的选择性及选择性系数

萃取剂的选择性是指萃取剂 S 对原料液中两个组分溶解能力的差异。若 S 对溶质 A 的溶解能力比对原溶剂 B 的溶解能力大得多,即萃取相中 y_A 比 y_B 大得多,萃余相中 x_B 比 x_A 大得多,则这种萃取剂的选择性就好。

萃取剂的选择性可用选择性系数 β 表示,其定义式为

$$\beta=\frac{萃取相中A的质量分数}{萃取相中B的质量分数}\Big/\frac{萃余相中A的质量分数}{萃余相中B的质量分数}=\frac{y_A}{y_B}\Big/\frac{x_A}{x_B}=\frac{y_A}{x_A}\Big/\frac{y_B}{x_B} \tag{6.2.1}$$

$$\beta=\frac{k_A}{k_B} \tag{6.2.2}$$

式中 β——选择性系数,无因次;

y_A、y_B——萃取相 E 中组分 A、B 的质量分数;

x_A、x_B——萃余相 R 中组分 A、B 的质量分数;

k_A、k_B——组分 A、B 的分配系数。

由 β 的定义可知,选择性系数 β 为组分 A、B 的分配系数之比,其物理意义颇似蒸馏中的相对挥发度。若 $\beta>1$,说明组分 A 在萃取相中的相对含量比萃余相中的高,即组分 A、B 得到了一定程度的分离,显然 k_A 值越大,k_B 值越小,选择性系数 β 就越大,组分 A、B 的分离也就越容易,相应的萃取剂的选择性也就越高;若 $\beta=1$,则由式(6.2.1)可知,$\frac{y_A}{x_A}=\frac{y_B}{x_B}$或 $k_A=k_B$,即萃取相和萃余相在脱除溶剂 S 后将具有相同的组成,并且等于原料液的组成,说明 A、B 两组分不能用此萃取剂分离,也就是说所选择的萃取剂是不适宜的。

萃取剂的选择性越高,完成一定的分离任务所需的萃取剂用量也就越少,那么用于回收溶剂操作的能耗也就越低。

当组分 B、S 完全不互溶时,$y_B=0$,则选择性系数趋于无穷大,显然这是最理想的情况。

3.2 原溶剂 B 与萃取剂 S 的互溶度

图 6.26 所示为在相同温度下,同一种二元原料液与不同萃取剂 S_1、S_2 的相平衡关系图。由图可见,萃取剂 S_1 与组分 B 的互溶度较小。

萃取操作都是在两相区内进行的,系统达平衡后均分成两个平衡的 E 相和 R 相。若将 E 相脱除溶剂,则得到萃取液,根据杠杆规则,萃取液的组成点必为 SE 的延长线与 AB 边的交点,显然溶解度曲线的切线 SE'_{max} 与 AB 边的交点 E'_{max} 即为萃取相脱除溶剂后可能得到的具有最高溶质组成的萃取液,以 E'_{max} 表示,其溶质组成设为 y'_{max}。y'_{max} 与组分 B、S 的互溶度密切相关,互溶度越小,可能得到的 y'_{max} 便越高,也就越有利于萃取分离,此结论与对选择性的分析一致。由图可知,选择与组分 B 具有较小互溶度的萃取剂 S_1 比 S_2 更利于溶质 A 的分离。

3.3　萃取剂回收与经济性

一般,脱出萃取剂以蒸馏的方法进行。萃取剂回收的难易直接影响萃取操作的费用,从而在很大程度上决定萃取过程的经济性。因此,要求萃取剂 S 与原料液中的组分的相对挥发度要大,不应形成恒沸物,并且最好是组成低的组分为易挥发组分。若被萃取的溶质不挥发或挥发度很低,则要求 S 的汽化热要小,以节省能耗。

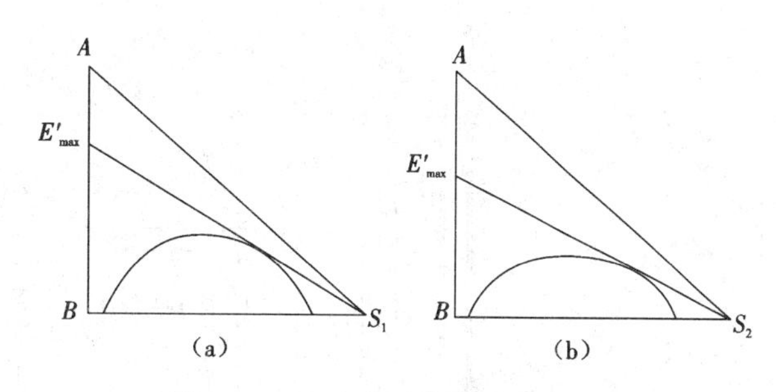

图 6.26　互溶度对萃取操作的影响

(a)组分 B 与 S_1 互溶度小　(b)组分 B 与 S_2 互溶度大

3.4　萃取剂的其他物性

为使两相在萃取器中能较快地分层,要求萃取剂与被分离混合物有较大的密度差,特别是对没有外加能量的设备,较大的密度差可加速分层,提高设备的生产能力。

两液相间的界面张力对萃取操作影响很大。萃取物系的界面张力较大时,分散相液滴易聚结,有利于分层,但界面张力过大,则液体不易分散,很难使两相充分混合,反而使萃取效果降低。界面张力过小,虽然液体容易分散,但易产生乳化现象,使两相较难分离。因此,界面张力要适中。常用物系的界面张力数值可从有关文献中查取。

溶剂的黏度对分离效果也有重要影响。溶剂的黏度小,有利于两相的混合与分层,也有利于流动与传质,故当萃取剂的黏度较大时,往往加入其他溶剂以减小其黏度。

另外,选择萃取剂时,还应考虑其他因素,如萃取剂应具有化学稳定性和热稳定性,对设备的腐蚀性要小,来源充分,价格较低廉,不易燃易爆等。

通常,很难找到能同时满足上述所有要求的萃取剂,这就需要根据实际情况加以权衡,以保证满足主要的生产要求。

4　萃取塔的开停车操作

训练目的

(1)了解萃取设备的结构和特点。

(2)熟悉萃取设备的流程及工作原理。

(3)熟练掌握萃取设备的操作。

设备示意

本实训所用装置流程系(图 6.27)以水为萃取剂,从煤油中萃取苯甲酸。水相为萃取相(用字母 E 表示,又称连续相、重相)。煤油相为萃余相(用字母 R 表示,又称分散相、轻相)。轻相入口处,苯甲酸在煤油中的浓度应保持在 0.001 5 ~ 0.002 0(kg 苯甲酸/kg 煤油)之间为宜。轻相由塔底进入,作为分散相向上流动,经塔顶分离段分离后由塔顶流出;重相由塔顶进入,作为连续相向下流动至塔底经 π 形管流出;轻重两相在塔内呈逆向流动。在萃取过程中,苯甲酸部分地从萃余相转移至萃取相。萃取相及萃余相进出口浓度由容量分析法测定。考虑到水与煤油是完全不互溶的,且苯甲酸在两相中的浓度都很低,可认为在萃取过程中两相液体

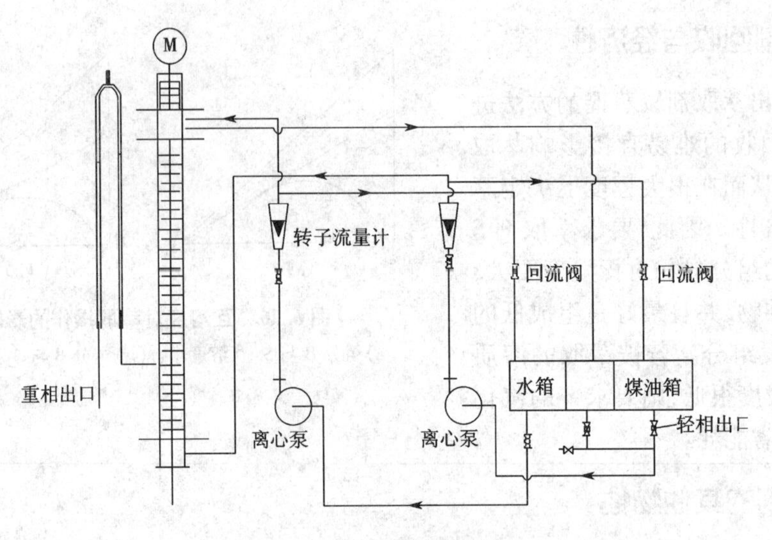

图 6.27　萃取操作装置

的体积流量不发生变化。

训练要领

开车前的准备工作

(1)在装置左边的贮槽内放满水(萃取剂),在最右边的贮槽内放满配制好的轻相煤油(待分离物)。

(2)使各阀门处于关闭状态。

萃取塔的开车操作

(1)分别开动水相和煤油相送液泵的电闸,将两相的回流阀打开,使其循环流动。

(2)全开水转子流量计调节阀,将重相送入塔内。当塔内水面快上升到重相入口与轻相出口间的中点时,将水流量调至指定值(4 L/h),并缓慢改变 π 形管的高度,使塔内液位稳定在重相入口与轻相出口之间的中点左右的位置上。

(3)将调速装置的旋扭调至零位,然后接通电源,开动电动机并调至某一固定的转速。调速时应小心谨慎,慢慢地升速,绝不能调节过量致使马达产生"飞转"而损坏设备。

(4)将轻相(分散相)流量调至指定值(6 L/h),并注意及时调节 π 形管的高度。在操作过程中,始终保持塔顶分离段两相的相界面位于重相入口与轻相出口之间的中点左右。

(5)在操作过程中,要绝对避免塔顶的两相界面过高或过低。若两相界面过高,到达轻相出口的高度,将会导致重相混入轻相贮罐。

(6)操作稳定半小时后用锥形瓶收集轻相进、出口的样品各约 40 mL,重相出口的样品约 50 mL,以备分析浓度之用。

(7)用容量分析法测定各样品的浓度。用移液管分别取煤油相 10 mL,水相 25 mL,以酚酞做指示剂,用 0.01 N 左右的 NaOH 标准液滴定样品中的苯甲酸。在滴定煤油相时应在样品中加数滴非离子型表面活性剂醚磺化 AES(脂肪醇聚乙烯醚硫酸酯钠盐),也可加入其他类型的非离子型表面活性剂,并激烈地摇动滴定至终点。

萃取塔的停车操作

(1)关闭两相流量计。

(2)将调速器调至零位,使桨叶停止转动。

(3)切断电源。

(4)滴定分析过的煤油应集中存放回收。洗净分析仪器,一切复原。

注意事项

(1)调节桨叶转速时一定要小心谨慎,慢慢地升速,千万不能增速过猛使马达产生“飞转”损坏设备。从流体力学性能考虑,若桨叶转速太高,容易液泛,操作不稳定。对于煤油－水－苯甲酸物系,建议桨叶转速在500 r/min以下。

(2)在整个操作过程中,塔顶两相界面一定要控制在轻相出口和重相入口之间的适中位置并保持不变。

(3)煤油的实际体积流量并不等于流量计的读数。需用煤油的实际流量数值时,必须用流量修正公式对流量计的读数进行修正后方可使用。

(4)煤油流量不要太小或太大,太小会使煤油出口的苯甲酸浓度太低,从而导致分析误差较大;太大会使煤油消耗增加。建议水流量取4 L/h,煤油流量取6 L/h。

5　萃取塔的正常工况维持

5.1　影响萃取的主要因素

5.1.1　萃取剂的选择

萃取剂的选择是萃取操作的关键,它直接影响萃取操作能否进行以及萃取产品的质量、产量及经济效益。选用萃取剂应考虑以下几点。

(1)选择性要好。选用的萃取剂应对被萃取组分有较大的溶解能力,对其余组分溶解能力很小,这样不仅萃取剂用量少而且萃取产品质量高。

(2)选用的萃取剂与原料液有较大的密度差,这样在操作条件下萃取相与萃余相之间形成两个明显的液层,两相才能在重力或离心力的作用下分层分离。此外,还希望萃取剂黏度小、凝固点低、无毒、不燃。

(3)萃取剂的化学性质要稳定,萃取剂不与被处理物料发生化学反应,并应具有耐热、抗氧化、不腐蚀设备等性质。

(4)萃取剂回收方便。为了获得萃取组分和回收萃取剂,要求萃取剂回收方便,费用低廉。回收萃取剂通常用普通蒸馏方法,因此要求萃取剂与混合液有较大的沸点差,且不会生成共沸混合物。

(5)萃取剂的资源丰富,价格低廉。因为萃取操作中萃取剂用量很大,所以要求来源充足和价格低廉。

一般来说选择的萃取剂要同时满足上述要求是不大可能的,这时就要根据生产实际情况,抓住主要矛盾合理解决。

5.1.2　萃取温度

萃取温度对萃取效果有明显的影响,因为溶解度与温度有关。温度升高,混合液黏度降低,溶解度增大,有利于混合液与萃取剂的混合,提高了产品收率。但同时各组分之间的互溶性也增强,使萃取剂的选择性变差,降低了萃取产品的纯度和收率。当温度达到临界溶解温度时(即萃取剂与混合液的组分完全互溶的温度),萃取就无法进行,因此应选择一个最适宜的萃取温度。

5.1.3 压力

压力对萃取操作影响不大,一般总希望在常压下进行,但为了保证生产在液态下进行,操作压力应大于物系的饱和蒸气压。

5.1.4 溶剂比

萃取过程的溶剂比是指萃取剂用量与被处理的原料液量的比值,需通过实验来确定。萃取剂用量只能在一定的范围内变化,用量过多时萃取剂回收费用增加,用量太小对萃取操作不利,要全面衡量而定。

5.1.5 萃取方式

萃取方式有一次萃取、简单多次萃取、逆流萃取。前两种为间歇式,萃取剂与被萃取液一次或多次接触,分离不完全,萃取剂用量较大,适于小批量生产。

逆流萃取在萃取塔内进行,使萃取剂与被萃取液逆向流动,分别从塔底和塔顶获得萃取相和萃余相,过程连续,萃取剂用量较小,通常在大规模的生产中应用。

5.1.6 回流

为了提高萃取产品中萃取组分的纯度,可以将部分萃取产品进行回流,这与精馏操作一样,回流量大时,产品的纯度较高,但产量较低,所以生产中应选择合适的回流比。

5.2 萃取塔的正常操作

在萃取塔正常运行过程中,应注意以下问题。

1)两相界面高度要维持稳定

因参与萃取的两液相的密度相差不大,在萃取塔的分层段中两液相的相界面容易产生上下位移。造成相界面位移的因素有:①振动,往复、脉冲频率或幅度发生变化;②流量发生变化。若相界面不断上移到轻相出口,则分层段不起作用,重相就会从轻相出口处流出;若相界面不断下移至萃取段,就会降低萃取段的高度,使得萃取效率降低。

当相界面不断上移时,要降低升降管的高度或增大连续相的出口流量,使两相界面下降到规定的高度处。反之,当相界面不断下移时,要升高升降管的高度或减小连续相的出口流量。

2)防止液泛

液泛是萃取塔操作时容易发生的一种不正常的操作现象。所谓液泛是指在逆流操作中,随着两相(或一相)流速的加大,流体流动的阻力也随之加大。当流速超过某一数值时,一相会因流体阻力加大而被另一相夹带由出口端流出塔外。有时在设备中表现为某段分散相把连续相隔断,这种现象就称为液泛。

产生液泛的因素较多,它不仅与两相流体的物性(如黏度、密度、表面张力等)有关,而且与塔的类型、内部结构有关。不同的萃取塔泛点速度也不同。当对某种萃取塔操作时,所选的两相流体确定后,液泛的产生是由流速(流量)或振动以及脉冲频率和幅度的变化而引起的,因此流速过大或振动频率过高易造成液泛。

3)减小返混

萃取塔内部分液体的流动滞后于主体流动,或者产生不规则的旋涡运动,这些现象称为轴向混合或返混。

萃取塔中理想的流动情况是两液相均呈活塞流,即在整个塔截面上两液相的流速相等。

这时传质推动力最大，萃取效率高。但是在实际塔内，流体的流动并不呈活塞流，因为流体与塔壁之间的摩擦阻力大，连续相靠近塔壁或其他构件处的流速比中心处慢，中心区的液体以较快的速度通过塔内，停留时间短，而近壁区的液体速度较低，在塔内停留时间长，这种停留时间的不均匀是造成液体返混的主要原因之一。分散相的液滴大小不一，大液滴以较大的速度通过塔内，停留时间短。小液滴速度小，在塔内停留时间长。更小的液滴甚至还可被连续相夹带，产生反方向的运动。此外，塔内的液体还会产生旋涡而造成局部轴向混合。上述种种现象均使两液相偏离活塞流，统称为轴向混合。液相的返混使两液相各自沿轴向的浓度梯度减小，从而使塔内各截面上两相液体间的浓度差（传质推动力）减小。据文献报道，在大型工业塔中，有多达60% ~90%的塔高是用来补偿轴向混合的。轴向混合不仅影响传质推动力和塔高，还影响塔的通过能力，因此，在萃取塔的设计和操作中，应该仔细考虑轴向返混。与气液传质设备比较，液液萃取设备中，两相的密度差小，黏度大，两相间的相对速度小，返混现象严重，对传质的影响更为突出。返混随塔径增大而增强，所以萃取塔的放大效应比气液传质设备大得多，放大更为困难。目前萃取塔还很少直接通过计算进行工业装置设计，一般需要通过中间试验，中试条件应尽量接近生产设备的实际操作条件。

在萃取塔的操作中，连续相和分散相都存在返混现象。连续相的轴向返混随塔的自由截面的增大而增大，也随连续相流速的增大而增大。对于振动筛板塔或脉冲塔，当振动、脉冲频率或幅度增强时都会造成连续相的轴向返混。

分散相液滴大小不均匀，则在连续相中上升或下降的速度不一样，易产生轴向返混，这在无搅拌、机械振动的萃取塔如填料塔、筛板塔或搅拌不激烈的萃取塔中起主要作用。对有搅拌、振动的萃取塔，液滴尺寸变小，湍流强度增大，液滴易被连续相涡流所夹带，造成轴向返混，在体系与塔结构已定的情况下，两相的流速、振动以及脉冲频率或幅度增大将会使轴向返混严重，导致萃取效率下降。

任务3　新型萃取技术简介

萃取技术已在工业生产中得到普遍应用，特别是近20年来某些新兴学科与技术的飞速发展，又派生出超临界流体萃取、双水相萃取、凝胶萃取等新型分离技术。本任务主要介绍这些新兴分离技术的概况。

1　超临界流体萃取

超临界流体萃取是一种以超临界流体代替常规有机溶剂对目标组分进行萃取和分离的新型技术，其原理是利用流体（溶剂）在临界点附近区域（超临界区）内与待分离混合物中的溶质具有异常相平衡行为和传递性能，且对溶质的溶解能力随压力和温度的改变而在相当宽的范围内变动来实现分离。

1.1　超临界流体的性质

（1）超临界流体相当黏稠，其密度接近于液体，具有较大的溶解能力。

（2）超临界流体的扩散系数比液体大2 ~3个数量级，其黏度类似于气体，远小于液体。这对于分离过程的传质极为有利，缩短了达到相平衡所需的时间，大大提高了分离效率，是高效传质的理想介质。

(3)具有不同寻常的、巨大的压缩性,压力的微小变化将会引起流体密度和介电常数的很大变化。

由于二氧化碳无毒、不易燃易爆、价廉、临界压力低、易于安全地从混合物中分离出来,所以是最常用的超临界流体。相对于传统的提取分离方法(煎煮、醇沉、蒸发浓缩等)具有以下优点:萃取效率高、传递速度快、选择性高、提取物较干净、省时、减少有机溶剂用量及环境污染、适合于挥发油等脂溶性成分的提取分离。

1.2 超临界流体萃取技术的特点

(1)由于在临界点附近,流体温度或压力的微小变化会引起溶解能力的极大变化,使萃取后溶剂与溶质容易分离。

(2)由于超临界流体具有与液体接近的溶解能力,同时它又保持了气体所具有的传递性,有利于高效分离的实现。

(3)利用超临界流体可在较低温度下溶解或选择性地提取出相应难挥发的物质,更好地保护热敏性物质。

(4)萃取效率高,萃取时间短。可以省却清除溶剂的程序,彻底解决了工艺繁杂、纯度不够且易残留有害物质等问题。

(5)萃取剂只需再经压缩便可循环使用,可大大降低成本。

(6)超临界流体萃取能耗低,集萃取、蒸馏、分离于一体,工艺简单,操作方便。

(7)超临界流体萃取能与多种分析技术,包括气相色谱、高效液相色谱、质谱等联用,省去了传统方法中的蒸馏、浓缩溶剂步骤。避免样品的损失、降解或污染,因而可以实现自动化。

1.3 超临界流体萃取工艺简介

超临界流体萃取是以超临界 CO_2 为溶剂,萃取所需组分,然后通过改变温度、压力和吸附等手段将 CO_2 与萃取的组分分离。这一过程利用溶质蒸气压和溶解度两方面的差异进行精馏和萃取两种分离作用。超临界流体萃取工艺主要由超临界 CO_2 萃取溶质以及被萃取的溶质与超临界 CO_2 分离两部分组成。虽然因萃取对象、萃取目的的不同,萃取流程会有不同,但目前一般常用的流程如图 6.28 所示。

如图 6.28 所示,从 CO_2 源(1)经液化槽(2)进入高压注射泵(3),然后经预热器(5)泵入萃取罐(6)至预定压力,或不经液化直接由压缩机(4)经预热器(5)泵入萃取罐(6)至预定压力,同时将萃取罐(6)加热到预定温度。这时,超临界 CO_2 流体与原料在萃取罐中混合进行萃取,原料中所需的溶质将溶于超临界 CO_2 流体中,从而与萃取残渣分开。溶于 CO_2 流体中的溶质在分离器(7)中通过降压或升温、降温或吸附与 CO_2 流体分离。CO_2 通过流量计(8)计量后放空或者经气体压缩机压缩以后循环使用。

上图所示流程包括了目前常用的几种工艺流程,它们各有特点。如使用压缩机,可不需制冷系统,使用方便,但投资成本大。若萃取对象需用调节剂,可在系统中配制高压泵(10)或调节剂贮槽(9)。萃取罐和分离器根据需要可选择 2 个或 2 个以上。一般对实验室设备 CO_2 不需循环而放空,但常配有调节剂系统。对生产型设备,CO_2 必须循环使用。目前 CO_2 的循环主要通过压缩机或增加制冷系统来实现。

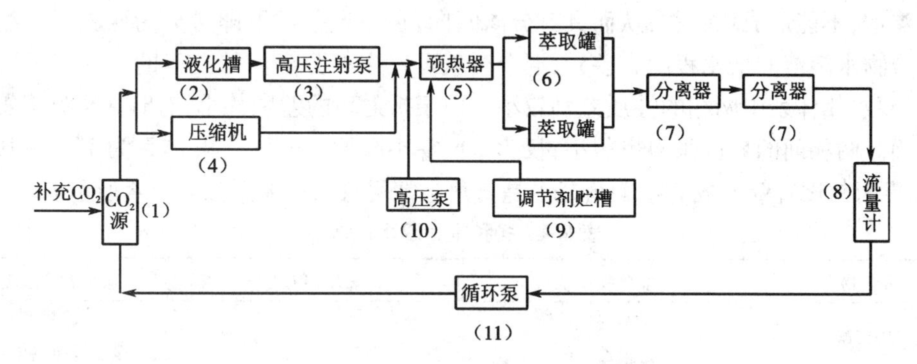

图6.28　超临界流体萃取工艺流程简图

1.4　超临界流体萃取技术的应用

1)中药制药

中药有效成分、有效部位的提取,如利用超临界二氧化碳萃取技术来提取丹参、干姜、木香、姜黄、莪术、牡丹皮等中药中的有效成分,一步即可取得,含量一般可达50%,最高可达90%。

中药新药的生产,如柴芩菊感冒胶囊、口疮泰软胶囊等,都是以多种中药材为组成成分,通过超临界CO_2萃取技术萃取而获得的。

中药的二次开发或浓缩回收,如超临界CO_2萃取分离改良复方丹参片、心痛宁滴丸的分离技术,使得药品有效率明显提高。

2)农产品加工

由于超临界流体萃取技术在农产品加工中的应用日益广泛,已开始进行工业化规模的生产。例如:原西德、美国等国的咖啡厂用该技术脱咖啡因;澳大利亚等国用该技术萃取啤酒花浸膏;欧洲一些公司也用该技术从植物中萃取香精油等风味物质,从各种动物油中萃取各种脂肪酸,从奶油和鸡蛋中去除胆固醇,从天然产物中萃取药用有效成分等。迄今为止,超临界CO_2萃取技术在农产品加工中的应用及研究主要集中在五大方面。

第一,农产品风味成分的萃取,如香辛料、果皮、鲜花中的精油、带味物质的提取。

第二,动植物油的萃取分离,如花生油、菜子油、棕榈油等的提取。

第三,农产品中某些特定成分的萃取,如沙棘中沙棘油、月见草中γ-亚麻酸、牛奶中胆固醇、咖啡豆中咖啡碱的提取。

第四,农产品脱色脱臭脱苦,如辣椒红色素的提取、羊肉膻味物质的提取、柑橘汁的脱苦等。

第五,农产品灭菌防腐方面的研究。

2　双水相萃取

2.1　双水相萃取简介

2.1.1　双水相的形成

双水相体系的形成主要是由于高聚物之间的不相溶性,即高聚物分子的空间阻碍作用,相互无法渗透，不能形成均一相，从而具有分离倾向，在一定条件下即可分为两相。一般认为只要两聚合物水溶液的憎水程度有差异，混合时就可发生相分离。与一般的水－有机溶剂体系相比较，双水相体系中两相的性质差别较小。由于折射率的差别甚小，有时甚至难于发现它们的相界面。两相间的界面张力也很小，仅为 $10^{-6} \sim 100\ N \cdot m^{-1}$（一般体系为 $10^{-3} \sim 10^{-2}\ N \cdot m^{-1}$）。界面与试管壁形成的接触角几乎是直角。常用双水相体系如表 6.4 所示。

表 6.4　各种常用双水相体系

聚合物 1	聚合物 2 或盐	聚合物 1	聚合物 2 或盐
丙二醇	甲基聚丙二醇 聚乙二醇 聚乙烯醇 聚乙烯吡咯烷酮 羟丙基葡聚糖 葡聚糖	聚乙二醇	聚乙烯醇 聚乙烯吡咯烷酮 葡聚糖 聚蔗糖
乙基羟乙基纤维素 聚丙二醇 聚乙二醇 聚乙烯吡咯烷酮 甲氧基聚乙二醇	葡聚糖 硫酸钾	羟丙基葡聚糖 聚乙二醇	葡聚糖 硫酸镁 硫酸铵 硫酸钠 甲酸钠 酒石酸钾钠
聚乙烯醇或聚乙烯吡咯烷酮	甲基纤维素 葡聚糖 羟丙基葡聚糖	甲基纤维素	葡聚糖 羟丙基葡聚糖

2.1.2　萃取原理

双水相萃取与水－有机相萃取的原理相似，都是依据物质在两相间的选择性分配，但萃取体系的性质不同。当物质进入双水相体系后，由于表面性质、电荷作用和各种力（如憎水键、氢键和离子键等）的存在和环境的影响，使其在上、下相中的浓度不同。分配系数 K 等于物质在两相中的浓度比，各种物质的 K 值不同（例如各种类型的细胞粒子、噬菌体等的分配系数都大于 100 或小于 0.01，酶、蛋白质等生物大分子的分配系数在 0.1～10 之间，而小分子盐的分配系数在 1.0 左右），因而双水相体系对生物物质的分配具有很大的选择性。成相聚合物的相对分子质量和浓度是影响分配系数的重要因素，若降低聚合物的相对分子质量则蛋白质易分配于富含该聚合物的相中。成相聚合物的浓度越高，蛋白质越容易分配于其中的某一相。水溶性两相的形成条件和定量关系常用相图来表示，以 PEG/Dextran 体系的相图为例（图 6.29），这两种聚合物都能与水无限混合，当它们的组成在图 6.29 曲线的上方时（用 M 点表示）体系就会分成两相，分别有不同的组成和密度，轻相（或称上相）组成用 T 点表示，重相（或称下相）组成用 B 表示。C 为临界点，曲线 TCB 称为结线，直线 TMB 称为系线。结线上方是两相区，下方是单相区。所有组成在系统上的点，分成两相后，上下相组成分别为 T 和 B、M 点时，两相 T 和 B 的量之间的关系服从杠杆定律，即 T 和 B 相质量之比等于系线上 MB 与 MT 的线段长度之比。

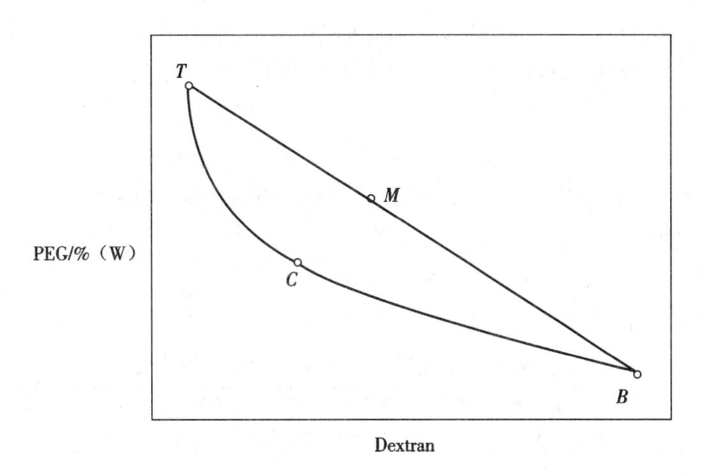

图 6.29　PEG/Dextran 体系的相图

2.1.3　双水相萃取的特点

双水相萃取是一种利用较简单的设备,并在温和条件下进行简单操作就可获得较高收率和纯度的新型分离技术。与一些传统的分离方法相比,双水相萃取技术具有以下独有的特点。

(1)两相间的界面张力小,一般为 $10^{-7} \sim 10^{-4}$ mN · m^{-1}(一般体系为 $10^{-3} \sim 2 \times 10^{-2}$ mN · m^{-1}),比一般的有机萃取两相体系界面张力低得多,因此两相易分散,这样有利于强化相际间的物质传递。

(2)操作条件温和,由于双水相的界面张力大大低于有机溶剂与水相之间的界面张力,整个操作过程可以在常温常压下进行,对于生物活性物质的提取来说有助于保持生物活性和强化相际传质。

(3)双水相体系中的传质和平衡速度快,回收率高,分相时间短,传质过程和平衡过程速度均很快,自然分相时间一般为 5 ~ 15 min,因此相对于某些分离过程来说,能耗较低,而且可以实现快速的分离。

(4)大量杂质能够与所有固体物质一起被去掉,与其他常用的固液分离方法相比,双水相分配技术可省去 1 ~ 2 个分离步骤,使整个分离过程更经济。

(5)含水量高,一般为 75% ~ 90%,在接近生理环境的体系中进行萃取,不会引起生物活性物质失活或变性。

(6)一般不存在有机溶剂的残留问题,现已证明形成双水相的聚合物(如 PEG)对人体无害,可用于食品添加剂、注射剂和制药生成,因此对环境污染小。

(7)聚合物的浓度、无机盐的种类和浓度以及体系的 pH 值等因素都对被萃取物质在两相间的分配产生影响,因此可以采用多种手段来提高选择性和回收率。

(8)易于连续化操作,设备简单,并且可以与后续提纯工序相连接,无须进行特殊处理。例如可以采用高分配系数和高选择性的多级逆流分配操作。

(9)分配过程因素较多,可以采取多种手段来提高分配选择性或过程收率。

2.2　双水相萃取与传统方法的比较

在生物发酵产品制备中,细胞或细胞碎片的除去是整个分离纯化的第一步。传统分离方法主要采用离心法及过滤法。这两种方法在实际应用中都有一定的缺点,如离心法能耗高,过滤法膜孔容易堵塞。采用双水相萃取法,整个操作可以连续化,除去细胞(细胞碎片)的同时,还可以纯化蛋白质2~5倍。表6.5是在除去细胞碎片时,各种方法的比较。在除去细胞碎片时,双水相萃取分离技术是传统的过滤法和离心法所无法比拟的。

一般说来,传统的分离方法达到与双水相萃取相同处理量时需要比双水相萃取多3~10倍的设备,而且传统分离方法放大困难。近年来,亲和双水相萃取的出现,更大大地提高了双水相萃取的选择性,而且亲和双水相萃取比双水相萃取具有更大潜力,因其传质阻力小,处理量大等。目前延胡索酸脱氢酶和乳酸脱氢酶的双水相萃取纯化工艺,均已达到中试规模。

表6.5 不同方法除去细胞碎片的比较

方法	细胞量/kg	体积/L	浓度/(kg/L)	处理量/(L/h)	时空产量/(kg/h)	收率/%	浓缩倍数	时间/h	成本/$
双水相萃取碟式离心机连续分离	100	330	0.3	120	0.11	90	3~5	3	7.8
碟式离心机间歇离心 $\sum A$:7 000 m^2	100	1 000	0.1	100	0.01	85	1	10	30.0
转鼓式过滤器 A:1.5 m^2	100	500	0.2	60	0.02	85	1	8.3	46.0
中空纤维错流过滤 A:10 m^2(a)	100	200	0.05	200	0.005	85	1	10	25.0
20 m^2(b)	100	400	0.03	400	0.003	85	1	10	40.0

注:(a)酶滞留比 $k=0$;(b)酶滞留比 $k=0.7$。

2.3 双水相萃取的应用

2.3.1 生物工程技术中物质的提取与纯化

双水相萃取分离技术已应用于蛋白质、生物酶、菌体、细胞、细胞器和亲水性生物大分子以及氨基酸、抗生素等生物小分子物质的分离、纯化。生物酶类在双水相的分离和纯化中,部分已经实现了工业化。如工业化分离甲酸脱氢酶处理量达到50 kg湿细胞规模,萃取收率在90%以上,纯化因子为1~8。在细胞、蛋白质、病毒、抗生素等物质的分离方面,文献陆续报道,如用PEG/无机盐体系分离含胆碱受体的细胞,用双水相体系从牛奶中纯化蛋白,用PEG/NaDS双水相体系对脊髓病毒和线病毒进行纯化,用PEG/K_2HPO_4双水相体系处理青霉素G发酵液等,回收率、分配系数均达到较大值。

2.3.2 中草药有效成分的提取

中草药是我国的国宝,已有几千年的应用历史,但是有关中草药有效成分的确定和提取技术在国内发展一直比较缓慢,这无疑限制了中药药理学的发展、深化以及中药现代化。近几年来,有关双水相萃取技术提取中草药有效成分的文献开始报道,尽管数量不多,但是已有的实例充分表明其有良好的应用前景。以乙醇(EtOH)-磷酸氢二钾(K_2HPO_4)-水(H_2O)双水相体系萃取甘草有效成分,在最佳条件下,分配系数(K)达到12.80,收率(Y)高达98.3%。用双水相萃取体系富集分离银杏叶浸取液的研究,也得到了良好的分配系数和分离效果。

2.3.3 双水相萃取分析

常规的检测生物物质的技术既烦琐又费时,很难及时满足现代生化生产分析的要求,因而开发一种快速、方便、准确的生物活性物质的检测技术是必要的。基于液－液体系或界面性质而开发的分析检测技术是一项潜在的有应用价值的生化检测分析技术。这一技术已成功地应用于免疫分析、生物分子间相互作用力的测定和细胞数的测定。如强心药物异羟基毛地黄毒苷（简称黄毒苷）的免疫测定，双水相体系检测螺旋霉素的电化学方法都是以生物物质在双水相体系中的分配系数不同为基础进行的分析。

2.3.4 稀有金属/贵金属分离

传统的稀有金属/贵金属溶剂萃取方法存在溶剂污染环境，对人体有害，运行成本高，工艺复杂等缺点。双水相萃取技术引入该领域，无疑是金属分离的一种新技术。在聚乙二醇 2000－硫酸铵－偶氮胂（Ⅲ）双水相体系中，可以实现 Ti（Ⅳ）与 Zr（Ⅳ）的分离；在聚乙二醇－PEG2000－硫酸钠－硫氰酸钾双水相体系中，可以实现 Co（Ⅱ）、Ni（Ⅱ）、Mo（Ⅵ）等金属离子的定量分离；在聚乙二醇（PEG）/硫酸钠（Na_2SO_4）双水相体系中，能从碱性氰化液中萃取分离金属氰化物。

【拓展与延伸】

1 凝胶萃取

凝胶萃取是利用凝胶在溶剂中的溶胀特性和凝胶网络对大分子、微粒等的排斥作用达到溶液浓缩分离的目的，是 Cussler 等在 1984 年首次提出的分离过程。凝胶可以发生可逆的、非连续的溶胀和皱缩，吸收或释放出液体，其体积变化常达数百乃至数千倍。凝胶对所吸收的液体具有选择性，即它只吸收小分子物质而不吸收如蛋白质等大分子物质。凝胶萃取根据凝胶发生相变时外界条件的不同，分为温敏型、酸敏型和电敏型。不论其是温敏、酸敏或电敏型，均可能成为取代超滤或蒸发浓缩高分子溶液的新分离技术。

2 反胶团萃取

反胶团（reversed micelle）是双亲物质在非极性有机溶剂中的自发聚集体，也可以理解为表面活性剂在非极性有机溶剂中超过一定浓度后自发形成的一种亲水性基团，内含纳米级集合性胶体，是一种热力学稳定结构，又称为反胶束、逆胶束。1977 年，Luisi 等首先将其应用于胰凝乳蛋白酶中。反胶团萃取类似于液－液萃取，目的蛋白从水中溶解到非极性有机溶液中的反胶团微水相中，因为表面活性剂像膜一样保护了萃取在微水相中的蛋白质，使蛋白质不与有机溶剂直接接触，所以蛋白质不会变性。

反胶团萃取技术的主要影响因素有表面活性剂、浓度、水相、水离子强度、温度等。其反应机理有：①静电性相互作用；②立体性相互作用；③疏水性相互作用；④亲和配体间相互作用。

3 膜萃取

膜萃取（membrane extraction）是膜过程和液－液萃取过程集合形成的一种分离技术，1984 年由 Kim B. M. 等人提出。即在进行萃取时先用膜进行处理或用膜作为中间的隔线再进行定向的萃取技术分离，与传统萃取技术相比，膜萃取可以减少萃取剂在物料相中的夹带损失；选择萃取剂时可以放宽对物性的要求。但是在膜萃取中，由于有机溶剂的作用，常使膜发生溶胀而严重影响传质速率;但膜技术在大多数领域还是很受欢迎的。

4 液膜萃取

液膜萃取技术其实也是膜萃取技术的一种,是在膜萃取技术基础上发展起来对萃取的进一步应用。它是以液膜为分离介质、以溶度差为推动力的膜分离操作,它与溶剂萃取机理不同,但都属于液-液系统的传质分离过程。但液膜稳定性和破乳技术仍然是制约液膜萃取技术工业化的关键因素,也是有待进一步实验的领域。

5 超声萃取

超声波是指频率为20 kHz~50 MHz的电磁波。超声对萃取的强化作用最主要的原因是空化效应,即存在于液体中的微小气泡在超声场的作用下被激活,表现为泡核的形成、振荡、生长、收缩乃至崩溃等一系列动力学过程及其引发的物理和化学效应。气泡在几微秒之内突然崩溃,可形成高达5 000 K以上的局部热点,压力可达数十乃至上百个兆帕,随着高压的释放,在液体中形成强大的冲击波(均相)或高速射流(非均相),其速度可达100 m/s。伴随超声空化产生的微射流、冲击波等机械效应加剧了体系的湍动程度,加快了相-相间的传质速度。同时,冲击流对动植物细胞组织产生一种物理剪切力,使之变形、破裂并释放出内含物,从而促进细胞内有效成分的溶出;且超声波的机械作用同样促进萃取的进行,在媒介传播过程中其能量不断被媒质质点吸收变成热能,导致媒质质点温度升高,加速有效成分的溶解。其产生的波振面上介质质点交替压缩和伸长,使介质质点运动,从而获得巨大的加速度和动能。巨大的加速度能促进溶剂进入提取物细胞,加强传质过程,使有效成分迅速逸出。

此外,超声还可以强化超临界CO_2萃取技术,是在超临界CO_2萃取的同时附加超声场,从而降低萃取压力和温度,缩短萃取时间,最终提高萃取率。

6 微波萃取

微波是一种频率在300 MHz~300 GHz,即波长在100 nm~1 mm范围内的电磁波。微波萃取技术(microwave-assisted extraction technique)是指使用微波及合适的溶剂在微波反应器中从各种物质中提取各种化学成分的技术和方法。微波加热是材料在电磁场中由于介质吸收引起的内部整体加热。微波加热意味着将微波电磁能转变成热能,其能量是通过空间或介质以电磁波的形式来传递的,与传统的萃取技术、样品制备技术相比较,微波萃取技术具有以下特点:质量高、产量大、对萃取物料具有较高的选择性,反应或萃取快,能耗低,安全,无污染。微波作用分为热效应和非热效应,热效应是指进入生物系统的微波能量转化为热能,这些热能可使生物整体或局部升温;非热效应是一种非温度变化引起的效应,往往发生在远离平衡态的情况。其特点为:加热迅速——微波能穿透到物料内部,使物料表里同时产生热能,其加热均匀性好,且加热迅速;选择性加热——微波加热具有选择性,可通过选择适当的溶剂来提高萃取效率,以期达到最佳的萃取效果;体积加热——微波加热是一个内部整体加热过程,它将热量直接作用于介质分子,使整个物料同时被加热,此即所谓的“体积加热”过程;高效节能——由于微波独特的加热机理,除少量传输损耗外,几乎没有其他损耗,故热效率高;易于控制——控制微波功率即可实现立即加热和终止,而应用人机界面和PLC可实现工艺过程的自动化控制。

7 固相萃取

固相萃取(solid phase extraction,SPE)是一种试样预处理技术,由液固萃取和柱液相色谱技术相结合发展而来。SPE 是利用固体吸附剂将液体样品中的目标化合物吸附,与样品的基体和干扰化合物分离,然后再用洗脱液洗脱或加热解吸附,达到分离和富集目标化合物的目的。SPE 是一个柱色谱分离过程,分离机理、固定相和溶剂的选择等方面与高效液相色谱(HPLC)有许多相似之处。SPE 包括液相和固相的物理萃取过程。在固相萃取中,固相对分离物的吸附力比溶解分离物的溶解度更大,当样品溶液通过吸附床时,分离物浓缩在其表面。SPE 具有如下优点:①分析物的回收率高;②更有效地将分析物与干扰组分分离;③不需要使用超纯溶剂,有机溶剂的消耗低,减少了对环境的污染;④能处理小体积试样;⑤无相分离操作,容易收集分析物级分;⑥操作简单、省时、省力、易于自动化。

【知识检测】

1. 萃取的原理是什么?
2. 萃取溶剂的必要条件是什么?
3. 萃取过程与吸收过程的主要差别有哪些?
4. 什么情况下选择萃取分离而不选择精馏分离?
5. 什么是临界混溶点?其是否一定在溶解度曲线的最高点?
6. 分配系数等于 1 能否进行萃取分离操作?
7. 萃取液、萃余液各指什么?
8. 萃取操作温度选得高些好,还是低些好?
9. 根据萃取分离的原理,说出萃取操作要经过的几个过程。
10. 对于同一种液体混合物,采取蒸馏还是萃取应根据哪些因素来决定?
11. 根据两相接触方式的不同,萃取设备可分为哪几类?
12. 根据分配系数 k,如何判断某种溶剂进行萃取分离的难易与可能性?
13. 萃取时温度对分离效果的影响如何?
14. 实际生产的萃取操作中,对于萃取塔而言如何进行正常开车?
15. 将含 A、B 组成分别为 0.5 的 400 kg 混合液与含 A、C 组成分别为 0.2、0.8 的混合液 600 kg 进行混合,试在三角形坐标中表示:

(1)两混合液混合后的总组成点 M_1,并由图读出其总组成;

(2)由图解方法确定将混合液 M_1 脱除 200 kg C 组分而获得混合物 M_2 的量和组成;

(3)将混合物 M_2 的 C 组分完全脱除后所得混合物 M_3 的量和组成。

附 录

1. 中华人民共和国法定计量单位制度

1)化工中常用的、具有专门名称的导出单位

物理量	专用名称	代号	与基本单位的关系
力	牛顿	N	$1\ N = 1\ kgf \cdot m/s^2$
压强、应力	帕斯卡	Pa	$1\ Pa = 1\ N/m^2$
能、功、热量	焦尔	J	$1\ J = 1\ N \cdot m$
功率	瓦特	W	$1\ W = 1\ J/s$

2)化工中常用的10进倍数单位和分数单位的词头

词头符号	词头名称	所表示的因素	词头符号	词头名称	所表示的因素
G	吉	10^9	d	分	10^{-1}
M	兆	10^6	c	厘	10^{-2}
k	千	10^3	m	毫	10^{-3}
h	百	10^2	μ	微	10^{-6}
da	十	10^1	n	毫微(纳)	10^{-9}

3)化工中常用物理量的单位与单位符号

项目		单位符号
基本单位	长度	m
	时间	s min h
	质量	kg t(吨)
	温度	K ℃
	物质的量	mol
辅助单位	平面角	rad °(度) ′(分) ″(秒)

续表

项目		单位符号
导出单位	面积	m^2
	容积	m^3
		L
	密度	kg/m^3
	角速度	rad/s
	速度	m/s
	加速度	m/s^2
	旋转速度	r/min
	力	N
	压强,压力	Pa
	黏度	Pa·s
	功、能、热量	J
	功率	W
	热流量	W
	导热系数	W/(m·K)
		W/(m·℃)

2. 常用单位的换算

1)质量

kg	t[吨]*	[磅]
1	0.001	2.204 62
1 000	1	2 204.62
0.453 6	4.536×10^{-4}	1

2)长度

m	[英寸]	[英尺]	[码]
1	39.370 1	3.280 8	1.093 61
0.025 400	1	0.073 333	0.027 78
0.304 80	12	1	0.333 33
0.914 4	36	3	1

3)力

N	[千克(力)]	[磅](力)	[达因]
1	0.102	0.224 8	1×10^3
9.806 65	1	2.204 6	$9.806\ 65\times10^5$
4.448	0.453 6	1	4.448×10^3
1×10^{-5}	1.02×10^{-6}	2.248×10^{-6}	1

* 本附录中非法定单位制度中的单位符号均用中文加方括号书写。

4)压强

Pa	bar	[千克(力)/厘米^2]	[大气压]	mmH_2O	mmHg
1	1×10^{-5}	1.02×10^{-5}	0.99×10^{-5}	0.102	0.007 5
1×10^5	1	1.02	0.986 9	10 197	750.1
98.07×10^3	0.980 7	1	0.967 8	1×10^4	735.56
$1.013\ 25\times10^5$	1.013	1.033 2	1	$1.033\ 2\times10^4$	760
9.807	98.07	0.000 1	$0.967\ 8\times10^{-4}$	1	0.073 6
133.32	1.33×10^{-3}	0.136×10^{-2}	0.001 32	13.6	1
6 894.8	0.068 95	0.070 3	0.068	703	51.71

5)动力黏度(简称黏度)

Pa·s	[泊](P)	[厘泊](cP)	[磅/(英尺·秒)]	[千克(力)·秒/米^2]
1	10	1×10^3	0.672	0.102
1×10^{-1}	1	1×10^2	0.067 20	0.010 2
1×10^{-3}	0.01	1	6.720×10^{-4}	0.102×10^{-3}
1.488 1	14.881	1 488.1	1	0.151 9
9.81	98.1	9 810	6.59	1

6)运动黏度

m^2/s	cm^2/s	[英尺^2/秒]
1	1×10^4	10.76
10^{-4}	1	1.076×10^{-3}
92.9×10^{-3}	929	1

注:cm^2/s 又称斯托克斯,简称沲,以 St 表示,沲的百分之一为厘沲,以 cSt 表示。

7)功、能和热

J(即 N·m)	[千克(力)·米]	kW·h	[英制马力·时]	[千卡]	[英热单位]	[英尺·磅(力)]
1	0.102	2.788×10^{-7}	3.725×10^{-7}	2.39×10^{-4}	9.485×10^{-4}	0.737 7
9.806 7	1	2.724×10^{-6}	3.653×10^{-6}	2.342×10^{-3}	9.296×10^{-3}	7.233
3.6×10^6	3.671×10^5	1	1.341 0	860.0	3 413	$2\ 655\times10^3$
2.685×10^6	273.8×10^3	0.745 7	1	641.33	2 544	1.980×10^3
$4.186\ 8\times10^3$	426.9	$1.162\ 2\times10^{-3}$	$1.557\ 6\times10^{-3}$	1	3.963	3 087
1.055×10^3	107.58	2.930×10^{-4}	3.926×10^{-4}	0.252 0	1	778.1
1.355 8	0.138 3	$0.376\ 6\times10^{-6}$	$0.505\ 1\times10^{-6}$	3.239×10^{-4}	1.285×10^{-3}	1

8)功率

W	[千克(力)·米/秒]	[英尺·磅(力)/秒]	[英制马力]	[千卡/秒]	[英热单位/秒]
1	0.101 97	0.737 6	1.341×10^{-3}	$0.238\ 9\times10^{-3}$	$0.948\ 6\times10^{-3}$
9.806 7	1	7.233 14	0.013 15	$0.234\ 2\times10^{-2}$	$0.929\ 3\times10^{-2}$
1.355 8	0.138 25	1	0.001 818 2	$0.323\ 8\times10^{-3}$	$0.128\ 51\times10^{-2}$
745.69	76.037 5	550	1	0.178 03	0.706 75
4 186.8	426.85	3 087.44	5.613 5	1	3.968 3
1 055	107.58	778.	1.414 8	0.251 996	1

9)比热容

kJ/(kg·℃)	[千卡/(千克·℃)]	[英热单位/(磅·℉)]
1	0.238 9	0.238 9
4.186 8	1	1

10)导热系数

W/(m·℃)	J/(cm·s·℃)	[卡/(厘米·秒·℃)]	[千卡/(米·时·℃)]	[英热单位/(英尺·时·℉)]
1	1×10^{-2}	2.389×10^{-3}	0.859 8	0.578
1×10^{2}	1	0.238 9	86.0	57.79
418.6	4.186	1	360	241.9
1.163	0.011 6	$0.277\ 8\times10^{-2}$	1	0.672 0
1.73	0.017 30	$0.413\ 4\times10^{2}$	1.488	1

11)传热系数

W/(m^2·℃)	[千卡/(米^2·时·℃)]	[卡/(厘米^2·秒·℃)]	[英热单位/(英尺^2·时·℉)]
1	0.86	2.389×10^{-5}	0.176
1.163	1	2.778×10^{-5}	0.204 8
4.186×10^{4}	3.6×10^{4}	1	7 374
5.678	4.882	1.356×10^{-4}	1

12)温度

$$℃=(°F-32)\times\frac{5}{9}$$

$$°F=℃\times\frac{9}{5}+32$$

$$K=273.3+℃$$

$$°R=460+°F$$

$$K=°R\times\frac{5}{9}$$

13)温度差

$$1\ ℃=\frac{9}{5}\times°F$$

$$1\ K=\frac{9}{5}\times°R$$

14)气体常数

$R=8.315$ J/(kmol·K) =848[千克·米/(千摩尔·K)] =
82.06[大气压·厘米^3/(克摩尔·K)] =1.987[千卡/(千摩尔·K)]

15)扩散系数

m^2/s	cm^2/s	m^2/h	[英尺^2/时]	[英寸^2/秒]
1	10^{4}	3 600	3.875×10^{4}	1 550
10^{-4}	1	0.360	3.875	0.155 0
2.778×10^{-4}	2.778	1	10.764	0.430 6

续表

m^2/s	cm^2/s	m^2/h	[英尺^2/时]	[英寸^2/秒]
$0.258\,1\times10^{-4}$	0.258 1	0.092 90	1	0.040
6.452×10^{-4}	6.452	2.323	25.0	1

3. 某些气体的重要物理性质

名称	分子式	密度(0 ℃，101.33 kPa)/(kg/m^3)	比热容/(kJ/(kg·℃))	黏度 $\mu\times10^5$/(Pa·s)	沸点(101.33 kPa)/℃	汽化热/(kJ/kg)	临界点		导热系数/(W/(m·℃))
							温度/℃	压强/kPa	
空气	—	1.293	1.009	1.73	−195	197	−140.7	3 768.4	0.024 4
氧	O_2	1.429	0.653	2.03	−132.98	213	−118.83	5 036.6	0.024 0
氮	N_2	1.251	0.745	1.70	−195.78	199.2	−147.13	3 392.5	0.022 8
氢	H_2	0.089 9	10.13	0.842	−252.75	454.2	−239.9	1 296.6	0.163
氦	He	0.178 5	3.18	1.88	−268.95	19.5	−267.96	228.94	0.144
氩	Ar	1.782 0	0.322	2.09	−185.87	163	−122.44	4 862.4	0.017 3
氯	Cl_2	3.217	0.355	1.29(16 ℃)	−33.8	305	+144.0	7 708.9	0.007 2
氨	NH_3	0.771	0.67	0.918	−33.4	1 373	+132.4	11 295	0.021 5
一氧化碳	CO	1.250	0.754	1.66	−191.48	211	−140.2	3 497.9	0.022 6
二氧化碳	CO_2	1.976	0.653	1.37	−78.2	574	+31.1	7 384.8	0.013 7
二氧化硫	SO_2	2.927	0.502	1.17	−10.8	394	+157.5	7 879.1	0.007 7
二氧化氮	NO_2	—	0.615	—	+21.2	712	+158.2	10 130	0.040 0
硫化氢	H_2S	1.539	0.804	1.166	−60.2	548	+100.4	19 136	0.013 1
甲烷	CH_4	0.717	1.70	1.03	−161.58	511	−82.15	4 619.3	0.030 0
乙烷	C_2H_6	1.357	1.44	0.850	−88.50	486	+32.1	4 948.5	0.018 0
丙烷	C_3H_8	2.020	1.65	0.795(18 ℃)	−42.1	427	+95.6	4 355.9	0.014 8
正丁烷	C_4H_{10}	2.673	1.73	0.810	−0.5	386	+152	3 798.8	0.013 5
正戊烷	C_5H_{12}	—	1.57	0.874	−36.08	151	+197.1	3 342.9	0.012 8
乙烯	C_2H_4	1.261	1.222	0.985	−103.7	481	+9.7	5 135.9	0.016 4
丙烯	C_3H_6	1.914	1.436	0.835(20 ℃)	−47.7	440	+91.4	4 599.0	—
乙炔	C_2H_2	1.171	1.352	0.935	−83.66(升华)	829	+35.7	6 240.0	0.018 4
氯甲烷	CH_3Cl	2.308	0.582	0.989	−24.1	406	+148	6 685.8	0.008 5
苯	C_6H_6	—	1.139	0.72	+80.2	394	+288.5	4 832.0	0.008 8

4. 某些液体的重要物理性质

名称	分子式	密度(20 ℃)/(kg/m^3)	沸点(101.33 kPa)/℃	汽化热/(kJ/kg)	比热容(20 ℃)/(kJ/(kg·℃))	黏度(20 ℃)/(mPa·s)	导热系数(20 ℃)/(W/(m·℃))	体积膨胀系数 $\beta\times10^4$(20 ℃)/(1/℃)	表面张力 $\sigma\times10^3$(20 ℃)/(N/m)
水	H_2O	998	100	2 258	4.183	1.005	0.599	1.82	72.8
氯化钠盐水(25%)	—	1 186(25 ℃)	107	—	3.39	2.3	0.57(30 ℃)	(4.4)	—
氯化钙盐水(25%)	—	1 228	107	—	2.89	2.5	0.57	(3.4)	—
硫酸	H_2SO_4	1 831	340(分解)	—	1.47(98%)	—	0.38	5.7	—

续表

名称	分子式	密度(20 ℃)/(kg/m^3)	沸点(101.33 kPa)/℃	汽化热/(kJ/kg)	比热容(20 ℃)/(kJ/(kg·℃))	黏度(20 ℃)/(mPa·s)	导热系数(20 ℃)/(W/(m·℃))	体积膨胀系数 $\beta\times10^4$(20 ℃)/(1/℃)	表面张力 $\sigma\times10^3$(20 ℃)/(N/m)
硝酸	HNO_3	1 513	86	481.1	—	1.17(10 ℃)	—	—	—
盐酸(30%)	HCl	1 149	—	—	2.55	2(31.5%)	0.42	—	—
二硫化碳	CS_2	1 262	46.3	352	1.005	0.38	0.16	12.1	32
戊烷	C_5H_{12}	626	36.07	357.4	2.24(15.6 ℃)	0.229	0.113	15.9	16.2
己烷	C_6H_{14}	659	68.74	335.1	2.31(15.6 ℃)	0.313	0.119	—	18.2
庚烷	C_7H_{16}	684	98.43	316.5	2.21(15.6 ℃)	0.411	0.123	—	20.1
辛烷	C_8H_{18}	763	125.67	306.4	2.19(15.6 ℃)	0.540	0.131	—	21.8
三氯甲烷	$CHCl_3$	1 489	61.2	253.7	0.992	0.58	0.138(30 ℃)	12.6	28.5(10 ℃)
四氯化碳	CCl_4	1 594	76.8	195	0.850	1.0	0.12	—	26.8
苯	C_6H_6	879	80.10	393.9	1.704	0.737	0.148	12.4	28.6
甲苯	C_7H_8	867	110.63	363	1.70	0.675	0.138	10.9	27.9
邻二甲苯	C_8H_{10}	880	144.42	347	1.74	0.811	0.142	—	30.2
间二甲苯	C_8H_{10}	864	139.10	343	1.70	0.611	0.167	10.1	29.0
对二甲苯	C_8H_{10}	861	138.35	340	1.704	0.643	0.129	—	28.0
苯乙烯	C_8H_9	911(15.6 ℃)	145.2	(352)	1.733	0.72	—	—	—
氯苯	C_6H_5Cl	1 106	131.8	325	1.298	0.85	0.14(30 ℃)	—	32
硝基苯	$C_6H_5NO_2$	1 203	210.9	396	1.47	2.1	0.15	—	41
苯胺	$C_6H_5NH_2$	1 022	184.4	448	2.07	4.3	0.17	8.5	42.9
苯酚	C_6H_5OH	1 050(50 ℃)	181.8 熔点(40.9)	511	—	3.4(50 ℃)	—	—	—
萘	$C_{16}H_8$	1 145(固体)	217.9 熔点(80.2)	314	1.80(100 ℃)	0.59(100 ℃)	—	—	—
甲醇	CH_3OH	791	64.7	1 101	2.48	0.6	0.212	12.2	22.6
乙醇	C_2H_5OH	789	78.3	846	2.39	1.15	0.172	11.6	22.8
乙醇(95%)	—	804	78.2	—	—	1.4	—	—	—
乙二醇	$C_2H_4(OH)_2$	1 113	197.6	780	2.35	23	—	—	47.7
甘油	$C_3H_5(OH)_3$	1 261	290(分解)	—	—	1 499	0.59	5.3	63
乙醚	$(C_2H_5)_2O$	714	34.6	360	2.34	0.24	0.14	16.3	18

续表

名称	分子式	密度(20 ℃)/(kg/m³)	沸点(101.33 kPa)/℃	汽化热/(kJ/kg)	比热容(20 ℃)/(kJ/(kg·℃))	黏度(20 ℃)/(mPa·s)	导热系数(20 ℃)/(W/(m·℃))	体积膨胀系数 $\beta \times 10^4$(20 ℃)/(1/℃)	表面张力 $\sigma \times 10^3$(20 ℃)/(N/m)
乙醛	CH_3CHO	783(18 ℃)	20.2	574	1.9	1.3(18 ℃)	—	—	21.2
糠醛	$C_5H_4O_2$	1 168	161.7	452	1.6	1.15(50 ℃)	—	—	43.5
丙酮	CH_3COCH_3	792	56.2	523	2.35	0.32	0.17	—	23.7
甲酸	HCOOH	1 220	100.7	494	2.17	1.9	0.26	—	27.8
醋酸	CH_3COOH	1 049	118.1	406	1.99	1.3	0.17	10.7	23.9
醋酸乙酯	$CH_3COOC_2H_5$	901	77.1	368	1.92	0.48	0.14(10 ℃)	—	—
煤油	—	780~820	—	—	—	3	0.15	10.0	—
汽油	—	680~800	—	—	—	0.7~0.8	0.19(30 ℃)	12.5	—

5. 某些固体的重要物理性质

名称	密度/(kg/m³)	导热系数/(W/(m·℃))	比热容/(kJ/(kg·℃))
(1)金属			
钢	7 850	45.3	0.46
不锈钢	7 900	17	0.50
铸铁	7 220	62.8	0.50
铜	8 800	383.8	0.41
黄铜 1	8 000	64.0	0.38
黄铜 2	8 600	85.5	0.38
铝	2 670	203.5	0.92
镍	9 000	58.2	0.46
铅	11 400	34.9	0.13
(2)塑料			
酚醛	1 250~1 300	0.13~0.26	1.3~1.7
聚氯乙烯	1 380~1 400	0.16	1.8
低压聚乙烯	940	0.29	2.6
高压聚乙烯	920	0.26	2.2
有机玻璃	1 180~1 190	0.14~0.20	—
(3)建筑、绝热、耐酸材料及其他			
黏土砖	1 600~1 900	0.47~0.67	0.92
耐火砖	1 840	1.05(800~1 100 ℃)	0.88~1.0
绝缘砖(多孔)	600~1 400	0.16~0.37	—
石棉板	770	0.11	0.816
石棉水泥板	1 600~1 900	0.35	—
玻璃	2 500	0.74	0.67
橡胶	1 200	0.06	1.38
冰	900	2.3	2.11

6. 干空气的物理性质(101. 33 × 10^{3}Pa)

温度 t/℃	密度 ρ/ (kg/m^3)	比热容 c_p/ (kJ/(kg · ℃))	导热系数 $\lambda \times 10^2$/ (W/(m · ℃))	黏度 $\mu \times 10^5$/ (Pa · s)	普朗特准数 Pr
-50	1. 584	1. 013	2. 035	1. 46	0. 728
-40	1. 515	1. 013	2. 117	1. 52	0. 728
-30	1. 453	1. 013	2. 198	1. 57	0. 723
-20	1. 395	1. 009	2. 279	1. 62	0. 716
-10	1. 342	1. 009	2. 360	1. 67	0. 712
0	1. 293	1. 005	2. 442	1. 72	0. 707
10	1. 247	1. 005	2. 512	1. 77	0. 705
20	1. 205	1. 005	2. 593	1. 81	0. 703
30	1. 165	1. 005	2. 675	1. 86	0. 701
40	1. 128	1. 005	2. 756	1. 91	0. 699
50	1. 093	1. 005	2. 826	1. 96	0. 698
60	1. 060	1. 005	2. 896	2. 01	0. 696
70	1. 029	1. 009	2. 966	2. 06	0. 694
80	1. 000	1. 009	3. 047	2. 11	0. 692
90	0. 972	1. 009	3. 128	2. 15	0. 690
100	0. 946	1. 009	3. 210	2. 19	0. 688
120	0. 898	1. 009	3. 338	2. 29	0. 686
140	0. 854	1. 013	3. 489	2. 37	0. 684
160	0. 815	1. 017	3. 640	2. 45	0. 682
180	0. 779	1. 022	3. 780	2. 53	0. 681
200	0. 746	1. 026	3. 931	2. 60	0. 680
250	0. 674	1. 038	4. 288	2. 74	0. 677
300	0. 615	1. 048	4. 605	2. 97	0. 674
350	0. 566	1. 059	4. 908	3. 14	0. 676
400	0. 524	1. 068	5. 210	3. 31	0. 678
500	0. 456	1. 093	5. 745	3. 62	0. 687
600	0. 404	1. 114	6. 222	3. 91	0. 699
700	0. 362	1. 135	6. 711	4. 18	0. 706
800	0. 329	1. 156	7. 176	4. 43	0. 713
900	0. 301	1. 172	7. 630	4. 67	0. 717
1 000	0. 277	1. 185	8. 041	4. 90	0. 719
1 100	0. 257	1. 197	8. 502	5. 12	0. 722
1 200	0. 239	1. 206	9. 153	5. 35	0. 724

7. 水的物理性质

温度/ ℃	饱和蒸气压/ kPa	密度/ (kg/m^3)	焓/ (kJ/kg)	比热容/ (kJ/ (kg · ℃))	导热系数 $\lambda \times 10^2$/ (W/(m · ℃))	黏度 $\mu \times 10^5$/ (Pa · s)	体积膨胀系数 $\beta \times 10^4$/ (1/℃)	表面张力 $\sigma \times 10^5$/ (N/m)	普朗特准数 Pr
0	0. 608 2	999. 9	0	4. 212	55. 13	179. 21	-0. 63	75. 6	13. 66
10	1. 226 2	999. 7	42. 04	4. 191	57. 45	130. 77	0. 70	74. 1	9. 52
20	2. 334 6	998. 2	83. 90	4. 183	59. 89	100. 50	1. 82	72. 6	7. 01
30	4. 247 4	995. 7	125. 69	4. 174	61. 76	80. 07	3. 21	71. 2	5. 42
40	7. 376 6	992. 2	167. 51	4. 174	63. 38	65. 60	3. 87	69. 6	4. 32

续表

温度/℃	饱和蒸气压/kPa	密度/(kg/m³)	焓/(kJ/kg)	比热容/(kJ/(kg·℃))	导热系数 $\lambda\times10^2$/(W/(m·℃))	黏度 $\mu\times10^5$/(Pa·s)	体积膨胀系数 $\beta\times10^4$/(1/℃)	表面张力 $\sigma\times10^5$/(N/m)	普朗特准数 *Pr*
50	12.34	988.1	209.30	4.174	64.78	54.94	4.49	67.7	3.54
60	19.923	983.2	251.12	4.178	65.94	46.88	5.11	66.2	2.98
70	31.164	977.8	292.99	4.187	66.76	40.61	5.70	64.3	2.54
80	47.379	971.8	334.94	4.195	67.45	35.65	6.32	62.6	2.22
90	70.136	965.3	376.98	4.208	68.04	31.65	6.95	60.7	1.96
100	101.33	958.4	419.10	4.220	68.27	28.38	7.52	58.8	1.76
110	143.31	951.0	461.34	4.238	68.50	25.89	8.08	56.9	1.61
120	198.64	943.1	503.67	4.260	68.62	23.73	8.64	54.8	1.47
130	270.25	934.8	546.38	4.266	68.62	21.77	9.17	52.8	1.36
140	361.47	926.1	589.08	4.287	68.50	20.10	9.72	50.7	1.26
150	476.24	917.0	632.20	4.312	68.38	18.63	10.3	48.6	1.18
160	618.28	907.4	675.33	4.346	68.27	17.36	10.7	46.6	1.11
170	792.59	897.3	719.29	4.379	67.92	16.28	11.3	45.3	1.05
180	1 003.5	886.9	763.25	4.417	67.45	15.30	11.9	42.3	1.00
190	1 255.6	876.0	807.63	4.460	66.99	14.42	12.6	40.0	0.96
200	1 554.77	863.0	852.43	4.505	66.29	13.63	13.3	37.7	0.93
210	1 917.72	852.8	897.65	4.555	65.48	13.04	14.1	35.4	0.91
220	2 320.88	840.3	943.70	4.614	64.55	12.46	14.8	33.1	0.89
230	2 798.59	827.3	990.18	4.681	63.73	11.97	15.9	31	0.88
240	3 347.91	813.6	1 037.49	4.756	62.80	11.47	16.8	28.5	0.87
250	3 977.67	799.0	1 085.64	4.844	61.76	10.98	18.1	26.2	0.86
260	4 693.75	784.0	1 135.04	4.949	60.48	10.59	19.7	23.8	0.87
270	5 503.99	767.9	1 185.28	5.070	59.96	10.20	21.6	21.5	0.88
280	6 417.24	750.7	1 236.28	5.229	57.45	9.81	23.7	19.1	0.89
290	7 443.29	732.3	1 289.95	5.485	55.82	9.42	26.2	16.9	0.93
300	8 592.94	712.5	1 344.80	5.736	53.96	9.12	29.2	14.4	0.97
310	9 877.6	691.1	1 402.16	6.071	52.34	8.83	32.9	12.1	1.02
320	11 300.3	667.1	1 462.03	6.573	50.59	8.30	38.2	9.81	1.11
330	12 879.6	640.2	1 526.19	7.243	48.73	8.14	43.3	7.67	1.22
340	14 615.8	610.1	1 594.75	8.164	45.71	7.75	53.4	5.67	1.38
350	16 538.5	574.4	1 671.37	9.504	43.03	7.26	66.8	3.81	1.60
360	18 667.1	528.0	1 761.39	13.984	39.54	6.67	109	2.02	2.36
370	21 040.9	450.5	1 892.43	40.319	33.73	5.69	264	0.471	6.80

8. 水在不同温度下的饱和蒸气压与黏度(-20~100 ℃)

温度/℃	压强		黏度/(mPa·s)
	/mmHg	/Pa	
-20	0.772	102.93	—
-19	0.850	113.33	—
-18	0.935	124.66	—
-17	1.027	136.93	—
-16	1.128	150.40	—
-15	1.238	165.06	—

续表

温度/℃	压强		黏度/(mPa·s)
	/mmHg	/Pa	
-14	1.357	180.93	—
-13	1.486	198.13	—
-12	1.627	216.93	—
-11	1.780	237.33	—
-10	1.946	259.46	—
-9	2.125	283.32	—
-8	2.321	309.46	—
-7	2.532	337.59	—
-6	2.761	368.12	—
-5	3.008	401.05	—
-4	3.276	436.79	—
-3	3.566	475.45	—
-2	3.876	516.78	—
-1	4.216	562.11	—
0	4.579	610.51	1.792 1
1	4.93	657.31	1.731 3
2	5.29	705.31	1.672 8
3	5.69	758.64	1.619 1
4	6.10	813.31	1.567 4
5	6.54	871.97	1.518 8
6	7.01	934.64	1.472 8
7	7.51	1 001.30	1.428 4
8	8.05	1 073.30	1.386 0
9	8.61	1 147.96	1.346 2
10	9.21	1 227.96	1.307 7
11	9.84	1 311.96	1.271 3
12	10.52	1 402.62	1.236 3
13	11.23	1 497.28	1.202 8
14	11.99	1 598.61	1.170 9
15	12.79	1 705.27	1.140 3
16	13.63	1 817.27	1.111 1
17	14.53	1 937.27	1.082 8
18	15.48	2 063.93	1.055 9
19	16.48	2 197.26	1.029 9
20	17.54	2 338.59	1.005 0
21	18.65	2 486.58	0.981 0
22	19.83	2 643.70	0.957 9
23	21.07	2 809.24	0.935 9
24	22.38	2 983.90	0.914 2
25	23.76	3 167.89	0.897 3
26	25.21	3 361.22	0.873 7
27	26.74	3 565.21	0.854 5
28	28.35	3 779.87	0.836 0
29	30.04	4 005.20	0.818 0
30	31.82	4 242.53	0.800 7
31	33.70	4 493.18	0.784 0
32	35.66	4 754.51	0.767 9

续表

温度/℃	压强		黏度/(mPa·s)
	/mmHg	/Pa	
33	33.73	5 030.50	0.752 3
34	39.90	5 319.82	0.737 1
35	42.18	5 623.81	0.722 5
36	44.56	5 941.14	0.708 5
37	47.07	6 275.79	0.697 4
38	49.65	6 619.78	0.681 4
39	52.44	6 991.77	0.668 5
40	55.32	7 375.75	0.656 0
41	58.34	7 778.41	0.643 9
42	61.50	8 199.73	0.632 1
43	64.80	8 639.71	0.620 7
44	68.26	9 101.03	0.609 7
45	71.88	9 583.68	0.598 8
46	75.65	10 086.33	0.588 3
47	79.60	10 612.98	0.578 2
48	83.71	11 160.96	0.568 3
49	88.02	11 735.61	0.558 8
50	92.51	12 333.43	0.549 4
51	97.20	12 959.57	0.540 4
52	102.10	13 612.88	0.531 5
53	107.2	14 292.86	0.522 9
54	112.5	14 999.50	0.514 6
55	118.0	15 732.81	0.506 4
56	123.8	16 505.12	0.498 5
57	129.8	17 306.09	0.490 7
58	136.1	18 146.06	0.483 2
59	142.6	19 012.70	0.475 9
60	149.4	19 919.34	0.468 8
61	156.4	20 852.64	0.461 8
62	163.8	21 839.27	0.455 0
63	171.4	22 852.57	0.448 3
64	179.3	23 905.87	0.441 8
65	187.5	24 999.17	0.435 5
66	196.1	26 145.80	0.429 3
67	205.0	27 332.42	0.423 3
68	214.2	28 559.05	0.417 4
69	223.7	29 825.67	0.411 7
70	233.7	31 158.96	0.406 1
71	243.9	32 518.92	0.400 6
72	254.6	33 945.54	0.395 2
73	265.7	35 425.49	0.390 0
74	277.2	36 958.77	0.384 9
75	289.1	38 545.38	0.379 9
76	301.4	40 185.33	0.375 0
77	314.1	41 878.61	0.370 2
78	327.3	43 638.55	0.365 5
79	341.0	45 465.15	0.361 0

续表

温度/℃	压强		黏度/(mPa·s)
	/mmHg	/Pa	
80	355.1	47 345.09	0.356 5
81	369.3	49 235.08	0.352 1
82	384.9	51 318.29	0.347 8
83	400.6	53 411.56	0.343 6
84	416.8	55 571.49	0.339 5
85	433.6	57 811.41	0.335 5
86	450.9	60 118.00	0.331 5
87	466.1	62 140.45	0.327 6
88	487.1	64 944.50	0.323 9
89	506.1	67 477.76	0.320 2
90	525.8	70 104.33	0.316 5
91	546.1	72 810.91	0.313 0
92	567.0	75 597.49	0.309 5
93	588.6	78 477.39	0.306 0
94	610.9	81 450.63	0.302 7
95	633.9	84 517.89	0.299 4
96	657.6	87 677.08	0.296 2
97	682.1	90 943.64	0.293 0
98	707.3	94 303.53	0.289 9
99	733.2	97 756.75	0.286 8
100	760.0	101 330.00	0.283 8

9.饱和水蒸气表(按温度顺序排)

温度/℃	绝对压强/		蒸汽的密度/(kg/m³)	焓/				汽化热/	
	[千克(力)/厘米²]	kPa		液体		蒸汽		[千卡/千克]	(kJ/kg)
				[千卡/千克]	(kJ/kg)	[千卡/千克]	(kJ/kg)		
0	0.006 2	0.608 2	0.004 84	0	0	595.0	2 491.1	595.0	2 491.1
5	0.008 9	0.873 0	0.006 80	5.0	20.94	597.3	2 500.8	592.3	2 479.9
10	0.012 5	1.226 2	0.009 40	10.0	41.87	599.6	2 510.4	589.6	2 468.5
15	0.017 4	1.706 8	0.012 83	15.0	62.80	602.0	2 520.5	587.0	2 457.7
20	0.023 8	2.334 6	0.017 19	20.0	83.74	604.3	2 530.1	584.3	2 446.3
25	0.032 3	3.168 4	0.023 04	25.0	104.67	606.6	2 539.7	581.6	2 435.0
30	0.043 3	4.247 4	0.030 36	30.0	125.60	608.9	2 549.3	578.9	2 423.7
35	0.057 3	5.620 7	0.039 60	35.0	146.54	611.2	2 559.0	576.2	2 412.4
40	0.075 2	7.376 0	0.051 14	40.0	167.47	613.5	2 568.6	573.5	2 401.1
45	0.097 7	9.583 7	0.065 43	45.0	188.41	615.7	2 577.8	570.7	2 389.4
50	0.125 8	12.340	0.083 0	50.0	209.34	618.0	2 587.4	568.0	2 378.1
55	0.160 5	15.742	0.104 3	55.0	230.27	620.2	2 596.7	565.2	2 366.4
60	0.203 1	19.923	0.130 1	60.0	251.21	622.5	2 606.3	562.0	2 355.1
65	0.255 0	25.014	0.161 1	65.0	272.14	624.7	2 615.5	559.7	2 343.4
70	0.317 7	31.164	0.197 9	70.0	293.08	626.8	2 624.3	556.8	2 331.2
75	0.393	38.551	0.241 6	75.0	314.01	629.0	2 633.5	554.0	2 319.5
80	0.483	47.379	0.292 9	80.0	334.94	631.1	2 642.3	551.2	2 307.8
85	0.590	57.875	0.353 1	85.0	355.88	633.2	2 651.1	548.2	2 295.2

续表

温度/℃	绝对压强/		蒸汽的密度/(kg/m³)	焓/				汽化热/	
	[千克(力)/厘米²]	kPa		液体		蒸汽		[千卡/千克]	(kJ/kg)
				[千卡/千克]	(kJ/kg)	[千卡/千克]	(kJ/kg)		
90	0.715	70.136	0.4229	90.0	376.81	635.3	2659.9	545.3	2283.1
95	0.862	84.556	0.5039	95.0	397.75	637.4	2668.7	542.4	2270.9
100	1.033	101.33	0.5970	100.0	418.68	639.4	2677.0	539.4	2258.4
105	1.232	120.85	0.7036	105.1	440.03	641.3	2685.0	536.3	2245.4
110	1.461	143.31	0.8254	110.1	460.97	643.3	2693.4	533.1	2232.0
115	1.724	169.11	0.9635	115.2	482.32	645.2	2701.3	530.0	2219.0
120	2.025	198.64	1.1199	120.3	503.67	647.0	2708.9	526.7	2025.2
125	2.367	232.19	1.296	125.4	525.02	648.8	2716.4	523.5	2191.8
130	2.755	270.25	1.496	130.5	546.38	650.6	2723.9	520.1	2177.6
135	3.192	313.11	1.715	135.6	567.73	652.3	2731.0	516.7	2163.3
140	3.685	361.47	1.962	140.7	589.08	653.9	2737.7	513.2	2148.7
145	4.238	415.72	2.238	145.9	610.85	655.5	2744.4	509.7	2134.0
150	4.855	476.24	2.543	151.0	632.21	657.0	2750.7	506.0	2118.5
160	6.303	618.28	3.252	161.4	675.75	659.9	2762.9	498.5	2087.1
170	8.080	752.59	4.113	171.8	719.29	662.4	2773.3	490.6	2054.0
180	10.23	1003.5	5.145	182.3	763.25	664.6	2782.5	482.3	2019.3
190	12.80	1255.6	6.378	192.9	807.64	666.4	2790.1	473.5	1982.4
200	15.85	1554.77	7.840	203.5	852.01	667.7	2795.5	464.2	1943.5
210	19.55	1917.72	9.567	214.3	897.23	668.6	2799.3	454.4	1902.5
220	23.66	2320.88	11.60	225.1	942.45	669.0	2801.0	443.9	1858.5
230	28.53	2798.59	13.98	236.1	988.50	668.8	2800.1	432.7	1811.6
240	34.13	3347.91	16.76	247.1	1034.56	668.0	2796.8	420.8	1761.8
250	40.55	3977.67	20.01	258.3	1081.45	664.0	2790.1	408.1	1708.6
260	47.85	4693.75	23.82	269.6	1128.76	664.2	2780.9	394.5	1651.7
270	56.11	5503.99	28.27	281.1	1176.91	661.2	2768.3	380.1	1591.4
280	65.42	6417.24	33.47	292.7	1225.48	657.3	2752.0	364.6	1526.5
290	75.88	7443.29	39.60	304.4	1274.46	652.6	2732.3	348.1	1457.4
300	87.6	8592.94	46.93	316.6	1325.54	646.8	2708.0	330.2	1382.5
310	100.7	9877.96	55.59	329.3	1378.71	640.1	2680.0	310.8	1301.3
320	115.2	11300.3	65.95	343.0	1436.07	632.5	2648.2	289.5	1212.1
330	131.3	12879.6	78.53	357.5	1446.78	623.5	2610.5	266.6	1116.2
340	149.0	14615.8	93.98	373.3	1562.93	613.5	2568.6	240.2	1005.7
350	168.6	16538.5	113.2	390.8	1636.20	601.1	2516.7	210.3	880.5
360	190.3	18667.1	139.6	413.0	1729.15	583.4	2442.6	170.3	713.0
370	214.5	21040.9	171.0	451.0	1888.25	549.8	2301.9	98.2	411.1
374	225	22070.9	322.6	501.1	2098.00	501.1	2098.0	0	0

10. 饱和水蒸气表(按压强顺序排)

绝对压强/kPa	温度/℃	蒸汽的密度/(kg/m³)	焓/(kJ/kg)		汽化热/(kJ/kg)
			液体	蒸汽	
1.0	6.3	0.00773	26.48	2503.1	2476.8
1.5	12.5	0.01133	52.26	2515.3	2463.0
2.0	17.0	0.01486	71.21	2524.2	2452.9

续表

绝对压强/kPa	温度/℃	蒸汽的密度/(kg/m³)	焓/(kJ/kg)		汽化热/(kJ/kg)
			液 体	蒸 汽	
2.5	20.9	0.018 36	87.45	2 531.8	2 444.3
3.0	23.5	0.021 79	98.38	2 536.8	2 438.4
3.5	26.1	0.025 23	109.30	2 541.8	2 432.5
4.0	28.7	0.028 67	120.23	2 546.8	2 426.6
4.5	30.8	0.032 05	129.00	2 550.9	2 421.9
5.0	32.4	0.035 37	135.69	2 554.0	2 418.3
6.0	35.6	0.042 00	149.06	2 560.1	2 411.0
7.0	38.8	0.048 64	162.44	2 566.3	2 403.8
8.0	41.3	0.055 14	172.73	2 571.0	2 398.2
9.0	43.3	0.061 56	181.16	2 574.8	2 393.6
10.0	45.3	0.067 98	189.59	2 578.5	2 388.9
15.0	53.5	0.099 56	224.03	2 594.0	2 370.0
20.0	60.1	0.130 68	251.51	2 606.4	2 854.9
30.0	66.5	0.190 93	288.77	2 622.4	2 333.7
40.0	75.0	0.249 75	315.93	2 634.1	2 312.2
50.0	81.2	0.307 99	339.80	2 644.3	2 304.5
60.0	85.6	0.365 14	358.21	2 652.1	2 293.9
70.0	89.9	0.422 29	376.61	2 659.8	2 283.2
80.0	93.2	0.478 07	390.08	2 665.3	2 275.3
90.0	96.4	0.533 84	403.49	2 670.8	2 267.4
100.0	99.6	0.589 61	416.90	2 676.3	2 259.5
120.0	104.5	0.698 68	437.51	2 684.3	2 246.8
140.0	109.2	0.807 58	457.67	2 692.1	2 234.4
160.0	113.0	0.829 81	473.88	2 698.1	2 224.2
180.0	116.6	1.020 9	489.32	2 703.7	2 214.3
200.0	120.2	1.127 3	493.71	2 709.2	2 204.6
250.0	127.2	1.390 4	534.39	2 719.7	2 185.4
300.0	133.3	1.650 1	560.38	2 728.5	2 168.1
350.0	138.8	1.907 4	583.76	2 736.1	2 152.3
400.0	143.4	2.161 8	603.61	2 742.1	2 138.5
450.0	147.7	2.415 2	622.42	2 747.8	2 125.4
500.0	151.7	2.667 3	639.59	2 752.8	2 113.2
600.0	158.7	3.168 6	670.22	2 761.4	2 091.1
700.0	164.7	3.665 7	696.27	2 767.8	2 071.5
800.0	170.4	4.161 4	720.96	2 773.7	2 052.7
900.0	175.1	4.652 5	741.82	2 778.1	2 036.2
1.0×10^3	179.9	5.143 2	762.68	2 782.5	2 019.7
1.1×10^3	180.2	5.633 9	780.34	2 785.5	2 005.1
1.2×10^3	187.8	6.124 1	797.92	2 788.5	1 990.6
1.3×10^3	191.5	6.614 1	814.25	2 790.9	1 976.7
1.4×10^3	194.8	7.103 8	829.06	2 792.4	1 963.7
1.5×10^3	198.2	7.593 5	843.86	2.794.5	1 950.7
1.6×10^3	201.3	8.081 4	857.77	2 796.0	1 938.2
1.7×10^3	204.1	8.567 4	870.58	2 797.1	1 926.5
1.8×10^3	206.9	9.053 3	883.39	2 798.1	1 914.8
1.9×10^3	209.8	9.539 2	896.21	2 799.2	1 903.0
2.0×10^3	212.2	10.033 8	907.32	2 799.7	1 892.4

续表

绝对压强/kPa	温度/℃	蒸汽的密度/(kg/m³)	焓/(kJ/kg)		汽化热/(kJ/kg)
			液　体	蒸　汽	
3.0×10^3	233.7	15.007 5	1 005.4	2 798.9	1 793.5
4.0×10^3	250.3	20.096 9	1 082.9	2 789.8	1 706.8
5.0×10^3	263.8	25.366 3	1 146.9	2 776.2	1 629.2
6.0×10^3	275.4	30.849 4	1 203.2	2 759.5	1 556.3
7.0×10^3	285.7	36.574 4	1 253.2	2 740.8	1 487.6
8.0×10^3	294.8	42.576 8	1 299.2	2 720.5	1 403.7
9.0×10^3	303.2	48.894 5	1 343.5	2 699.1	1 356.6
10.0×10^3	310.9	55.540 7	1 384.0	2 677.1	1 293.1
12.0×10^3	324.5	70.307 5	1 463.4	2 631.2	1 167.7
14.0×10^3	336.5	87.302 0	1 567.9	2 583.2	1 043.4
16.0×10^3	347.2	107.801 0	1 615.8	2 531.1	915.4
18.0×10^3	356.9	134.481 3	1 699.8	2 466.0	766.1
20.0×10^3	365.6	176.596 1	1 817.8	2 364.2	544.9

11. 某些液体的导热系数

液　体		温度 t/℃	导热系数 λ/(W/(m·℃))	液　体		温度 t/℃	导热系数 λ/(W/(m·℃))
醋酸	100%	20	0.171	乙苯		30	0.149
	50%	20	0.35			60	0.142
丙酮		30	0.177	乙醚		30	0.138
		75	0.164			75	0.135
丙烯醇		25~30	0.180	汽油		30	0.135
氨		25~30	0.50	三元醇	100%	20	0.284
氨、水溶液		20	0.45		80%	20	0.327
		60	0.50		60%	20	0.381
正戊醇		30	0.163		40%	20	0.448
		100	0.154		20%	20	0.481
异戊醇		30	0.152		100%	100	0.284
		75	0.151	正庚烷		30	0.140
苯胺		0~20	0.173			60	0.137
苯		30	0.159	正己烷		30	0.138
		60	0.151			60	0.135
正丁醇		30	0.168	正庚醇		30	0.163
		75	0.164			75	0.157
异丁醇		10	0.157	正己醇		30	0.164
氯化钙盐水	30%	30	0.55			75	0.156
	15%	30	0.59	煤油		20	0.149
二氧化碳		30	0.161			75	0.140
		75	0.152	盐酸	25%	32	0.52
四氯化碳		0	0.185		25%	32	0.48
		68	0.163		38%	32	0.44
氯苯		10	0.144	水银		28	0.36
三氯甲烷		30	0.138	甲醇	100%	20	0.215
乙酸乙酯		20	0.175		80%	20	0.267
乙醇	100%	20	0.182		60%	20	0.329

续表

液　体	温度 t/℃	导热系数 λ/(W/(m·℃))	液　体	温度 t/℃	导热系数 λ/(W/(m·℃))
80%	20	0.237	40%	20	0.492
40%	20	0.388	100%	50	0.197
20%	20	0.486	氯甲烷	-15	0.192
100%	50	0.151		30	0.154
硝基苯	30	0.164	正丙醇	30	0.171
	100	0.152		75	0.164
硝基甲苯	30	0.216	异丙醇	30	0.157
	60	0.208		60	0.155
正辛烷	60	0.14	氯化钠盐水　25%	30	0.57
	0	0.138～0.156	12.5%	30	0.59
石油	20	0.180	硫酸　90%	30	0.36
蓖麻油	0	0.173	60%	30	0.43
	20	0.168	30%	30	0.52
橄榄油	100	0.164	二氧化硫	15	0.22
正戊烷	30	0.135		30	0.192
	75	0.128	甲苯	30	0.149
氯化钾　15%	32	0.58		75	0.145
30%	32	0.56	松节油	15	0.128
氢氧化钾　21%	32	0.58	二甲苯　邻位	20	0.155
42%	32	0.55	对位	20	0.155
硫酸钾　10%		0.60			

附录图1示出了几种常用的液体的导热系数与温度的关系。

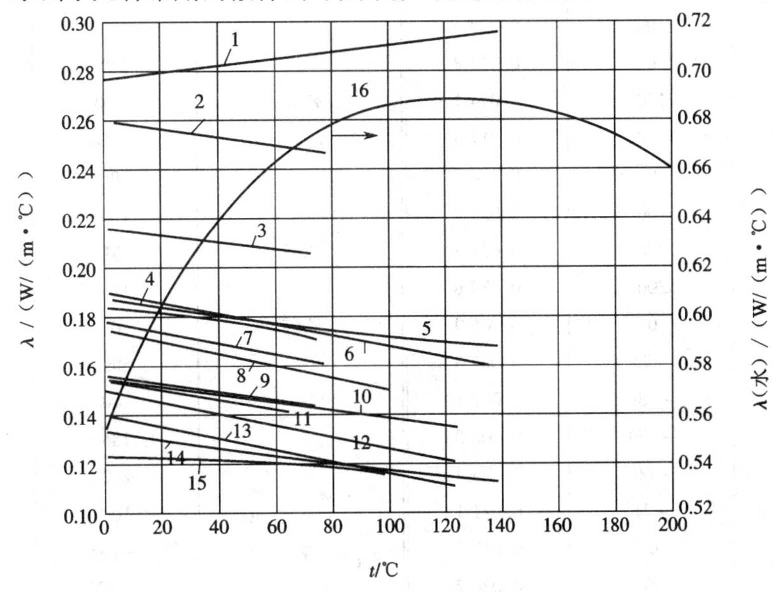

附录图1　液体的导热系数与温度的关系

1—无水甘油；2—蚁酸；3—甲醇；4—乙醇；5—蓖麻油；6—苯胺；7—醋酸；8—丙酮；9—丁醇；10—硝基苯；11—异丙醇；12—苯；13—甲苯；14—二甲苯；15—凡士林油；16—水(用右边的坐标)

12. 某些气体和蒸气的导热系数

下表中所列出的极限温度数值是实验范围的数值。若外推到其他温度，建议将所列的数据按 lg λ 对 lg T（λ——导热系数，W/(m·℃)；T——温度，K）作图，或者假定 Pr 准数与温度（或压强，在适当范围内）无关。

物质	温度/℃	导热系数/(W/(m·℃))	物质	温度/℃	导热系数/(W/(m·℃))
丙酮	0	0.009 8	四氯化碳	467	0.007 1
	46	0.012 8		100	0.009 0
	100	0.017 1		184	0.011 12
	184	0.025 4	氯	0	0.007 4
空气	0	0.024 2	三氯甲烷	0	0.006 6
	100	0.031 7		46	0.008 0
	200	0.039 1		100	0.010 0
	300	0.045 9		184	0.013 3
氨	-60	0.016 4	硫化氢	0	0.013 2
	0	0.022 2	水银	200	0.034 1
	50	0.027 2	甲烷	-100	0.017 3
	100	0.032 0		-50	0.025 1
苯	0	0.009 0		0	0.030 2
	46	0.012 6		50	0.037 2
	100	0.017 8	甲醇	0	0.014 4
	184	0.026 3		100	0.022 2
	212	0.030 5	氯甲烷	0	0.006 7
正丁烷	0	0.013 5		46	0.008 5
	100	0.023 4		100	0.010 9
异丁烷	0	0.013 8		212	0.016 4
	100	0.024 1	乙烷	-70	0.011 4
二氧化碳	-50	0.011 8		-34	0.014 9
	0	0.014 7		0	0.018 3
	100	0.023 0		100	0.030 3
	200	0.031 3	乙醇	20	0.015 4
	300	0.039 6		100	0.021 5
二氧化物	0	0.006 9	乙醚	0	0.031 3
	-73	0.007 3		46	0.017 1
一氧化碳	-189	0.007 1		100	0.022 7
	-179	0.008 0		184	0.032 7
	-60	0.023 4		212	0.036 2
乙烯	-71	0.011 1		100	0.031 2
	0	0.017 5	氧	-100	0.016 4
	50	0.026 7		-50	0.020 6
	100	0.027 9		0	0.024 6
正庚烷	200	0.019 4		50	0.028 4
	100	0.017 8		100	0.032 1
正己烷	0	0.012 5	丙烷	0	0.015 1
	20	0.013 8		100	0.026 1

续表

物　质	温　度/℃	导热系数/(W/(m·℃))	物　质	温　度/℃	导热系数/(W/(m·℃))
氢	-100	0.011 3	二氧化硫	0	0.008 7
	-50	0.014 4		100	0.011 9
	0	0.017 3	水蒸气	46	0.020 8
	50	0.019 9		100	0.023 7
	100	0.223 0		200	0.032 4
	300	0.030 8		300	0.042 9
氮	-100	0.016 4		400	0.054 5
	0	0.024 2		50	0.076 3
	50	0.027 7			

13. 某些固体材料的导热系数

1)常用金属的导热系数

导热系数/(W/(m·℃)) \ 温度/℃	0	100	200	300	400
铝	227.95	227.95	227.95	227.95	227.95
铜	383.79	379.14	372.16	367.51	362.86
铁	73.27	67.45	61.64	54.66	48.85
铅	35.12	33.38	31.40	29.77	—
镁	172.12	167.47	162.82	158.17	—
镍	93.04	82.57	73.27	63.97	59.31
银	414.03	409.38	373.32	361.69	359.37
锌	112.81	109.90	105.83	401.18	93.04
碳钢	52.34	48.85	44.19	41.87	34.89
不锈钢	16.28	17.45	17.45	18.49	—

2)常用非金属材料的导热系数

材料	温度/℃	导热系数/(W/(m·℃))
软木	30	0.043 03
玻璃棉	—	0.034 89~0.069 78
保温灰	—	0.069 78
锯屑	20	0.046 52~0.058 15
棉花	100	0.069 78
厚纸	20	0.139 6~0.348 9
玻璃	30	1.093 2
	-20	0.756 0
搪瓷	—	0.872 3~1.163
云母	50	0.430 3
泥土	20	0.697 8~0.930 4

续表

材料	温度/℃	导热系数/（W/(m·℃)）
冰	0	2.326
软橡胶	—	0.129 1 ~ 0.159 3
硬橡胶	0	0.150 0
聚四氟乙烯	—	0.241 9
泡沫玻璃	-15	0.004 885
	-80	0.003 489
泡沫塑料	—	0.046 52
木材（横向）	—	0.139 6 ~ 0.174 5
（纵向）	—	0.383 8
耐火砖	230	0.872 3
	1 200	1.639 8
混凝土	—	1.279 3
绒毛毡	—	0.046 5
85%氧化镁粉	0 ~ 100	0.069 78
聚氯乙烯	—	0.116 3 ~ 0.174 5
酚醛加玻璃纤维	—	0.259 3
酚醛加石棉纤维	—	0.294 2
聚酯加玻璃纤维	—	0.259 4
聚碳酸酯	—	0.190 7
聚苯乙烯泡沫	25	0.041 87
	-150	0.001 745
聚乙烯	—	0.329 1
石墨	—	139.56

14. 液体的黏度和密度

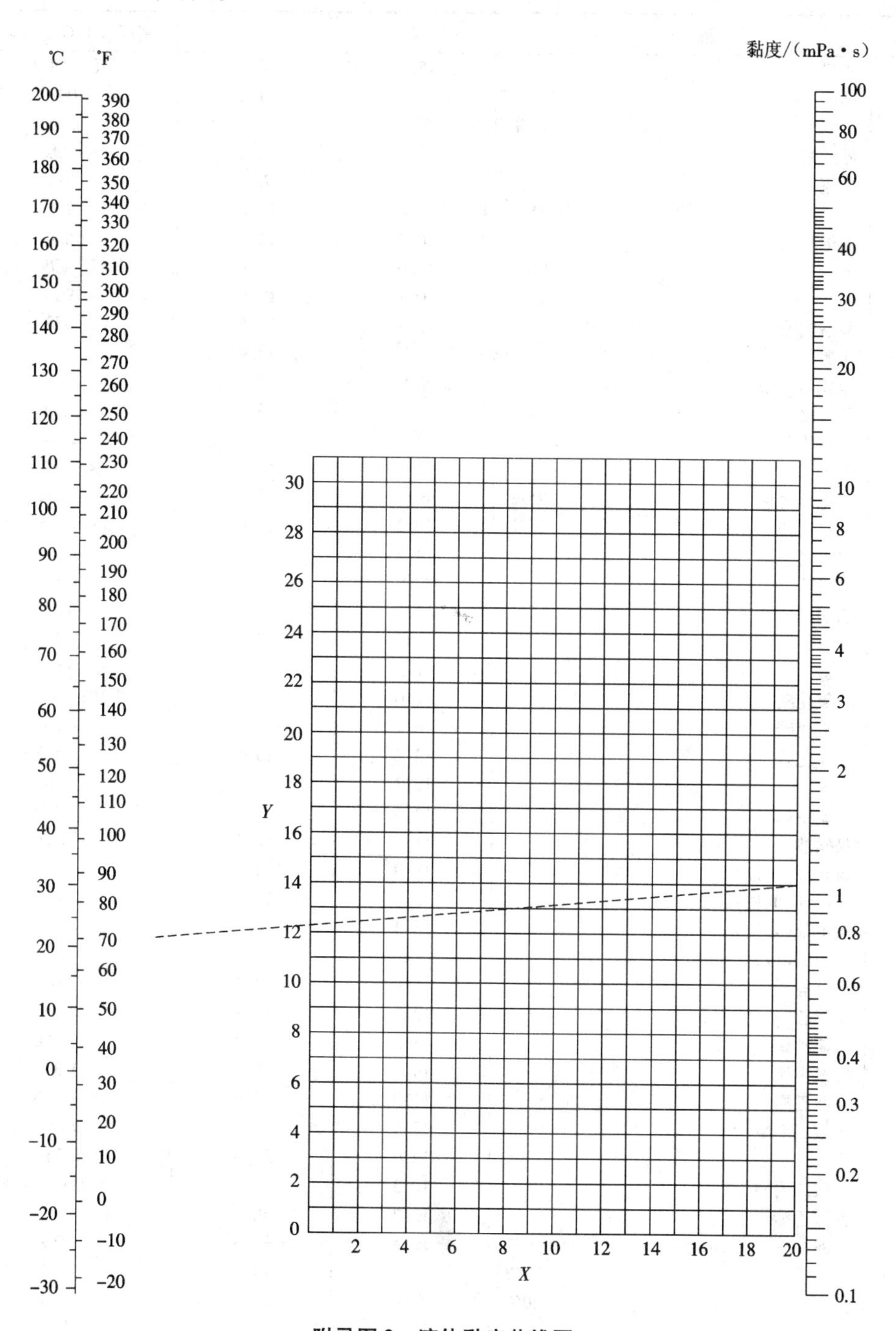

附录图2　液体黏度共线图

液体黏度共线图的坐标值及液体的密度列于下表中。

序 号	液 体		X	Y	密度(20 ℃)/(kg/m^3)
1	乙醛		15.2	14.8	783(18 ℃)
2	醋酸	100%	12.1	14.2	1 049 *
3		70%	9.5	17.0	1 069
4	醋酸酐		12.7	12.8	1 083
5	丙酮	100%	14.5	7.2	792
6		35%	7.9	15.0	948
7	丙烯醇		10.2	14.3	854
8	氨	100%	12.6	2.0	817(−79 ℃)
9		26%	10.1	13.9	904
10	醋酸戊酯		11.8	12.5	879
11	戊醇		7.5	18.4	817
12	苯胺		8.1	18.7	1 022
13	苯甲醚		12.3	13.5	990
14	三氯化砷		13.9	14.5	2 163
15	苯		12.5	10.9	880
16	氯化钙盐水	25%	6.6	15.9	1 228
17	氯化钠盐水	25%	10.2	16.6	1 186(25 ℃)
18	溴		14.2	13.2	3 119
19	溴甲苯		20.0	15.9	1 410
20	乙酸丁酯		12.3	11.0	882
21	丁醇		8.6	17.2	810
22	丁酸		12.1	15.3	964
23	二氧化碳		11.6	0.3	1 101(−37 ℃)
24	二硫化碳		16.1	7.5	1 263
25	四氯化碳		12.7	13.1	1 595
26	氯苯		12.3	12.4	1 107
27	三氯甲烷		14.4	10.2	1 489
28	氯磺酸		11.2	18.1	1 787(25 ℃)
29	氯磺酸(邻位)		13.0	13.3	1 082
30	氯甲苯(间位)		13.3	12.5	1 072
31	氯甲苯(对位)		13.3	12.5	1 070
32	甲酚(间位)		2.5	20.8	1 034
33	环己醇		2.9	24.3	962
34	二溴乙烷		12.7	15.8	2 495
35	二氯乙烷		13.2	12.2	1 256
36	二氯甲烷		14.6	8.9	1 336
37	草酸乙酯		11.0	16.4	1 079
38	草酸二甲酯		12.3	15.8	1 148(54 ℃)
39	联苯		12.0	18.3	992(73 ℃)
40	草酸二丙酯		10.3	17.7	1 038(0 ℃)
41	乙酸乙酯		13.7	9.1	901
42	乙醇	100%	10.5	13.8	789
43		95%	9.8	14.3	804
44		40%	6.5	16.6	935
45	乙苯		13.2	11.5	867
46	溴乙烷		14.5	8.1	1 431
47	氯乙烷		14.8	6.0	917(6 ℃)
48	乙醚		14.5	5.3	708(25 ℃)

* 醋酸的密度不能用加和方法计算。

续表

序 号	液 体		X	Y	密度(20 ℃)/(kg/m³)
49	甲酸乙酯		14.2	8.4	923
50	碘乙烷		14.7	10.3	1 933
51	乙二醇		6.0	23.6	1 113
52	甲酸		10.7	15.8	1 220
53	氟里昂－11(CCl_3F)		14.4	9.0	1 494(17 ℃)
54	氟里昂－12(CCl_2F_2)		16.8	5.6	1 486(20 ℃)
55	氟里昂－21($CHCl_2F$)		15.7	7.5	1 426(0 ℃)
56	氟里昂－22($CHClF_2$)		17.2	4.7	3 870(0 ℃)
57	氟里昂－113($CCl_2F-CClF_2$)		12.5	11.4	1 576
58	甘油	100%	2.0	30.0	1 261
59		50%	6.9	19.6	1 126
60	庚烷		14.1	8.4	684
61	乙烷		14.7	7.0	659
62	盐酸	31.5%	13.0	16.6	1 157
63	异丁醇		7.1	18.0	779(26 ℃)
64	异丁酸		12.2	14.4	949
65	异丙醇		8.2	16.0	789
66	煤油		10.2	16.9	780～820
67	粗亚麻仁油		7.5	27.2	930～938(15 ℃)
68	水银		18.4	16.4	13 546
69	甲醇	100%	12.4	10.5	792
70		90%	12.3	11.8	820
71		40%	7.8	15.5	935
72	乙酸甲酯		14.2	8.2	924
73	氯甲烷		15.0	3.8	952(0 ℃)
74	丁酮		13.9	8.6	805
75	萘		7.9	18.1	1 145
76	硝酸	95%	12.8	13.8	1 493
77		60%	10.8	17.0	1 367
78	硝基苯		10.6	16.2	1 205(15 ℃)
79	硝基甲苯		11.0	17.0	1 160
80	辛烷		13.7	10.0	703
81	辛醇		6.6	21.1	827
82	五氯乙烷		10.9	17.3	1 671(25 ℃)
83	戊烷		14.9	5.2	630(18 ℃)
84	酚		6.9	20.8	1 071(25 ℃)
85	三溴化磷		13.8	16.7	2 852(15 ℃)
86	三氯化磷		16.2	10.9	1 574
87	丙酸		12.8	13.8	992
88	丙醇		9.1	16.5	804
89	溴丙烷		14.5	9.6	1 353
90	氯丙烷		14.4	7.5	890
91	碘丙烷		14.1	11.6	1 749
92	钠		16.4	13.9	970
93	氢氧化钠	50%	3.2	25.8	1 525
94	四氯化锡		13.5	12.8	2 226
95	二氧化硫		15.2	7.1	1 434(0 ℃)
96	硫酸	110%	7.2	27.4	1 980
97		98%	7.0	24.8	1 836
98		60%	10.2	21.3	1 498
99	二氯二氧化硫		15.2	12.4	1 667
100	四氯乙烷		11.9	15.7	1 600
101	四氯乙烯		14.2	12.7	1 624(15 ℃)
102	四氯化钛		14.4	12.3	1 726

续表

序　号	液　体	X	Y	密度(20 ℃)/(kg/m³)
103	甲苯	13.7	10.4	886
104	三氯乙烯	14.8	10.5	1 436
105	松节油	11.5	14.9	861 ~ 867
106	醋酸乙烯	14.0	8.8	932
107	水	10.2	13.0	998

15. 101.33 kPa 下气体的黏度

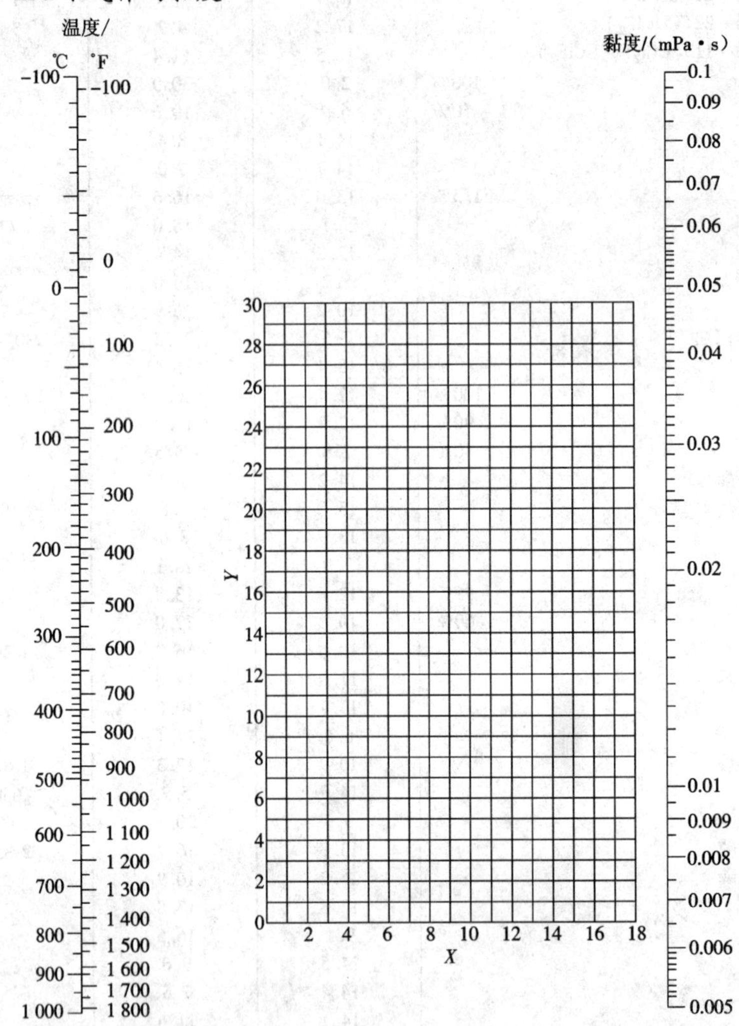

附录图 3　气体黏度共线图

气体黏度共线图的坐标值列于下表中。

序　号	气　体	X	Y
1	醋酸	7.7	14.3
2	丙酮	8.9	13.0
3	乙炔	9.8	4.9
4	空气	11.0	20.0
5	氨	8.4	16.0
6	氩	10.5	22.4

续表

序号	气体	X	Y
7	苯	8.5	13.2
8	溴	8.9	19.2
9	丁烯(butene)	9.2	13.7
10	丁烯(butylene)	8.9	13.0
11	二氧化碳	9.5	18.7
12	二硫化碳	8.0	16.0
13	一氧化碳	11.0	20.0
14	氯	9.0	18.4
15	三氯甲烷	8.9	15.7
16	氰	9.2	15.2
17	环己烷	9.2	12.0
18	乙烷	9.1	14.5
19	乙酸乙酯	8.5	13.2
20	乙醇	9.2	14.2
21	氯乙烷	8.5	15.6
22	乙醚	8.9	13.0
23	乙烯	9.5	15.1
24	氟	7.3	23.8
25	氟里昂-11(CCl_3F)	10.6	15.1
26	氟里昂-12(CCl_2F_2)	11.1	16.0
27	氟里昂-21($CHCl_2F$)	10.8	15.3
28	氟里昂-22($CHClF_2$)	10.1	17.0
29	氟里昂-113($CCl_2F-CClF_2$)	11.3	14.0
30	氦	10.9	20.5
31	己烷	8.6	11.8
32	氢	11.2	12.4
33	$3H_2+1N_2$	11.2	17.2
34	溴化氢	8.8	20.9
35	氯化氢	8.8	18.7
36	氰化氢	9.8	14.9
37	碘化氢	9.0	21.3
38	硫化氢	8.6	18.0
39	碘	9.0	18.4
40	水银	5.3	22.9
41	甲烷	9.9	15.5
42	甲醇	8.5	15.6
43	一氧化氮	10.9	20.5
44	氮	10.6	20.0
45	五硝酰氯	8.0	17.6
46	一氧化二氮	8.8	19.0
47	氧	11.0	21.3
48	戊烷	7.0	12.8
49	丙烷	9.7	12.9
50	丙醇	8.4	13.4
51	丙烯	9.0	13.8
52	二氧化硫	9.6	17.0
53	甲苯	8.6	12.4
54	2,3,3-三甲(基)丁烷	9.5	10.5
55	水	8.0	16.0
56	氙	9.3	23.0

16. 液体的比热容

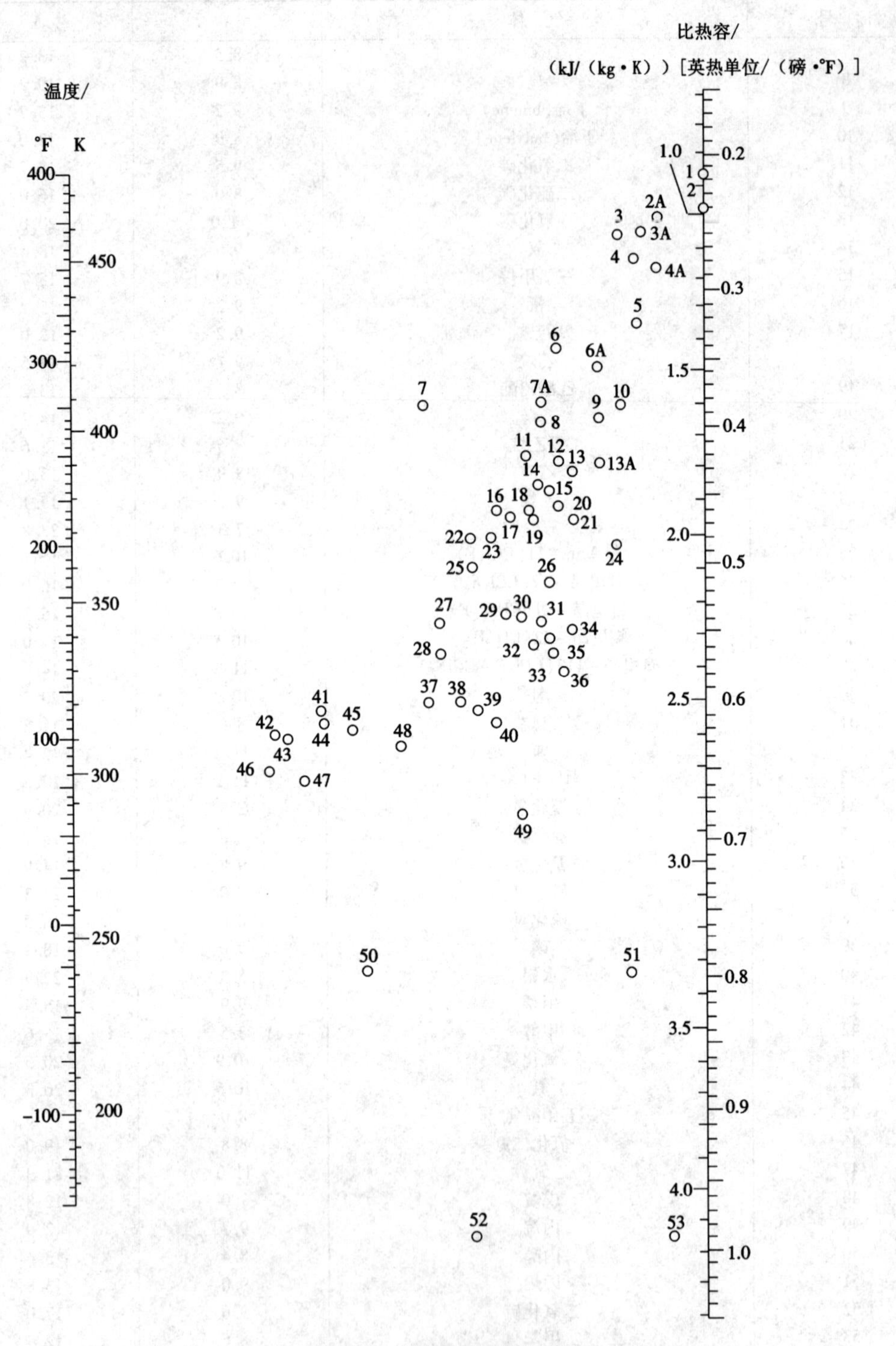

附录图4　液体比热容共线图

液体比热容共线图中的编号对应的液体列于下表中。

号　数	液　体	温度范围/℃

续表

号数	液体		温度范围/℃
29	醋酸	100%	0~80
32	丙酮		20~50
52	氨		-70~50
37	戊醇		-50~25
26	乙酸戊酯		0~100
30	苯胺		0~130
23	苯		10~80
27	苯甲醇		-20~30
10	苄基氧		-30~30
49	$CaCl_2$ 盐水	25%	-40~20
51	NaCl 盐水	25%	-40~20
44	丁醇		0~100
2	二硫化碳		-100~25
3	四氯化碳		10~60
8	氯苯		0~100
4	三氯甲烷		0~50
21	癸烷		-80~25
6A	二氯乙烷		-30~60
5	二氯甲烷		-40~50
15	联苯		80~120
22	二苯甲烷		80~100
16	二苯醚		0~200
16	道舍姆 A(DowthermA)		0~200
24	乙酸乙酯		-50~25
42	乙醇	100%	30~80
46		95%	20~80
50		50%	20~80
25	乙苯		0~100
1	溴乙烷		5~25
13	氯乙烷		-80~40
36	乙醚		-100~25
7	碘乙烷		0~100
39	乙二醇		-40~200
2A	氟里昂-11(CCl_3F)		-20~70
6	氟里昂-12(CCl_2F_2)		-40~15
4A	氟里昂-21($CHCl_2F$)		-20~70

号 数	液 体		温度范围/℃
7A	氟里昂 - 22($CHClF_2$)		- 20 ~ 60
3A	氟里昂 - 113($CCl_2F - CClF_2$)		- 20 ~ 70
38	三元醇		- 40 ~ 20
28	庚烷		0 ~ 60
35	己烷		- 80 ~ 20
48	盐酸	30%	20 ~ 100
41	异戊醇		10 ~ 100
43	异丁醇		0 ~ 100
47	异丙醇		- 20 ~ 50
31	异丙醚		- 80 ~ 20
40	甲醇		- 40 ~ 20
13A	氯甲烷		- 80 ~ 20
14	萘		90 ~ 200
12	硝基苯		0 ~ 100
34	壬烷		- 50 ~ 125
33	辛烷		- 50 ~ 25
3	过氯乙烯		- 30 ~ 140
45	丙醇		- 20 ~ 100
20	吡啶		- 51 ~ 25
9	硫酸	98%	10 ~ 45
11	二氧化硫		- 20 ~ 100
23	甲苯		0 ~ 60
53	水		- 10 ~ 200
19	二甲苯(邻位)		0 ~ 100
18	二甲苯(间位)		0 ~ 100
17	二甲苯(对位)		0 ~ 100

17. 101. 33 kPa 下气体的比热容

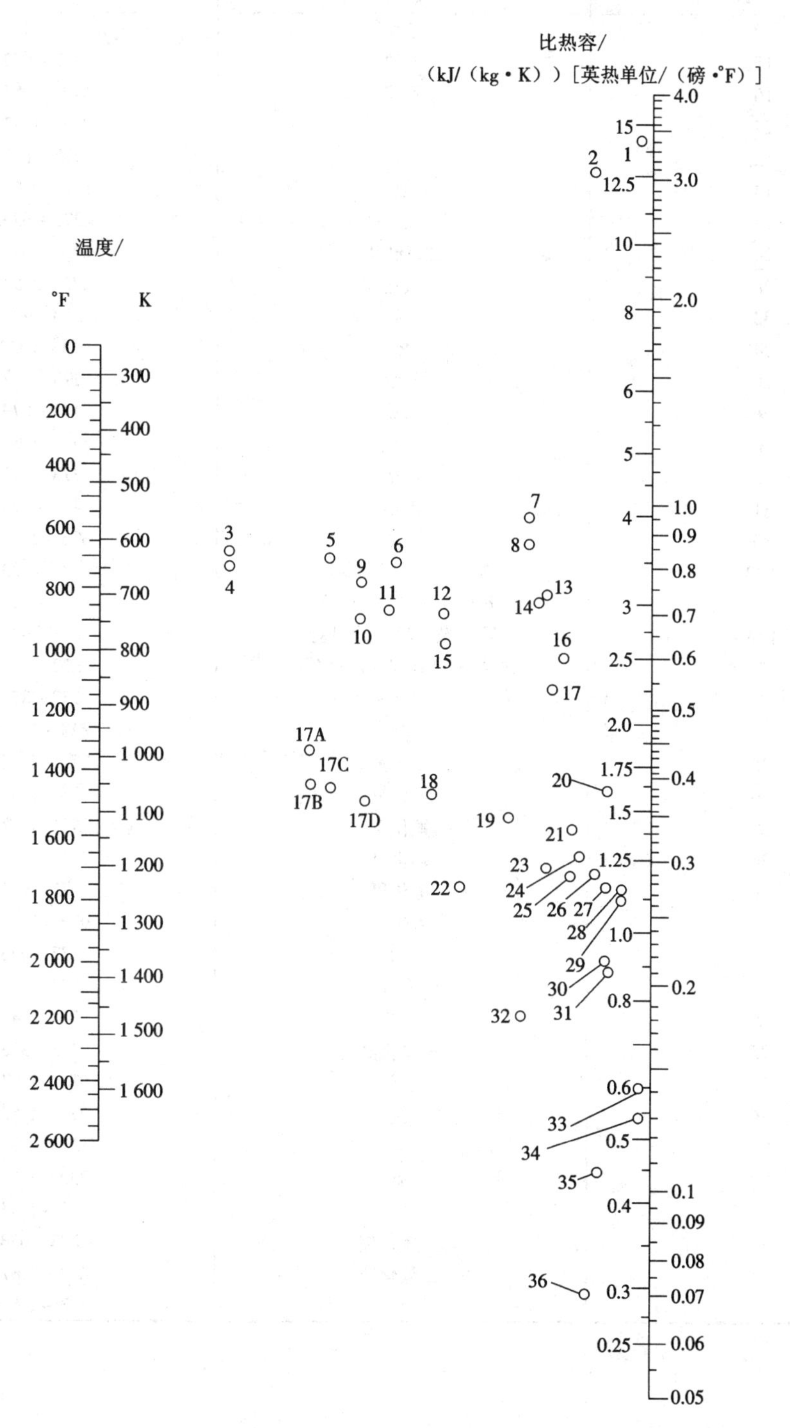

附录图 5　气体比热容共线图

气体比热容共线图中编号对应的气体列于下表中。

号　数	气　体	温度范围/K
10	乙炔	273 ~ 473
15	乙炔	473 ~ 673
16	乙炔	673 ~ 1 673
27	空气	273 ~ 1 673
12	氨	273 ~ 873
14	氨	873 ~ 1 673
18	二氧化碳	273 ~ 673
24	二氧化碳	673 ~ 1 673
26	一氧化碳	273 ~ 1 673
32	氯	273 ~ 473
34	氯	473 ~ 1 673
3	乙烷	273 ~ 473
9	乙烷	473 ~ 873
8	乙烷	873 ~ 1 673
4	乙烯	273 ~ 473
11	乙烯	473 ~ 873
13	乙烯	873 ~ 1 673
17B	氟里昂 - 11(CCl_3F)	273 ~ 423
17C	氟里昂 - 21($CHCl_2F$)	273 ~ 423
17A	氟里昂 - 22($CHClF_2$)	273 ~ 423
17D	氟里昂 - 113($CCl_2F - CClF_2$)	273 ~ 423
1	氢	273 ~ 873
2	氢	873 ~ 1 673
35	溴化氢	273 ~ 1 673
30	氯化氢	273 ~ 1 673
20	氟化氢	273 ~ 1 673
36	碘化氢	273 ~ 1 673
19	硫化氢	273 ~ 973
21	硫化氢	973 ~ 1 673
5	甲烷	273 ~ 573
6	甲烷	573 ~ 973
7	甲烷	973 ~ 1 673
25	一氧化氮	273 ~ 973
28	一氧化氮	973 ~ 1 673
26	氮	273 ~ 1 673
23	氧	273 ~ 733
29	氧	733 ~ 1 673
33	硫	573 ~ 1 673
22	二氧化硫	273 ~ 673
31	二氧化硫	673 ~ 1 673
17	水	273 ~ 1 673

18. 汽化热(蒸发潜热)

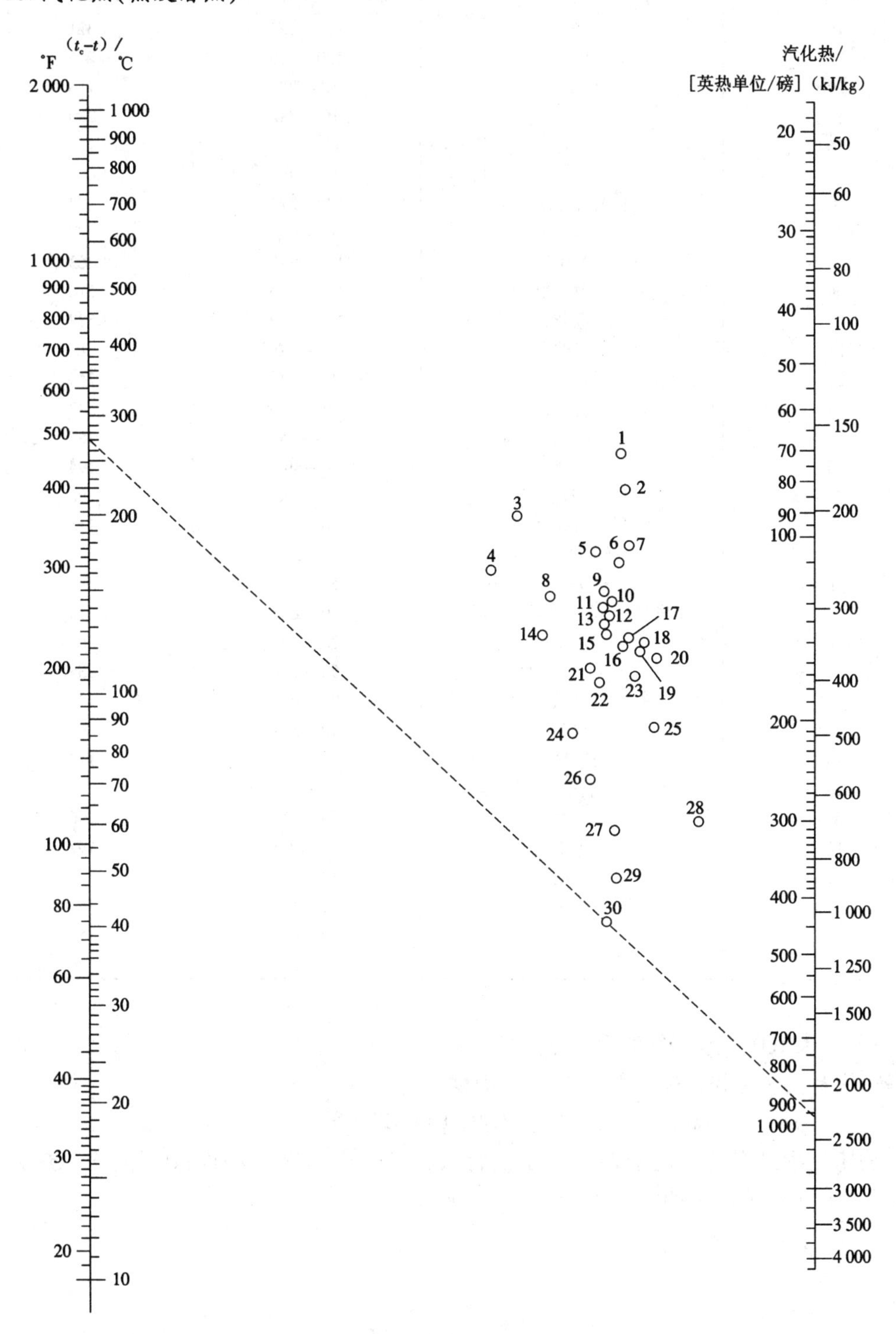

附录图 6　汽化热共线图

汽化热共线图中编号对应的化合物列于下表中。

号　数	化　合　物	温度差范围 (t_c-t)/℃	临界温度 t_c/℃
18	醋酸	100 ~ 225	321
22	丙酮	120 ~ 210	235
29	氨	50 ~ 200	133
13	苯	10 ~ 400	289
16	丁烷	90 ~ 200	153
21	二氧化碳	10 ~ 100	31
4	二硫化碳	140 ~ 275	273
2	四氯化碳	30 ~ 250	283
7	三氯甲烷	140 ~ 275	263
8	二氯甲烷	150 ~ 250	216
3	联苯	175 ~ 400	527
25	乙烷	25 ~ 150	32
26	乙醇	20 ~ 140	243
28	乙醇	140 ~ 300	243
17	氯乙烷	100 ~ 250	187
13	乙醚	10 ~ 400	194
2	氟里昂 - 11(CCl_3F)	70 ~ 250	198
2	氟里昂 - 12(CCl_2F_2)	40 ~ 200	111
5	氟里昂 - 21($CHCl_2F$)	70 ~ 250	178
6	氟里昂 - 22($CHClF_2$)	50 ~ 170	96
1	氟里昂 - 113($CCl_2F-CClF_2$)	90 ~ 250	214
10	庚烷	20 ~ 300	267
11	己烷	50 ~ 225	235
15	异丁烷	80 ~ 200	134
27	甲醇	40 ~ 250	240
20	氯甲烷	70 ~ 250	143
19	一氧化二氮	25 ~ 150	36
9	辛烷	30 ~ 300	296
12	戊烷	20 ~ 200	197
23	丙烷	40 ~ 200	96
24	丙醇	20 ~ 200	264
14	二氧化硫	90 ~ 160	157
30	水	100 ~ 500	374

【例】 求 100 ℃水蒸气的汽化热。

解:从上表中查出水的编号为 30,临界温度 t_c 为 374 ℃,故

$$t_c-t=374-100=274\ ℃$$

在温度标尺上找出相应于 274 ℃的点,将该点与编号 30 的点相连,延长与汽化热标尺相交,由此读出 100 ℃时水的汽化热为 2 257 kJ/kg。

19. 液体的表面张力

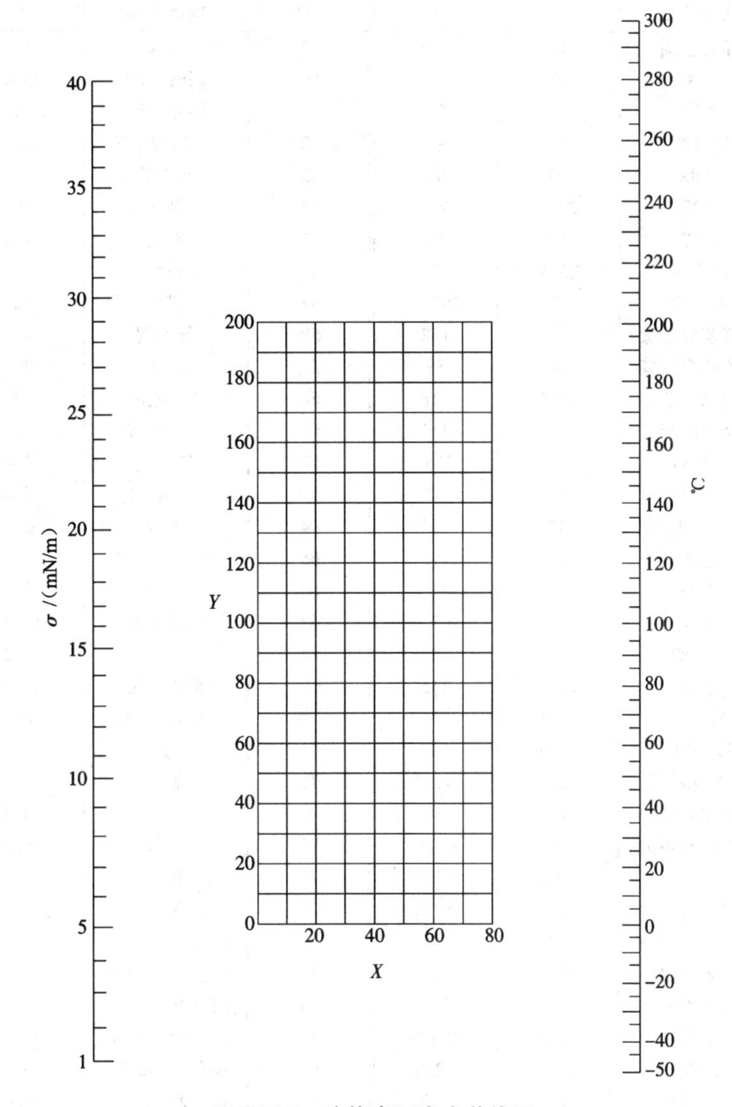

附录图 7　液体表面张力共线图

液体表面张力共线图的坐标值列于下表中。

序号	液体名称	X	Y	序号	液体名称	X	Y
1	环氧乙烷	42	83	49	丙酸	17	112
2	乙苯	22	118	50	丙酸乙酯	22.6	97
3	乙胺	11.2	83	51	丙酸甲酯	29	95
4	乙硫醇	35	81	52	二乙(基)酮	20	101
5	乙醇	10	97	53	异戊醇	6	106.8
6	乙醚	27.5	64	54	四氯化碳	26	104.5
7	乙醛	33	78	55	辛烷	17.7	90
8	乙醛肟	23.5	127	56	亚硝酰氯	38.5	93
9	乙酰胺	17	192.5	57	苯	30	110
10	乙醛醋酸乙酯	21	132	58	苯乙酮	18	163
11	二乙醇缩乙醛	19	88	59	苯乙醚	20	134.2
12	间二甲苯	20.5	118	60	苯二乙胺	17	142.6
13	对二甲苯	19	117	61	苯二甲胺	20	149
14	二甲胺	16	66	62	苯甲醚	24.4	138.9
15	二甲醚	44	37	63	苯甲酸乙酯	14.8	151
16	1,2-二氯乙烯	32	122	64	苯胺	22.9	171.8
17	二硫化碳	35.8	117.2	65	苯(基)甲胺	25	156
18	丁酮	23.6	97	66	苯酚	20	168
19	丁醇	9.6	107.5	67	苯并吡啶	19.5	183
20	异丁醇	5	103	68	氨	56.2	63.5
21	丁酸	14.5	115	69	氧化亚氮	62.5	0.5
22	异丁酸	14.8	107.4	70	草酸乙二酯	20.5	130.8
23	丁酸乙酯	17.5	102	71	氯	45.5	59.2
24	丁(异)酸甲酯	20.9	93.7	72	氯仿	32	101.3
25	丁酸甲酯	25	88	73	对氯甲苯	18.7	134
26	丁(异)酸甲酯	24	93.8	74	氯甲烷	45.8	53.2
27	三乙胺	20.1	83.9	75	氯苯	23.5	132.5
28	三甲胺	21	57.6	76	对氯溴苯	14	162
29	1,3,5-三甲苯	17	119.8	77	氯甲苯(吡啶)	34	138.2
30	三苯甲烷	12.5	182.7	78	氰化乙烷(丙腈)	23	108.6
31	三氯乙醛	30	113	79	氰化丙烷(丁腈)	20.3	113
32	三聚乙醛	22.3	103.8	80	氰化甲烷(乙腈)	33.5	111
33	乙烷	22.7	72.2	81	氰化苯(苯腈)	19.5	159
34	六氢吡啶	24.7	120	82	氰化氢	30.6	66
35	甲苯	24	113	83	硫酸二乙酯	19.5	139.5
36	甲胺	42	58	84	硫酸二甲酯	23.5	158
37	间甲苯酚	13	161.2	85	硝基乙烷	25.4	126.1
38	对甲苯酚	11.5	160.5	86	硝基甲烷	30	139
39	邻甲苯酚	20	161	87	萘	22.5	165
40	甲醇	17	93	88	溴乙烷	31.6	90.2
41	甲酸甲酯	38.5	88	89	溴苯	23.5	145.5
42	甲酸乙酯	30.5	88.8	90	碘乙烷	28	113.2
43	甲酸丙酯	24	97	91	茴香脑	13	158.1
44	丙胺	25.5	87.2	92	醋酸	17.1	116.5
45	对异丙基甲苯	12.8	121.2	93	醋酸甲酯	34	90
46	丙酮	28	91	94	醋酸乙酯	23	97
47	异丙醇	12	111.5	95	醋酸丙酯	23	97
48	丙醇	8.2	105.2	96	醋酸异丁酯	16.4	130.1

续表

序号	液体名称	X	Y	序号	液体名称	X	Y
97	醋酸异戊酯	16.4	130.1	100	环己烷	42	86.7
98	醋酸酐	25	129	101	磷酰氯	26	125.2
99	噻吩	35	121				

20. 壁面污垢热阻(污垢系数)

1)冷却水

($m^2 \cdot K/W$)

加热流体的温度/℃	115 以下		115 ~ 205	
水的温度/℃	25 以下		25 以上	
水的流速/(m/s)	1 以下	1 以上	1 以下	1 以上
海水	0.8598×10^{-4}	0.8598×10^{-4}	1.7197×10^{-4}	1.7197×10^{-4}
自来水、井水、湖水、软化锅炉水	1.7197×10^{-4}	1.7197×10^{-4}	3.4394×10^{-4}	3.4394×10^{-4}
蒸馏水	0.8598×10^{-4}	0.8598×10^{-4}	0.8598×10^{-4}	0.8598×10^{-4}
硬水	5.1590×10^{-4}	5.1590×10^{-4}	8.5980×10^{-4}	8.5980×10^{-4}
河水	5.1590×10^{-4}	3.4394×10^{-4}	6.8788×10^{-4}	5.1590×10^{-4}

2)工业用气体

气体名称	热阻/($m^2 \cdot K/W$)
有机化合物	0.8598×10^{-4}
水蒸气	0.8598×10^{-4}
空气	3.3494×10^{-4}
溶剂蒸气	1.7197×10^{-4}
天然气	1.7197×10^{-4}
焦炉气	1.7197×10^{-4}

3)工业用液体

液体名称	热阻/($m^2 \cdot K/W$)
有机化合物	1.7197×10^{-4}
盐水	1.7197×10^{-4}
熔盐	0.8598×10^{-4}
植物油	5.1590×10^{-4}

4)石油分馏物

馏出物名称	热阻/($m^2 \cdot K/W$)
原油	$3.4394 \times 10^{-4} \sim 12.098 \times 10^{-4}$
汽油	1.7197×10^{-4}
石脑油	1.7197×10^{-4}
煤油	1.7197×10^{-4}
柴油	$3.4394 \times 10^{-4} \sim 5.1590 \times 10^{-4}$
重油	8.5980×10^{-4}
沥青油	17.1970×10^{-4}

21. 101.33 kPa 下溶液的沸点升高与浓度的关系

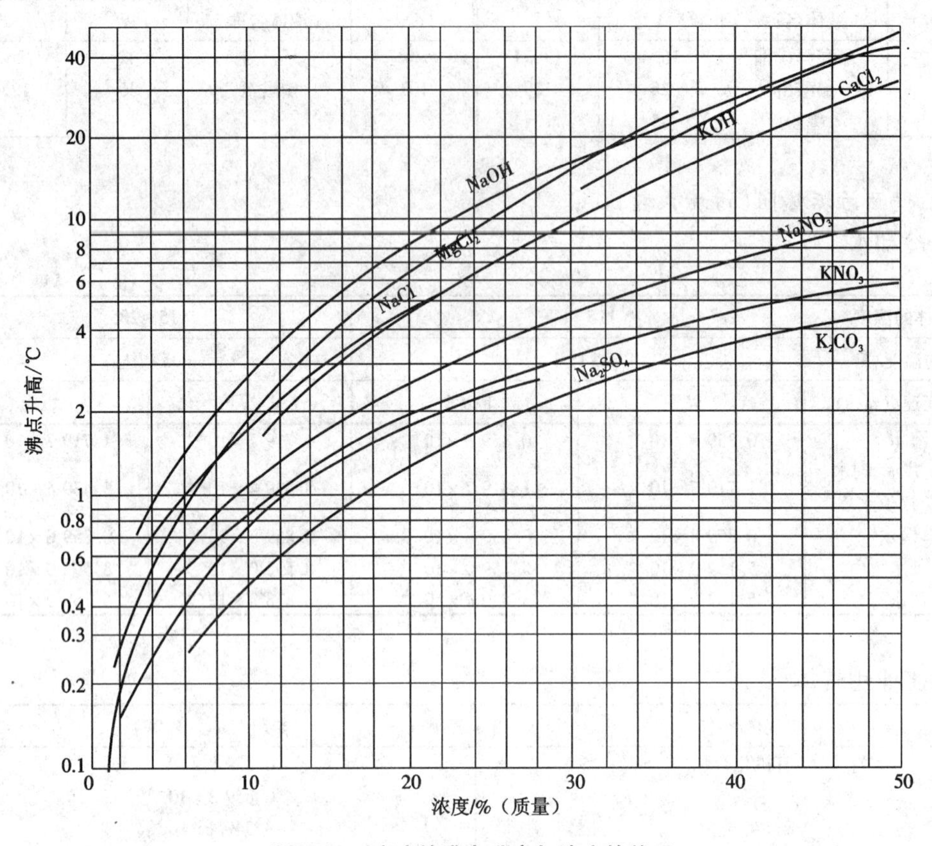

附录图 8　溶液的沸点升高与浓度的关系

22. 管壳式换热器总传热系数 K_o 的推荐值

1) 管壳式换热器用作冷却器时的 K_o 值范围

高温流体	低温流体	总传热系数范围 /(W/(m² · K))	备注
水	水	1 400 ~ 2 840	污垢系数 0.52 m² · K/kW
甲醇、氢水	2 840 ~ 11 400		
有机物黏度 0.5×10^{-3} Pa · s 以下①	水	430 ~ 850	
有机物黏度 0.5×10^{-3} Pa · s 以下①	冷冻盐水	220 ~ 570	
有机物黏度 $(0.5\sim1)\times10^{-3}$ Pa · s②	水	280 ~ 710	
有机物黏度 1×10^{-3} Pa · s 以上③	水	28 ~ 430	
气体	水	12 ~ 280	
水	冷冻盐水	570 ~ 1 200	
水	冷冻盐水	230 ~ 580	传热面为塑料衬里
硫酸	水	870	传热面为不透性石墨，两侧对流传热系数均为 2 440W/(m² · K)
四氯化铁	氯化钙溶液	76	管内流速 0.005 2 ~ 0.011 m/s
氯化氢气(冷却除水)	盐水	35 ~ 175	传热面为不透性石墨
氯气(冷却除水)	水	35 ~ 175	传热面为不透性石墨

续表

高温流体	低温流体	总传热系数范围/(W/(m^2·K))	备注
熔烧 SO_2 气体	水	230~465	传热面为不透性石墨
氮	水	66	计算值
水	水	410~1 160	传热面为塑料性衬里
20%~40%硫酸	水 t=60-30 ℃	465~1 050	冷却洗涤用硫酸的冷却
20%盐酸	水 t=110~25 ℃	580~1 160	
有机溶剂	盐水	175~510	

①为苯、甲苯、丙酮、乙醇、丁酮、汽油、轻煤油、石脑油等有机物；

②为煤油、热柴油、热吸收油、原油馏分等有机物；

③为冷柴油、燃料油、原油、焦油、沥青等有机物。

2)管壳式换热器用作冷凝器时的 K_0 值范围

高温流体	低温流体	总传热系数范围/(W/(m^2·K))	备注
有机质蒸气	水	230~930	传热面为塑料衬里
有机质蒸气	水	290~1 160	传热面为不透性石墨
饱和有机质蒸气(大气压下)	盐水	570~1 140	
饱和有机质蒸气(减压下且含有少量不凝性气体)	盐水	280~570	
低沸点碳氢化合物(大气压下)	水	450~1 140	
高沸点碳氢化合物(减压下)	水	60~175	
21%盐酸蒸气	水	110~1 750	传热面为不透性石墨
氨蒸气	水	870~2 330	水流速1~1.5 m/s
有机溶剂蒸气和水蒸气混合物	水	350~1 160	传热面为塑料衬里
有机质蒸气(减压下且含有大量不凝性气体)	水	60~280	
有机质蒸气(大气压下且含有大量不凝性气体)	盐水	115~450	
氟里昂液蒸气	水	870~990	水流速1.2 m/s
汽油蒸气	水	520	水流速1.5 m/s
汽油蒸气	原油	115~175	原油流速0.6 m/s
煤油蒸气	水	290	水流速1 m/s
水蒸气(加压下)	水	1 990~4 260	
水蒸气(减压下)	水	1 700~3 440	
氯乙醛(管外)	水	165	直立式,传热面为搪瓷玻璃
甲醇(管内)	水	640	直立式
四氯化碳(管内)	水	360	直立式
缩醛(管内)	水	460	直立式
糠醛(管外)(有不凝性气体)	水	220	直立式
糠醛(管外)(有不凝性气体)	水	190	直立式
糠醛(管外)(有不凝性气体)	水	125	直立式
水蒸气(管外)	水	610	卧式

23. 管子规格

1)输送流体用无缝钢管规格(摘自GB 8163—87)

(1)热轧(挤压、扩)钢管的外径和壁厚。

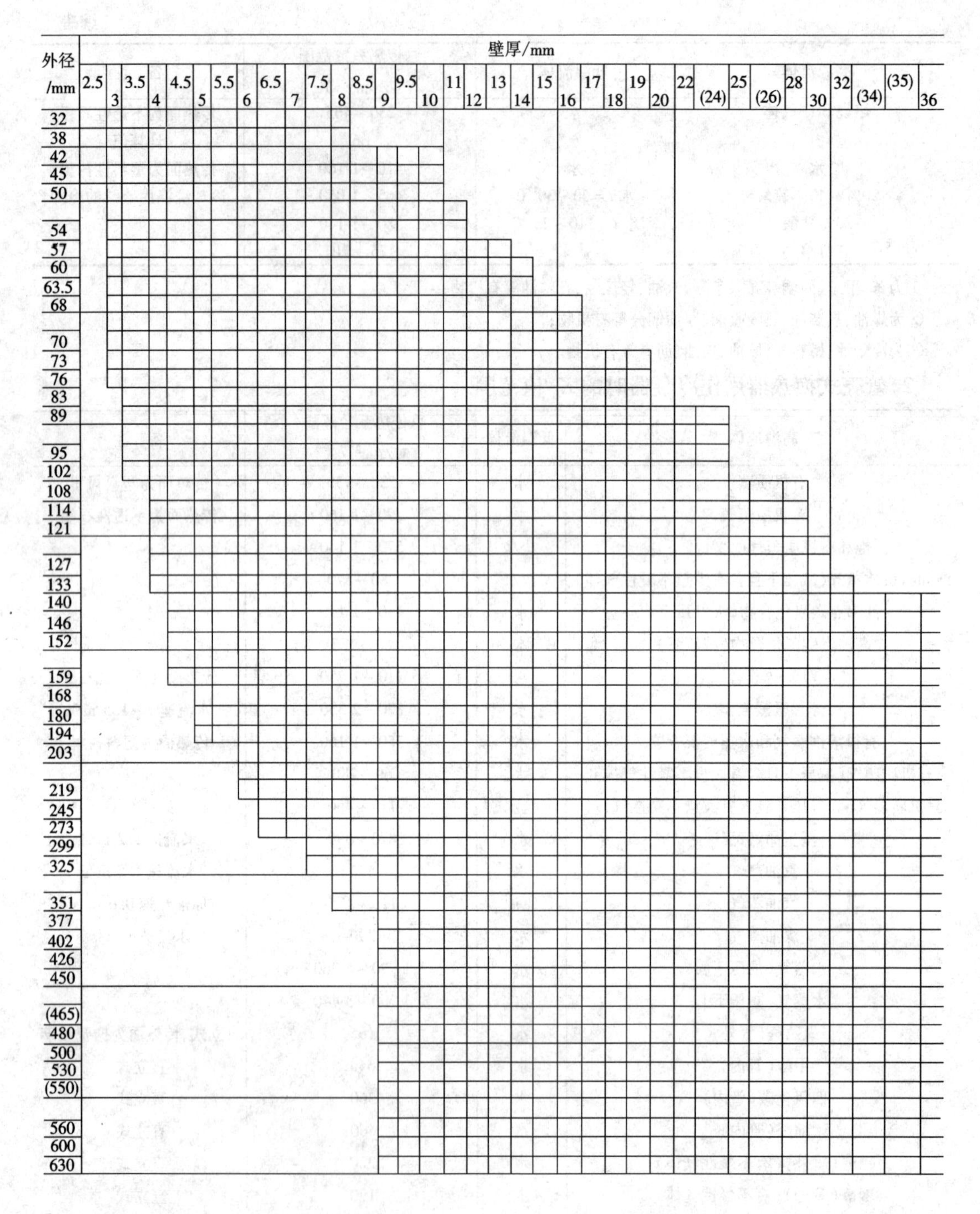

注:①钢管通常长度为3～12 m;

②钢管由10MnV、20MnV、09MnV和16MnV制造;

③括号内数值不推荐使用。

(2)冷拔(轧)钢管的外径和壁厚。

外径/mm	壁厚/mm																																		
	0.25	0.3	0.4	0.5	0.6	0.8	1.0	1.2	1.4	1.5	1.6	1.8	2.0	2.2	2.5	2.8	3.0	3.2	3.5	4	4.5	5	5.5	6	6.5	7	7.5	8	8.5	9	9.5	10	11	12	13	14
6																																				
7																																				
8																																				
9																																				
10																																				
11																																				
12																																				
(13)																																				
14																																				
(15)																																				
16																																				
(17)																																				
18																																				
19																																				
20																																				
(21)																																				
22																																				
(23)																																				
(24)																																				
25																																				
27																																				
28																																				
29																																				
30																																				
32																																				
34																																				
(35)																																				
36																																				
38																																				
40																																				
42																																				
44.5																																				
45																																				
48																																				
50																																				
51																																				
53																																				
54																																				
56																																				
57																																				
60																																				
63																																				
65																																				
(68)																																				
70																																				
73																																				
75																																				
76																																				
80																																				
(83)																																				
85																																				
89																																				
90																																				
95																																				
100																																				
(102)																																				
108																																				
110																																				
120																																				

注:①通常长度为 3 ~ 10 m;

③括号内数值不推荐使用。

2)流体输送用不锈钢无缝钢管规格(摘自 GB/T 14976—94)

(1)热轧(挤、扩)钢管的外径和壁厚。

mm

外径＼壁厚	4.5	5	6	7	8	9	10	11	12	13	14	15	16	17	18
68	◎	◎	◎	◎	◎	◎	◎	◎	◎						
70	◎	◎	◎	◎	◎	◎	◎	◎	◎						
73	◎	◎	◎	◎	◎	◎	◎	◎	◎						
76	◎	◎	◎	◎	◎	◎	◎	◎	◎						
80	◎	◎	◎	◎	◎	◎	◎	◎	◎						
83	◎	◎	◎	◎	◎	◎	◎	◎	◎						
89	◎	◎	◎	◎	◎	◎	◎	◎	◎						
95	◎	◎	◎	◎	◎	◎	◎	◎	◎	◎	◎				
102	◎	◎	◎	◎	◎	◎	◎	◎	◎	◎	◎				
108	◎	◎	◎	◎	◎	◎	◎	◎	◎	◎	◎				
114		◎	◎	◎	◎	◎	◎	◎	◎	◎	◎				
121		◎	◎	◎	◎	◎	◎	◎	◎	◎	◎				
127		◎	◎	◎	◎	◎	◎	◎	◎	◎	◎				
133		◎	◎	◎	◎	◎	◎	◎	◎	◎	◎				
140			◎	◎	◎	◎	◎	◎	◎	◎	◎	◎	◎		
146			◎	◎	◎	◎	◎	◎	◎	◎	◎	◎	◎		
152			◎	◎	◎	◎	◎	◎	◎	◎	◎	◎	◎		
159			◎	◎	◎	◎	◎	◎	◎	◎	◎	◎	◎		
168				◎	◎	◎	◎	◎	◎	◎	◎	◎	◎	◎	◎
180					◎	◎	◎	◎	◎	◎	◎	◎	◎	◎	◎
194					◎	◎	◎	◎	◎	◎	◎	◎	◎	◎	◎
219					◎	◎	◎	◎	◎	◎	◎	◎	◎	◎	◎
245							◎	◎	◎	◎	◎	◎	◎	◎	◎
273									◎	◎	◎	◎	◎	◎	◎
325									◎	◎	◎	◎	◎	◎	◎
351									◎	◎	◎	◎	◎	◎	◎
377									◎	◎	◎	◎	◎	◎	◎
426									◎	◎	◎	◎	◎	◎	◎

注:◎表示热轧规格,钢管的通常长度为 2 ~ 12 m。

(2)冷拔(轧)钢管的外径和壁厚。

mm

外径＼壁厚	0.5	0.6	0.8	1.0	1.2	1.4	1.5	1.6	2.0	2.2	2.5	2.8	3.0	3.2	3.5	4.0	4.5	5.0	5.5	6.0	6.5	7.0	7.5	8.0	8.5	9.0	9.5	10	11	12	13	14	15
6	●	●	●	●	●	●	●	●	●																								

续表

外径＼壁厚	0.5	0.6	0.8	1.0	1.2	1.4	1.5	1.6	2.0	2.2	2.5	2.8	3.0	3.2	3.5	4.0	4.5	5.0	5.5	6.0	6.5	7.0	7.5	8.0	8.5	9.0	9.5	10	11	12	13	14	15
7	●	●	●	●	●	●	●	●	●																								
8	●	●	●	●	●	●	●	●	●																								
9	●	●	●	●	●	●	●	●	●	●	●																						
10	●	●	●	●	●	●	●	●	●	●	●																						
11	●	●	●	●	●	●	●	●	●	●	●																						
12	●	●	●	●	●	●	●	●	●	●	●	●	●																				
13	●	●	●	●	●	●	●	●	●	●	●	●	●																				
14	●	●	●	●	●	●	●	●	●	●	●	●	●	●	●																		
15	●	●	●	●	●	●	●	●	●	●	●	●	●	●	●																		
16	●	●	●	●	●	●	●	●	●	●	●	●	●	●	●	●																	
17	●	●	●	●	●	●	●	●	●	●	●	●	●	●	●	●																	
18	●	●	●	●	●	●	●	●	●	●	●	●	●	●	●	●	●																
19	●	●	●	●	●	●	●	●	●	●	●	●	●	●	●	●	●																
20	●	●	●	●	●	●	●	●	●	●	●	●	●	●	●	●	●																
21	●	●	●	●	●	●	●	●	●	●	●	●	●	●	●	●	●	●															
22	●	●	●	●	●	●	●	●	●	●	●	●	●	●	●	●	●	●															
23	●	●	●	●	●	●	●	●	●	●	●	●	●	●	●	●	●	●															
24	●	●	●	●	●	●	●	●	●	●	●	●	●	●	●	●	●	●	●														
25	●	●	●	●	●	●	●	●	●	●	●	●	●	●	●	●	●	●	●	●													
27	●	●	●	●	●	●	●	●	●	●	●	●	●	●	●	●	●	●	●	●													
28	●	●	●	●	●	●	●	●	●	●	●	●	●	●	●	●	●	●	●	●	●												
30	●	●	●	●	●	●	●	●	●	●	●	●	●	●	●	●	●	●	●	●	●	●											
32	●	●	●	●	●	●	●	●	●	●	●	●	●	●	●	●	●	●	●	●	●	●											
34	●	●	●	●	●	●	●	●	●	●	●	●	●	●	●	●	●	●	●	●	●	●											
35	●	●	●	●	●	●	●	●	●	●	●	●	●	●	●	●	●	●	●	●	●	●											
36	●	●	●	●	●	●	●	●	●	●	●	●	●	●	●	●	●	●	●	●	●	●											
38	●	●	●	●	●	●	●	●	●	●	●	●	●	●	●	●	●	●	●	●	●	●											
40	●	●	●	●	●	●	●	●	●	●	●	●	●	●	●	●	●	●	●	●	●	●											
42	●	●	●	●	●	●	●	●	●	●	●	●	●	●	●	●	●	●	●	●	●	●	●										
45	●	●	●	●	●	●	●	●	●	●	●	●	●	●	●	●	●	●	●	●	●	●	●	●	●								
48	●	●	●	●	●	●	●	●	●	●	●	●	●	●	●	●	●	●	●	●	●	●	●	●	●								
50	●	●	●	●	●	●	●	●	●	●	●	●	●	●	●	●	●	●	●	●	●	●	●	●	●	●							
51	●	●	●	●	●	●	●	●	●	●	●	●	●	●	●	●	●	●	●	●	●	●	●	●	●	●							
53	●	●	●	●	●	●	●	●	●	●	●	●	●	●	●	●	●	●	●	●	●	●	●	●	●	●	●						
54	●	●	●	●	●	●	●	●	●	●	●	●	●	●	●	●	●	●	●	●	●	●	●	●	●	●	●	●					

续表

壁厚 外径	0.5	0.6	0.8	1.0	1.2	1.4	1.5	1.6	2.0	2.2	2.5	2.8	3.0	3.2	3.5	4.0	4.5	5.0	5.5	6.0	6.5	7.0	7.5	8.0	8.5	9.0	9.5	10	11	12	13	14	15
56	●	●	●	●	●	●	●	●	●	●	●	●	●	●	●	●	●	●	●	●	●	●	●	●	●	●	●	●					
57	●	●	●	●	●	●	●	●	●	●	●	●	●	●	●	●	●	●	●	●	●	●	●	●	●	●	●	●					
60	●	●	●	●	●	●	●	●	●	●	●	●	●	●	●	●	●	●	●	●	●	●	●	●	●	●	●	●					
63							●	●	●	●	●	●	●	●	●	●	●	●	●	●	●	●	●	●	●	●	●	●					
65							●	●	●	●	●	●	●	●	●	●	●	●	●	●	●	●	●	●	●	●	●	●					
68							●	●	●	●	●	●	●	●	●	●	●	●	●	●	●	●	●	●	●	●	●	●	●	●			
70								●	●	●	●	●	●	●	●	●	●	●	●	●	●	●	●	●	●	●	●	●	●	●			
73											●	●	●	●	●	●	●	●	●	●	●	●	●	●	●	●	●	●	●	●			
75											●	●	●	●	●	●	●	●	●	●	●	●	●	●	●	●	●	●					
76											●	●	●	●	●	●	●	●	●	●	●	●	●	●	●	●	●	●	●	●			
80											●	●	●	●	●	●	●	●	●	●	●	●	●	●	●	●	●	●	●	●	●	●	●
83											●	●	●	●	●	●	●	●	●	●	●	●	●	●	●	●	●	●	●	●	●	●	●
85											●	●	●	●	●	●	●	●	●	●	●	●	●	●	●	●	●	●	●	●	●	●	●
89											●	●	●	●	●	●	●	●	●	●	●	●	●	●	●	●	●	●	●	●	●	●	●
90													●	●	●	●	●	●	●	●	●	●	●	●	●	●	●	●	●	●	●	●	●
95													●	●	●	●	●	●	●	●	●	●	●	●	●	●	●	●	●	●	●	●	●
100													●	●	●	●	●	●	●	●	●	●	●	●	●	●	●	●	●	●	●	●	●
102															●	●	●	●	●	●	●	●	●	●	●	●	●	●	●	●	●	●	●
108															●	●	●	●	●	●	●	●	●	●	●	●	●	●	●	●	●	●	●
114															●	●	●	●	●	●	●	●	●	●	●	●	●	●	●	●	●	●	●
127															●	●	●	●	●	●	●	●	●	●	●	●	●	●	●	●	●	●	●
133															●	●	●	●	●	●	●	●	●	●	●	●	●	●	●	●	●	●	●
140															●	●	●	●	●	●	●	●	●	●	●	●	●	●	●	●	●	●	●
146															●	●	●	●	●	●	●	●	●	●	●	●	●	●	●	●	●	●	●
159															●	●	●	●	●	●	●	●	●	●	●	●	●	●	●	●	●	●	●

注：●表示冷(轧)钢管规格，通常长度为 2 ~ 8 m。

24. 泵规格

(1) IS 型单级单吸离心泵性能表(摘录)。

型号	转速 n/(r/min)	流量/		扬程 H/m	效率 η/%	功率/kW		必需气蚀余量 $(NPSH)_r$/m	质量(泵/底座)/kg
		(m^3/h)	(L/s)			轴功率	电机功率		
IS50 - 32 - 125	2 900	7.5	2.08	22	47	0.96	2.2	2.0	32/46
		12.5	3.47	20	60	1.13		2.0	
		15	4.17	18.5	60	1.26		2.5	
IS50 - 32 - 160	2 900	7.5	22.08	34.3	44	1.59	3	2.0	50/46
		12.5	3.47	32	54	2.02		2.0	
		15	4.17	29.6	56	2.16		2.5	

续表

型号	转速 n/(r/min)	流量/		扬程 H/m	效率 η/%	功率/kW		必需气蚀余量 $(NPSH)_r$/m	质量(泵/底座)/kg
		(m^3/h)	(L/s)			轴功率	电机功率		
IS50-32-200	2 900	7.5	2.08	82	38	2.82	5.5	2.0	52/66
		12.5	3.47	80	48	3.54		2.0	
		15	4.17	78.4	51	3.59		2.5	
IS50-32-250	2 900	7.5	2.08	21.8	23.5	5.87	11	2.0	88/110
		12.5	3.47	20	38	7.16		2.0	
		15	4.17	18.5	41	7.83		2.5	
IS65-50-125	2 900	7.5	4.17	35	58	1.54	3	2.0	50/41
		12.5	6.49	32	69	1.97		2.0	
		15	8.33	30	68	2.22		3.0	
IS65-50-160	2 900	15	4.17	53	54	2.65	5.5	2.0	51/66
		25	6.94	50	65	3.35		2.0	
		30	8.33	47	66	3.71		2.5	
IS65-40-200	2 900	15	4.17	53	49	4.42	7.5	2.0	62/66
		25	6.94	50	60	5.67		2.0	
		30	8.33	47	61	6.29		2.5	
IS65-40-250	2 900	15	4.17	82	37	9.05	15	2.0	82/110
		25	6.94	80	50	10.89		2.0	
		30	8.33	78	53	12.02		2.5	
IS65-40-315	2 900	15	4.17	127	28	18.5	30	2.5	152/110
		25	6.94	125	40	21.3		2.5	
		30	8.33	123	44	22.8		3.0	
IS80-65-125	2 900	30	8.33	22.5	65	2.87	5.5	3.0	44/46
		50	13.9	20	75	3.63		3.0	
		60	16.7	18	74	3.98		3.5	
IS80-65-160	2 900	30	8.33	36	61	4.82	7.5	2.5	48/66
		50	13.9	32	73	5.97z		2.5	
		60	16.7	29	72	6.59		3.0	
IS80-50-200	2 900	30	8.33	53	55	7.87	15	2.5	64/124
		50	13.9	50	69	9.87		2.5	
		60	16.7	47	71	10.8		3.0	
IS80-50-250	2 900	30	8.33	84	52	13.2	22	2.5	90/110
		50	13.9	80	63	17.3		2.5	
		60	16.7	75	64	19.2		3.0	
IS80-50-315	2 900	30	8.33	128	41	25.5	37	2.5	125/160
		50	13.9	125	54	31.5		2.5	
		60	16.7	123	57	35.3		3.0	
IS100-80-125	2 900	60	16.7	24	67	5.86	11	4.0	49/64
		100	27.8	20	78	7.00		4.5	
		120	33.3	16.5	74	7.28		5.0	
IS100-80-160	2 900	60	16.7	36	70	8.42	15	3.5	69/110
		100	27.8	32	78	11.2		4.0	
		120	33.3	28	75	12.2		5.0	
IS100-65-200	2 900	60	16.7	54	65	13.6	22	3.0	81/110
		100	27.8	50	76	17.9		3.6	
		120	33.3	47	77	19.9		4.8	

续表

型号	转速 n/(r/min)	流量/(m^3/h)	流量/(L/s)	扬程 H/m	效率 η/%	功率/kW 轴功率	功率/kW 电机功率	必需气蚀余量 $(NPSH)_r$/m	质量(泵/底座)/kg
IS100-65-250	2 900	60	16.7	87	61	23.4	37	3.5	90/160
		100	27.8	80	72	30.0		3.8	
		120	33.3	74.5	73	33.3		4.8	
IS100-65-315	2 900	60	16.7	133	55	39.6	75	3.0	180/295
		100	27.8	125	66	51.6		3.6	
		120	33.3	118	67	57.5		4.2	
IS125-100-200	2 900	120	33.3	57.5	67	28.0	45	4.5	108/160
		200	55.6	50	81	33.6		4.5	
		240	66.7	44.5	80	36.4		5.0	
IS125-100-250	2 900	120	33.3	87	66	43.0	75	3.8	166/295
		200	55.6	80	78	55.9		4.2	
		240	66.7	72	75	62.8		5.0	
IS125-100-315	2 900	120	33.3	132.5	60	72.1	110	4.0	189/330
		200	55.6	125	75	90.8		4.5	
		240	66.7	120	77	101.9		5.0	
IS125-100-400	1 450	60	16.7	52	53	16.1	30	2.5	205/233
		100	27.8	50	65	21.0		2.5	
		120	33.3	48.5	67	23.6		3.0	
IS150-125-250	1 450	120	33.3	22.5	71	10.4	18.5	3.0	188/158
		200	55.6	20	81	13.5		3.0	
		240	66.7	17.5	78	14.7		3.5	
IS150-125-315	1 450	120	33.3	34	70	15.9	30	2.5	192/233
		200	55.6	32	79	22.1		2.5	
		240	66.7	29	80	23.7		3.0	
IS150-125-400	1 450	120	33.2	53	62	27.9	45	2.0	223/233
		200	55.6	50	75	36.3		2.8	
		240	66.7	46	74	40.6		3.5	
IS200-150-250	1 450	240	66.7				37		203/233
		400	111.1	20	82	26.6			
		460	127.8						
IS200-150-315	1 450	240	66.7	37	70	34.6	55	3.0	262/295
		400	111.1	32	82	42.5		3.5	
		460	127.8	28.5	80	44.6		4.0	
IS200-150-400	1 450	240	66.7	55	74	48.6	90	3.0	295/298
		400	111.1	50	81	67.2		3.8	
		460	127.8	48	76	74.2		4.5	

(2)Y 型离心油泵性能表。

型　号	流量/(m^3/h)	扬程/m	转速/(r/min)	功率/kW		效率/%	气蚀余量/m	泵壳许用应力/Pa	结构形式	备　注
				轴	电机					
50Y－60	12.5	60	2 950	5.95	11	35	2.3	1 570/2 550	单级悬臂	泵壳许用应力内的分子表示第Ⅰ类材料相应的许用应力数;分母表示第Ⅱ、Ⅲ类材料相应的许用应力数
50Y－60A	11.2	49	2 950	4.27	8			″	″	
50Y－60B	9.9	38	2 950	2.93	5.5	35		″	″	
50Y－60×2	12.5	120	2 950	11.7	15	35	2.3	2 158/3 138	两级悬臂	
50Y－60×2A	11.7	105	2 950	9.55	15			″	″	
50Y－60×2B	10.8	90	2 950	7.65	11	55	2.6	″	″	
50Y－60×2C	9.9	75	2 950	5.9	8			″	″	
65Y－60	25	60	2 950	7.5	11			1 570/2 550	单级悬臂	
65Y－60A	22.5	49	2 950	5.5	8			″	″	
65Y－60B	19.8	38	2 950	3.75	5.5			″	″	
65Y－100	25	100	2 950	17.0	32	40	2.6	″	″	
65Y－100A	23	85	2 950	13.3	2			″	″	
65Y－100B	21	70	2 950	10.0	15			″	″	
65Y－100×2	25	200	2 950	34	55	40	2.6	2 942/3 923	两级悬臂	
65Y－100×2A	23.3	175	2 950	27.8	40			″	″	
65Y－100×2B	21.6	150	2 950	22.0	32			″	″	
65Y－100×2C	19.8	125	2 950	16.8	20			″	″	
80Y－60	50	60	2 950	12.8	15	64	3.0	1 570/2 550	单级悬臂	
80Y－60A	45	49	2 950	9.5	11			″	″	
80Y－60B	39.5	38	2 950	6.5	8			″	″	
80Y－100	50	100	2 950	22.7	32	60	3.0	1 961/2 942	″	
80Y－100A	45	85	2 950	18.0	25			″	″	
80Y－100B	39.5	70	2 950	12.6	20			″	″	
80Y－100×2	50	200	2 950	45.4	75	60	3.0	2 942/3 923		
80Y－100×2A	46.6	175	2 950	37.0	55	60	3.0	2 942/3 923	两级悬臂	
80Y－100×2B	43.2	150	2 950	29.5	40			″		
80Y－100×2C	39.6	125	2 950	22.7	32				″	

注:与介质接触且受温度影响的零件,根据介质的性质需要采用不同的材料,所以分为3种材料,但泵的结构相同。第Ⅰ类材料不耐硫腐蚀,操作温度在－20～200 ℃之间;第Ⅱ类材料不耐硫腐蚀,温度在－45～400 ℃之间;第Ⅲ类材料不耐硫腐蚀,温度在－45～200 ℃之间。

25.4－72－11 型离心通风机规格(摘录)

机号	转速/(r/min)	全压系数	全压/		流量系数	流量/(m^3/h)	效率/%	所需功率/kW
			mmH_2O	Pa*				
6C	2 240	0.411	248	2 432.1	0.220	15 800	91	14.1
	2 000	0.411	198	1 941.8	0.220	14 100	91	10.0
	1 800	0.411	160	1 569.1	0.220	12 700	91	7.3
	1 250	0.411	77	755.1	0.220	8 800	91	2.53
	1 000	0.411	49	480.5	0.220	7 030	91	1.39
	800	0.411	30	294.2	0.220	5 610	91	0.73
8C	1 800	0.411	285	2 795	0.220	29 900	91	30.8
	1 250	0.411	137	1 343.6	0.220	20 800	91	10.3
	1 000	0.411	88	863.0	0.220	16 600	91	5.52
	630	0.411	35	343.2	0.220	10 480	91	1.51

续表

机号	转速/(r/min)	全压系数	全压/		流量系数	流量/(m^3/h)	效率/%	所需功率/kW
			mmH_2O	Pa *				
10C	1 250	0.434	227	2 226.2	0.221 8	41 300	94.3	32.7
	1 000	0.434	145	1 422.0	0.221 8	32 700	94.3	16.5
	800	0.434	93	912.1	0.221 8	26 130	94.3	8.5
	500	0.434	36	353.1	0.221 8	16 390	94.3	2.3
6D	1 450	0.411	104	1 020	0.220	10 200	91	4
	960	0.411	45	441.3	0.220	6 720	91	1.32
8D	1 450	0.44	200	1 961.4	0.184	20 130	89.5	14.2
	730	0.44	50	490.4	0.184	10 150	89.5	2.06
16B	900	0.434	300	2 942.1	0.221 8	121 000	94.3	127
20B	710	0.434	290	2 844.1	0.221 8	186 300	94.3	190

* 为了执行国务院 1984 年 2 月 27 日颁发的“关于在我国统一实行法定计量单位的命令”，编者在原有的 4－72－11 型离心通风机规格中加入以 Pa 表示的全风压(由 mmH_2O 换算的)。

26. 管壳式换热器系列标准(摘自 GB/T 4714,4715—92)

1)固定管板式的基本参数

(1)列管尺寸为 ϕ19 mm，管心距为 25 mm。

公称直径/mm	273		400			600				800				1 000			
公称压强/kPa	1.60×10^3 2.50×10^3 4.00×10^3 6.40×10^3		0.60×10^3 1.00×10^3 1.60×10^3 2.50×10^3 4.00×10^3														
管程数	1	2	1	2	4	1	2	4	6	1	2	4	6	1	2	4	6
管子总根数	66	56	174	164	146	430	416	370	360	797	776	722	710	1 267	1 234	1 186	1 148
中心排管数	9	8	14	15	14	22	23	22	20	31	31	31	30	39	39	39	38
* 管程流通面积/m^2	0.011 5	0.004 9	0.030 7	0.014 5	0.006 5	0.076 0	0.036 8	0.016 3	0.010 6	0.140 8	0.068 6	0.031 9	0.020 9	0.020 9	0.109 0	0.052 4	0.033 8
计算的换热器面积/m^2 列管长度/mm 1 500	5.4	4.7	14.5	13.7	12.2	—	—	—		—	—	—	—	—	—	—	—
2 000	7.4	6.4	19.7	18.6	16.6	48.8	47.2	42.0	40.8	—	—	—	—	—	—	—	—
3 000	11.3	9.7	30.1	28.4	25.3	74.4	72.0	64.0	62.3	138.0	134.3	125.0	122.9	219.3	213.6	205.3	198.7
4 500	17.1	14.7	45.7	43.1	38.3	112.0	109.3	97.2	94.5	209.3	203.8	189.8	186.5	332.8	324.1	311.5	301.5
6 000	22.9	19.7	61.3	57.8	51.4	151.4	146.5	130.3	126.8	280.7	273.3	254.3	250.0	446.2	434.6	417.7	404.3

注：表中的管程流通面积为各程的平均值，管子三角形排列。

(2)列管尺寸为 $\phi 25$ mm,管心距为 32 mm。

公称直径/mm		273		400			600				800				1 000			
公称压强/kPa		1.60×10^3 2.50×10^3 4.00×10^3 6.40×10^3		0.60×10^3 1.00×10^3 1.60×10^3 2.50×10^3 4.00×10^3														
管程数		1	2	1	2	4	1	2	4	6	1	2	4	6	1	2	4	6
管子总根数		38	32	98	94	76	245	232	222	216	467	450	442	430	749	742	710	698
中心排管数		6	7	12	11	11	17	16	17	16	23	23	23	24	30	29	29	30
*管程流通面积/m^2	$\phi 25\times2$	0.013 2	0.005 5	0.033 9	0.016 3	0.006 6	0.084 8	0.040 2	0.019 2	0.012 5	0.161 8	0.077 9	0.038 3	0.024 8	0.259 4	0.128 5	0.061 5	0.040 3
	$\phi 25\times2.5$	0.011 9	0.005 0	0.030 8	0.014 8	0.006 0	0.076 9	0.036 4	0.017 4	0.011 3	0.146 6	0.070 7	0.034 7	0.022 5	0.235 2	0.116 5	0.055 7	0.036 5
计算的换热器面积/m^2 列管长度/mm	1 500	4.2	3.5	10.8	10.3	8.4	—	—	—	—	—	—	—	—	—	—	—	—
	2 000	5.7	4.8	14.6	14.0	11.3	36.5	34.6	33.1	32.2	—	—	—	—	—	—	—	—
	3 000	8.7	7.3	22.3	21.4	17.3	55.8	52.8	50.5	49.2	106.3	102.4	100.6	97.9	170.5	168.9	161.6	158.9
	4 500	13.1	11.1	33.8	32.5	26.3	84.6	80.1	76.7	74.6	161.3	155.4	152.7	148.5	258.7	256.3	245.2	241.1
	6 000	17.6	14.8	45.4	43.5	35.2	113.5	107.5	102.8	100.0	216.3	208.5	204.7	119.2	346.9	343.7	328.8	323.3

注:表中的管程流通面积为各程的平均值,管子三角形排列。

2)浮头式(内导流)换热器的基本参数

公称直径/mm	管程数	管子总根数*		中心排管数		管程流通面积/m^2			计算的换热器面积**					
									管子长度/mm					
									3 000		4 500		6 000	
		管子尺寸/mm												
		$\phi 19$	$\phi 25$	$\phi 19$	$\phi 25$	$\phi 19\times2$	$\phi 25\times2$	$\phi 25\times2.5$	$\phi 19$	$\phi 25$	$\phi 19$	$\phi 25$	$\phi 19$	$\phi 25$
325	2	60	32	7	5	0.005 3	0.005 5	0.005 0	10.5	7.4	15.8	11.1	—	—
	4	52	28	6	4	0.002 3	0.002 4	0.002 2	9.1	6.4	13.7	9.7	—	—
426 400	2	120	74	8	7	0.010 6	0.012 6	0.011 6	20.9	16.9	31.6	25.6	42.3	34.4
	4	108	68	9	6	0.004 8	0.005 9	0.005 3	18.8	15.6	28.4	23.6	38.1	31.6
500	2	206	124	11	8	0.018 2	0.021 5	0.019 4	35.7	28.3	54.1	42.8	72.5	57.4
	4	192	116	10	9	0.008 5	0.010 0	0.009 1	33.2	26.4	50.4	40.1	67.6	53.7
600	2	324	198	14	11	0.028 6	0.034 3	0.031 1	55.8	44.9	84.8	68.2	113.9	91.5
	4	308	188	14	10	0.013 6	0.016 3	0.014 8	53.1	42.6	80.7	64.8	108.2	86.9
	6	284	158	14	10	0.008 3	0.009 1	0.008 3	48.9	35.8	74.4	54.4	99.8	73.1

续表

公称直径/mm	管程数	管子总根数*		中心排管数		管程流通面积/m^2			计算的换热器面积**					
									管子长度/mm					
									3 000		4 500		6 000	
		管子尺寸/mm												
		ϕ19	ϕ25	ϕ19	ϕ25	$\phi19\times2$	$\phi25\times2$	$\phi25\times2.5$	ϕ19	ϕ25	ϕ19	ϕ25	ϕ19	ϕ25
700	2	468	268	16	13	0.041 4	0.046 4	0.042 1	80.4	60.6	122.2	92.1	164.1	123.7
	4	448	256	17	12	0.019 8	0.022 2	0.020 1	76.9	57.8	117.0	87.9	157.1	118.1
	6	382	224	15	10	0.011 2	0.012 9	0.011 6	65.6	50.6	99.8	76.9	133.9	103.4
800	2	610	366	19	15	0.053 9	0.063 4	0.057 5	—	—	158.9	125.4	213.5	168.5
	4	588	325	18	14	0.026 0	0.030 5	0.027 5	—	—	153.2	120.6	205.8	162.1
	6	518	316	16	14	0.015 2	0.018 2	0.016 5	—	—	134.2	108.3	181.3	145.5
1 000	2	1 006	606	24	19	0.089 0	0.105 0	0.095 2	—	—	206.6	206.6	350.6	277.9
	4	980	588	23	18	0.043 3	0.050 9	0.046 2	—	—	253.9	200.4	314.6	269.7
	6	892	564	21	18	0.026 2	0.032 6	0.029 5	—	—	231.1	192.2	311.0	258.7

*排管数按正方形旋转45°排列计算；

**计算换热器面积按光管及公称压强 2.5×10^3 kPa 的管板厚度确定。

参 考 文 献

[1] 姚玉英,陈常贵,柴诚敬.化工原理[M].天津:天津大学出版社,2004.
[2] 姚玉英,陈常贵,柴诚敬.化工原理学习指南[M].天津:天津大学出版社,2003.
[3] 贾绍义,柴诚敬.化工传质与分离过程[M].北京:化学工业出版社,2001.
[4] 柴诚敬.化工原理[M].北京:高等教育出版社,2005.
[5] 柴诚敬,张国亮.化工流动与传热[M].北京:化学工业出版社,2000.
[6] 冷士良,陆清,宋志轩.化工单元操作及设备[M].北京:化学工业出版社,2007.
[7] 韩玉墀,王慧伦.化工工人技术培训读本[M].北京:化学工业出版社,1996.
[8] 刘佩田,闫晔.化工单元操作过程[M].北京:化学工业出版社,2004.
[9] 张弓.化工原理[M].北京:化学工业出版社,2001.
[10] 化工部人事教育司,化工部教育培训中心.化工工人技术理论培训教材[M].北京:化学工业出版社,1997.
[11] 化工部人事教育司,化工部教育培训中心.化工管路安装与维修[M].北京:化学工业出版社,1997.
[12] 化工部人事教育司,化工部教育培训中心.吸收[M].北京:化学工业出版社,1997.
[13] 化工部人事教育司,化工部教育培训中心.加热与冷却[M].北京:化学工业出版社,1997.
[14] 陈性永.操作工[M].北京:化学工业出版社,1997.
[15] 刘茉娥.膜分离技术[M].北京:化学工业出版社,1998.
[16] 周立雪,周波.传质与分离过程[M].北京:化学工业出版社,2002.
[17] 汤金石,赵锦全.化工过程及设备[M].北京:化学工业出版社,1996.
[18] 王振中.化工原理[M].北京:化学工业出版社,1985.